Mainzer · Leben als Maschine?

Klaus Mainzer

# Leben als Maschine?

## Von der Systembiologie zur Robotik und Künstlichen Intelligenz

mentis
PADERBORN

Einbandabbildung: © fotolia.de, Tonis Pan

Bibliografische Information der Deutschen Nationalbibliothek

Die Deutsche Nationalbibliothek verzeichnet diese Publikation
in der Deutschen Nationalbibliografie; detaillierte
bibliografische Daten sind im Internet über
http://dnb.d-nb.de abrufbar.

Gedruckt auf umweltfreundlichem, chlorfrei gebleichtem
und alterungsbeständigem Papier ∞ ISO 9706


Schulze-Delitzsch-Straße 19, D-33100 Paderborn
www.mentis.de



Printed in Germany
Einbandgestaltung: Anne Nitsche, Dülmen (www.junit-netzwerk.de)
Satz: Rhema – Tim Doherty, Münster [ChH] (www.rhema-verlag.de)
Druck: AZ Druck und Datentechnik GmbH, Kempten
ISBN 978-3-89785-714-8

# Inhaltsverzeichnis

# Einführung

Der Schlüssel zum menschlichen Ich, so meldet die Presse, ist bald vollständig auf einem kleinen USB-Stick untergebracht, der nach Belieben in einen menschenähnlichen (humanoiden) Roboter einsetzbar oder im Internet manipulierbar ist. Die übrigen Lebewesen dieses Planeten finden sich ebenfalls auf winzigen Datenträgern wieder, die patentierbar und auf dem freien Markt käuflich sind. Firmen spekulieren auf Gewinne mit entsprechenden Aktien, denn davon hängen die menschliche Ernährung und medizinische Versorgung, kurzum die Grundlagen unseres Lebens ab. Der gläserne Mensch und die gläserne Natur – Science-Fiction und bloß Horrorszenario? Keineswegs. Es ist eine mögliche Welt von morgen, die sich heute bereits wissenschaftlich und technisch abzeichnet. Daher müssen wir heute bereits darüber nachdenken, was wir wissenschaftlich wissen, technisch können und ethisch verantworten wollen.

Leben als Maschine ist spätestens seit der Renaissance eine wirkungsmächtige Metapher, die Menschen fasziniert und erschrocken hat. Ob Zellen, Organe und Organismen tatsächlich als Maschinen verstanden werden können, hängt vom angenommenen Maschinenbegriff ab. Die eigentliche Frage, die sich hinter der Maschinenmetapher verbirgt, zielt aber auf die Berechenbarkeit des Lebens ab. Gibt es Gesetze und Gleichungen wie in der Physik, mit denen Lebensvorgänge berechnet, erklärt und prognostiziert werden können? Seit den Anfängen der Biologie schienen Lebensvorgänge nur qualitativen Beschreibungen und Klassifizierungen zugänglich zu sein. Das hat sich mit den neuen Methoden der Biomathematik, Biophysik und Bioinformatik gründlich geändert. In der Systembiologie entwickelt sich Forschung in der Wechselwirkung von *in vitro*-, *in vivo*- und *in silico*-Experimenten. Gemeint sind Computersimulationen (mit in Silikon gefassten Programmen) von hochkomplexen Wechselwirkungen in Molekülen, Zellen, Organen und Organismen, die ohne Computertechnik nicht erfasst werden könnten.

Wenn bereits das Leben einfachster Organismen über Jahrhunderte von der Berechnung ausgeschlossen zu sein schien, so traf das umso mehr für die komplexen Vorgänge des menschlichen Körpers, des Wahrnehmens, Denkens, Fühlens und Handelns zu. Auch hier hat sich die Situation verändert. Robotik und KI-Forschung schicken sich an, mit Gehirnforschung und Neuropsychologie technische Systeme mit kognitiven Leistungen zu entwickeln. Einerseits dienen sie der Simulation biologischer und psychologischer Prozesse, andererseits werden aber für technische und kommerzielle Zwecke andere Wege als in der biologischen Evolution beschritten. Ob es sich um kognitive Maschinen oder Organismen handelt, ist letztendlich wieder nur eine Frage der Definition. Gelegentlich heißt es bereits, dass Technik der nächste Schritt der Evolution sei.

Was ist die treibende Kraft, die hinter der Maschinenmetapher steht und getrennte Wissenschaftsdisziplinen wie Physik, Chemie, Biologie, Neuro- und

Kognitionswissenschaften zusammenwachsen lässt? Keine Technologie hat wohl in den letzten 50 Jahren derart eindringlich Wissenschaft und Gesellschaft verändert wie die Computer- und Informationstechnologie. Angetrieben wurde diese Dynamik von einem rasanten Wachstum der Rechenkapazitäten, einer rasanten Miniaturisierung der Rechnerbauteile (von Röhren und Transistoren zu Nanoelektronik und Quantencomputing), einer rasanten Globalisierung der Informationssysteme und einer rasanten Automatisierung der Gesellschaft bei gleichzeitiger Verbilligung immer kleinerer und leistungsfähigerer IT-Systeme. Nach dem Mooreschen Gesetz verdoppelte sich die Leistung von Rechenmaschinen alle 18 Monate.

Seit der Entschlüsselung des menschlichen Genoms 2001 zeichnet sich eine noch größere Beschleunigung von Sequenziermaschinen ab, die in immer schnellerer Zeit immer mehr Gene für immer weniger Geld identifizieren und berechnen. Die Gentechnik, so frohlockt bereits die Branche, wird die Informatik hinter sich lassen und sich mit einem Faktor zehn pro Jahr entwickeln. Automatische DNA-Sequenzierungsgeräte wurden zum ersten Mal vor 15 Jahren vorgestellt und konnten inzwischen zu Höchstleistungsmaschinen mit einer Sequenzierungsleistung von rund 500 000 Basenpaaren pro Tag weiterentwickelt werden. Die mit diesen Sequenzierungsapparaten ausgestatteten internationalen Genomforschungszentren des Genomsequenzierungskonsortiums schaffen in Computernetzen eine Sequenzierungsleistung von 172 Millionen Basen pro Tag oder 2000 Basen pro Sekunde. Der damit verbundene Preisverfall ist bereits absehbar: Kostete die Sequenzierung eines Genoms im Jahr 2000 noch drei Milliarden Dollar, so liegt der Preis 2009 bei 50 000 Dollar und wird nach Schätzung von Experten in den nächsten zehn Jahren auf unter 1000 Dollar sinken. Genome mit der vollständigen genetischen Information eines Menschen werden auf USB-Sticks für wenig Geld zur Verfügung stehen.

Das Genomprogramm, das mit der Zusammenstellung der menschlichen Gene 2001 einen vorläufigen Höhepunkt erreichte, war ein reduktionistischer Forschungsansatz, der durch immer größere Rechenleistungen immer kleinere Bausteine des Lebens entschlüsselte. Nun stehen wir in der Systembiologie vor einer unvergleichlich schwierigeren Aufgabe: Wie lässt sich aus der enormen Datenflut über einzelne Komponenten das biologische Gesamtsystem der Zellen, Organe und Organismen erschließen? Riesige Genkarten über alle genetischen Wechselwirkungen und komplexe Stoffwechselnetzwerke sind in Computermodellen zu entschlüsseln, um komplexe Systemfunktionen wie Regulation, Kontrolle, Steuerung und Adaption in Wachstumsprozessen und der Evolution zu verstehen. Die »gläserne« Zelle mit ihren Schaltplänen wird neue Möglichkeiten der genetischen Beeinflussung von Krankheiten (wie z. B. Krebs und Herzkreislauferkrankungen), aber auch Rückschlüsse auf den Alterungsprozess erlauben. Ohne Computermodelle von Zellen, Organen und Organismen mit großen Rechenleistungen wird diese Hürde nicht zu nehmen sein.

In einem nächsten Schritt liefert die Systembiologie die Blaupausen für die *Synthetische Biologie*: Hier geht es dann um die Erschaffung neuer Lebensformen. Wenn nämlich die Funktion biologischer Systeme wie z. B. Zellen und Bakterien durchschaut ist, dann sollte es auch möglich sein, aus verschiedenen Biomolekülen neue Module und Netzwerke mit speziellen Eigenschaften zu konstruieren. Künstliches Leben war bisher nur als Software in der Informatik bekannt. Bereits Ende der 1950er Jahre hatte der amerikanische Computerpionier John von Neumann mathematisch bewiesen, dass zelluläre Automaten sich als schachbrettartige Muster selbst reproduzieren können. John Conway baute diesen Ansatz zum *Game of Life* (Spiel des Lebens) aus, wonach sich Darwins Evolutionsregeln in einem Computerprogramm simulieren lassen. In der Synthetischen Biologie wird aber aus der Software »Wetware«, d. h. neues organisches Leben. Craig Venter, der Pionier des Genomprogramms von 2001, glaubt bereits an die Konstruktion von Bakterien, die Wasserstoff produzieren und damit helfen, das Energieproblem der Menschheit zu lösen. Immerhin spricht auch die Nationale Akademie der Wissenschaften (Leopoldina) in einer gemeinsam mit der DFG und der deutschen Akademie für Technikwissenschaften (acatech) veröffentlichten Stellungnahme davon, dass die Synthetische Biologie »ein großes Potenzial eröffnet, neue Impfstoffe und Medikamente, aber auch Kraftstoffe und neue Materialien zu entwickeln«.[1]

Biomoleküle, Zellen, Organe, Organismen und Populationen sind hochkomplexe dynamische Systeme, in denen viele Elemente wechselwirken. Komplexitätsforschung beschäftigt sich fachübergreifend in Physik, Chemie, Biologie und Ökologie mit der Frage, wie durch die Wechselwirkungen vieler Elemente eines komplexen dynamischen Systems (z. B. Atome in Materialien, Biomoleküle in Zellen, Zellen in Organismen, Organismen in Populationen) Ordnungen und Strukturen entstehen können, aber auch Chaos und Zerfall. Allgemein wird in *dynamischen Systemen* die zeitliche Veränderung ihrer Zustände durch Gleichungen beschrieben. Der Bewegungszustand eines einzelnen Himmelskörpers lässt sich noch nach den Gesetzen der klassischen Physik genau berechnen und voraussagen. Bei Millionen und Milliarden von Molekülen, von denen der Zustand einer Zelle abhängt, muss auf Hochleistungscomputer zurückgegriffen werden, die Annäherungen in Simulationsmodellen liefern. Komplexe dynamische Systeme gehorchen aber fachübergreifend in Physik, Chemie, Biologie und Ökologie denselben oder ähnlichen mathematischen Gesetzen. Daher liefern sie einen *Schlüssel zur Komplexität der Welt*, von der im *2. Kapitel* die Rede sein soll.

---

[1] Gemeinsame Pressemitteilung der Deutschen Forschungsgemeinschaft, acatech und Leopoldina vom 27. Juli 2009 »Synthetische Biologie – Chancen und Risiken«. Dazu »Synthetische Biologie – Stellungnahme« als PDF-Datei unter http://www.dfg.de/dfg_profil/reden_stellungnahmen/2009/pk_synthetisch.

Die universellen Gesetze komplexer dynamischer Systeme sind der Rahmen für die folgenden Kapitel. Die Grundidee ist immer dieselbe: Erst die komplexen Wechselwirkungen von vielen Elementen erzeugen neue Eigenschaften des Gesamtsystems, die nicht auf einzelne Elemente zurückführbar sind. So ist ein einzelnes Wassermolekül nicht »feucht«, aber eine Flüssigkeit durch die Wechselwirkungen vieler solcher Elemente. Einzelne Moleküle »leben« nicht, aber eine Zelle aufgrund ihrer Wechselwirkungen. In der Systembiologie ermöglichen die komplexen chemischen Reaktionen von vielen einzelnen Molekülen die Stoffwechselfunktionen und Regulationsaufgaben von ganzen Proteinsystemen und Zellen im menschlichen Körper. Wir unterscheiden daher bei komplexen dynamischen Systemen die Mikroebene der einzelnen Elemente von der Makroebene ihrer Systemeigenschaften. Diese Emergenz oder Selbstorganisation von neuen Systemeigenschaften wird in der Systembiologie berechenbar und in Computermodellen simulierbar. In diesem Sinn ist die Systembiologie der *Schlüssel zur Komplexität des Lebens* (*3. Kapitel*).

Von mechanischen Systemen wie einer Uhr sind wir gewohnt, dass ein Zahnrad ins andere greift und so alle Abläufe durch genaue Festlegung der Reihenfolge (Sequenz) der Einzelschritte geregelt werden. Im Zeitalter der Mechanik des 17. und 18. Jahrhunderts stellte man sich in dieser Weise auch Organismen als perfekte »lebende« Automaten vor. Konsequenterweise musste ein genialer Ingenieurgott angenommen werden, der alle diese komplizierten Automaten nach einem Masterplan (»*intelligent design*«) gebaut hatte. Tatsächlich genügt es nach den Gesetzen komplexer dynamischer Systeme, dass einzelne Elemente mehr oder weniger zufällig zusammentreffen, wechselwirken und dadurch neue Systemeigenschaften erzeugen, die auf der Mikroebene der einzelnen Systemelemente noch nicht absehbar sind. Es bedarf also keines zielorientierten »intelligent design«. Manche Systemeigenschaften sind der jeweiligen Systemumgebung angepasst und setzen sich durch, andere zerfallen wieder und werden ausgesondert. Dieses Zusammenspiel von Zufall und Selektion bei der Entstehung von Neuem wurde erstmals von Charles Darwin am Beispiel der biologischen Evolution der Arten entdeckt. Es handelt sich um universelle Eigenschaften komplexer dynamischer Systeme, die daher auch in technischen Systemen Anwendung finden können. Wir sprechen dort von genetischen und evolutionären Algorithmen.

In der Tradition mechanischer Automaten wurden zunächst Roboter gebaut, deren Bewegungsabläufe genau festgelegt waren. In einer komplexen und sich ständig verändernden Umwelt können aber nicht alle Eventualitäten in einem Programm berücksichtigt werden. So ist Gehen eine komplexe körperliche Selbstorganisation, weitgehend ohne bewusste Zentralsteuerung. Ähnlich bewegen sich Laufroboter einen leichten Abhang hinunter, nur angetrieben durch Schwerkraft, Trägheit und Stöße, also körperliche Wechselwirkung ohne Programmsteuerung. Komplexe Bewegungsmuster werden in der Natur nicht zentral gesteuert und berechnet, sondern organisieren sich dezentral mit rückgekoppelten neuronalen

Netzen. Bewegungswissen wird in unbekanntem Gelände gelernt und – *learning by doing* – in neuronalen Netzen gespeichert. Neuronale Netze sind Beispiele für komplexe dynamische Systeme aus einzelnen Nervenzellen, die neurochemisch durch Botenstoffe (Neurotransmitter) wechselwirken und Verhaltensmuster als Systemeigenschaften erzeugen.

Roboter müssen sich also mehr oder weniger selbständig anpassen lernen und neue Situationen einschätzen können. Die steigende Komplexität unserer Welt erfordert immer größere Grade der Autonomie und Selbstorganisation. Beim Einsatz von Robotern in der Raumfahrt wird unmittelbar klar, dass wir ihre Reaktionen z. B. auf dem Mars wegen der langen Signalgeschwindigkeit nicht direkt von der Erde aus steuern können. Aber auch ein Industrie- und Alltagsroboter (z. B. in einer Küche) wird selbständig und schnell auf neue Situationen reagieren müssen. Das Ein- und Ausräumen einer Spülmaschine beispielsweise ist von einer enormen Komplexität, die nicht durch deterministische Sequenzen von Einzelbefehlen in einem Roboter vorprogrammiert werden kann. Pflegeroboter in einer immer älter werdenden Gesellschaft müssen zudem sensibel mit Menschen umgehen lernen.

Dazu werden Roboter mit sensorischen, motorischen und neuronalen Fähigkeiten ausgestattet, die im Laufe von Experimenten Erfahrungen sammeln, Verhaltensmuster und kognitive Fähigkeiten ausbilden. Die japanische Industrie will bis 2015 humanoide Roboter entwickelt haben, die wie Menschen laufen und greifen. Bis 2020 sollen sie mit Menschen im Team selbstständig arbeiten und umgehen können. Das setzt ein sensibles und autonomes System voraus, das eine Vorstellung entwickeln kann, wie mit Menschen umzugehen ist. Roboter werden immer komplexere Aufgaben bewältigen müssen, die wir Menschen in jedem einzelnen Schritt nicht mehr kontrollieren, aber am Ende (hoffentlich) wenigstens verantworten können. In diesem Sinn werden Roboter der *Schlüssel zur Komplexität der Technik* (*Kapitel 4*) sein.

Auch in der klassischen KI (Künstlichen Intelligenz)-Forschung glaubte man lange Zeit, den menschlichen Geist quasi mechanisch in Programmbefehlen vollständig abbilden zu können. Viele umfangreiche und komplizierte Programmabläufe z. B. in der Industrie bei der Steuerung einer Produktionsstraße wurden so erfolgreich realisiert. Wegen der dabei verwendeten Programmzeilen aus formalen Symbolen sprechen wir auch von der *symbolischen KI*. Es wäre aber eine Illusion, in dieser Weise alle geistigen Fähigkeiten des Menschen erfassen zu wollen. Dahinter steht der alte Glaube, wonach Geist und Maschine wie Körper und Geist in Software und Hardware geschieden sind und es nur noch darauf ankommt, alle geistigen Fähigkeiten in einem Programm aufzuschreiben.

Bereits die Anatomie des Gehirns zeigt den grundlegenden Unterschied zum Aufbau eines Computers. Das menschliche Gehirn ist wieder ein Beispiel für ein komplexes dynamisches System, in dem Milliarden von Neuronen neurochemisch wechselwirken. Durch vielfach versendete elektrische Impulse entstehen komplexe Schaltmuster, die mit kognitiven Zuständen wie Denken, Fühlen, Wahrnehmen oder Handeln verbunden sind. Die Entstehung (Emergenz) dieser geistigen Zustände ist wieder ein typisches Beispiel für die Selbstorganisation eines komplexen Systems: Das einzelne Neuron ist quasi »dumm« und kann weder denken oder fühlen noch wahrnehmen. Erst ihre kollektiven Wechselwirkungen und Verschaltungen unter geeigneten Bedingungen erzeugen kognitive Zustände.

Das Gehirn alleine reicht aber nicht. Die Entwicklungspsychologie zeigt uns nämlich, dass unsere mentalen und kognitiven Fähigkeiten wesentlich durch unseren Körper geprägt sind, der in der Evolution entstanden ist. So können Säuglinge und Kleinkinder bereits durch Greifen mit den Händen, Hören mit den Ohren, Sehen mit den Augen, Lecken und Schmecken mit Zunge, Mund und Lippen Objekte (z.B. Spielsachen, Essen und Trinken) unterscheiden, bevor sie gelernt haben, sie sprachlich zu benennen. Wir haben anschauliche Vorstellungen und emotionale Vorlieben (Präferenzen), Sympathien und Antipathien, die unser Handeln unbewusst leiten und selten sprachlich ausgedrückt, geschweige denn in einem Computerprogramm repräsentiert werden können. Es braucht einen Körper, damit sich Intelligenz entwickeln kann. Wir sprechen von »körperlicher« Intelligenz (*embodied intelligence*). Erst durch Anfassen und Wahrnehmung der Umgebung und durch Handeln in dieser sich verändernden Umgebung entsteht Intelligenz.

Durch Interaktion über Körper wird es auch erst möglich, andere und ihre Absichten zu verstehen und daran das eigene Verhalten entsprechend auszurichten. Traditionell wurde diese Fähigkeit in der Philosophie als Intentionalität erörtert. In der medizinischen Forschung untersucht die *Theory of Mind* (ToM), was geschieht, wenn die dabei zugrunde liegenden neuronalen Areale außer Kraft gesetzt werden. Ursachen können Gehirnverletzungen durch Unfälle, aber auch Demenzen sein, die fast allen Menschen in immer älter werdenden Gesellschaften drohen. Folgen sind der Verlust von Menschlichkeit und Empathie, letztlich jeder Fähigkeit zu sozial einfühlsamen Verhalten und Verantwortung. Weitere Beispiele der Psychiatrie und Psychosomatik liefern Schizophrenien, depressive Erkrankungen und Borderline-Persönlichkeitsstörungen.

Auch Roboter haben ihren je eigenen Körper, mit dem sie ihre Erfahrungen und damit ihre Art von Intelligenz entwickeln, die nicht die unserige sein muss. Wir sprechen von »körperlicher« KI (*embodied AI*). Auch andere Lebewesen haben im Lauf der Evolution ihre eigenen Intelligenzformen entwickelt. Intelligenz entsteht also durch Bewältigung von Komplexität in der jeweiligen Systemumwelt. In diesem Sinn ist Künstliche Intelligenz ein *Schlüssel zur Komplexität von Denken, Fühlen und Handeln* (*Kapitel* 5). Durch Experimente im Labor mit Robotern lernen wir also letztlich auch die Besonderheiten und Unterschiede unserer eigenen Intelligenz kennen: »Erkenne Dich selbst!« Diese Forderung des Sokrates wird heute in den Labors der KI und Robotik experimentell umgesetzt. In diesem Sinn wird KI ein Schlüssel zum menschlichen Ich.

Im Kern der Debatte um Körperlichkeit (*embodiment*) des menschlichen Geistes und der Robotik steht also die Einsicht, dass sich in einem kognitiven System ablaufende Prozesse anders als in der klassischen KI nicht losgelöst von den körperlichen Gegebenheiten des Systems, seiner situativen Einbettung in seiner Umgebung und seiner dynamischen Interaktion mit der Umgebung verstehen lassen. Daher rührt die Auffassung, dass mentale Zustände nicht nur interne Zustände der biochemischen Gehirnmaschine oder technischer Schaltkreise eines Roboters sind, sondern sich auch »extern« auf die Objekte der Interaktion mit der Umgebung beziehen. In der Philosophie des Geistes ist die Rede von der »*Extended Mind*«-These. Nach der Theorie komplexer dynamischer Systeme vertrete ich die Auffassung, dass diese erweiterten Zustände keineswegs auf menschliche Gehirne beschränkt bleiben, sondern ebenso auf technische kognitive Systeme auszuweiten sind. In einem technisch präzisen Sinn handelt es sich nämlich um integrierte Gesamtzustände, die aus der Interaktion von technisch kognitivem System und Umgebung entstehen.

Diese These lässt sich von einzelnen Robotiksystemen auf die globalisierte Internet-Welt übertragen (Kapitel 6). Auch hier wurde traditionell zwischen der physischen (»realen«) und der virtuellen Welt strikt unterschieden. Stattdessen handeln z.B. Ärzte und Ingenieure unterstützt durch virtuelle Geräte in einer physisch realen Welt. Bei der Operation dient eine virtuelle Darstellung des Organs mit genauen Informationen und Messdaten dem präzisen Eingriff. Statt »*Virtual Reality*« spricht man daher von »*Augmented Reality*«, also einer Erweiterung der physischen Welt durch den Einsatz von Geräten mit virtueller Realität. Eine technische Schlüsselrolle spielen dabei mechatronische Systeme, in denen mechanische und elektronische Systeme mit zugehöriger Informationsverarbeitung integriert werden. Damit kann das Internet in einem Netzwerk interagierender Geräte, Dinge und Menschen »verkörperlicht« werden.

Ebenso entsprechen Steuerungssysteme, die z.B. in modernen Automobilen und Flugzeugen implementiert sind und aus einer Vielzahl von Sensoren und Aktoren bestehen, keineswegs einer strikten Trennung von Dingen der physischen Welt und der Computerwelt. Die moderne Informatik spricht von »*Cyberphysical Systems*«, die ihre physische Umgebung erkennen, diese Informationen verarbeiten und die physische Umgebung auch koordiniert beeinflussen. Hierzu ist eine starke Kopplung von physischem Anwendungsmodell und Computer-Steuerungsmodell nötig. Auch hier handelt es sich um integrierte Gesamtzustände von interagierenden menschlichen Gehirnen, weitgehend autonomen Informations- und Kommunikationssystemen und physischen Dingen und Geräten. Wir vertreten allerdings die These, dass es sich dabei nicht notwendig um »*human extended mind*«, also eine externe Erweiterung von Zuständen des menschlichen Gehirns handeln muss. Mit zunehmender Autonomie und Selbstorganisation werden nicht nur einzelne Robotiksysteme, sondern auch das World Wide Web erweiterte Interaktionszustände entwickeln. Die technische Evolution von Cyberphysical Systems führt daher zu einer neuen Stufe der *Extended Mind* These für kognitive dynamische Systeme, unter denen das menschliche Gehirn nur ein Beispiel der biologischen Evolution war.

Die Körperlichkeit der menschlichen Intelligenz zeigt aber auch, dass die Natur nicht wie ein Computer rechnet. Weder »rechnen« Moleküle noch Zellen, Muskeln, Organe oder Organismen. Das ist nur eine, wenn auch wirkungsmächtige Metapher. In diesem Sinn »*ist*« der Mensch keine (Rechen-)Maschine, wie ein berühmter Buchtitel des französischen Arztes und Philosophen La Mettrie im 18. Jahrhundert verkündete: *L'homme machine* (»Die Mensch Maschine«)! Tatsache ist aber auch, dass noch so komplexe molekulare, zelluläre und neuronale Wechselwirkungen auf Computern mit wachsender Rechenkapazität simuliert werden können. Die Systembiologie macht es uns auf der molekularen und zellulären Ebene vor. Auch neuronale Netze nach dem Vorbild des Gehirns werden heute auf einem Computer simuliert.

Dahinter steht die starke These der Logiker und Mathematiker Alan Turing und Alonzo Church, wonach jeder Algorithmus durch eine universelle Turingmaschine, dem logisch-mathematischen Konzept jeder Rechenmaschine, simuliert werden kann. Erkenntnistheoretisch steht uns mit dem Konzept der universellen Turingmaschine ein Instrument zur Verfügung, mit dem sich unabhängig von dem jeweiligen technischen Entwicklungsstandard von Computern prinzipiell die Komplexität dynamischer Prozesse (d. h. ihre »logische Tiefe«) bestimmen lässt. Bereits Kurt Gödel (als Logiker) und Richard Feynman (als Physiker) dachten daran, Prozesse der Natur als Rechenverfahren zu verstehen. Das ist die Grundannahme der »*Extended Church's Thesis*«, nach der sich effektive Entwicklungsprozesse in Natur und Technik (wenigstens approximativ) auf einer universellen Turingmaschine simulieren lassen. An die Stelle von elementaren Rechenschritten mit Symbolen, aus denen sich effektive Verfahren in der Mathematik zusammensetzen, treten allerdings z. B. Quantensprünge von Elementarteilchen, elementare chemische Reaktionen mit Molekülen, das Ein- und Abschalten von Genen, zelluläre Zustandsänderungen oder Spannungsänderungen in technischen Schalteinheiten. Auch Zufallsänderungen (z. B. Mutationen) lassen sich in nichtdeterministischen Turingmaschinen berücksichtigen. So werden selbst stochastische Prozesse durch probabilistische Maschinen (z. B. Boltzmann-Maschine als probabilistisches Netzwerk) erfasst. Allgemein entsprechen Berechenbarkeitsgrade auf Computern unterschiedlichen Komplexitätsgraden der Natur.

Was die technischen Entwicklungsstandards von Computern betrifft, so erleben wir nach dem Mooreschen Gesetz eine rasante Steigerung von Rechenkapazitäten, die immer neue komplexe dynamische Systeme der Natur erschließen. Nach dem berühmten Unvollständigkeitssatz von Kurt Gödel kann es zwar prinzipiell keinen Supercomputer geben, der alle Aufgaben lösen und entscheiden kann. Die Rechenkapazitäten zur Simulation des menschlichen Gehirns oder anderer zellulärer und organischer Systeme sind aber abschätzbar und dann auf dem Computer simulierbar. Das heisst nicht zwangsläufig, dass wir bereits in den nächsten Jahren z.B. die Dynamik menschlichen Fühlens und Denkens simulieren können. Prinzipiell ausschließbar ist es aber nicht und Teilaspekte sind bereits erfasst. Rechenkapazität allein reicht allerdings nicht. Wir müssen die Prozesse auch verstehen, um Computermodelle entwickeln zu können.

In einer technischen Ko-Evolution sind wir Menschen jedenfalls längst dabei, uns und unsere Umwelt zu verändern und umzubauen. Das begann vor vielen Jahrtausenden mit Tier- und Pflanzenzucht und setzt sich über Bio- und Gentechnologie bis zur Stammzellenforschung, Synthetischen Biologie oder medizinischen Implantations- und Prothesentechnik fort. Vieles davon beunruhigt uns und fordert zu ethischen Regulationen auf. Wir sollten uns aber auch nicht der Eigendynamik und dem Zufallsspiel der Evolution ausliefern. Die Evolution ist nach Darwin keine Harmonieveranstaltung, in der am Ende alles gut wird. Die Dynamik von Viren, Krebs und anderen Krankheiten, der Ablauf des Alterungsprozesses und damit verbundene soziale Herausforderungen sprechen eine deutliche Sprache. Zur Würde des Menschen gehört die Möglichkeit, selbstbestimmt in seine Zukunft eingreifen zu können. Es sollte daher in unserer Hand liegen zu entscheiden, wer wir sind, was wir bleiben und was wir an Künstlicher Intelligenz und Künstlichem Leben neben uns brauchen und dulden wollen. Davon soll im letzten *7. Kapitel Quo vadis Mensch und Maschine*? die Rede sein.

Seit meinem Studium habe ich mich in vielen Büchern und Publikationen mit den Grundlagen der Mathematik, Informatik, Technik- und Naturwissenschaften beschäftigt. Dabei wurde die Erforschung komplexer dynamischer Systeme ein fachübergreifendes Leitthema. Erinnert sei z.B. an die Buchtitel »*Computer – Neue Flügel des Geistes?*« (1994), »*Gehirn, Computer, Komplexität*« (1997), »*Computernetze und Virtuelle Realität*« (1999), »*KI – Künstliche Intelligenz. Grundlagen intelligenter Systeme*« (2003), »*Computerphilosophie*« (2003), »*Symmetry and Complexity*« (2005), »*Thinking in Complexity. The Computational Dynamics of Matter, Mind, and Mankind*« (5. Aufl. 2007), »*Der kreative Zufall. Wie das Neue in die Welt kommt*« (2007) und »*Komplexität*« (2008). Die Technische Universität München (TUM) bietet für diese Forschungsorientierung vielfältige Möglichkeiten. Als Direktor der Carl von Linde-Akademie konnte ich dazu Kooperationen z.B. mit dem Institute for Advanced Study der TUM aufbauen. Als Prinicipal Investigator des TUM-Exzellenzclusters CoTeSys (*Cognition in Technical Systems*) konnte ich interdisziplinäre Forschung *in vivo* erleben. Für viele Anregungen sei den TUM-Kolleginnen und Kollegen herzlich gedankt. Hinzu kommen viele damit vernetzte Wissenschaftlerinnen und Wissenschaftler von in- und ausländischen Universitäten und Forschungseinrichtungen. Dieses Buch ist Ausdruck einer erlebten Forschungsvernetzung, die fasziniert und inspiriert.

# 1
# Historische Anfänge

## »Der Mensch – eine Maschine« (La Mettrie)

Als am 11. November 1751 der Verfasser der Kampfschrift »*L'homme machine*« (Die Maschine Mensch)[2], der französische Arzt und Philosoph Julien Offray de La Mettrie, am Hof Friedrichs II. von Preußen auf Schloss Sanssouci starb, hielt sich die Trauer seiner Zeitgenossen in Grenzen. Den Menschen als nichts weiter als eine sich selbst steuernde »lebende Maschine« zu betrachten, schien selbst aufgeklärten Gelehrten noch Mitte des 18. Jahrhunderts eine kühne Provokation.

Sieht man allerdings vom weltanschaulichen Pulverdampf der Aufklärung und den polemischen und zeitbedingten Seitenhieben des Autors ab und konzentriert sich alleine auf seine wissenschaftlichen Kernaussagen, bleibt mit den Augen des 21. Jahrhunderts erstaunlich wenig Grund zur Aufregung. So forderte La Mettrie zunächst nichts weiter als eine wissenschaftliche Medizin, die sich nicht auf Spekulationen, sondern methodisch auf Beobachtungen (z. B. in der Pathologie) und theoretisch auf Mechanik (die damalige Physik), Chemie, Anatomie und Physiologie stützen sollte. Selbststeuerung des Organismus hatte er vielfach physiologisch an zuckenden Muskelfasern von Tieren und Menschen untersucht. Solche »Irritabilität« hielt er auch als Ursache von mentalen und emotionalen Regungen im Körper für wahrscheinlich. Das war eine (damals zwar noch nicht) überprüfbare, jedenfalls wissenschaftliche Hypothese. Die Physiologie sollte danach den Übergang zur Psychologie bilden. La Mettrie also nichts weiter als der Vorläufer einer physiologischen Psychologie?

Damit würden wir die Deutungsmacht von Metaphern unterschätzen. »Maschine« bedeutete im 18. Jahrhundert ein »seelenloser« Apparat, der bestenfalls mit der Feinmechanik der Uhrmachertechnik konstruiert war. Im Zeitalter des Rokoko wurden Spielautomaten auf der Grundlage der Uhrmachertechnik gebaut. Pierre Jacquet-Droz entwarf komplizierte Uhrwerke, die in die Figuren von menschlichen Puppen eingekleidet waren.[3] Diese »Androiden« spielten z. B. auf den Tasten einer Orgel oder schrieben kurze Texte in Handschrift.

Allerdings zog La Mettrie Konsequenzen für die Ethik, mit denen er nicht nur die traditionelle Religion gegen sich aufbrachte. La Mettries Maschinentheorie entspricht nämlich auf Seiten der Ethik ein Hedonismus, wonach angenehme Zustände der Maschine eng mit der menschlichen Gesundheit verknüpft sind.

---

[2] J. O. de La Mettrie, *L'homme machine/Die Maschine Mensch*, übers. u. hrsg. v. C. Becker, Hamburg 2009

[3] A. Soriano (Hrsg.), *Mechanische Spielfiguren aus vergangenen Zeiten*, Sauret, Paris 1985

Dann hängen nicht nur motorische Tätigkeiten und Denken, sondern auch moralische Entscheidungen vom Zustand der Maschine ab und sind damit nur noch Fragen der Medizin. Schuldgefühle und das Gewissen erweisen sich nach La Mettrie als Funktionen, die den angenehmen Zuständen entgegenwirken und damit zu Schädigungen der Persönlichkeit führen können. Das schien selbst den Aufklärungsphilosophen des 18. Jahrhunderts zu weit zu gehen, für die Vernunft und Moral an die Stelle Gottes getreten war.[4] Der heutige Leser fühlt sich an Sigmund Freuds spätere Kritik an einem dominierenden Über-Ich erinnert, das mit seinen Vernunft- und Moralforderungen z. B. Neurosen auslösen kann. So war man wohl am Ende selbst am Hof des aufgeklärten Königs von Preußen erleichtert, als dieser unbequeme Zeitgeist der Legende nach an einer verdorbenen Pastete oder, wie auch vermutet wurde, an Gift verstarb.

Maschinen und Automaten waren im 17. und 18. Jahrhundert ein bekanntes Deutungsmuster der Natur. Bereits Thomas Hobbes beginnt seinen berühmten »Leviathan« (1651) mit dem Satz:

> Die Natur ... wird durch die Kunstfertigkeit des Menschen, wie in vielen anderen Dingen, so nachgeahmt, dass sie ein künstliches Tier erschaffen kann. Denn da ja das Leben nur eine Bewegung von Gliedern ist, deren Beginn in irgendeinem Hauptteil liegt, warum können wir dann nicht sagen, dass alle Automaten ... ein künstliches Leben haben?[5]

## Natürliche Automaten und Berechenbarkeit der Welt (Leibniz)

Wie der griechische Titan Prometheus, der aus Ton Menschen formte, strebten auch Menschen in einer langen Kulturgeschichte danach, sich zum Schöpfer von Leben aufzuschwingen. Das Schicksal des Prometheus ist bekannt: Als er den Menschen das Feuer bringt, wird er von Zeus an einen Felsen gefesselt. Ein Adler frisst ihm täglich die nachwachsende Leber ab. Den Menschen aber schickt Zeus die Pandora mit ihrer Büchse schrecklicher Plagen.

Mit Daidalos, mit dem der alte Menschheitstraum vom Fliegen beginnt, verbindet die antike Mythologie auch erste Vorstellungen von Automaten: »Die Zeitgenossen des Daidalos priesen über alles den Genius ihres Meisters, der so vortrefflich baute und der Standbilder erfand, der aus Gold und Elfenbein Götter-

---

[4] A. Baruzzi (Hrsg.), *Aufklärung und Materialismus im Frankreich des 18. Jahrhunderts. La Mettrie, Helvétius, Diderot, Sade*, München 1968

[5] T. Hobbes, *Leviathan*, übers. v. J. Schlösser, hrsg. v. H. Klenner. Hamburg 1996

bilder verfertigte, die glauben machten, die Himmlischen schritten leibhaftig zu ihren Altären.«[6]

Automat ist im antiken Sprachgebrauch ein Apparat, der selbsttätig Leistungen vollbringen kann. Selbsttätigkeit charakterisiert nach antiker Auffassung lebende Organismen. Berichte über hydraulische und mechanische Automaten werden bereits in der antiken Literatur auf dem Hintergrund der damaligen Technik erwähnt. Der griechische Mathematiker und Mechaniker Heron von Alexandreia (erstes nachchristliches Jahrhundert) beschreibt in seinem Buch ›*Automaten*‹ automatische Puppen und Spielwerke, die durch Gewichte angetrieben werden. In dieser Tradition stehen auch die Maschinen und Automaten, die Leonardo da Vinci in der Renaissance entwirft. Mehr Visionär als mathematischer Ingenieur zeichnet er aber bereits »Flug-Maschinen« und »Automobile«, deren Realisation weit von den technischen Möglichkeiten seiner Zeit entfernt ist.

Oder erinnern wir uns an den Golem der jüdischen Mystik, diesen stummen künstlichen Menschen aus Lehm, den fromme Meister der Sage nach bauten. Golem bedeutet hebräisch ›*ungeformte Masse*‹. Auf Kombinatorik und Zahlenmystik griff die jüdische Kabbalistik im Spätmittelalter zurück, um geheime Wahrheiten über Gott und die Welt zu entschlüsseln. Im »*Buch der Schöpfung*« (*sefer jezirah*)[7] sollten aus den 10 pythagoreischen Urzahlen und 22 Buchstaben des hebräischen Alphabets in baumartigen Diagrammen (»sephirotische Bäume«) die 32 »Wege der Weisheit« erschlossen werden, durch die Gott die Welt erschuf. Auf diese Weise wurde jedes Ding in der Welt mit einer verborgenen Buchstabenkombination verbunden, der wiederum Zahlen und Zahlenkombinationen aufgrund numerischer Bewertungen der einzelnen Buchstaben entsprechen. Mit Buchstabenkombinationen des ›*Buchs der Schöpfung*‹ konnte auch der Golem programmiert werden – zum Schutz des jüdischen Volkes in Verfolgungszeiten. Aber wehe, wenn er sich gewalttätig und furchtbar selbständig macht: Im Stummfilmklassiker ›*Der Golem*‹ nach Meyrinks gleichnamigem Roman wird dieses Drama eindrucksvoll geschildert.

Wie steht es um den Zusammenhang von Denken und Automaten? Um 1300 taucht bei dem katalanischen Philosophen Raimundus Lullus (1232–1315) die Idee auf, auch die Wahrheiten jedes speziellen Wissensgebietes durch kombinatorische Verfahren mit Buchstaben und Symbolen zu bestimmen. Der barocke Universalgelehrte Athanasius Kircher (1602–1680) fordert bereits das Konzept einer Universalsprache, in der alles Wissen dargestellt werden sollte. Hier schließt der Philosoph und Mathematiker Gottfried Wilhelm Leibniz (1646–1716) unmittelbar an und entwirft ein folgenreiches Programm der Mathesis Universalis. Leibniz will Denken und Wissen auf Rechnen zurückführen, um dann alle wissenschaftlichen

---

[6] H. Snell, *Griechische Liebessagen und Schelmenstücke*, München 1961, 213. Dazu auch R. von Ranke-Graves, *Griechische Mythologie. Quellen und Deutung*, Hamburg 1984, 287

[7] K. Herrmann (Hrsg.), *Sefer Jezira – Buch der Schöpfung.*, Frankfurt a.M. und Leipzig, 2008

Probleme durch *Rechenkalküle* lösen zu können. In seinem Zeitalter der *Mechanik* stellt man sich die Natur wie ein perfektes Uhrwerk vor, in dem jeder Zustand wie durch ineinandergreifende Zahnräder determiniert wird. Entsprechend führt eine mechanische Rechenmaschine jeden Rechenschritt einer Rechenfolge nacheinander aus.

Fast ein halbes Jahrhundert vor La Mettrie hatte Leibniz in seiner Monadologie eine folgenschwere Vision »natürlicher Automaten« verkündet, die angesichts heutiger Forschung über Computermodelle von Organismen, Organen, Zellen und Proteinen von großer Aktualität ist:

> So ist jeder organische Körper eines Lebewesens eine Art von göttlicher Maschine oder natürlichem Automaten, der alle künstlichen Automaten unendlich übertrifft. Denn eine durch Menschenkunst gebaute Maschine ist nicht auch Maschine in jedem ihrer Teile. So hat z.B. der Zahn eines Messingrades Teile oder Stücke, die für uns nichts kunstvolles mehr sind und die nichts mehr von der Maschine merken lassen, zu deren Betrieb das Rad bestimmt war. Aber die Maschinen der Natur, d.h. die lebendigen Körper, sind noch in ihren kleinsten Teilen, bis ins Unendliche hinein, Maschinen. Eben darin besteht der Unterschied zwischen Natur und Kunst, d.h. zwischen der göttlichen Kunstfertigkeit und der unsrigen.[8]

Die Kenntnis von Mikroorganismen verdankt Leibniz seiner Bekanntschaft mit dem niederländischen Naturforscher und Mikroskopbauer Antoni van Leeuwenhoek[9], der mit seinen perfekt geschliffenen Linsen Vergrößerungen bis zum 270-fachen erreichte. 1675 beobachtete Leeuwenhoek Protozoen und Bakterien – beide nannte er *animalcules* – im Teichwasser, Regenwasser und im menschlichen Speichel. Leibniz stellte sich diese Vergrößerungen bis ins Unendliche mit immer neuen Subsystemen vor. Ihre Deutung als kleinste »lebende« Maschinen erscheint uns heute angesichts von Nanomaschinen und künstlichen Mikroorganismen der synthetischen Biologie sehr suggestiv.

Leibniz nennt solche Subsysteme »Monaden« (Einheiten). Eine zentrale Eigenschaft von Monaden besteht darin, dass man sie nicht zerlegen kann, ohne dass sie ihre Einheit verlieren: Ein zerschnittener lebender Körper stirbt, wenn lebenswichtige Organe getrennt werden. Eine Zelle verliert ihre Eigenschaften des Lebens wie z.B. die der Selbstreproduktion, wenn sie zerlegt wird und ihre Teile getrennt werden. Eine Zelle ist häufig mit z.B. Tausenden von Proteinen dicht gepackt, die jede für sich autonome biochemische Einheiten darstellen. Ihr komplexes Stoff- und Regulationsnetzwerk lässt sich nicht einfach zerlegen, ohne das Gesamtsystem zu zerstören: Das Ganze ist mehr als die Summe seiner Teile. Abb. 1 gibt eine anschauliche Vorstellung von der dichten Packung einer Zelle mit Proteinen, DNA und anderen Biomolekülen.

---

[8] G.W. Leibniz, *Monadologie*, übers. v. A. Buchenau, hrsg. v. H. Herring, Hamburg 1956, § 64

[9] K. Meyer, *Geheimnisse des Antoni van Leeuwenhoek*, Lenerich 1998

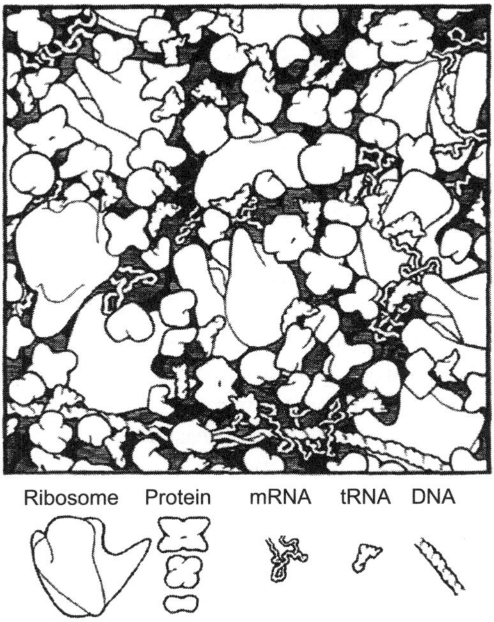


*Abb. 1:* Komplexe Packung einer Zelle mit Biomolekülen[10]

Leibniz bezeichnet ›Monaden‹ als elementare Automaten *(automates incorporels)*, die durch eine Skala von *Zuständen (perceptions)* bestimmt seien: Die elementaren Automaten bilden Aggregate von mehr oder weniger großer Komplexität, die durch unterschiedliche Korrelationen bestimmt und als *zusammengesetzte Automaten* aufgefasst werden. *Komplexitätsgrade* von Aggregaten drücken sich in der jeweiligen hierarchischen Struktur und Subordination ihrer Teile aus. In einer *scala naturae* wird es möglich, die Welt von *physikalischen Gegenständen* über *biologische Organismen* bis zu *denkenden Wesen* als *Automatensysteme wachsender Komplexität* auf der Grundlage *monadologischer Elementarautomaten* zu begreifen.

Um *Bewusstseins-, Denk-* und *Empfindungszustände* des Gehirns zu verstehen, reicht aber die mechanische Zerlegung von Aggregaten in Einzelteile nicht aus: »Denkt man sich etwa eine Maschine,« schreibt Leibniz in der Monadologie § 17, »die so beschaffen wäre, dass sie denken, empfinden und perzipieren könnte, so kann man sie sich derart proportional vergrößert denken, dass man in sie wie in eine Mühle eintreten könnte. Dies vorausgesetzt, wird man bei der Besichtigung ihres Inneren nichts weiter als einzelne Teile finden, die einander stoßen, niemals aber etwas, woraus eine Perzeption zu erklären wäre.«

---

[10] Nach D.S. Goodell, *The Machinery of Life*, Berlin 1998

Statt einer mechanischen Mühle stellen wir uns heute die Gehirnstruktur derart vergrößert vor, dass wir in sie eintreten, das Feuern der Neuronen sehen, ohne aber auf ›Bewusstsein‹, ›Denken‹ oder ›Empfindungen‹ zu stoßen. Die Neuronen haben keine ›Gedanken‹ oder ›Empfindungen‹. Erst ihre synaptischen Verschaltungen erzeugen *neuronale Aktivitätsmuster*, die korreliert sind mit unseren Wahrnehmungen, Empfindungen und Gedanken. Leibniz sprach von einer *›prästabilierten Harmonie‹* zwischen der Mechanik des Körpers und seinen seelischen Zuständen.

Unsere heutigen Computermodelle dieser Einheiten (Monaden) wären im Sinne von Leibnizens Elementarautomaten. Da es sich bei den Modellen um logisch-mathematische Strukturen handelt, fasst er sie als geistige Organisationspläne auf, die von Gott geschaffen wurden. Der Prototyp eines Automaten ist für Leibniz eine Rechenmaschine. Hier zeigt sich der Ingenieur und Mathematiker Leibniz: Eine mechanische Rechenmaschine verfügt zunächst über einen Input-Mechanismus, um Zahlen eingeben zu können. Ein Registermechanismus ist notwendig, um Zahlenwerte aufzunehmen und zu speichern. Jede Ziffer einer mehrstelligen Dezimalzahl steht in einem Register, das Werte 0, 1, …, 9 durch die entsprechende Einstellung eines Zahnrades mit zehn Zähnen anzeigen kann. Ein Ausführungsmechanismus ermöglicht das Aufaddieren oder Abziehen von Werten im Registermechanismus. Ein Übertragungsmechanismus garantiert die Zehnerübertragung von 9 nach 0 über alle Register Ein Kontrollmechanismus sichert die richtige Stellung der Zahnräder, um falsche Resultate zu vermeiden. Ein Löschmechanismus vermag nach vollendeter Rechnung alle Zahlenregister wieder auf 0 zu stellen.

Leibnizens *Dezimalmaschine* für die vier Grundrechenarten ist die Hardware seiner Rechenkalküle. Unabhängig von der technischen Ausführung lässt sich daraus ein allgemeines Schema einer Handrechenmaschine entwickeln. Natürliche Zahlen werden in das Einstellwerk EW durch Einstellhebel EH eingegeben. Bei der Drehung der Kurbel K nach rechts wird der Inhalt des EW zum Inhalt des Resultatswerks RW addiert und der Inhalt des Umdrehungswerks UW um 1 erhöht. Bei Drehung von K nach links wird der Inhalt des EW vom Inhalt des RW abgezogen und der Inhalt von UW um 1 vermindert. Multiplikation bedeutet wiederholte Addition derselben Zahl. Bei der Division wird (vorausgesetzt die Teilung geht auf) die Teilungszahl so oft von der zu teilenden Zahl abgezogen, bis das Resultat Null ist.

Neben einer Dezimalrechenmaschine entwirft Leibniz erstmals eine Rechenmaschine für das Dualsystem mit Ziffern 0 und 1, das er einige Jahre vorher entdeckt hatte.[11] Im Dezimalsystem lässt sich jede natürliche Zahl eindeutig als

---

[11] H.J. Zacher, *Die Hauptschriften zur Dyadik von G.W. Leibniz. Ein Beitrag zur Geschichte des binären Zahlensystems*, Frankfurt 1973; *Herrn von Leibniz' Rechnung mit Null und Eins*, hrsg. v. Siemens AG, Berlin/München $^{2}$1966

Summe geeigneter Faktoren von Potenzen der Basiszahl 10 darstellen, z.B. $145 = 1 \cdot 10^2 + 4 \cdot 10^1 + 5 \cdot 10^0$ (mit $10^0 = 1$). Im Dualsystem mit der Basiszahl 2 lautet diese Zahl $10010001 = 1 \cdot 2^7 + 0 \cdot 2^6 + 0 \cdot 2^5 + 1 \cdot 2^4 + 0 \cdot 2^3 + 0 \cdot 2^2 + 0 \cdot 2^1 + 1 \cdot 2^0$. Gegenüber den 100 Elementaradditionen bzw. -multiplikationen im Dezimalsystem sieht Leibniz den großen Vorteil des Dualsystems in nur jeweils vier Elementaroperationen:

$$0 + 0 = 0 \qquad 0 \cdot 0 = 0$$
$$0 + 1 = 1 \qquad 0 \cdot 1 = 0$$
$$1 + 0 = 1 \qquad 1 \cdot 0 = 0$$
$$1 + 1 = 10 \qquad 1 \cdot 1 = 1$$

(mit der Binärzahl 10 für die Dezimalzahl $2 = 1 \cdot 2^1 + 0 \cdot 2^0$)

Zudem beschreibt er einen Mechanismus zur Übersetzung von Dezimalzahlen in Binärzahlen und umgekehrt. Für moderne Digitalcomputer erhielt das Dualsystem grundlegende Bedeutung, da dort die Signalübertragung nicht durch Zahnräder, sondern durch zwei unterschiedliche Spannungszustände geschieht. Leibniz wird damit zum Ahnherrn unserer heutigen digitalisierten Welt, in der jede Information auf die Bits 0 und 1 zurückgeführt wird. Neben mathematischen Interessen für das duale Zahlensystem sind bei einem universalen Denker wie Leibniz auch seine philosophischen und theologischen Motivationen zu berücksichtigen. Besonders im Briefwechsel mit seinen fürstlichen Gönnern bedient sich Leibniz philosophisch-theologischer Deutungen des Dualsystems: So wie Gott aus dem Nichts alles erschafft, entstehen aus 0 und 1 alle Zahlen im Dualsystem.[12]

Die Verbindung von Rechnen mit Symbolen, mechanischen Verfahren und Wahrheitsfindung ist bis heute grundlegend für die Informatik.[13] Bereits in seiner »*Dissertatio de arte combinatoria*« beabsichtigte Leibniz, die Begriffe in ähnlicher Weise zu analysieren, wie man die Zahlen in Primzahlen zerlegen kann. Im Programm seiner »*mathesis universalis*«[14] soll zunächst jedes wissenschaftliche Problem in eine geeignete symbolische Rechensprache (*ars characteristica*, *lingua universalis*) übersetzt und kodiert werden. Dann, so glaubt er, ist es möglich, ein Problem durch ein allgemeines Rechenverfahren zu entscheiden (*ars iudicandi*). Ferner nahm er an, dass jede Lösung eines Problems durch ein Rechenverfahren

---

[12] In einem Brief vom 2. Januar 1697 an den Herzog Rudolf August zu Braunschweig und Lüneburg propagiert Leibniz das Dualsystem mit dem Entwurf einer Medaille, die diese Inschrift trägt.

[13] K. Mainzer, *Computer – Neue Flügel des Geistes? Die Evolution computergestützter Technik, Wissenschaft, Kultur und Philosophie*, Berlin 1994, Kap. 1

[14] J. Mittelstraß, The philosopher's conception of Mathesis Universalsis from Descartes to Leibniz, in: *Ann. Sci.* 36 1979, 593–610

rein mechanisch gefunden werden kann (*ars inveniendi*).[15] Letztlich würde es so möglich sein, jeden mechanischen Prozess in der Natur durch einen Rechenautomaten zu simulieren.

Grundlegend ist also die Idee einer *universellen symbolischen Sprache (lingua universalis)*, in der unser Wissen nach dem Vorbild der *Arithmetik* und *Algebra* repräsentiert werden kann. Gemeint ist ein Verfahren, mit dem »Wahrheiten der Vernunft wie in der Arithmetik und Algebra so auch in jedem anderen Bereich, in dem geschlossen wird, gewissermaßen durch einen Kalkül erreicht werden können«.[16] Dabei sollen Grundzeichen umkehrbar eindeutig den Elementarbegriffen zugeordnet werden (*ars characteristica*), aus denen sich alle übrigen Begriffe des Denkens ähnlich zusammensetzen wie z.B. die echt teilbaren natürlichen Zahlen aus Primzahlen. Die *Arithmetisierung* formaler Sprachen ist heute in der mathematischen Logik als ›*Gödelisierung*‹ bekannt. Für die *Informatik* wird also durch Leibniz das Konzept der Kodierung vorbereitet, wonach Wissen zunächst in eine geeignete symbolische Programmiersprache zu übersetzen ist, um dann arithmetisch kodiert und maschinell verarbeitet zu werden.

## Selbstorganisation des Lebens versus Maschine (Von Aristoteles bis Kant)

Die ersten Ansätze von Wissenschaft und Philosophie, die mechanische und mathematische Modelle des Lebens entwarfen, gehen auf die griechischen Atomisten und Pythagoreer zurück. Nach Demokrit sollten selbst Lebensvorgänge auf kleine unteilbare Teilchen (Atome) zurückgeführt werden, die sich im leeren Raum bewegen. In pythagoreischer Tradition brachte Platon die damals angenommenen Elemente der Natur mit den fünf regulären Körpern des euklidischen Raumes zusammen. Das alles klingt vom Standpunkt heutiger mathematischer Naturwissenschaft aus sehr modern, war aber in der damaligen Zeit zu spekulativ und wenig überzeugend. Warum sollte man auch die vertrauten Lebensvorgange durch abstrakte, starre und tote Dinge erklären, die man doch nicht wahrnehmen konnte? Viel naheliegender und realistischer war für die damaligen Menschen der umgekehrte Weg, nämlich das Unbekannte nach dem Vorbild der vertrauten organischen Lebensvorgänge zu erklären.

Daher lehnte Aristoteles (384–322 v.Chr.) den atomistischen Reduktionismus und die Mathematisierung der Lebensvorgänge als spekulativ ab. Nur die

---

[15] G.W. Leibniz, *Die philosophischen Schriften*, hrsg. v. C.I. Gerhardt Bde. 1–7, Berlin 1875–1890, Bd. VIII, 174–183; H. Hermes, *Ideen von Leibniz zur Grundlagenforschung: Die ars inveniendi und die ars iudicandi*, in: Studia Leibnitiana. Suppl. III, Wiesbaden 1969, 92–102

[16] G.W. Leibniz, *Philos. Schr. VII*, hrsg. v. C.I. Gerhardt, repr. Hildesheim 1960, 32

ewigen Kreisbewegungen der Sterne sind nach Aristoteles mathematisierbar, die Unruhe des Lebens nicht. Leben zeichnet sich nach Aristoteles durch die Fähigkeit zur Selbstbewegung aus, ohne von außen angestoßen zu werden. Leben bedeutet in diesem Sinn »eine Seele besitzen«, die wiederum als organisierende Kraft (*Entelechie*[17]) der Materie verstanden wird. Die Selbstorganisation des Lebens, so könnte man modern sagen, wird nach Aristoteles durch Ziele und Zwecke funktional gesteuert (Teleologie). So wächst der Baum aus dem Samen zu dem Zweck, seine endgültige Gestalt zu erreichen.

Bemerkenswert ist, dass Aristoteles die Natur in eine stetige Stufenfolge von mehr oder weniger belebten Organismen (*scala naturae*) gliedert und nicht in einen absoluten Gegensatz von »tot« und »lebendig« oder »organisch« und »anorganisch«:

> Die Natur macht den Übergang vom Leblosen zum Lebendigen so allmählich, dass durch die Stetigkeit desselben die Grenze zwischen beiden und die Stellung der Mittelglieder unsicher ist. Nach dem Reich des Leblosen kommt zunächst das der Pflanzen, und unter diesen sind nicht nur die einzelnen Unterschiede der größeren oder geringeren Lebendigkeit zu bemerken, sondern auch die ganze Gattung erscheint im Vergleich mit dem Anorganischen als belebt, im Vergleich mit den Tieren als leblos. Weiter ist auch der Übergang von den Pflanzen zu den Tieren ein stetiger. Denn bei manchen Seetieren kann man zweifeln, ob sie Tiere oder Pflanzen sind, da sie an dem Boden angewachsen sind und nicht losgetrennt leben können, ja die ganze Klasse der Schalentiere gleicht mit denen zusammengehalten, die gehen können, bloßen Pflanzen.[18]

Aristoteles ist einer der ersten beobachtenden Botaniker, Zoologen und Physiologen.[19] Er stellt eine erste Systematik der Pflanzen und Tiere nach unterschiedlichen Merkmalen auf und versucht, physiologische Prozesse zu beschreiben. Eine solche organische Einstellung zum Leben hat praktische Folgen z. B. in der Medizin. So lehrt später Galenus, der Leibarzt des Kaisers Marc Aurel, im Sinne aristotelischer Teleologie, dass Körperorgane vollkommen ihren Funktionen angepasst seien.[20] Als Beispiel wird auch das Verdauungssystem angeführt, das den »nützlichen« Teil der Nahrung verdaue, in das Blut absorbiere und die Abfallprodukte zurücklasse. Das Leben erfordert daher gesunde Ernährung, d. h. aristotelisch im Einklang und im Maß mit den Funktionen des Organismus.

Die entscheidende Voraussetzung der neuzeitlichen Physik war die Verbindung von Mathematik, Beobachtung, Experiment und Technik, die in der Renaissance

---

[17] Entelechie (gr. *entelecheia*) bezeichnet die Eigenschaft von etwas, sein Ziel (*telos*) in sich selbst zu haben. Der Begriff wurde von Aristoteles in seiner Metaphysik IX, 8 eingeführt.

[18] Aristoteles, *Historia animalium* 588b 4 (Aristoteles, *Tierkunde*, übers. v. P. Gohlke, Paderborn ²1957)

[19] W. Kullmann/S. Föllinger (Hrsg.), *Aristotelische Biologie. Intentionen, Methoden, Ergebnisse*, Stuttgart 1997; K. Mainzer, Die Philosophen und das Leben, in: E.P. Fischer/K. Mainzer (Hrsg.), *Die Frage nach dem Leben*, München 1990, 11–44

[20] J. Kollesch und D. Nickel, *Antike Heilkunst – Ausgewählte Texte*, Stuttgart 1994

viele Wissenschaftler anstrebten. Mit seiner scharfen Kritik an der aristotelischen Bewegungslehre leitete Galilei faktisch die Ablösung der Physik von der aristotelisch-mittelalterlichen Philosophie ein. Damit war aber keine Lösung aus der Philosophie schlechthin gemeint. Vielmehr sollte die alte durch eine neue mathematische und experimentelle Naturphilosophie abgelöst werden. Entsprechend lautet auch der Titel von Newtons Hauptwerk von 1687 »*Philosophiae naturalis principia mathematica*«. Geometrie und Mechanik werden zum Vorbild der Naturwissenschaften. In der Wissenschaftsgeschichte spricht man deshalb auch von einer Mechanisierung des Weltbildes.[21] Wie in einem großen Uhrwerk sollte in der Natur ein Rad ins andere greifen und, über viele Stufen vermittelt, Bewegungen verursachen. Wenn Gott einmal die Uhr der Natur aufgezogen hat, so funktioniert sie nach mechanischen Gesetzen in prästabilierter Harmonie, wie Leibniz sich ausdrückt.

Auch die Physiologie der Lebensvorgänge sollte nun mechanistisch erklärt werden. So modifiziert Descartes Harveys Hypothese vom Blutkreislauf, in dem das Herz als Pumpmaschine eingesetzt wurde. Allgemein stellte Descartes vom tierischen und menschlichen Körper fest, dass sich sein Mechanismus allein aus der Einrichtung der Organe ergibt »und das mit der gleichen Notwendigkeit wie der Mechanismus einer Uhr aus der Kraftlage und Gestalt ihrer Gewichte und Räder folgt«.[22] Die Anatomie des menschlichen Körpers, die man spätestens seit der Renaissance durch die Sektion von Leichen studierte, war nichts anderes als eine Anwendung der cartesischen analytischen Methode, wonach ein System zunächst in seine Teile zu zerlegen sei, um dann seine Funktion durch die Gesetze der Geometrie und Mechanik zu erklären.

Der italienische Physiker und Physiologe G. A. Borelli (1608–1679), der mit seiner Iatrophysik als Vorläufer der Biophysik verstanden werden kann, übertrug einen berühmten Ausspruch Galileis auf die Biologie, wenn er in »*De motu animalium*« feststellt:

> Und da die wissenschaftliche Erkenntnis aller dieser Dinge vorwiegend auf der Geometrie beruht, wird es richtig sein, dass Gott bei der Erschaffung der tierischen Organismen Geometrie trieb, und dass wir zu ihrem Verständnis die Geometrie brauchen; denn sie ist die einzige und passende Wissenschaft; wenn man die göttliche Schrift der Tierwelt lesen und verstehen will.[23]

Während jedoch Descartes noch eine unsterbliche Seele für den Menschen vorsah, reduzierte La Mettrie 1747 den Menschen mit dem Kampfruf »*L'homme machine*« auf einen seelenlosen Automaten, der sich von den Tieren nur durch die höhere Komplexität und Organisation seiner Teile unterscheidet. Für Kant (1724–1804)

---

[21] E.J. Dijksterhuis, *Die Mechanisierung des Weltbildes*, Berlin 1956

[22] R. Descartes, *Discours de la méthode*, übers. v. A. Buchenau, Leipzig 1919/1920, 5. Teil, 39ff.

[23] G.A. Borelli, *De motu animalium*, übers. v. M. Mengeringhausen, Leipzig 1927, 1ff.

ist La Mettries physiologische Psychologie vor allem deshalb unannehmbar, da sie keinen Raum für Spontaneität und Willensfreiheit lässt und den Menschen den (nach damaliger Auffassung) deterministischen Naturgesetzen vollständig unterwirft. Ethik (im Sinne von Kant) als Übernahme von Pflichten und Verantwortung für freie Entscheidungen wäre damit ausgeschlossen. Kalküle sind nach Kant nur Schemata und Konstruktionen des menschlichen Verstandes, mit denen er rechnend seine Vorstellungen von der Welt ordnet. Für die menschliche Vernunft postulierte er ein »Reich der Freiheit«, in dem autonome Entscheidungen möglich seien. Für Kant ist also Willensfreiheit eine Forderung (»Postulat«) der Vernunft, um Verantwortung und Schuld als Grundlage unserer Rechtssysteme zu ermöglichen, keine naturwissenschaftliche Tatsache. Aber auch Leibnizens Automaten (Monaden) werden zurückgewiesen, da sie, wie Kant meint, die menschliche Erfahrung übersteigen. In Kants »Kritik der Urteilskraft« wird die Rede von Automaten nur noch als Metapher verwendet, um die Selbstorganisation von lebenden Organismen zu illustrieren.[24]

Auf dem Hintergrund von Kants Kritik am mechanistischen Weltbild entsteht Anfang des 19. Jahrhunderts in Deutschland eine romantische Naturphilosophie, in der Natur wieder als Organismus begriffen wird. Friedrich Wilhelm Schelling (1775–1854) entwirft eine »Wissenschaft vom Lebendigen«, in der er Organisation und Reproduktion als Kennzeichen des Lebendigen herausstellt:

> Es ist also eine Organisation, die durch alle diese Stufen herab allmählich bis in die Pflanze sich verliert, und eine ununterbrochen wirkende Ursache, die von der Sensibilität des ersten Tiers an bis in die Reproduktionskraft der letzten Pflanze sich verliert.[25]

Lorenz Oken (1779–1851), Mediziner und Gründungsrektor der Universität Zürich, beschreibt als Anhänger der romantischen Naturphilosophie einen »Planetarischen Prozess«, in dem der lebende Organismus aus einer Synthese von Magnetismus, Chemismus und Galvanismus erklärt wird.[26] So modern uns heute Grundbegriffe wie Selbstorganisation und Selbstreproduktion anmuten, so bleiben sie damals Spekulation, bestenfalls geniale Intuition, da eine entsprechend experimentell-naturwissenschaftliche Basis fehlt.[27]

---

[24] I. Kant, *Kritik der Urteilskraft*, 65, B 291 f.

[25] F.W.J. Schelling, *Sämtliche Werke* Bd. II (hrsg. v. M. Schröter), München 1927, 206 f.

[26] L. Oken, *Lehrbuch der Naturphilosophie*, Jena 1831, 32 ff.

[27] R. Paslack, *Urgeschichte der Selbstorganisation. Zur Archäologie eines wissenschaftlichen Paradigmas*, Braunschweig 1991

## Evolution und Selektion des Lebens (Darwin)

Das friedliche Bild eines sich organisch und harmonisch entfaltenden Lebens wurde bald schon in der Biologie verdrängt. Charles Darwins Lehre von der Entwicklung der biologischen Arten durch natürliche Zuchtauswahl schien die Annahme von zielgerichteten (teleologischen) Kräften der belebten Natur überflüssig zu machen.[28]

Die Durchsetzung einer Art im »*survival of the fittest*« (Herbert Spencer) hängt kausal vom größeren Selektionsvorteil unter bestimmten Umweltbedingungen (z.B. Nahrung, Klima) ab. Dabei greift Darwin Ideen auf, die vorher teilweise auch bereits Jean-Baptiste de Lamarck (1744–1829) geäußert hatte.[29] Allerdings lehnt er Lamarcks Annahme, dass durch Lernen erworbene Eigenschaften vererbbar seien, entschieden ab. Entscheidend sind für Darwin die Variabilität einer Art und die natürliche Selektion, die der Entwicklung eine Richtung gibt. Viele Zeitgenossen empfanden den Darwinismus nicht nur als naturwissenschaftliche Theorie. Darwins Evolutionstheorie entwarf vielmehr ein Bild des Lebens, in dem sich die Gesellschaft des 19. Jahrhunderts mit ihrer stürmischen Fortschrittsdynamik, den Erfolgen der »Tüchtigen« und der erbarmungslosen Verelendung und Selektion der »Schwachen« wiedererkannte. Seit dieser Zeit spricht man auch vom Sozialdarwinismus als einer politischen Einstellung.[30]

Eine Ausweitung der Evolution des Lebens vom Einzeller bis zum Menschen trägt in der zweiten Hälfte des 19. Jahrhunderts Ernst Haeckel vor. Dabei konnte die Evolutionstheorie in dieser Zeit keineswegs mit bereits bestätigten physikalischen und chemischen Theorien begründet werden. Außer einigen morphologisch vergleichenden Studien lag nämlich zur Zeit Darwins als Bestätigung wenig vor. So beschreibt Darwin zwar die Variabilität einer Art und die natürliche Selektion, ohne sie aber erklären zu können. Die Vererbungsgesetze Mendels (1865) waren ihm (wie seinen Zeitgenossen) unbekannt. Dennoch wird einer der großen Physiker des 19. Jahrhunderts rückblickend auf sein Jahrhundert sagen:

> Wenn Sie mich nach meiner innersten Überzeugung fragen, ob man unser Jahrhundert einmal das eiserne Jahrhundert oder das Jahrhundert des Dampfes oder der Elektrizität nennen wird, so antworte ich ohne Bedenken, das Jahrhundert Darwins wird es heißen.[31]

Die Rede ist von Ludwig Boltzmann (1844–1909). Als Physiker hatte er die Atomhypothese der Chemiker übernommen und eine statistisch-molekulare Be-

---

[28] C. Darwin, *Gesammelte Werke*, übers. v. J. Victor Carus, Frankfurt am Main 2006

[29] W. Lefèvre, *Jean Baptiste Lamarck*, in: I. Jahn, M. Schmitt: *Darwin & Co. Eine Geschichte der Biologie in Portraits*. Bd. 1, München 2001, 176–201

[30] F. Wuketits, *Darwin und der Darwinismus*, München 2005

[31] L. Boltzmann, Der zweite Hauptsatz der mechanischen Wärmetheorie, in: ders., *Populäre Schriften*, Leipzig 1905, 24–46

gründung der Wärmetheorie, also der Thermodynamik, verfochten. 1886 gab Boltzmann die physikalische Erklärung der Photosynthese, die ja eine bioenergetische Voraussetzung des Lebens ist. Als Naturphilosoph entwarf er um die Jahrhundertwende ein Gesamtbild des Lebens, das auf der Evolutionstheorie, der Thermodynamik und dem übrigen physikalischen und chemischen Wissen des 19. Jahrhunderts gründet und in vielem bereits unser heutiges naturwissenschaftliches Bild des Lebens vorwegnimmt.

Wie ist es möglich, dass in einer Natur, die nach dem zweiten Hauptsatz der Thermodynamik auf Unordnung, Tod und Zerfall programmiert scheint, die Evolution des Lebens zu immer komplexeren Ordnungs- und Lebenssystemen stürmt? Boltzmann gibt Erklärungen, die bereits moderne biochemische Grundbegriffe der molekularen Selbstvermehrung (Autokatalyse) und des Energie- und Stoffwechsels (Metabolismus) entwerfen:

> »Wir machen die Hypothese«, so schreibt Boltzmann, »es hatten sich Atomkomplexe entwickelt, die imstande waren, sich durch Bildung Gleichartiger um sich herum zu vermehren. Von den so entstandenen größeren Massen waren jene am lebensfähigsten, die sich durch Teilung zu vervielfältigen vermochten, dann jene, denen eine Tendenz innewohnte, sich nach Stellen günstiger Lebensbedingungen hinzubewegen.«

Die Entstehung von ersten primitiven Lebewesen führt Boltzmann auf eine Auslese aus unbelebten Bausteinen zurück, die er 1904 mit der Brownschen Bewegung in Zusammenhang brachte:

> … es waren also zunächst nur ganz einfache Individuen, einfache Zellen oder Protoplasmaklümpchen vorhanden. Stete Bewegung, die sogenannte Brownsche Molekularbewegung, ist ja, wie man weiss, allen kleinen Klümpchen eigen; ein Anwachsen durch Aufsaugen ähnlicher Bestandteile und eine nachherige Vermehrung durch Teilung ist auf rein mechanischem Wege vollkommen begreiflich. Ebenso begreiflich ist es, dass die raschen Bewegungen durch die Umwelt beeinflusst und modifiziert wurden. Solche Klümpchen, bei denen diese Modifikation in dem Sinne erfolgte, dass sie sich durchschnittlich (mit Vorliebe) dorthin bewegten, wo es besser zum Aufsaugen geeignete Stoffe (bessere Nahrung) gab, gelangten besser zum Wachstum und häufiger zur Fortpflanzung und überwucherten daher bald alle anderen.[32]

Die Pflanzen, die ihren Körper aus einfachen Bestandteilen, aufbauen, sind nach Boltzmann als komplexe Ordnungsgebilde unwahrscheinliche Strukturen, die gegen die in ihrem Körper (nach dem zweiten Hauptsatz) spontan auftretende Tendenz zur Entropievermehrung mit Sonnenlicht ankämpfen. Wegen der hohen Temperatur der Sonne wird der Erde Energie verhältnismäßig niedriger Entropie zugeführt, die zur Kompensierung der spontanen Entropiezunahme in den Pflan-

---

[32] L. Boltzmann, *Entgegnung auf einen von Prof. Oswald über das Glück gehaltenen Vortrag*, in: s. Anm. 28, 225–239

zen verwendet werden kann. Boltzmann stellt deshalb zur Photosynthese 1886 fest:

> Der allgemeine Daseinskampf der Lebewesen ist daher nicht ein Kampf um die Grundstoffe … Auch nicht um Energie, welche in Form von Wärme, leider unverwandelbar, in jedem Körper reichlich vorhanden ist, sondern ein Kampf um die Entropie, welche durch den Übergang von der heißen Sonne zur kalten Erde disponibel wird. Diesen Übergang möglichst auszunützen, breiten die Pflanzen die unermesslichen Flächen ihrer Blätter aus und zwingen die Sonnenenergie in noch unerforschter Weise, ehe sie auf das Temperaturniveau der Erde herabsinkt, chemische Synthesen auszuführen, von denen man in unseren Laboratorien noch keine Ahnung hat. Die Produkte dieser chemischen Küche bilden das Kampfobjekt für die Tierwelt.[33]

Boltzmann verlängerte seine physikalisch begründete Evolutionstheorie bis zur stammesgeschichtlichen Entwicklung des Nervensystems und der damit verbundenen Entstehung von Gedächtnis und Bewusstsein. Danach wurde bereits das Überleben einfacher Lebewesen durch die Empfänglichkeit für äußere Eindrücke, chemische Beschaffenheit und Bewegung des umgebenden Mediums wie z.B. Licht und Schatten gefördert. Die Empfindlichkeit führte nach Boltzmann zur Entwicklung von Empfindungsnerven, die Beweglichkeit zu Bewegungsnerven:

> Das Gehirn betrachten wir als den Apparat, das Organ zur Herstellung der Weltbilder, welches sich wegen der großen Nützlichkeit dieser Weltbilder für die Erhaltung der Art entsprechend der Darwinschen Theorie beim Menschen geradeso zur besonderen Vollkommenheit ausbildete, wie bei der Giraffe der Hals, beim Storch der Schnabel zu ungewöhnlicher Länge.[34]

Auch die Fähigkeit, Begriffe und Denkansätze zu bilden, werden von Boltzmann evolutionistisch erklärt. Aus der Tatsache, dass jeder Mensch in den Kategorien von Raum, Zeit und Kausalität denkt, folgert er ihre genetische Verankerung. Denkgesetze werden nun evolutionistisch durch ihre Zweckmäßigkeit beim Kampf der Vorfahren ums Überleben gedeutet. Boltzmann zögert nicht, die gesamte kulturelle und gesellschaftliche Entwicklung der Menschheit als Fortsetzung der biologischen Evolution zu erklären. Technik und Maschinen liefern dazu die Werkzeuge, mit denen Menschen ihre organischen Fähigkeiten verstärken und erweitern.

---

[33] L. Boltzmann, s. Anm. 14

[34] L. Boltzmann, *Über die Frage nach der objektiven Existenz der Vorgänge in der unbelebten Natur*, in: ders., s. Anm. 14, 94–119

## Anfänge der Rechenmaschinen und Computer

Rechenmaschinen erweitern die menschliche Fähigkeit des Rechnens mit atemberaubender Beschleunigung. In den Rechenmaschinen des 17. und 18. Jahrhunderts musste jeder elementare Rechenschritt einer Rechenaufgabe noch per Hand eingegeben und nacheinander ausgeführt werden. Die Weiterentwicklung zur programmgesteuerten Rechenmaschine wurde maßgeblich durch die aufkommende industrielle Fertigung der Manufakturen gefördert. Seit Mitte des 18. Jahrhunderts finden sich Versuche, um das Weben von Stoffmustern zunächst mit Walzen nach dem Vorbild barocker Spielautomaten, dann durch hölzerne Lochkarten zu steuern. Bereits um 1800 arbeiteten nach diesem Prinzip über tausend in Serie hergestellte automatische Webstühle in Europa.

Diese Idee der Programmsteuerung wendete der englische Mathematiker Charles Babbage (1792–1871) auf Rechenmaschinen an.[35] Seine »*analytical engine*« sah neben einem vollautomatischen Rechenwerk (*mill*) für die vier Grundrechenarten nach dem Prinzip dekadischer Zahnräder und einem Zahlenspeicher (*store*) für 1000 Zahlen von je 50 Stellen weiterhin eine Lochkartensteuereinheit, ein Dateneingabegerät für Zahlen und Rechenoperationen und ein Datenausgabewerk mit Druckvorrichtung vor. Damit sind die wesentlichen Komponenten einer programmgesteuerten digitalen Rechenmaschine genannt. Zu Lebzeiten von Babbage scheiterte ihre Realisation am damaligen Stand der Feinmechanik. Später erwies sie sich in allen Teilen als funktionstüchtig.

Für die Computerphilosophie wird Babbages Mitstreiterin, die Countess of Lovelace und Tochter Lord Byrons, bedeutsam. Aufgrund ihrer Erfahrung als Programmiererin der Babbage-Maschine prognostiziert sie:

> Die Analytical Engine wird andere Dinge außer Zahlen bearbeiten. Wenn man Tonhöhen und Harmonien auf sich drehende Zylinder überträgt, dann könnte diese Maschine umfangreiche und auf wissenschaftliche Weise erzeugte Musikstücke jeder Komplexität und Länge komponieren. Allerdings kann sie nur das schaffen, was wir ihr zu befehlen wissen.[36]

Programmgesteuerte Maschinen können danach nie kreativ sein und Neues erzeugen, das nicht vorher in die Maschine als Programm eingegeben wurde. Orientiert am Konzept sequentieller Programmierung wird dem Computer jegliche Fähigkeit zu Spontaneität und Kreativität abgesprochen. Kunst ist danach etwas typisch Menschliches.

---

[35] C. Babbage, *On the mathematical powers of the calculating engine* (unpublished manuscript, Dec. 1837), in: B. Randell (Hrsg.), The Origins of Digital Computers – Selected Papers, Berlin 1975, 17–52

[36] Countess of Lovelace, *Translator's notes to an article on Babbage's Analytical Engine*, in: Scientific Memoirs, hrsg. v. R. Taylor, vol. 3 1842, 691–731

Babbages programmgesteuerte Rechenmaschine ist der Höhepunkt des Rechnerbaus im Zeitalter der Mechanik. Faradays und Maxwells Elektrodynamik und der Fortschritt der Elektrotechnik um die Jahrhundertwende brachten neue technische Möglichkeiten zur Konstruktion von Rechnern. An die Stelle von Zahnrädern traten nun Scheiben, die durch Elektromagneten gedreht wurden. Durch Elektrodynamik und elektrotechnische Industrie in der zweiten Hälfte des 19. Jahrhunderts werden neue technische Voraussetzungen zur Konstruktion von Rechnern gelegt. Während Holleriths Tabulierungs- und Zählmaschine zum Einsatz kommt, denkt der spanische Ingenieur Torres y Quevedo über Steuerungsprobleme für Torpedos und Boote nach und konstruiert 1911 den ersten Schachautomaten für einen Endkampf Turm-König gegen König.

Elektrizität, Licht und Strom inspirieren auch Literaten, Science-Fiction Autoren und die beginnende Filmindustrie. 1879 erscheint der Roman *›L'Ève nouvelle‹* (Neue Eva), in dem eine künstliche Frau durch Elektrizität belebt und mit Geist ausgestattet wird, wie früher bereits Mary Shelleys ›Frankenstein‹. 1923 erdichtet der tschechische Schriftsteller Capek eine Familie von Robotern, mit denen die Menschheit von schwerer Arbeit befreit werden soll. Schließlich werden die Roboter mit Emotionen versehen. Als Maschinenmenschen können sie ihr Sklavendasein nicht länger ertragen und proben den Aufstand gegen ihre menschlichen Herren. In den Kinos laufen Filme wie *›Homunculus‹* (1916), *›Alraune‹* (1918) und *›Metropolis‹* (1926).

Technisch wurden bald auch bistabile Kippschalter (*flip-flop*) erfunden, mit dem duale Signale übermittelt werden konnten. Seit Anfang der 30er Jahre des letzten Jahrhunderts wurden die ersten dualen Rechenmaschinen gebaut. So konstruierte der Engländer E.W. Phillips eine duale Multiplikationsmaschine, in der binäre Zahlen durch elektrische Impulse übertragen werden.[37] Nach dem Franzosen Louis Couffignal entwickelte der deutsche Ingenieur Konrad Zuse (1910–1995) seit 1936 zunächst mechanische, später elektromechanische Dualrechner.[38]

In der Industrie- und Militärforschung wurden in den 30er Jahren zwar erste Spezialrechner für begrenzte Rechenaufgaben gebaut. Grundlegend war aber die Entwicklung von universellen programmgesteuerten Computern, die für unterschiedliche Anwendungen programmiert werden können. Am 11. April 1936 meldete Zuse seine ›Verfahren zur selbsttätigen Durchführung von Rechnungen mit Hilfe von Rechenmaschinen‹ zum Patent an.[39] 1938 ist mit der Z1 eine erste mechanische Version fertig, die 1941 durch die Z3 mit elektromechanischen Relais-

[37] E.W. Phillips, Binary calculations, in: *J. Inst. Actuaries* 67 1936, 187–221

[38] K. Zuse, *Der Computer – mein Lebenswerk*, Berlin/München 1970; ders., *Entwicklungslinien einer Rechengeräte-Entwicklung von der Mechanik zur Elektronik*, in: W. Hoffmann (Hrsg.), Digitale Informationswandler, Braunschweig 1962, 508–532

[39] K. Zuse, *Verfahren zur selbsttätigen Durchführung von Rechnungen mit Hilfe von Rechenmaschinen.* Deutsche Patentanmeldung Z 23624 (11. April 1936)

schaltern ersetzt wird. Z3 ist der erste programmkontrollierte Computer (Z3) mit einem Relaisspeicher von 2600 Relais für 64 Worte mit einer Wortlänge von je 22 Bit. Mit Bit (Abk. für engl. *binary digit*) wird die kleinste Darstellungseinheit für Daten in binärer Zahlendarstellung bezeichnet, d.h. ein Bit kann für Null oder Eins stehen. Die Multiplikationszeit der Z3 betrug 3 Sekunden.

Grundlegend ist Zuses Architektur von getrennten Einheiten, die unabhängig von der damaligen technischen Realisation auch in heutigen Computern noch anzutreffen sind: Speicher, Rechenwerk, Kontrolleinheit für die einzelnen Befehle, Ein- und Ausgabeeinheiten für Zahlen und Steuerung (durch einen Lochstreifen). Interne Rechenvorgänge sind in Binärzahlen, also 0 und 1 kodiert. Dezimalzahlen werden bei der Eingabe automatisch in Binärzahlen verschlüsselt, die bei der Ausgabe wieder dezimal übersetzt werden.

Für das Konzept programmgesteuerter Universalrechner ist das Jahr 1936 ein ›*annus mirabilis*‹. Was der Ingenieur Zuse technisch entwirft, wird von dem britischen Logiker und Mathematiker Alan M. Turing (1912–1954) als logisch-mathematischer Begriff definiert: Was ist überhaupt ein maschinelles Rechenverfahren, unabhängig von seiner technischen Umsetzung? *Turings ideale Rechenmaschine* setzt neben einem unbegrenzten Speicher nur kleinste und einfachste Programmbefehle voraus, auf die im Prinzip jedes noch so komplizierte Computerprogramm zurückgeführt werden kann. Auf diesen Meilenstein logisch-mathematischen Denkens werden wir noch ausführlich in Kapitel 5 eingehen.

Der erste voll elektronische Rechner mit 18 000 Elektronenröhren war ENIAC (Electronic Numerical Integrator and Automatic Calculator), der 1946 von J. Presper Eckert und John W. Mauchly fertiggestellt wurde (Multiplikationszeit 3 Millisekunden).[40] Im selben Jahr schlug der ungarisch-amerikanischen Mathematiker John von Neumann (1903–1957) seine bahnbrechenden Konzepte zur Konstruktion eines universellen Computers vor, der technischen, wissenschaftlichen und kommerziellen Zwecken genügen sollte. Bis heute orientieren sich die meisten Rechenanlagen an den Strukturprinzipien eines von-Neumann-Computers. Dieser Rechnertyp besteht aus den fünf Funktionseinheiten: Steuerwerk, Rechnerwerk, Speicher, Eingabewerk und Ausgabewerk. Die Struktur eines von-Neumann-Computers ist unabhängig von den zu bearbeitenden Problemen.

Zur Lösung eines Problems muss von außen eine Bearbeitungsvorschrift (»Programm«) eingegeben und im Speicher abgelegt werden. Programme, Daten, Zwischen- und Endergebnisse werden in demselben Speicher abgelegt. Der Speicher ist in gleich große Zellen unterteilt, die fortlaufend durchnummeriert sind. Über die Adressennummer einer Speicherzelle kann deren Inhalt abgerufen oder verändert werden. Aufeinanderfolgende Befehle eines Programms werden in aufeinanderfolgenden Speicherzellen abgelegt. Das Ansprechen des nächsten Befehls

---

40 H.H. Golstine und A. Goldstine, *The Electronic Numerical Integrator and Computer* (ENIAC), in: M.T.A.C. (The American Mathematical Society) 2151946, 97–110

geschieht vom Steuerwerk aus durch Erhöhen der Befehlsadresse um Eins. Durch Sprungbefehle kann von der Bearbeitung der Befehle in der gespeicherten Reihenfolge abgewichen werden. Dabei werden arithmetische Befehle (z.B. Addieren, Multiplizieren), logische Befehle (z.B. logische Verknüpfungen wie »und«, »oder«), Transportbefehle (z.B. vom Speicher zum Rechenwerk), bedingte Sprünge und sonstige Befehle (z.B. Unterbrechen, Warten) unterschieden. Alle Daten (z.B. Befehle, Adressen) werden binär kodiert. Besondere Schaltwerke besorgen die erforderlichen Dekodierungen. Die Funktionseinheiten eines von-Neumann-Computers sind unabhängig von den jeweiligen technischen Standards, mit denen sie historisch realisiert wurden.

Der Name John von Neumann ist nicht nur mit der technischen Entwicklung von ENIAC verbunden. Die Forschungsrichtung des *›Künstlichen Lebens‹* beginnt mit seiner mathematischen Theorie zellulärer Automaten, die sich ähnlich wie natürliche Organismen selbst reproduzieren können. Auch darauf wird noch näher in den Kapiteln 5–6 eingegangen. Zuse stellte eine Analogie zwischen den Mustern zellulärer Automaten und der Verteilung von physikalischen Teilchen in Raum und Zeit her. Er spricht von *›Digitalteilchen‹* im *›Rechnenden Raum‹* und begreift das Universum selbst als Computer. Leibnizens *›Mathesis Universalis‹* ist damit für das 20. Jahrhundert neu formuliert.

Seit den 50er Jahren werden Computergenerationen unterschieden, wobei jede Generation durch die verwendete Schaltkreistechnologie charakterisiert ist.[41] In der 1. Generation bis Ende der 50er Jahre werden Elektronenröhren als Schaltelemente mit einer Geschwindigkeit von ca. 1000 Additionen pro Sekunde verwendet. In der 2. Generation bis Ende der 60er Jahre folgen Halbleiterschaltkreise mit Transistoren und Dioden, die eine Geschwindigkeit von 10 000 Additionen pro Sekunde erlauben. In der 3. Generation seit Mitte der 60er Jahre werden teilweise integrierte Schaltkreise mit einer Geschwindigkeit von circa 500 000 Additionen pro Sekunde benutzt. In der 4. Generation seit Anfang der 70er Jahre überwiegen hochintegrierte Schaltkreise mit einer Geschwindigkeit von ca. 10 Millionen Additionen pro Sekunde. In der 5. Generation seit Anfang der 80er Jahre gibt es höchstintegrierte Schaltkreise mit mehreren Prozessoren auf einem Chip (d.h. auf einem Plättchen aus einem Halbleitermaterial wie z.B. Silizium). Damit sind wir in der jüngsten Technikgeschichte des Computers angelangt, in der Computermodelle des Lebens entworfen werden konnten.

---

[41] Zur deutschen Entwicklung der Informatik vgl. K. Mainzer, *Entwicklungsfaktoren der Informatik in der Bundesrepublik Deutschland*, in: W. van den Daele, W. Krohn und P. Weingart (Hrsg.), Geplante Forschung. Vergleichende Studien über den Einfluss politischer Programme auf die Wissenschaftsentwicklung, Frankfurt 1979, 117–180

# 2
# Dynamische Systeme – Schlüssel zur Komplexität der Welt

## Entropie und Zerfall (2. Hauptsatz der Thermodynamik)

Die Welt ist durch eine komplexe Vielfalt von Ordnungen und Strukturen bestimmt. Wie konnten sie entstehen und warum zerfallen sie wieder? Komplexitätsforschung beschäftigt sich fachübergreifend mit der Frage, wie durch die Wechselwirkung vieler Elemente eines komplexen Systems (z.B. Moleküle in Flüssigkeiten, Gene in Zellen, Zellen in Organismen) Ordnungen und Strukturen entstehen können, aber auch Chaos und Zusammenbrüche.[42] Ein physikalischer Schlüssel zur Erklärung dieser Vorgänge ist der Entropiebegriff aus der Thermodynamik, mit dem sich der Grad der Unordnung in komplexen Systemen mit vielen Elementen wie z.B. Molekülen in Gasen messen lässt.

Die Thermodynamik entstand historisch aus der Wärmelehre. Aus dem Alltag ist das Verhalten von Wärme in isolierten Systemen bekannt. Eine Tasse mit warmem Kaffee in einem isolierten Zimmer kühlt spontan auf nahezu die sie umgebende Zimmertemperatur ab, die ein wenig durch den heißen Kaffee erwärmt wird. Der umgekehrte Vorgang einer spontanen Erwärmung des Kaffees gegenüber der Zimmertemperatur wurde nie beobachtet. Wärme fließt offenbar so lange, bis sie überall gleich verteilt ist und kein Temperaturgefälle im System mehr existiert. In den sechziger Jahren des 19. Jahrhunderts hatte der deutsche Physiker Rudolf Clausius (1822–1888) daher einen »Verwandlungswert« (Entropie) der Wärme eingeführt, der anschaulich den Wärmeaustausch eines Systems bei vorgegebener Temperatur misst.[43] Nach dem 2. Hauptsatz der Thermodynamik verteilt sich Wärme in einem isolierten System immer so, dass Entropie niemals abnimmt, sondern zunimmt, bis ein maximaler Wert im thermischen Gleichgewicht erreicht ist. Dann bleibt die Entropie unverändert (konstant).

Die erwärmte Luft und die erwärmte Flüssigkeit bei unserer Tasse Kaffee im isolierten Raum sind Beispiele für komplexe Systeme, die aus vielen Gas- bzw. Flüssigkeitsmolekülen bestehen. Je nach Temperatur kommt es zu mehr oder weniger heftigen Wechselwirkungen der Moleküle, die zu unterschiedlichen Verteilungen und damit Ordnungsgraden führen. Der schon erwähnte Physiker Ludwig Boltzmann (1844–1909) schlug daher eine statistisch-mechanistische

---

[42] K. Mainzer, *Komplexität*, Paderborn 2008

[43] I. Schneider, Rudolph Clasius' Beitrag zur Einführung wahrscheinlichkeitstheoretischer Methoden in der Physik der Gase nach 1856, in: *Archive for History of Exact Sciences* 14 1974/1975, 237–261

Erklärung vor, indem er die Makrozustände eines Systems wie z.B. Wärme der Luft auf die Stoßmechanik ihrer Moleküle zurückführte. Allgemein erklärt also die statistische Mechanik den Makrozustand eines komplexen Systems durch Mikrozustände seiner wechselwirkenden Elemente.[44]

Man sagt daher, dass ein beobachteter Makrozustand durch eine Anzahl $W$ von Mikrozuständen verwirklicht wird. Die Anzahl $W$ der Verteilungsmöglichkeiten der Mikrozustände, die den momentanen Gesamtzustand des Systems bestimmen, wird thermodynamische Wahrscheinlichkeit dieses Systemzustands genannt. Nach Boltzmann ist die Entropie ein Maß für die Verteilungsmöglichkeiten der Mikrozustände der Elemente eines Systems, die einen Makrozustand erzeugen. Daher entspricht die thermodynamische Wahrscheinlichkeit $W$ der Entropie $S$, die im Gleichgewichtszustand maximal ist. Bei den unüberschaubar vielen Elementen eines komplexen Systems wie z.B. einem Gas kommt es darauf an, ein praktikables additives Maß für $W$ zu finden. Das leistet der Logarithmus (naturalis) von $W$. Daher gilt nach Boltzmann die Formel $S = k_B \ln W$ mit der Boltzmann-Konstanten $k_B$.

Die Entropie eines komplexen Systems hängt in anschaulicher Weise mit dem Informationsstand über den Zustand des Systems zusammen.[45] Nach dem 2. Hauptsatz der Thermodynamik entwickeln sich abgeschlossene Systeme hin zu diesem Zustand, in dem alle Ordnungszusammenhänge zwischen Systemelementen zerfallen. Im thermischen Gleichgewicht sind die Systemelemente zufällig gleichmäßig verteilt. Zunehmender Unbestimmtheit, Zufälligkeit und Entropie nach dem 2. Hauptsatz entspricht abnehmende Information über die einzelnen Systemelemente. Ein Stück Würfelzucker ist zunächst ein hochgeordneter Kristall mit genau bestimmten Positionen seiner Moleküle. Im Kaffee löst er sich auf, Entropie nimmt zu und die Positionen der einzelnen Zuckermoleküle werden zunehmend unbestimmter. Im thermischen Gleichgewicht uniformer Gleichverteilung ist die Unbestimmtheit maximal und damit die Information minimal. Ordnung geht in Unordnung über. In isolierten Systemen scheint nach dem 2. Hauptsatz alles auf den Zerfall von Ordnung und Information programmiert.

---

[44] L. Boltzmann, *Über die mechanische Bedeutung des Zweiten Hauptsatzes der Wärmetheorie* (1866), in: ders., Wissenschaftliche Abhandlungen, hrsg.v. F. Hasenöhrl Bd. 1, Leipzig 1909, repr. New York 1968, 9–33; ders., *Analytischer Beweis des zweiten Hauptsatzes der mechanischen Wärmetheorie aus den Sätzen über das Gleichgewicht der lebendigen Kraft* (1871), in: Wiss. Abh. (s.o.) Bd. 1, 288–308; ders., Weitere Studien über das Wärmegleichgewicht unter Gasmolekülen (1872), in: Wiss. Abh. (s.o.) Bd. 1, 316–402

[45] W. Ebeling, J. Freund und F. Schweitzer, *Komplexe Strukturen: Entropie und Information*, Leipzig 1998

## Selbstorganisation und die Entstehung von Neuem

Neue Ordnungsstrukturen entstehen in Systemen fern des thermischen Gleichgewichts[46] dadurch, dass äußere Kontrollgrößen wie z.B. Temperatur oder Energiezufuhr verändert werden, bis der alte Systemzustand instabil wird und in einen neuen Zustand umschlägt. Dabei spielen Zufallsfluktuationen eine entscheidende Rolle. Sie treiben die Systemänderung an. Bei kritischen Werten instabiler Zustände entstehen spontan makroskopische Ordnungsstrukturen, die sich durch kollektive Wechselwirkung der Systemteilchen organisieren. Diese Selbstorganisation von Strukturen in der Natur wird in der Thermodynamik des Nichtgleichgewichts durch Phasenübergänge der Systeme in instabilen Situationen aufgrund von Zufallsfluktuationen erklärt.[47]

Als einfaches Beispiel betrachten wir das sogenannte Bénard-Experiment.[48] Ein System ist im thermischen Gleichgewicht mit seiner Umgebung, wenn makroskopische Eigenschaften wie z.B. Druck und Temperatur, die das System als Ganzes beschreiben, völlig mit der Umgebung übereinstimmen. Im Bénard-Experiment betrachten wir eine Schicht Flüssigkeit zwischen zwei horizontalen und parallelen Platten. Die Flüssigkeit strebt sich selbst überlassen in das thermische Gleichgewicht, d.h. einen homogenen Zustand, in dem statistisch die Moleküle bzw. Flüssigkeitsteilchen ungeordnet, unabhängig und daher nicht unterscheidbar verteilt sind.

Eine Störung liegt dann vor, wenn eine der Platten erwärmt wird. Bei geringen Temperaturunterschieden kehrt das System selbständig zum Gleichgewichtszustand zurück. Wird die Temperaturdifferenz aber weiter erhöht und vom Gleichgewichtszustand weggetrieben, treten plötzlich neue makroskopische Formen in der Flüssigkeit auf, d.h. sie organisiert sich in kleinen regelmäßigen Zellen, in denen Flüssigkeitsschichten rotieren (Bénard-Konvektion). Ursache ist eine auf- und absteigende Strömung, die durch die unterschiedlich erwärmten Platten eingeleitet wird. Die Flüssigkeit dreht sich in den Konvektionszellen abwechselnd zu benachbarten Zellen nach links oder rechts und zeichnet damit jeweils eine Richtung aus. Die anfängliche Symmetrie des Gleichgewichtszustands wird also gebrochen. Welche Ordnung (d.h. Richtung) sich in einer Konvektionszelle durchsetzt,

---

46 Die Entstehung von Ordnung im und nahe dem thermischen Gleichgewicht wird untersucht von z.B. L.D. Landau/E.M. Lifschitz, *Lehrbuch der theoretischen Physik* Bde. V, IX, Berlin 1980. Beispiele sind z.B. Kristalle und Makromoleküle, wie sie z.B. in der Nanoforschung und makromolekularen Chemie synthetisiert werden.

47 I. Prigogine, *Étude Thermodynamique des Phénomènes Irréversibles*, Paris 1947; G. Nicolis und C. Nicolis, Foundations of Complex Systems, in: *European Review* (Academia Europaia) 17 2 2009, 237–248

48 A. Bénard, *Rev. Gen. Sci. Pures Appl.* 12 1900, 1261

wird an einem kritischen Instabilitätspunkt aufgrund von zufälligen Anfangsfluktuationen entschieden.

Nichtgleichgewichtszustände treten in der Natur massiv auf. Ein Beispiel ist die Biosphäre, die einem Energiefluss ausgesetzt ist, der durch den Strahlungsausgleich zwischen Sonne und Erde zustande kommt. In der Meteorologie lässt sich das spontane Entstehen von Wolkenmustern als Phasenübergang beschreiben, der bei bestimmten kritischen Werten von z. B. Temperatur und Strömung bestimmter Schichten der Atmosphäre auftritt. Strömungsmuster von Luft- und Wasserwirbel entstehen bei Erhöhung der Strömungsgeschwindigkeit durch Energiezufuhr. In Abhängigkeit von der Energiezufuhr werden immer komplexere Muster ausgebildet. In einem Fluss hinter einem Hindernis (z. B. Brückenpfeiler) treten in Abhängigkeit von der Strömungsgeschwindigkeit Strömungsmuster wachsender Komplexität auf. Zunächst besitzt der Fluss in Ruhe ein homogenes Oberflächenbild. Er befindet sich in einem Gleichgewichtszustand. Bei Erhöhung der Strömungsgeschwindigkeit kommt es zur Wirbelbildung. Zunächst beobachtet man einzelne periodische Wirbelmuster, die sich schließlich in quasi-periodischen Mustern verbinden und bei sehr starker Strömung in ein komplexes und chaotisches Strudelbild umschlagen.

Komplexe Systeme bilden fernab des thermischen Gleichgewichts spontan neue makroskopische Formen und Eigenschaften.[49] Man spricht auch von der Emergenz makroskopischer Strukturen, die nicht einfach ein additives Aggregat von Systemelementen sind, sondern neue Ordnungskorrelationen der Systemelemente in einer makroskopischen Form und Gestalt erzeugen. Um die Phasenübergänge von komplexen Systemen jenseits von kritischen Schwellenwerten geometrisch zu veranschaulichen, werden baumartige Verzweigungs (Bifurkations)-Diagramme verwendet, die an Darwins Evolutionsbaum erinnern (Abb. 2). Dabei werden die Zustände des Systems in Abhängigkeit von einem Kontrollparameter aufgetragen.

Für das Beispiel der Bénard-Konvektion liegt bei kleinen Werten des Kontrollparameters (d. h. geringe Temperaturdifferenz der oberen und unteren Platte) das thermische Gleichgewicht vor, das interne Fluktuationen selber dämpft. Überschreitet der Kontrollparameter einen kritischen Schwellenwert, wird dieser Zweig der Zustände instabil. Das System vermag die eigenen Schwingungen nicht mehr zu dämpfen und schlägt im Fall des Bénard-Experiments in eine der beiden möglichen Entwicklungszweige um, in denen sich links- oder rechtsdrehende Bénard-Zellen organisieren. Die Verzweigungspunkte sind die geometrische Veranschaulichung der spontanen Symmetriebrechungen, die für komplexe dynamische Systeme charakteristisch sind. Dort wirken die Zufallsfluktuationen. In den Verzweigungsästen liegen lokal stabile Ordnungsmuster vor, die bei weiterer

---

49 G. Nicolis und I. Prigogine, *Die Erforschung des Komplexen*, München 1987

Erhöhung des Kontrollparameters wie z.B. der Strömungsgeschwindigkeit der erwähnten Flussbilder wieder instabil werden, um in noch komplexere makroskopische Formationen umzuschlagen, die wieder instabil werden können etc.

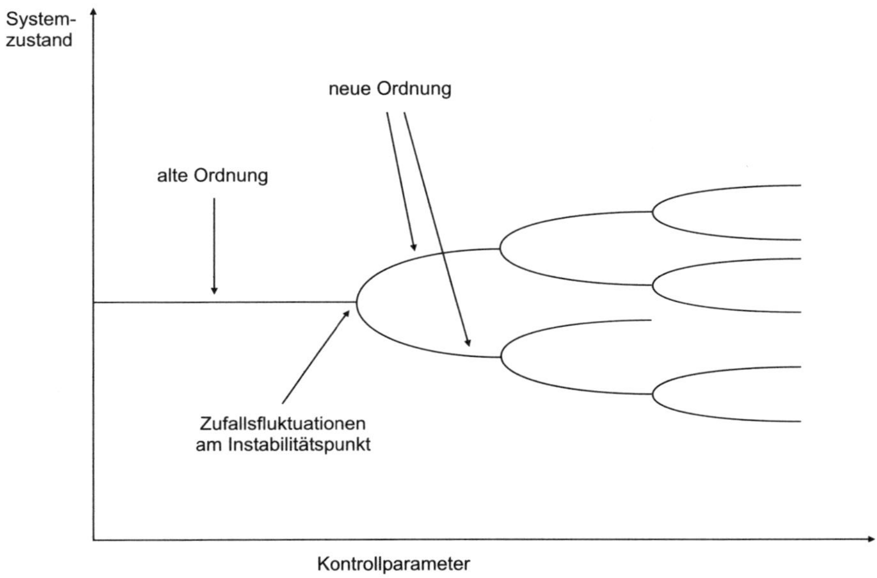


*Abb. 2:* Bifurkationsdiagramm komplexer dynamischer Systeme[50]

Phasenübergänge führen fern des thermischen Gleichgewichts zu Emergenz und Selbstorganisation von Ordnung wachsender Komplexität. Allgemein können durch zufällige Wechselwirkungen der Systemelemente auf der Mikroebene neue Strukturen auf der Makroebene entstehen, die durch die Mikrozustände der Elemente nicht erklärbar sind. Wenige instabile Systemelemente geraten an den Instabilitätspunkten in starke Schwingungen, die schließlich auch die Mehrzahl der stabilen Systemelemente mitreißen. Sie zwingen ihnen ihr Verhalten auf oder – mit den Worten von Hermann Haken[51] – »versklaven« sie. Dadurch kommt es zu makroskopischen Veränderungen mit Ordnungs- und Musterbildungen. Es genügt also, das Verhalten der wenigen instabilen Systemelemente zu erkennen, um den Entwicklungstrend des gesamten Systems und seine makroskopischen Muster zu bestimmen. Die Größen, mit denen das Verteilungsmuster der Mikrozustände eines Systems charakterisiert wird, heißen nach dem russischen Physiker Lew D. Landau »Ordnungsparameter«.

---

50 K. Mainzer, *Komplexität,* Paderborn 2008, Abb. 7, S. 43

51 H. Haken, *Synergetik. Eine Einführung*, Berlin ³1990

## Von der linearen zur nichtlinearen Dynamik

Um die Komplexitätsgrade dynamischer Strukturen zu bestimmen, müssen wir uns an die Definition eines dynamischen Systems erinnern.[52] Allgemein besteht ein dynamisches System aus einer Menge von Elementen, die sich in der Zeit verändern. Die Wechselwirkungen der mikroskopischen Zustände der Elemente bestimmen den makroskopischen Gesamtzustand des Systems. So ist in einem Planetensystem der Zustand eines Planeten zu einem Zeitpunkt durch seinen Ort und seine Geschwindigkeit bestimmt. Es kann sich aber auch um den Bewegungszustand eines Moleküls in einem Gas, den Erregungszustand einer Nervenzelle in einem neuronalen Netz oder den Zustand einer Population in einem ökologischen System handeln. Die Dynamik des Systems, d.h. die Änderung der Systemzustände in der Zeit, wird durch zeitabhängige Gleichungen (z.B. Differentialgleichungen) beschrieben. Bei deterministischen Systemen ist jeder zukünftige Zustand durch den Gegenwartszustand eindeutig bestimmt.

Ein einfaches Beispiel ist ein harmonischer Oszillator. Bei einer Masse, die an einer Feder befestigt ist, führt eine kleine Auslenkung zu einer kleinen Schwingung, während eine große Auslenkung eine große Schwingung als Wirkung verursacht. In linearen Systemen sind Ursachen und Wirkungen proportional. Mathematisch erhalten wir dann eine Gleichung der Form $f(\mathrm{x}) = c \cdot x$ mit $x$-Werten (z.B für die Auslenkung eines Körpers an einer Feder), den davon abhängenden Funktionswerten $f(x)$ (z.B. der Kraft auf den Körper) und einer Proportionalitätskonstanten $c$ (z.B. abhängig vom Material der Feder). Da diese Gleichung im Koordinatensystem eine Gerade mit der Steigung $c$ darstellt, heißt sie linear.

Eine Lösung dieser Bewegungsgleichungen lässt sich als Zeitreihe des Orts in Abhängigkeit von der Zeit graphisch darstellen. Einer regulären Schwingung entlang der Zeitachse (z.B. bei einem Pendel) entspricht eine geschlossene Bahn (Trajektorie) im Zustandsraum, in dem alle Zustände des dynamischen Systems als Punkte dargestellt sind (Abb. 3). Im Zustandsraum erkennen wir also die Dynamik eines linearen Oszillators vollständig. Eine Kausalitätsanalyse ist in diesem Fall nicht nur vollständig durchführbar, sondern auch berechenbar. Der französische Mathematiker und Astronom Laplace glaubte Ende des 18. Jahrhunderts, dass sich in dieser Weise die gesamte Natur als berechenbares System erfassen lässt.

Aus der Mathematik wissen wir: Lineare Gleichungen sind leicht zu lösen. Nichtlineare Gleichungen, die geometrisch Kurven darstellen, erlauben aber nicht immer beliebig genaue Berechenbarkeit, selbst mit unseren besten Computern. Ein Beispiel sind die Mehrkörperprobleme der Himmelsmechanik, bei denen mehr als zwei Himmelskörper durch Gravitation aufeinander einwirken. Sie erzeugen Rückkopplungen, die nichtlinearen Bewegungsgleichungen der Plane-

---

[52] K. Mainzer, *Komplexität*, Paderborn 2008; ders., *Thinking in Complexity. The Complex Dynamics of Matter, Mind, and Mankind*, New York $^5$2007

ten entsprechen. Henri Poincaré zeigte erstmals, dass bei einem nichtlinearen Mehrkörperproblem chaotisch instabile Bahnen auftreten können, die empfindlich von ihren Anfangswerten abhängen und langfristig nicht vorausberechenbar sind. Die Diskussion um Determinismus und Vorhersagbarkeit charakterisierte er 1908 in einem seiner berühmten philosophischen Bücher treffsicher entgegen dem damaligen naturwissenschaftlichen Weltbild:

> *Wenn wir die Gesetze der Natur und den Anfangszustand exakt kennen würden, so könnten wir den Zustand des Universums zu jedem weiteren Zeitpunkt vorhersagen. Aber selbst wenn die Naturgesetze keine Geheimnisse mehr vor uns hätten, so könnten wir die Anfangsbedingungen doch nur genähert bestimmen. Wenn uns dies erlaubt, die folgenden Zustände mit der gleichen Näherung anzugeben, so sagen wir, dass das Verhalten vorhergesagt wurde, dass es Gesetzmäßigkeiten folgt. Aber das ist nicht immer der Fall: Es kann vorkommen, dass kleine Unterschiede in den Anfangsbedingungen große im Ergebnis zur Folge haben (...) Vorhersage wird unmöglich und wir haben ein zufälliges Phänomen.*[53]

Schließlich bewiesen Andrei N. Kolmogorov (1954)[54], Wladimir I. Arnold (1963)[55] und Jürgen K. Moser (1962)[56] ihr berühmtes KAM-Theorem: Trajektorien im Zustandsraum der klassischen Mechanik sind weder vollständig regulär noch vollständig irregulär, sondern hängen empfindlich von den gewählten Anfangsbedingungen ab. Winzige Abweichungen von den Anfangsdaten führen zu völlig verschiedenen Entwicklungstrajektorien. Daher können die zukünftigen Entwicklungen in einem chaotischen System langfristig nicht vorausberechnet werden, obwohl sie mathematisch wohl definiert und determiniert sind.

Statt kontinuierlicher Prozesse lassen sich auch diskrete Prozesse als Änderung der Systemzustände in Zeitschritte durch Differenzengleichungen untersuchen. Ein Beispiel ist die Entwicklungsdynamik einer Population. Die Größe $x_n$ der Population im $n$-ten Jahr bestimmt die Größe der nachfolgenden Population $x_{n+1}$ in Abhängigkeit von einer Reproduktionsrate $r$. Man erhält so eine lineare Wachstumsfunktion $f(x) = r \cdot x$. Ihr entspricht eine rekursive Funktion von nachfolgenden Generationen $x_{n+1} = f(x_n) = r \cdot x_n$, die bei der Berechnung eines Funktionswertes $f(x_n)$ auf den vorher berechneten Wert $x_n$ zurückgreift. Anschaulich werden Populationswerte wie ineinander geschachtelte russische Puppen erzeugt. Die Rechenkomplexität (vgl. Kap. 1) hängt von den Rekursionsschritten und der Reproduktionsrate $r$ ab. Beginnt man mit der Anfangspopulation $x_o$, so erhält

---

53 H. Poincaré, *Wissenschaft und Methode*, (frz. Paris 1908) hrsg. v. F. und L. Lindemann, Berlin 2003

54 A.N. Kolmogorov, On conservation of conditionally-periodic motions for a small change in Hamilton's function, in: *Dokl. Akad. Nauk. SSSR* 1954 98, 525

55 V.I. Arnold, Small Denominators II. Proof of a theorem of A.N. Kolmogorov on the preservation of conditionally-periodic motions under a small perturbation of the Hamiltonian, in: *Russ. Math. Surveys* 1963 18, 5

56 J. Moser, Convergent series expansions of quasi-periodic motions, in: *Math. Ann.* 1967 169, 163

man wegen $x_o, f(x_o), f(f(x_o)), f(f(f(x_o))), \ldots$ exponentielles Wachstum $x_o, r \cdot x_o, r^2 \cdot x_o, r^3 \cdot x_o, \ldots$.

Wenn nur beschränkte Ressourcen (z.B. Nahrungsgrundlage einer Population) zur Verfügung stehen, muss eine negative Rückkopplung des Wachstums berücksichtigt werden. Sie ist umso stärker, je größer die jeweilige Generation ist. Normiert man den größten Populationswert mit 1, könnte die Rückkopplung durch den Faktor $1-x$ zum Ausdruck gebracht werden. Der Mathematiker und Soziologe Pierre Francois Verhulst (1804–1849)[57] schlug daher die quadratische (also nichtlineare) Wachstumsfunktion $f(x) = r \cdot (1-x) \cdot x = r \cdot (x-x^2)$ vor. Die entsprechende rekursive Funktion $x_{n+1} = f(x_n) = r \cdot (1-x_n) \cdot x_n$ nachfolgender Generationen erzeugt eine überraschende Vielfalt von Wachstumsmustern in Abhängigkeit von der Reproduktionsrate $r$. Die Reproduktionsrate ist der Kontrollparameter dieses dynamischen Systems.

Die Komplexitätsgrade der Verhulst-Dynamik zeigen sich in den Zeitreihen nachfolgender Generationen (Abb. 3). Schwaches Wachstum $r$ beginnt zunächst mit einer exponentiellen Kurve, die dann in ein Gleichgewichtsplateau mündet. Das Plateau dieser sogenannten logistischen Kurve entspricht einem Gleichgewichtspunkt, d.h. von einer Größe $x^*$ ab verändert sich die Population nicht mehr und bleibt für alle nachfolgenden Generationen auf den Punkt $f(x^*) = x^*$ fixiert. Anschaulich hat sich die Population den Umweltbedingungen angepasst. Für stärkeres Wachstum wird eine Oszillation zwischen zwei Populationsgrößen erzeugt. Anschaulich liegt in diesem Fall Überbevölkerung vor, bei der z.B. die nicht ausreichende Ernährungsgrundlage zu Schwankungen führt. Bei noch stärkerem Wachstum kommt es zu mehrfachen Verzweigungen der Entwicklungsäste (Abb. 2), die mehrfachen Populationsgrößen entsprechen, zwischen denen die Populationskurve schwankt. So werden quasi-periodische Entwicklungsmuster erzeugt, die sich rhythmisch wiederholen. Bei sehr starkem Wachstum ergeben sich ab einem kritischen Wert des Wachstumsparameters völlig irreguläre (nicht-periodische) chaotische Schwankungen, die empfindlich von kleinsten Veränderungen der Anfangsdaten abhängen (Abb. 3).

## Attraktoren komplexer dynamischer Systeme

Im Zustandsraum sieht man anschaulich, wie die Zustandsentwicklung (Trajektorie) eines dynamischen Systems in charakteristischen Mustern (Attraktoren) mündet: Ein Attraktor ist ein Zustand, in den ein dynamisches System langfristig hineingezogen wird. Ein Gleichgewichtszustand entspricht einem Fixpunkt-

[57] P.-F. Verhulst, Notice sur la loi que la population suit dans son accroissement, in: *Correspondance Mathématique et Physique*, Tome X, 1838, 3–21

Attraktor, der sich im Lauf der Zeit nicht mehr verändert (»fixiert bleibt«). Im Zustandsraum laufen (»konvergieren«) dann alle Entwicklungslinien (Trajektorien) zu diesem Punkt als Endzustand. Lineare Systeme besitzen nur Fixpunkt-Attraktoren. Nichtlineare Systeme besitzen auch Grenzzyklen, in denen sich Zustände periodisch wiederholen, oder im Fall von Turbulenz Chaosattraktoren, bei denen sich die Entwicklungslinien völlig irregulär und nicht-periodisch in einem begrenzten Gebiet des Zustandsraums verdichten (Abb. 3). Bei Zufallsentwicklungen sind alle Korrelationen in unabhängige Ereignisse zerfallen und schwanken irregulär über den gesamten Zustandsraum. Dynamische Komplexität und Chaos liegen also zwischen völliger Regularität (wie bei linearen Systemen) und Zufall.

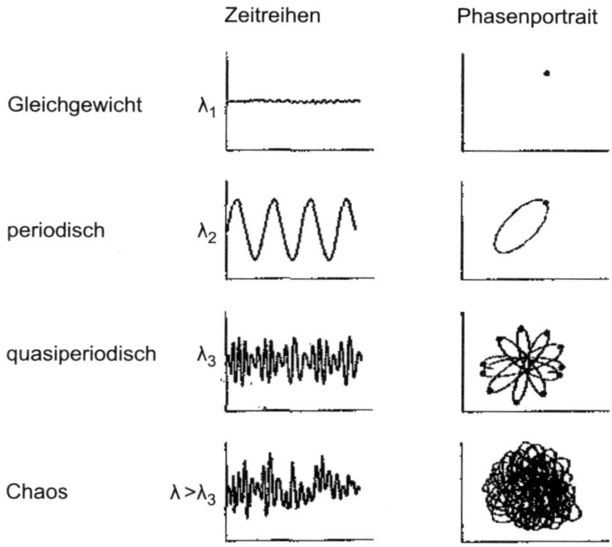


*Abb. 3:* Komplexitätsgrade von Zeitreihen und Attraktoren[58]

Daher zielt die Verhulst-Dynamik im 1. Fall auf einen Fixpunktattraktor. Im 2. Fall schwankt sie zwischen zwei Zuständen. Im 3. Fall führen selbst eng benachbarte Anfangswerte nach wenigen Iterationsschritten zu irregulär auseinanderlaufenden Trajektorien. Im Computermodell führen dann geringste Veränderungen von digitalisierten Anfangsdaten zu einer exponentiell wachsenden Rechenzeit zukünftiger Daten, die Langzeitprognosen praktisch ausschließt.

Man beachte: Im deterministischen Chaos ist die Dynamik durch ein nichtlineares Wachstumsgesetz vollständig determiniert. Dennoch sind langfristige Wirkungen praktisch nicht vorausberechenbar, da der Rechenaufwand wegen der

---

[58] K. Mainzer, *Komplexität*, Paderborn 2008, Abb. 8, S. 48

empfindlichen Abhängigkeit von den Anfangsdaten exponentiell wächst. Im Unterschied zu chaotischen sind zufällige Entwicklungen prinzipiell (also auch kurzfristig) nicht vorausberechenbar, da (wie z. B. beim fairen Münzwurf) alle Ereignisse unabhängig sind.

Diese Komplexitätsgrade lassen sich auch auf dynamische Systeme anwenden, wenn wir wie im Fall der Strömungsdynamik die einzelnen Mikrozustände wegen der ungeheuren Anzahl der Systemelemente (z. B. Gasmoleküle) nicht kennen können. Der Makrozustand des Systems wird dann durch eine Wahrscheinlichkeitsverteilung von Mikrozuständen der Systemelemente bestimmt. Die Dynamik, d. h. die zeitliche Entwicklung dieser Verteilungsfunktion, wird durch eine stochastische Gleichung beschrieben. Betrachten wir dazu noch einmal die Strömungsmuster in einem Fluss hinter einem Hindernis in Abhängigkeit von der steigenden Strömungsgeschwindigkeit. Zunächst besitzt der Fluss ein homogenes Strömungsbild hinter dem Hindernis. Es entspricht einem homogenen Gleichgewichtszustand als Fixpunktattraktor. Bei Erhöhung der Strömungsgeschwindigkeit kommt es zu einzelnen Wirbelbildungen. Sie entsprechen periodischen Zyklen an den Verzweigungsästen des Bifurkationsbaums (Abb. 2). Bei weiterer Erhöhung der Strömungsgeschwindigkeit verbinden sich die Wirbel zu Wirbelmustern, die quasiperiodischen Zyklen am immer komplexer sich verzweigenden Bifurkationsbaum entsprechen. Schließlich schlägt das Strömungsbild in nichtperiodische und irreguläre Strudelbilder um, die einem Chaosattraktor entsprechen (Abb. 3).

Ein weiteres Beispiel liefert die nichtlineare Strömungsdynamik in der Meteorologie, wonach geringste lokale Veränderungen, ein kleiner nicht beachteter Wirbel auf der Wetterkarte, ein trudelndes Blatt, der Flügelschlag eines Schmetterlings globale chaotische Veränderungen der Großwetterlage auslösen können. Jedermann weiß um die Verlässlichkeit des Wetterberichts. In der Chaostheorie spricht man deshalb nach dem Meteorologen und Mathematiker Edward N. Lorenz vom »Schmetterlingseffekt«.[59] Trotz hoher Rechenkapazitäten heutiger Computer sind nur kurzfristige Voraussagen möglich. Um die Komplexität einer Zeitreihe und damit einer nichtlinearen Dynamik zu messen, können wir z. B. den Grad der Nicht-Periodizität oder die empfindliche Abhängigkeit einer Dynamik von ihren Anfangsdaten bestimmen. So lässt sich mit den sogenannten Lyapunov-Exponenten messen, ob und wie die Trajektorien im Zustandsraum auseinanderdriften, um den Grad der empfindlichen Abhängigkeit (Schmetterlingseffekt) zu erfassen.

---

59 Edward N. Lorenz, Deterministic Nonperiodic Flow, in: *Journal of the Atmospheric Sciences*, 1963 20, 2, 130–141

# 3
# Systembiologie – Schlüssel zur Komplexität des Lebens

## Leben als komplexes dynamisches System

Zellen, Organe und Organismen lassen sich nicht wie mechanistische »Maschinen« in ihre Einzelteile zerlegen und nach einem Plan »zusammenschrauben«.[60] Daher gelingt auch keine reduktionistische Forschungsstrategie, nach der zunächst die Einzelteile bestimmt werden und das Ganze dann als Summe dieser Teile verstanden wird. Nur bei linearen Systemen genügt es, das Ganze in seine Teilsysteme zu zerlegen. Zellen, Organe und Organismen sind nichtlineare Systeme, deren Lebensfunktionen erst durch die Wechselwirkungen ihrer Teile erzeugt werden. Das Ganze ist mehr als die Summe seiner Teile. Es handelt sich daher nicht um eine »Maschine« im mechanistischen Sinn. Als nichtlineare dynamische Systeme sind sie aber dennoch mathematisch beschreibbar und im Rahmen (und mit den Einschränkungen) der Nichtlinearität berechenbar und prognostizierbar.

Zellen, Organe und Organismen lassen sich als dynamische Systeme in Zustandsräumen darstellen. Die Elemente von dynamischen Systemen sind durch Zustandsvariable bestimmt, die als Koordinaten eines Zustandsraums aufgefasst werden können. So lässt sich der Gesundheitszustand eines Patienten z.B. durch Körpertemperatur, Puls und Blutdruck bestimmen. Trägt man die entsprechenden Messwerte auf drei Koordinaten in einem Koordinatensystem ab, wird dadurch ein Punkt im dreidimensionalen Koordinatenraum festgelegt, der dem Gesamtzustand des Organismus entspricht. Natürlich kann dieser Gesamtzustand durch die Berücksichtigung weiterer Faktoren als zusätzliche Koordinaten des Zustandsraums verfeinert werden. Der Zustand einer einzelnen Zelle hängt von einer Vielzahl chemischer Substanzen und ihren Konzentrationen $x_1$, $x_2$, …, $x_n$ ab. Ein Beispiel ist der Umfang von Proteinen in einer Zelle, die durch ihre Genexpressionen bestimmt sind. Die hohe Anzahl solcher Genexpressionen führt zu hochdimensionalen Zustandsräumen, die graphisch nur angedeutet werden können (Abb. 4), aber numerisch mit leistungsfähigen Computern berechenbar sind.

---

60 Ältere Arbeiten zum System- und Maschinenbegriff in der Biologie sind L. von Bertalanffy, Der Organismus als physikalische Maschine betrachtet, in: *Die Naturwissenschaften* 1940 28, 521–531; R. Rosen, Abstract biological systems as sequential machines. 3. Some algebraic aspects, in: *Bull. Math. Biophys.* 1966 28(2), 141–148

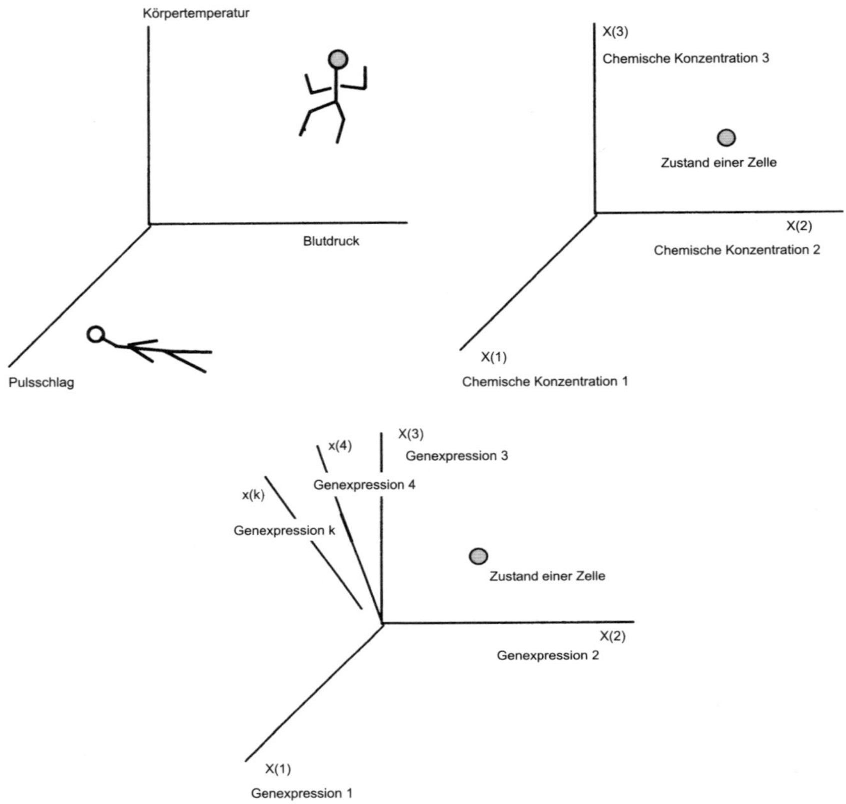


*Abb. 4:* Biologische Zustandsräume von Zelle und Organismus[61]

Eine Zelle ist ein dynamisches System, da sich ihre Stoffkonzentrationen zeitlich verändern. Zeitliche Veränderung von Größen $x_i$ ($i = 1, 2, \ldots, n$) in Abhängigkeit von allen Zellsubstanzen $x_1, x_2, \ldots, x_n$ wird mathematisch durch ein Schema von Differentialgleichungen $dx_i/dt = f_i(x_1, x_2, \ldots, x_n)$ beschrieben. Anschaulich entsprechen diese Entwicklungsgleichungen Bahnkurven (Trajektorien) im Zustandsraum, mit denen die stofflichen Veränderungen in der Zelle berechenbar werden. Sie erzeugen Attraktoren, wie sie in Abb. 3 erläutert werden.[62] Als Attraktoren lassen sich z. B. die unterschiedlichen Zelltypen verstehen, die bei der Zellteilung in multizellulären Organismen entstehen.

---

[61] K. Kaneko, *Life: An Introduction to Complex Systems Biology*, Berlin 2006, Fig. 3.6, 48

[62] Attraktoren sind in der Regel stabil gegenüber (molekularen) Fluktuationen. In Ausnahmefällen gibt es nicht-stabile Attraktoren. Vgl. J. Milnor, On definition of an attractor, in: *Comm. Math. Phys.* 1985 99, 177; 102, 517

Eine Schlüsselfunktion nehmen dabei Stammzellen ein, die sich selber replizieren oder zu verschiedenen anderen Zelltypen differenzieren können.[63] Ein Beispiel sind die neuronalen Stammzellen, die alle Arten von Zellen des Nervensystems wie Neuronen und Glyazellen erzeugen. Die Blutstammzellen können sich in alle Zellarten des Blutes wie z.B. rote und weiße Blutkörperchen differenzieren. Es handelt sich dabei um multipotente Stammzellen mit begrenztem Spektrum von Zelltypen. Demgegenüber sind embryonale Stammzellen totipotent und erlauben eine Differenzierung in alle Zelltypen. Mit zunehmender Differenzierung verlieren Stammzellen ihr Potential der Zellunterscheidung. Damit ist eine klare Entwicklungsrichtung beim zellulären Wachstum gegeben, die unumkehrbar ist.

Zellteilungen treten auf, wenn die Summe der Konzentrationen einiger zellulärer Substanzen einen kritischen Schwellenwert erreicht. Das Zellvolumen wächst dadurch, dass chemische Substanzen in die Zelle durch Diffusion gelangen. Dann teilt sich die Zelle in zwei Zellen mit nahezu identischen chemischen Konzentrationen. Die Chemikalien der zwei Tochterzellen schwanken ständig und zeigen dasselbe dynamische Verhalten wie die Mutterzelle. Im Zustandsraum einer Zelle werden solche Oszillationen als geschlossene Kurven (Grenzzyklen) dargestellt (Abb. 3), da sich die Zustände dauernd wiederholen. Zelltypen mit ihren Stoffoszillationen entsprechen also Attraktoren im Zustandsraum. Zellteilungen werden als Phasenübergänge zwischen solchen Attraktoren beschrieben.

Zellteilungen und intrazelluläre Dynamik zwischen Zellen sind aufeinander bezogen. Auch die intrazelluläre Dynamik zeigt Oszillationen in einem Ensemble von Zellen. Diese Oszillation wird durch chemische Wechselwirkungen zwischen den Zellen aufrecht erhalten. Wenn sich eine der Zellen teilt, wird das Gleichgewicht eines zellulären Oszillationstyps gestört, da die neue Zelle andere Wechselwirkungen in das System einführt. Sukzessive Zellteilungen treten daher auch gleichzeitig auf, wobei die Anzahl der Zellen mit 1 – 2 – 4 – 8 ... bis zu einem Schwellenwert wächst. Nach wenigen Zellteilungen gehört die interne Dynamik jeder Zelle noch zum selben Attraktor, aber die Oszillationen sind nicht länger synchronisiert. Winzige mikroskopische Unterschiede, die bei jeder Zellteilung auftreten, vergrößern sich auf makroskopischem Niveau durch zelluläre Wechselwirkungen und zerstören damit die Phasenkohärenz.[64]

---

[63] K.H.S. Campbell, J. McWhir, W.A. Ritchie, und I. Wilmut, Sheep cloned by transfer from a cultured cell line, in: *Nature* 1996 380, 64–66

[64] Ein stochastisches Modell der Zelldifferenzierung beschreiben bereits J.E. Till, E.A. McCulloch, und L. Siminovitch, A stochastic model of stem cell proliferation, based on the growth of spleen colony-forming cells, in: *Proc. Natl. Acad. Sci. U.S.A.* 1964 51, 29–36; D.J. Wilkinson, *Stochastic Modelling for Systems Biology*, London 2006

Wenn die Anzahl der Zellen einen bestimmten Schwellenwert überschritten hat, zeigen einige Zellen ein neues dynamisches Verhaltensmuster.[65] Abb. 5a ist ein Zustandsraum mit drei Koordinaten für Stoffkonzentrationen von Zellen. Während der Zelldifferenzierung treten unterschiedliche Stoffkonzentrationen auf, so dass die verschiedenen Zelltypen in unterschiedlichen Regionen des Zustandsraums oszillieren. In diesem Beispiel gehen wir von einem Zelltyp S (»Stammzelle«) aus, bei dem sich die Oszillationen in einem bestimmten Attraktorgebiet konzentrieren. Bei der Zellteilung zu Zelltyp A und Zelltyp B treten unterschiedliche Stoffkonzentrationen der einzelnen Zellen auf, die in unterschiedlichen Regionen oszillieren. Der Zelltyp A führt schließlich noch zu den Zelltypen A1 und A2. Damit kommt die Zellteilung in diesem Beispiel zum Abschluss. Bemerkenswert ist dabei, dass die Zellen vom Typ B, A1 und A2 sich nur selber replizieren, aber nicht differenzieren können. Abb. 5b zeigt den Entwicklungsbaum der Zelldifferenzierung mit rückgekoppelten Pfeilen für Zellreplikation. In Abb. 5a sind die entsprechenden Phasenübergänge zwischen den Attraktoren der Zelltypen dargestellt.

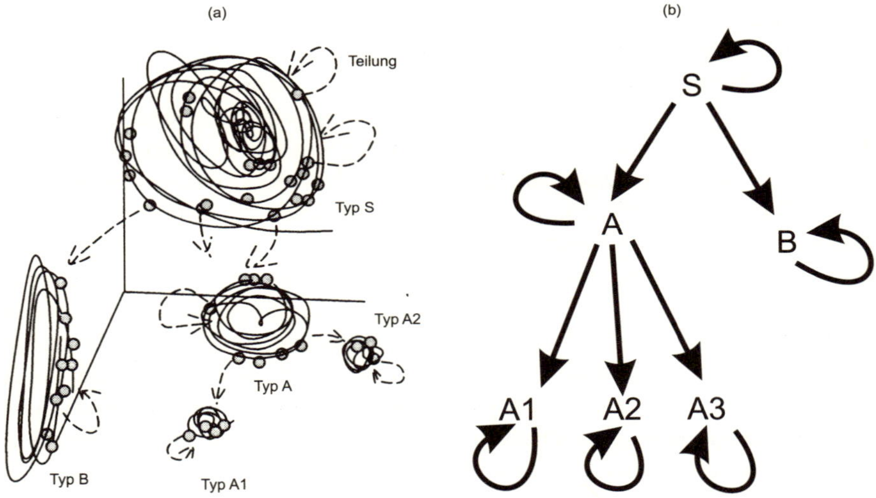


*Abb. 5:* Zellteilungen einer Stammzelle als Phasenübergänge zwischen Attraktoren im zellulären Zustandsraum von chemischen Stoffkonzentrationen (a) und als hierarchischer Entwicklungsbaum mit gerichteten Pfeilen für Zelldifferenzierung und rückgekoppelten Pfeilen für Zellreplikationen (b).[66]

---

65 Dazu auch C. Furusawa und K. Kaneko, Theory of robustness of irreversible differentiation in a stem cell system: chaos hypothesis, in: *J. Theor. Biol.* 2001 209, 395–416

66 Vgl. auch K. Kaneko, *Life: An Introduction to Complex Systems Biology*, Berlin 2006, Fig. 8.2, 200

## Zellen als komplexe dynamische Netzwerke

Was geschieht aber im Einzelnen im Inneren einer Zelle? Eine Zelle ist ein hochkomplexes System mit tausenden von wechselwirkenden Proteinen. Jedes Protein lässt sich als molekulare Nanomaschine betrachten, die spezifische Aufgaben in der Zelle mit erstaunlicher Präzision ausführt.[67] So ist die Mikron große Bakterie E. (Escherichia) coli eine Zelle, die Millionen Proteine von über 4000 unterschiedlichen Arten enthält. Zellen tragen verschiedenen Situationen durch entsprechende Proteine als Werkzeuge Rechnung. Wenn eine Zelle beispielsweise Zucker bemerkt, produziert sie Proteine, um den Zucker zur weiteren Verarbeitung in die Zelle zu transportieren. Wird die Zelle beschädigt, werden Reparaturproteine entwickelt. Eine Zelle überwacht daher ständig ihre Umgebung und bestimmt den Bedarf an bestimmten Arten von Proteinen. Dieser Informationsverarbeitungsprozess wird weitgehend durch ein komplexes Verbindungsnetzwerk zwischen den Zellbausteinen geleistet.

Zellen leben in komplexen Umgebungen und können viele unterschiedliche Signale registrieren. Dazu gehören physikalische Größen wie Temperatur und Druck, aber auch biologische Signalmoleküle von anderen Zellen, nützliche Nährstoffe und schädliche Chemikalien. Ebenso wichtig ist die Information über den internen Zustand einer Zelle, der von zentralen Stoffwechselprodukten und internen Beschädigungen z.B. der DNA, der Zellmembran oder von Proteinen abhängt. Zellen reagieren auf diese Signale durch Produktion passender Proteine, die auf die interne oder externe Zellumgebung einwirken.[68]

Um diese Umgebungssignale in der Zelle zu repräsentieren, benutzt die Zelle spezielle Proteine, die Transkriptionsfaktoren genannt werden. Unter »Transkription« wird in der Sprachwissenschaft die symbolische Darstellung der Aussprache, also akustischer Sprachlaute, verstanden. Man sagt auch, dass Sprachlaute »transkribiert« werden, also in entsprechende Aussprachesymbole übertragen werden. Die Transkriptionsfaktoren einer Zelle repräsentieren den Zustand außerhalb und innerhalb der Zelle. Bildlich gesprochen liefern sie der Zelle eine »Vorstellung« von der Welt. In einem nächsten Schritt regulieren dann die Transkriptionsfaktoren die Produktionsrate von Proteinen, mit denen auf die veränderten Zustände reagiert werden kann. In diesem Fall dienen die Proteine der Zelle gewissermaßen als Werkzeuge, um auf die veränderten Situationen passend einzugehen. Dazu werden von den Transkriptionsfaktoren bestimmte Gene der DNA aktiviert, nach deren Vorschrift (»Information«) die passenden Proteine produziert werden.

---

[67] J. Skolnick und Yang Zhang, *Proteinstructure Prediction*, in: I. Rigoutos und G. Stephanopoulos (Hrsg.), Systems Biology Bd. 1: Genomics, Oxford 2006, 187–218

[68] G.D. Stormo, *DNA-Protein Interactions*, in: I. Rigoutos und G. Stephanopoulos (Hrsg.), Systems Biology Bd. 1: Genomics, Oxford 2006, 219–247

Transkriptionsfaktoren sind selber Proteine, die durch Gene kodiert werden, die wiederum durch andere Transkriptionsproteine reguliert werden, die durch Gene kodiert sind, die durch weitere Transkriptionsproteine reguliert werden etc.[69] So entsteht ein komplexes Netzwerk von Wechselwirkungen, mit dem die Transkriptionen in einer Zelle reguliert sind. In graphischer Darstellung besteht ein Transkriptionsnetzwerk aus Knoten für die Gene und Kantenverbindungen zwischen den Knoten, mit denen die Regulation eines Gens bei der Proteinproduktion eines anderen Gens bezeichnet wird (Abb. 6).[70] Der gerichtete Pfeil (Kante) $X \rightarrow Y$ bedeutet also, dass ein durch Gen $X$ kodiertes Protein die Produktionsrate eines durch Gen $Y$ kodierten Proteins verändert. Transkriptionsproteine können aktiv sein und die Transkriptionsrate eines Gens erhöhen. Sie können aber auch repressiv sein und sie vermindern.

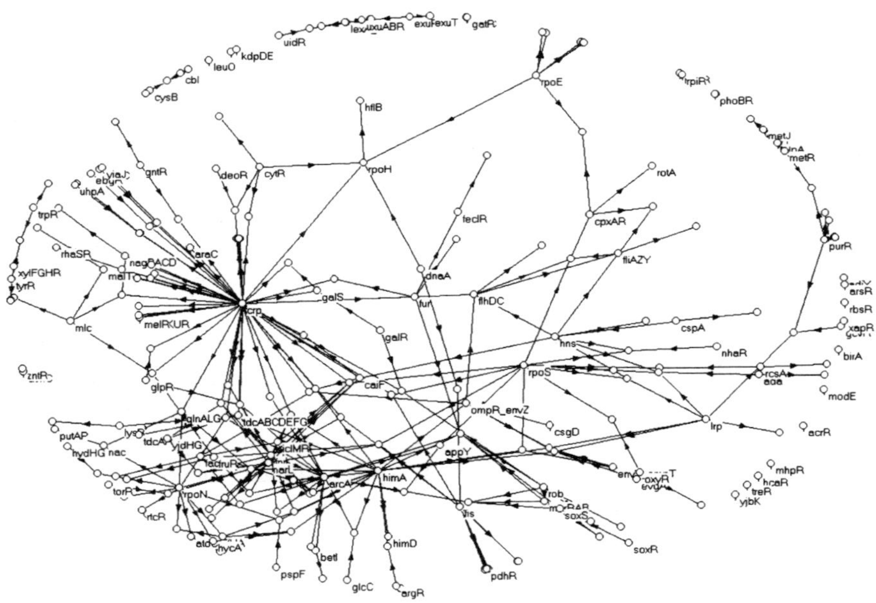


*Abb. 6:* Transkriptionsnetzwerk mit etwa 20 % der Transkriptionen in der Bakterie E. coli[71]

[69] J. Maynard-Smith, *Evolutionary Genetics*, Oxford 1989; J. Besemer und M. Borodovsky, *Gene finding*, in: I. Rigoutos und G. Stephanopoulos (Hrsg.), Systems Biology Bd. 1: Genomics, Oxford 2006, 118–153

[70] M. Levine und E.H. Davidson, Gene regulatory networks for development, in: *Proc. Natl. Acad. Sci. U.S.A.* 2005 102, 4936–4942

[71] U. Alon, *An Introduction to Systems Biology. Design Principles of Biological Circuits*, London 2006, Fig. 2.3, 10

Die Dynamik dieser Netzwerke lässt sich mathematisch mit der gleichen Präzision bestimmen, wie wir es aus der Physik gewohnt sind.[72] Die Wechselwirkung $X \rightarrow Y$ im Netzwerk bedeutet, dass Transkriptionsfaktor $X$ Gen $Y$ reguliert. Ohne Inputsignal ist $X$ inaktiv, und die Zelle produziert kein durch $Y$ kodiertes Protein. Das ändert sich bei einem Inputsignal, bei dem der durch Gen X kodierte Transkriptionsfaktor die Zelle veranlasst, ein durch Gen $Y$ kodiertes Protein mit konstanter Rate $\beta$ zu produzieren. Die Produktion von $Y$ wird durch zwei Prozesse im Gleichgewicht gehalten: $Y$ wird durch spezifische Proteine der Zelle abgebaut. Ferner verdünnt sich die Konzentration durch die Vergrößerung der Zelle während ihres Wachstums. Diese Abbau- und Verdünnungsrate sei mit $\alpha$ bezeichnet. Dann entspricht die Konzentrationsveränderung von $Y$ in der Zelle der Differenz der Produktion von $Y$ und ihrer Abbau- und Verdünnungsrate.

Veränderungen von $Y$ in der Zeit $t$ werden durch den Differentialquotienten $dY/dt$ (d.h. die »Differenz« $dY$ der Konzentration von $Y$ in der Zeitdifferenz $dt$, also die 1. Ableitung von $Y$ nach der Zeit $t$) berechnet. So erhält man die Differentialgleichung $dY/dt = \beta - \alpha Y$.[73] Im stationären Zustand erreicht $Y$ eine konstante Konzentration, die sich nicht in der Zeit verändert. Mathematisch wird die stationäre Konzentration gefunden, wenn sich nichts verändert, also die Veränderungsrate $dY/dt = 0$ gesetzt ist. Dann liefert die Differentialgleichung die stationäre Konzentration $Y_{st} = \beta/\alpha$, d.h. sie entspricht dem Verhältnis von Produktion und Abbau- bzw. Verdünnungsrate. Das ist auch offenbar sinnvoll, denn um so größer die Produktionsrate $\beta$ wird, umso größer wird die Proteinkonzentration $Y_{st}$, umso höher die Abbau- und Verdünnungsrate $\alpha$ wird, umso niedriger wird die Proteinkonzentration $Y_{st}$.

Was geschieht, wenn die Zelle kein Inputsignal erhält? Dann ist die Produktionsrate $\beta = 0$, und die Differentialgleichung liefert als Lösung einen exponentiellen Abfall der Stoffkonzentration $Y$. Registriert jedoch eine bisher nicht stimulierte Zelle ein Signal, dann beginnt das Protein $Y$ zu akkumulieren. Die Proteinkonzentration nähert sich dem stationären Zustand. Dieser Vorgang entspricht genau einer mathematischen Lösung der Differentialgleichung.

Ein Transkriptionsnetzwerk beschreibt also die Regulation der Transkriptionen von Genen. Es lässt sich als ein dynamisches System auffassen, in dem Inputsignale einer Zelle dafür sorgen, dass Transkriptionsfaktoren die Produktionsrate von Proteinen in der Zelle verändern. Dabei laufen die einzelnen Schritte von der Registrierung der Inputsignale bis zur Produktion von Proteinen auf unterschied-

---

72 U. Alon, Biological networks: The tinkerer as an engineer, in: *Science* 2003 301, 1866–1867

73 Diese Gleichung wurde in der Molekularbiologie bereits benutzt von J. Monod, A.M. Pappenheimer, Jr., und G. Cohen-Bazire, The kinetics of the biosynthesis of beta-galactosidase in Escherichia coli as a function of growth, in: *Biochim. Biophys. Acta* 1952 9, 648–660

lichen Zeitskalen ab. Während die Registrierung der Inputsignale in Bruchteilen einer Sekunde geschieht, benötigt die Transkription Minuten und die Proteinproduktion sogar viele Minuten bis zu Stunden. Nur einige Proteine in einer Zelle sind Transkriptionsfaktoren, die zusätzliche Gene aktivieren. Viele Proteine übernehmen andere Lebensfunktionen wie z.B. die Katalyse von chemischen Reaktionen und den Aufbau von Strukturen.

An dieser Stelle wird die Grenze des klassischen Genomprojekts von 2001 deutlich. Ursprünglich glaubte man, mit der Kenntnis der Gene die menschliche Erbinformation entschlüsseln zu können. Tatsächlich besitzen aber Mäuse und Menschen sehr ähnliche Gene. Sie unterscheiden sich allerdings deutlich bei der Regulation der Transkription dieser Gene. Anschaulich sichtbar wird dieser Unterschied in den komplexen Transkriptionsnetzwerken, also auf der Ebene der Proteine und nicht der einzelnen Gene. Diese Netze sind Produkte der Evolution, die sich unter Selektionsdruck mit unterschiedlich komplexen Verbindungsmustern herausgebildet haben. Zufällige Kantenverbindungen, die sich bei den Regulationsaufgaben der Gene nicht bewährten, gingen durch Mutation verloren.

Um die unterschiedlichen Lebensfunktionen einer Zelle zu verstehen, kommt es also darauf an, die unterschiedlichen Verbindungsmuster in den komplexen Netzwerken zu erkennen. Eine grundlegende Forschungsstrategie besteht darin, reale Netzwerke der Natur mit entsprechenden Zufallsnetzwerken zu vergleichen. Wenn bestimmte Verbindungsmuster in den realen Netzwerken häufiger auftreten als in den entsprechenden Zufallsnetzwerken, dann müssen sie sich in der Evolution gegenüber Mutationen und zufälligen Kantenverbindungen durchgesetzt haben. Dieser Selektionsvorteil weist auf eine bestimmte Funktion in der Zelle hin.

Ein reales Transkriptionsnetzwerk bestehe aus $N$ Knoten und $K$ Kanten. Ein entsprechendes Zufallsnetz besitzt die gleiche Anzahl von Knoten und Kanten, wobei allerdings die gerichteten Kanten per Zufall zwischen Paaren von Knoten gewählt wurden. Für $N$ Knoten gibt es $N(N-1)/2$ mögliche Paare, die mit einer Kante verbunden werden können. Da jede Kante in zwei mögliche Richtungen zeigen kann, ergeben sich $N(N-1)$ mögliche gerichtete Kantenverbindungen. Es gibt auch Kanten, die wieder auf sich selber gerichtet sind (»Selbstkanten«). Sie entsprechen Genen, die sich selber regulieren. Man spricht dann auch von autogener Kontrolle oder Autoregulation. Eine Autoregulation kann aktiv oder repressiv sein, d.h. die Transkriptionsrate eines Gens erhöhen und erniedrigen. Entsprechend werden positive und negative Autoregulation unterschieden.

Bei $N$ Knoten eines Netzes sind insgesamt $N$ Selbstkanten möglich. Dann ergibt sich als Gesamtzahl aller möglichen Kanten $N(N-1)+N=N^2$. Wenn also in einem Zufallsnetz $K$ Kanten in $N^2$ mögliche Positionen gesetzt werden, dann wird jede mögliche Kantenposition mit der Wahrscheinlichkeit $p=K/N^2$ besetzt. Abb. 7 zeigt ein reales Netzwerk aus 10 Knoten und 14 Kanten mit 4 Selbstecken im Vergleich zu einem entsprechenden Zufallsnetz mit einer Selbstkante.

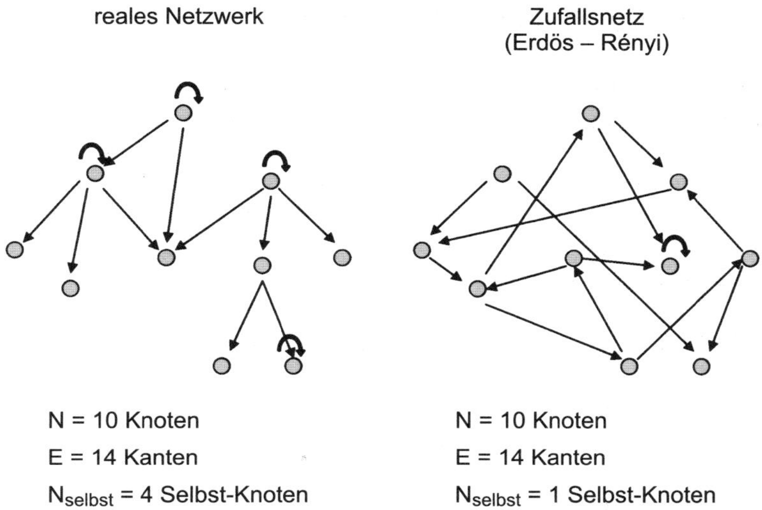


*Abb. 7:* Selbstregulierende Gene (mit auf sich selbst gerichteten Pfeilen) in einem realen Netzwerk und einem Zufallsnetzwerk[74]

Die Wahrscheinlichkeit für eine Selbstkante bei $N$ Knoten beträgt $p_{selbst} = 1/N$. Die Durchschnittsanzahl von Selbstkanten entspricht der Anzahl von Kanten mal der Wahrscheinlichkeit, dass eine Kante eine Selbstkante ist. Entsprechend ist beim Münzenwerfen die Anzahl der erwarteten Kopfwürfe gleich der Anzahl der Münzwürfe multipliziert mit der Wahrscheinlichkeit der Kopfwürfe, also $\langle N_{selbst}\rangle \sim K\ p_{selbst} = K/N$, mit einer Standardabweichung, die näherungsweise wie beim Münzwurf der Quadratwurzel des Durchschnitts entspricht, also $\sigma \sim \sqrt{K/N}$.

In Abb. 6 wird ein Transkriptionsnetzwerk des E.coli Bakteriums mit $N = 424$ Knoten und $K = 519$ Kanten gezeigt. In einem entsprechenden Zufallsnetz mit der gleichen Knoten- und Kantenzahl ist nach diesen Abschätzungen eine Anzahl von einer Selbstkante mit einer Abweichung von etwa plus minus 1 zu erwarten, d.h. $\langle N_{selbst}\rangle \sim K/N \sim 1{,}2$ mit $\sigma \sim \sqrt{K/N} \sim 1{,}1$. Tatsächlich hat das reale Netzwerk des E.coli Bakteriums 40 Selbstecken, also eine Anzahl, mit der die Zufallsnetzwerke um viele Standardabweichungen überragt werden. Offenbar besitzen sich selbst regulierende Gene in Transkriptionsnetzwerken einen Selektionsvorteil.[75]

---

[74] U. Alon, *An Introduction to Systems Biology. Design Principles of Biological Circuits*, London 2006, Fig. 3.1, 28

[75] A. Becskei und L. Serrano, Engineering stability in gene networks by autoregulation, in: *Nature* 2000 405, 590–593

## Biologische und technische Schaltpläne

Im Sinn der Ingenieurwissenschaften lassen sich Transkriptionsnetzwerke als Schaltpläne zur genetischen Regulation einer Zelle auffassen. Unterschiedliche Schaltpläne können dasselbe Ziel mit Vor- und Nachteilen erreichen. In der Evolution könnte eine stationäre Konzentration $X_{st}$ eines Proteins von Vorteil sein. Eine Analyse der Dynamik unterschiedlicher Schaltpläne zeigt tatsächlich, dass negative Autoregulation die Reaktionsgeschwindigkeit von genetischen Netzwerken auf Inputsignale erhöht. Zudem dämpft sie die Fluktuationen um einen stationären Zustand und trägt so zur Stabilisierung bei. Entsprechende Netzwerke mit Selbstkanten erweisen sich also als effektiver und stabiler zur Erreichung des vorteilhaften Zellzustands. Der Unterschied zu den Ingenieurwissenschaften besteht allerdings darin, dass während der Evolution kein Ingenieur die Schaltpläne vor ihrem Einsatz entworfen und auf ihre Vor- und Nachteile durchgerechnet hat. Vielmehr sind die Zellen und Organismen, in denen sie sich zufällig ausgebildet haben, durch Selektion übrig geblieben.

Neben der Autoregulation einzelner Knoten lassen sich weitere typische Schaltmuster in genetischen Regulationsnetzwerken nachweisen, die sich im Laufe der Evolution als vorteilhaft erwiesen haben. Dazu werden wieder ihre Häufigkeiten in realen Netzwerken mit Zufallsnetzwerken verglichen. Zunächst betrachten wir Schaltmuster mit drei Knoten in der Form eines Dreiecks. Die Knoten können durch vorwärts und/oder rückwärts gerichtete Pfeile verbunden sein. Dadurch ergeben sich Schaltungen mit vorwärts und rückwärts gerichteten Schleifen.[76] Für drei Knoten sind die 13 möglichen Dreiecksschaltungen in Abb. 8a dargestellt. Beispiel 5 ist eine vorwärts gerichtete Schaltschleife, Beispiel 9 eine rückwärts gerichtete Schaltschleife. Für vier Knoten ergeben sich 199 mögliche Schaltpläne, für fünf Knoten 9364 Schaltpläne etc.

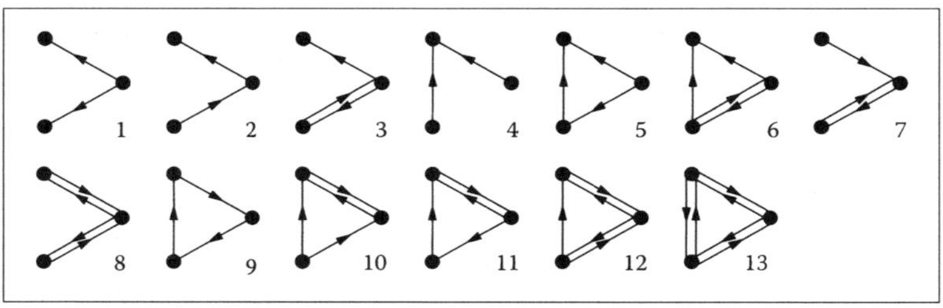


*Abb. 8a:* Die 13 gerichteten Graphen für drei Knoten mit vorwärts gerichteter (5) und rückwärts gerichteter Schaltschleife (9)[77]

[76] S. Mangan und U. Alon, Structure and function of the feed-forward loop network motif, in *Proc. Natl. Acad. Sci. U.S.A.* 2003 100, 1980–11985

[77] Vgl. auch U. Alon, *An Introduction to Systems Biology. Design Principles of Biological Circuits*, London 2006, Fig. 4.1, 42

Von diesen riesigen Anzahlen von Möglichkeiten werden in der Evolution nur wenige Schaltpläne realisiert. So finden sich im komplexen Regulationsnetzwerk von E.coli (Abb. 6) zwar 42 vorwärts gerichtete Schleifen aus drei Knoten, aber keine rückwärts gerichtete Schleife. Ein Vergleich mit entsprechenden Zufallsnetzen zeigt, dass die durchschnittliche Anzahl von vorwärts gerichteten Schleifen nur bei etwa 2 liegt, während die durchschnittliche Anzahl von rückwärts gerichteten Schaltschleifen weniger als 1 beträgt. Tatsächlich findet sich in E.coli, Hefezellen und höheren Organismen nur die vorwärts gerichtete Schleife als das einzige bedeutende Schaltmuster aus den 13 Möglichkeiten für drei Knoten. Welche vorteilhaften biologischen Funktionen ergeben sich aus dieser Schaltung, die zu ihrer Selektion führte?

Die vorwärts gerichtete Schleife besteht aus einem Transkriptionsfaktor *X*, der einen zweiten Faktor *Y* reguliert. Beide Transkriptionsfaktoren regulieren dann Gen *Z*. Daher besteht eine vorwärts gerichtete Schleife aus zwei parallelen Regulationswegen, nämlich dem direkten Schaltweg von *X* nach *Z* und dem indirekten Schaltweg über *Y*. Der direkte Weg besteht aus einer Kante, der indirekte Weg aus einer Folge von zwei Kanten. Jede der drei Kanten kann einer Aktivierung oder einer Repression entsprechen. Daher ergeben sich $2^3 = 8$ mögliche Typen von vorwärts gerichteten Schleifen aus drei Knoten. Graphisch wird die Aktivierung durch einen Pfeil, die Repression durch einen Querbalken am Ende der Kante dargestellt (Abb. 8b).

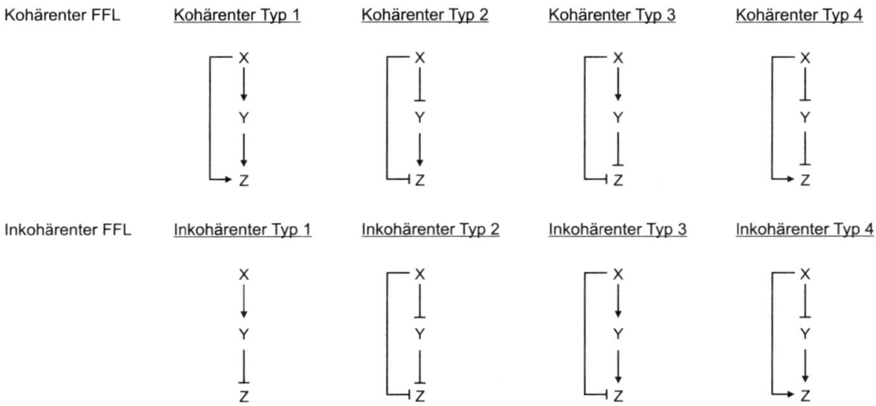


*Abb. 8b:* Die 8 vorwärts gerichteten Schaltungen mit Aktivierungs- und Repressionsverbindungen[78]

[78] Vgl. auch U. Alon, *An Introduction to Systems Biology. Design Principles of Biological Circuits*, London 2006, Fig. 4.3, 47

Numerisch werden die Aktivierungs- oder Repressionsverbindungen durch ein Plus- oder Minusvorzeichen berücksichtigt. Dadurch können kohärente und inkohärente Schaltmuster unterschieden werden (Abb. 8b). In kohärenten Schaltungen hat die direkte Verbindung von *X* nach *Z* dasselbe Vorzeichen wie die indirekte Verbindung über *Y*. Beim indirekten Weg ergibt sich das Gesamtvorzeichen durch Multiplikation der beiden Kantenvorzeichen von *X* nach *Y* und von *Y* nach *Z*. Bei inkohärenten Schaltungen sind die beiden Vorzeichen verschieden.

Auch in diesem Fall werden nicht alle mathematischen Möglichkeiten durch die Evolution ausgeschöpft. Die meisten Vorwärtsschaltungen sind vom kohärenten Typ 1, bei dem alle drei Regulationen positiv sind. An nächster Stelle kommt in biologischen Netzwerken der inkohärente Typ 1 vor. Die sechs übrigen Typen treten deutlich weniger auf. Wieder stellt sich die Frage nach den Gründen und biologischen Funktionen, die mit dieser Selektion verbunden sind.

Um die Dynamik dieser Schaltungen aus den drei Knoten *X*, *Y* und *Z* zu verstehen, muss ebenfalls geklärt werden, wie *Z* von *X* und *Y* reguliert wird. Der Input von *Z* lässt sich durch die Schaltalgebra mit einer UND- bzw. ODER-Logik bestimmen. Betrachten wir dazu *X* und *Y* als Variablen für wahre und falsche Aussagen der Logik, dann ist die zusammengesetzte Aussage *X* UND *Y* genau dann wahr, wenn beide Aussagen *X* und *Y* wahr sind, sonst falsch. Die zusammengesetzte Aussage *X* ODER *Y* ist nur dann wahr, wenn wenigstens eine der Teilaussagen *X* bzw. *Y* wahr ist. In der Schaltalgebra werden *X* und *Y* als Knoten betrachtet, die aktiviert oder nicht aktiviert sind. Wenn also für die Regulation von *Z* der Input sowohl von *X* als auch *Y* notwendig ist, wird eine UND-Schaltung von *X* und *Y* realisiert: So aktiviert im kohärenten Typ 1 ein Inputsignal *X*, das dann *Y* aktiviert. *Y* aktiviert anschließend zusammen mit *X* das Gen *Z*. Im Fall einer ODER-Schaltung von *X* und *Y* würde eine Aktivierung von Z über einen der beiden direkten bzw. indirekten Schaltwege ausreichen.

Die in der Evolution bevorzugten Schaltungen sind mit spezifischen dynamischen Funktionen verbunden. Der kohärente Typ 1 kann z.B. als ein zeitliches Verzögerungselement funktionieren und kurze Fluktuationen von Inputsignalen wegfiltern. In der Technik ist diese Funktion z.B. bei Aufzügen bekannt, deren Türen sich über Lichtschranken schließen und öffnen. Wird die Lichtschranke unterbrochen, öffnet sich die Tür. Wird allerdings, der Lichtstrahl durch eine flüchtige oder unbeabsichtigte Handbewegung nur sehr kurz unterbrochen, passiert nichts. Diese Schaltung schützt also genetische Regulationen vor zufälligen Fluktuationen und sichert ihre Funktion. Der andere evolutionär bevorzugte Schalttyp, die inkohärente Schaltung 1, beschleunigt nachweislich die Reaktionsgeschwindigkeit eines genetischen Regulationsnetzwerks. Zusammen mit der negativen Selbstregulation von genetischen Knoten erhöht dieser Schalttyp offenbar die Effektivität genetischer Netzwerke. In der Evolution haben sich vorwärts gerichtete Schaltschleifen in verschiedenen genetischen Netzwerken und Organismen durchgesetzt. Sie treten ebenfalls in anderen biologischen Netzwerken auf.

Wie bereits erwähnt, wächst mit steigender Knotenzahl von Netzwerken die Anzahl von mathematisch möglichen Verschaltungsmustern gigantisch an. Dennoch haben sich in der Evolution erstaunlich wenige Typen bewährt (Abb. 9). Dazu gehören SIM (*Single Input Module*) Schaltungen, bei denen nur ein Regulator eine Gruppe von Genen kontrolliert.[79] So lassen sich Programme realisieren, bei denen Gene in einer genau zeitlich festgelegten Reihenfolge eingeschaltet werden.[80] Im E.coli Bakterium wird damit eine »Just-in-Time« Produktionsstrategie von Proteinen praktiziert, d.h. Proteine werden erst produziert, wenn sie benötigt werden. Wie in der Industrie wird damit eine schnelle Bedarfsproduktion ohne »Lagerkosten« unter den Bedingungen beschränkter Ressourcen möglich.

Aus den 199 möglichen Schaltmustern für Netzwerke aus vier Knoten haben sich in der Evolution nur zwei Varianten durchgesetzt. Bei einer Bi-fan Schaltung regulieren zwei Inputgene $X_1$ und $X_2$ jeweils verbunden zwei Outputgene $Y_1$ und $Y_2$ (Abb. 9). Aus dieser Grundschaltung mit vier Knoten können durch Verallgemeinerung Netzwerke aus zwei Schichten mit vielen Knoten $X_1, X_2, \ldots, X_n$ für die Inputschicht und $Y_1, Y_2, \ldots, Y_m$ für die Outputschicht gebildet werden.[81] Jeder Inputknoten $X_i$ reguliert alle Outputknoten $Y_1, Y_2, \ldots, Y_m$. In Transkriptionsnetzwerken von E.coli und Hefe finden sich verschiedene große zweischichtige Netzwerke, die Hunderte von Genen kontrollieren. Ihre Funktionen bestehen darin, schnell auf Stresssituationen von Zellen zu reagieren, den Stoffwechsel von Nährstoffen oder die Biosynthese von Zellelementen zu regulieren. Zweischichtige Netzwerke bilden das Rückgrat molekularer Zellregulationen.

Ein anderes evolutionär bewährtes Beispiel einer Schaltung aus vier Knoten ist eine vorwärts gerichtete Schleife. Dabei ist ein Knoten $Y$ zwischen Inputknoten $X$ und zwei Outputknoten $Z_1$ und $Z_2$ geschaltet (Abb. 9). $Y$ reguliert $Z_1$ und $Z_2$ zusammen mit $X$, nachdem $Y$ durch $X$ aktiviert wurde. Dieses Schaltbild lässt sich für ein Netzwerk mit vielen Outputknoten $Z_1, Z_2, \ldots, Z_n$ verallgemeinern (Abb. 9). Wie bei SIM handelt es sich um eine Schaltung mit verschiedenen Ausgangskanälen, wobei $Y$ die Outputknoten $Z_1, Z_2, \ldots, Z_n$ reguliert. Zusätzlich ist noch jeder Ausgangskanal mit einer vorwärtsgerichteten Schaltschleife vom kohärenten Typ 1 versehen, wobei $X$ jeweils den Inputknoten bildet. Dadurch können die erwähnten Vorteile dieses Schalttyps wie z.B. Wegfiltern von Fluktuationen auf die verschiedenen Kanäle übertragen werden.

---

79 S.S. Shen-Orr, R. Milo, S. Mangan, und U. Alon, Network motifs in the transcriptional regulation network of Escherichia coli, in: *Nature Genet.* 2002 31, 64–68

80 H.F. McAdams und I. Shapiro, A bacterial cell-cycle regulatory network operating in space and time, in: *Science* 2003 301, 1874–1877

81 N. Kashtan, S. Itzkovitz, R. Milo, und U. Aron, Topological generalizations of network motifs, in: *Phys. Rev. E* 2004 70, 031909

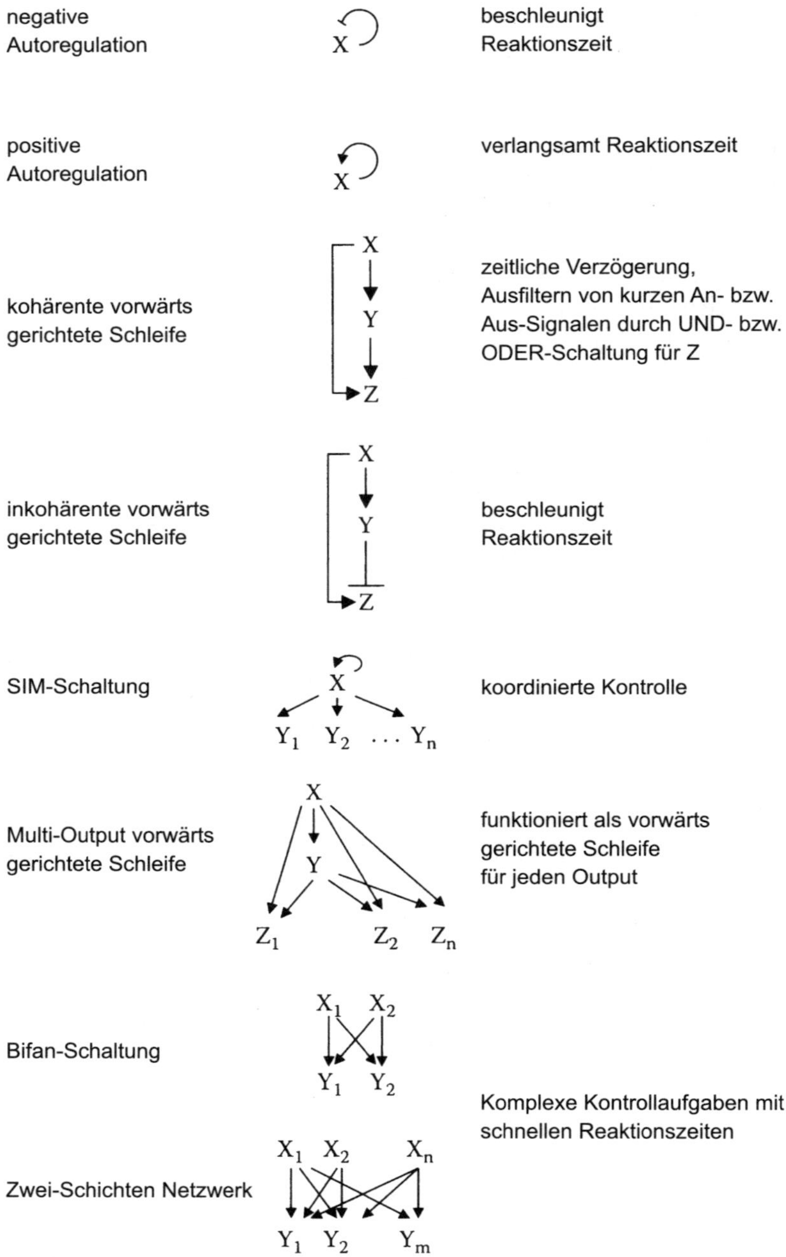


*Abb. 9:* Schaltmuster in sensorischen Transkriptionsnetzwerken mit biologischen Funktionen. (Vgl. auch U. Alon, *An Introduction to Systems Biology. Design Principles of Biological Circuits*, London 2006, Fig. 5.15, 93)

Transkriptionsnetzwerke regulieren Gene in Zellen aufgrund von Inputsignalen. Die Zelle nimmt ihre Umwelt durch solche Signale gewissermaßen wahr. Daher spricht man auch von sensorischen Transkriptionsnetzwerken. Es ist bemerkenswert, dass sich in der Evolution die Schaltmuster aus Abb. 9 als sensorische Netzwerke sowohl von Bakterien, Hefezellen, Würmern und Fruchtfliegen als auch vom Menschen durchgesetzt haben. In diesen Mustern fällt auf, dass zur Regulation der Gene keine langen Kausalketten $X \rightarrow Y \rightarrow Z \rightarrow \ldots$ mit vielen Zwischenknoten gewählt werden. Offenbar spielt in sensorischen Netzwerken eine schnelle Reaktionszeit eine zentrale Rolle. Typisch ist auch die Bevorzugung von vorwärts gerichteten (feedforward) Schleifen im Unterschied zu rückwärts gerichteten (feedback) Schleifen. Bei nur drei Knoten neigen Feedbackschleifen zur Instabilität. In anderen Netzwerken der Evolution (z. B. Gehirn) und der Technik haben sich Feedbackschleifen durchaus bewährt.

Neben sensorischen Transkriptionsnetzwerken gibt es auch Transkriptionsnetzwerke, mit denen die Entwicklung eines multizellulären Organismus von der Zelle bis zum adulten Stadium reguliert wird.[82] Nun kommt es nicht mehr auf schnelle Reaktionszeiten bei sich verändernden Situationen an. Vielmehr müssen die Zelldifferenzierungen beim Wachstumsprozess eines Organismus langfristig Schritt für Schritt gesteuert und kontrolliert werden. Entwicklungsnetzwerke wurden z. B. bei Fruchtfliegen, Würmern, Seeigeln und Menschen genau untersucht und weisen typische Schaltmuster auf.[83] Als Feedforwardschleifen treten wieder kohärente und inkohärente Schaltmuster vom Typ 1 auf. Auch Autoregulationen einzelner Gene und SIM-Schaltungen lassen sich nachweisen.

Als zusätzliches Schaltmuster sind nun Feedbackschleifen hervorzuheben. Der einfachste Fall einer positiven oder negativen Feedbackschleife sind die beiden Typen von positiven und negativen Autoregulationen von einem Knoten aus Abb. 9. Bei zwei Knoten können ein Aktivierungspfeil vorwärts von $X$ nach $Y$ und ein Aktivierungspfeil rückwärts von $Y$ nach $X$ zeigen. Beide Knoten aktivieren sich dann gegenseitig. Dieses Verhalten bietet sich an, wenn die Gene $X$ und $Y$ Proteine desselben Gewebes kodieren. Im anderen Fall weisen zwei Repressionspfeile vorwärts und rückwärts zwischen den beiden Knoten. Dann führt die Aktivierung eines der beiden Knoten zur Deaktivierung des jeweils anderen. Dieses Verhalten ist zweckmäßig, wenn durch $X$ und $Y$ regulierte Gene zu verschiedenen Zellentwicklungen gehören.

Bei drei Knoten können Feedbackschleifen eine Art molekularer Gedächtnisfunktion entwickeln. Betrachten wir dazu wieder eine rückgekoppelte Feedback-

---

82 P.A. Lawrence, *The Making of a Fly. The Genetics of Animal Design*, Oxford 1995

83 M. Levine und E.M. Davidson, Gene regulatory networks for development, in: *Proc. Natl. Acad. Sci.* 2005, 4936–4942; A. Stathopoulos und M. Levine, Genomic regulatory networks and animal development, in: *Dev. Cell* 2005 9, 479–462

schleife zwischen *X* und *Y*. Zusätzlich weist in der Dreiecksschaltung ein Aktivierungspfeil von einem dritten Knoten *Z* auf *X* und ein zweiter von *Z* auf *Y*. Der Regulator *Z* kann die Feedbackschleife zwischen *X* und *Y* von einem Zustand zum anderen schalten. Dabei bleibt der Zustand sogar dann erhalten, wenn *Z* deaktiviert ist. Der Schaltkreis kann sich in diesem Sinn daran »erinnern«, ob *Z* in der Vergangenheit aktiv war. Diese Funktion ist wichtig, um das Wachstum auch dann aufrecht zu erhalten, wenn die ursprünglichen Entwicklungssignale nicht mehr aktiv sind. Im Unterschied zu sensorischen Transkriptionsnetzen sind bei Entwicklungsnetzwerken auch lange Kausalketten notwendig. Schließlich geht es beim Wachstum um langfristige Folgen von genetischen Aktivierungen und Repressionen.

Zellen bestehen aus zahlreichen sich überlagernden komplexen Netzwerken. Sensorische Transkriptionsnetzwerke und Entwicklungsnetzwerke sind nur zwei Beispiele. Anschaulich sind sensorische Transkriptionsnetzwerke für die Wahrnehmung und Reaktion einer Zelle zuständig, während sich ein Entwicklungsnetzwerk um die Entwicklung einer Zelle zu organischem Gewebe bis hin zu einem Organismus kümmert. Bereits auf molekularer Ebene sind aber auch Signalübertragungsnetzwerke nachweisbar, die auf die Übertragung von Informationen zwischen Proteinen spezialisiert sind.[84] Die Knoten dieser Netzwerke sind Proteine. Ihre Funktion besteht darin, Informationen der Umgebung zu registrieren und die Aktivität anderer Proteine zu regulieren. So teilen sich beispielsweise Zellen solange nicht, bis sie von Wachstumshormonen, also speziellen Proteinen, stimuliert werden. Diese Wachstumshormone werden von Zellen erkannt, um dann eine Signalübertragung auszulösen, die in der Aktivierung von Genen zur Zellteilung gipfelt.

Die Inputsignale des Übertragungsnetzwerks werden durch Empfängerproteine (Rezeptoren) registriert. Ein Teil dieser Rezeptoren liegt außerhalb der Zellmembran, während der andere Teil innerhalb der Zelle steckt. Der extrazelluläre Teil entdeckt spezifische Moleküle (Liganden). Die Bindung der Ligandenmoleküle verursacht eine chemische Veränderung in den Rezeptoren. Dadurch wird ihr intrazellulärer Teil aktiviert und katalysiert ein diffusionsfähiges Botenprotein. Diese chemische Veränderung lässt sich informationstechnisch als Übertragung eines Informationsbits vom Empfänger (Rezeptor) zum Boten auffassen. Das Botenprotein kann dann selber einen zweiten Typ von Botenprotein modifizieren und so fortfahrend eine Übertragungskette von Informationsbits auslösen, die Sekunden bis Minuten dauert.[85]

---

[84] U.S. Bhalla und R. Iyengar, Emergent properties of networks of biological signaling pathways, in: *Science* 1999 283, 381–387

[85] D. Bray, Protein molecules as computational elements in living cells, in: *Nature* 1995 376, 307–312

In Signalübertragungsnetzwerken stehen die Knoten für signalübertragende Proteine, während die gerichteten Kanten die mit der Signalübertragung verbundenen chemischen Wechselwirkungen zwischen den Proteinen bezeichnen. Die Struktur der Signalübertragungsnetzwerke zwischen Proteinen ist häufig wesentlich komplexer als die bisher vorgestellten molekularen Netzwerke. So treffen wir bereits hier auf der molekularen Ebene hierarchisch aufgebaute Netzwerke aus mehreren Schichten von Signalproteinen an, wie sie später bei Netzwerken im Gehirn für Neuronen oder bei technischen Netzwerken (Perzeptron) für Schaltelemente in der Künstlichen Intelligenz untersucht werden. In einer ersten Inputschicht aktivieren Proteine $X_1$, $X_2$, … eine zweite Schicht mit Proteinen $Y_1$, $Y_2$, …, die wiederum eine dritte Schicht mit Proteinen $Z_1$, $Z_2$, … aktiviert. Wie wir später sehen werden, sind mehrschichtige Netzwerke den ein- und zweischichtigen Netzwerken durch detailliertere Unterscheidungen, Abstraktionen und genauere Berechnungen überlegen.

Die bisher geschilderten Netzwerke sind in einer Zelle nicht nur sehr komplex, sondern treten auch integriert auf. So können Wechselwirkungen zwischen zwei Komponenten z.B. sowohl im Sinn einer genetischen Transkription als auch einer Entwicklungsregulation oder Signalübertragung auftreten. Das wird am Beispiel von rückgekoppelten Wechselwirkungen als negative Feedbackschleife zwischen Proteinen deutlich. Dabei kann z.B. $X$ als Transkriptionsfaktor ein Gen $Y$ auf einer langsamen Zeitskala aktivieren, während in einer Rückkopplung das durch $Y$ kodierte Protein auf $X$ auf einer schnellen Zeitskala hemmend zurückwirkt.

Solche negativen Rückkopplungsschleifen, bei denen eine langsame Komponente von einer schnellen Komponente reguliert wird, sind aus der Kontrolltheorie der Ingenieurwissenschaften bekannt.[86] Beispiel ist ein Heizkörper, der 15 Minuten zur Erwärmung eines Zimmers benötigt und in einer negativen Feedbackschleife von einem viel schnelleren Thermostat kontrolliert wird (Abb. 10). Dazu vergleicht der Thermostat die gewünschte mit der tatsächlichen Temperatur und justiert den Netzstrom entsprechend: Falls die Temperatur zu hoch ist, wird der Netzstrom des Heizkörpers reduziert, so dass der Raum abkühlt. Nach einiger Zeit stabilisiert sich die Temperatur um die gewünschte Temperatur. Würde der Thermostat wesentlich langsamer arbeiten und 15 Minuten zur Reaktion auf Temperaturänderungen benötigen, dann würde der Heizkörper relativ lange zurückliegende Rückkopplungssignale erhalten. Eine Folge wäre, dass die Temperatur zu oszillieren beginnt. Die negative Rückkopplung auf verschiedenen Zeitskalen führt also zur Stabilisierung. Das gilt ebenso für die Wechselwirkungen zwischen Proteinen.

[86] A.T. Winfree, *The Geometry of Biological Time*, Berlin 2001

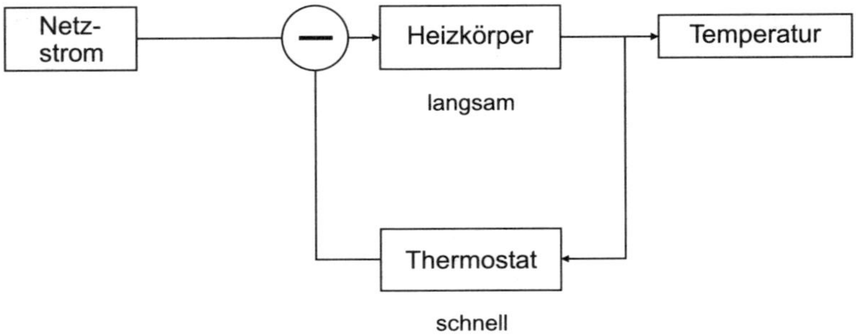


*Abb. 10:* Negative Rückkopplung in der Technik am Beispiel eines Thermostaten

In vielen biologischen Systemen ist aber nicht Stabilität, sondern Oszillation erwünscht.[87] Der Zellzyklus, in dem Zellen periodisch ihre Genome verdoppeln und sich teilen, ist ein zentraler Oszillator. Ein anderes bekanntes Beispiel sind zirkadiane Uhren, also biochemische Schaltkreise, die Oszillationen im Tagesrhythmus aufgrund von Temperatur- und Lichtsignalen erzeugen. Oszillatoren finden sich ebenfalls in schlagenden Herzzellen, feuernden Neuronen des Gehirns oder Entwicklungsprozessen, die wiederholt Gewebe erzeugen.

## Biologische Nanomaschinen und Nanomotoren

Wie schon mehrfach erwähnt, lassen sich Zellen als sich selbst organisierende komplexe Systeme verstehen, in denen winzige Motoren in Nanometergröße wirken. Ein Beispiel ist das etwa 1 Mikron lange E.coli Bakterium (Abb. 11). Solange es sich in einer Umgebung mit ausreichend Nährstoffen befindet, bewegt es sich nicht. Wenn sich die Nahrungsbedingungen verschlechtern, bildet E.coli Nanomotoren mit winzigen Flagellen (Geißeln) als Propellern aus, mit denen es schwimmen kann. Jeder Flagellenmotor ist 50 nm groß und besteht aus etwa 30 Typen von Proteinen. Es handelt sich um einen winzigen Elektromotor, der die Energie von einströmenden Protonen umsetzt, um Rotationen mit etwa 100 Hz anzutreiben. Jeder Motor dreht ein Flagellum, also eine schraubenförmige Faser, die zehnmal länger ist als die E.coli Zelle selber. Die Rotationsbewegungen der Flagellen stoßen das Bakterium mit einer Geschwindigkeit von 30 Mikron pro Sekunde vorwärts. Jeder Flagellenmotor kann im Uhrzeigersinn oder gegen den Uhrzeigersinn rotieren. Wenn die Motoren entgegen den Uhrzeigersinn rotieren, werden die Flagellen in einem Bündel gedreht und die Zelle schwimmt vorwärts.

---

[87] J.J. Tyson, K.C. Chen und B. Novak, Sniffers, buzzers, toggles, and blinkers: dynamics of regulatory and signaling pathways in the cell, in: *Curr. Opin. Cell Biol.* 2003 15, 221–231

Dreht sich ein Motor im Uhrzeigersinn, rolliert das System und die Orientierung wird zufällig. Dreht der Motor wieder entgegengesetzt, wird die Zelle wieder nach vorne gestoßen.

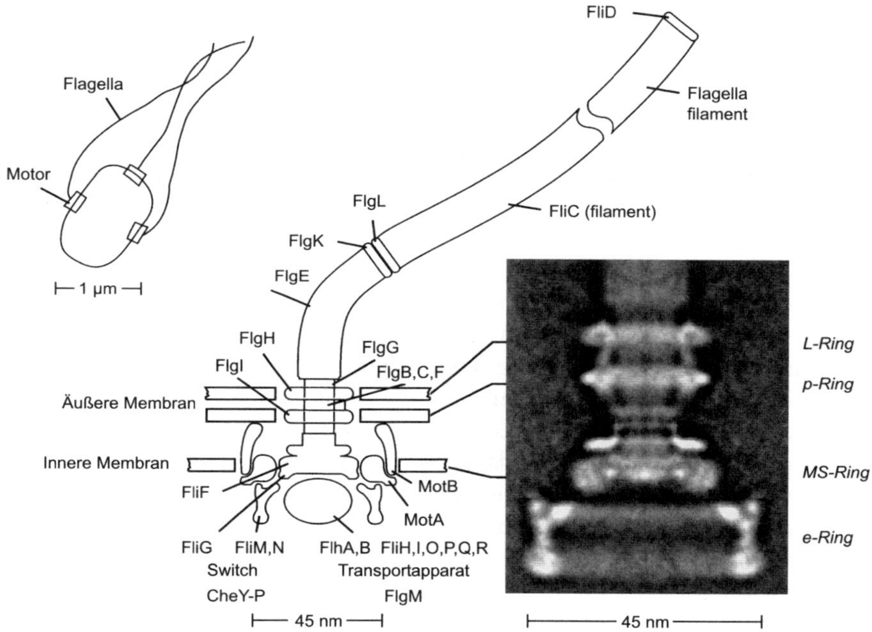


*Abb. 11:* E.coli Bakterium mit Flagellenmotoren und Aufnahme mit Elektronenmikroskop eines Flagellenmotors[88]

Die Motoren werden in Arbeitsschritten schichtweise zusammengesetzt.[89] Das ist ein bemerkenswertes Beispiel molekularer Selbstorganisation, bei der sich die Proteine wie in einem Legobaukasten zusammenfügen. Jeder Motor und das damit verbundene Flagellum besitzen eine hohle zentrale Röhre, durch die entsprechende Proteine zu jeder Schicht bewegt werden. Jede Schicht des Motors dient als Transportanweisung für die Proteine der nächsten Baustufe.

Die Produktion der Motorproteine wird durch ein Transkriptionsnetzwerk kontrolliert.[90] Die Proteine, aus denen ein Flagellenmotor sich zusammensetzt, werden von sechs Gruppen $Z_1, \ldots, Z_n$ von Genen kodiert. Reguliert werden sie von zwei Transkriptionsproteinen $X$ und $Y$. Das Regulationsnetzwerk hat die

88 Nach H.C. Berg, *E.coli in Motion*, Berlin 2003

89 R.M. Macnab, How bacteria assemble flagella, in: Annu. Rev. Microbiol. 2003 57, 77–100

90 S. Kalir und U. Alon, Using a quantitative blueprint to reprogram the dynamics of the flagella gene network, in: *Cell* 2004 117, 713–720

Form eines Multi-Output Feedforward Netzwerks (Abb. 9). Jede Gengruppe $Z_i$ ($i = 1, \ldots, 6$) kann durch $X$ ohne $Y$ oder durch $Y$ ohne $X$ aktiviert werden. Es funktiert also nach der Logik einer ODER-Schaltung.

Ferner erzeugt E.coli ein Navigationssystem, um den besten Weg zu besseren Lebensbedingungen zu erkunden. Die bakterielle Orientierung geschieht häufig durch chemische Reaktion auf Lock- und Abwehrstoffe. In diesem Fall spricht man von Chemotaxis. So wird E.coli z.B. von Zucker angezogen, aber von Metallionen abgestoßen. Reagieren Bakterien auf Licht oder magnetische Felder, liegt Phototaxis bzw. Magnetotaxis vor. In Experimenten lässt sich zeigen, wie Bakterien in einer Flüssigkeit schwimmen und sich an unterschiedlichen Stoffkonzentrationen orientieren. Mit erstaunlicher Präzision orten sie ihre Verteilung und passen erforderliche Bewegungen an.

Das chemische Navigationssystem von E.coli wird durch ein Signalübertragungsnetzwerk gesteuert. Der Input des Schaltnetzes ist die Konzentration eines Lockstoffs. Der Output besteht in der Wahrscheinlichkeit, dass sich die Motoren im Uhrzeigersinn drehen. E.coli besitzt fünf Typen von Rezeptoren, die verschiedene Liganden wahrnehmen können. In jeder Zelle gibt es einige Tausende von Rezeptorproteinen. Liganden, die an einem Rezeptorprotein andocken, beeinflussen Nachbarproteine und führen damit zu einer Verstärkung und Sensibilisierung für diesen Stoff. Über Signalproteine werden dann Impulse an den entsprechenden Motor übertragen. Sie führen zu einer Erhöhung der Wahrscheinlichkeit, dass die Motorrotation vom entgegengesetzten Uhrzeigersinn in den Uhrzeigersinn umschaltet.

Ein weiteres Beispiel für molekulare Maschinen sind Ribosome. Sie produzieren Proteine aus Ketten von Aminosäuren. Anschaulich erinnert der Vorgang an eine Fließbandproduktion, bei der Produkte nach einer Programmsteuerung hergestellt werden. Der Typ der Aminosäure, der in einer Kette verbunden werden soll, wird nämlich durch die Information eines mRNA bestimmt. Als mRNA (von engl. *messenger RNA*), auch Boten-RNA, wird das RNA-Transkript eines zu einem Gen gehörigen Teilabschnitts der DNA bezeichnet. Es besteht aus einer Folge von vier Basentypen A, C, G und U. Jede der zwanzig Aminosäuren wird durch ein Kodon, d.h. eine Folge von drei Buchstaben auf der mRNA, bestimmt. Es gibt also $4^3 = 64$ mögliche Kodons aus drei Buchstaben (Triplets) der Folge aus vier Buchstaben A, C, G und U. Zusätzlich wird wie bei einem Computerprogramm ein Stoppsignal molekular kodiert, das den Produktionsvorgang beendet. Die Abbildung zwischen den 64 Kodons und den 20 Aminosäuren wird genetischer Kode genannt.

Abb. 12 zeigt die Produktion eines Proteins als Aminosäurekette durch ein Ribosom. Neben der Boten-RNA (mRNA) spielen dabei die Transfer-RNAs eine wichtige Rolle. tRNA ist die Kurzform für Transfer-RNA. Transfer-RNAs sind kurze Ribonukleinsäuren (RNA). Sie vermitteln bei der Translation die richtige Aminosäure zum entsprechenden Kodon auf der mRNA. Man sagt auch, dass die mRNA durch tRNAs »gelesen« wird, um die Triplets der Kodons auf der mRNA zu »erkennen«.[91] In Abb. 12 transportiert ein Transfer-RNA eine Aminosäure, die durch eine Ellipse dargestellt ist. Wenn ein tRNA das Kodon bindet, wird die jeweils transportierte Aminosäure in die Aminosäurekette eingefügt, die als Kette von Ellipsen dargestellt ist. Dann wird das tRNA abgeworfen und das nächste Kodon gelesen. Jedes tRNA steht in einer Zelle mit den übrigen tRNAs in einem Wettbewerb um die Bindung mit passenden Aminosäuren. (Die korrekte tRNA bindet mit einer Dissoziationskonstanten $K_c$, die nächste inkorrekte tRNA mit $K_d > K_c$.)

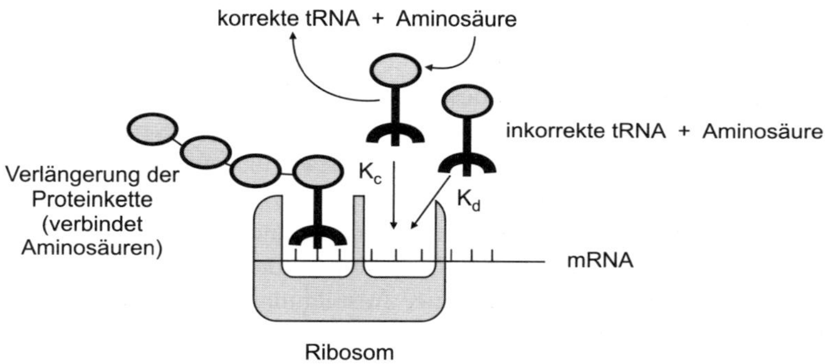


*Abb. 12:* Ribosom als Maschine zur Produktion von Proteinen als Kette von Aminosäuren (links durch Kette von Ellipsen dargestellt). tRNAs vermitteln dabei die richtige Aminosäure zum entsprechenden Kodon auf der mRNA.[92]

## Mathematische Modelle komplexer zellulärer Netzwerke

Unter einer riesigen Anzahl von mathematischen Möglichkeiten haben sich in der Evolution nicht nur einige wenige Muster zum Aufbau von Netzwerken für Signalübertragung, Stoffwechselregulation, Transkriptionsaufgaben u. a. durchgesetzt. Auffallend ist auch, dass aus der Ingenieurarbeit, industriellen Produktion und sozialen Organisation bekannte Strukturprinzipien bereits in der molekularen Evolution anzutreffen sind. Dazu gehört das Prinzip der Modularität.[93] Viele

---

[91] Ein wichtiger Schritt zur Erklärung von Mustererkennung war J. Hopfield, Kinetic proofreading: a new mechanism for reducing errors in biosynthetic processes requiring high specifity, in: *Proc. Natl. Acad. Sci. U.S.A.* 1974 71, 4135–4139. Eine Anwendung von »Erkennungsmaschinen« ist das Immunsystem. Dazu auch B. Goldstein, J.R. Faeder und W.S. Hlavacek, Mathematical and computational models of immune-recepter signaling, in: *Nat. Rev. Immunol.* 2004 4, 445–456

[92] U. Alon, *An Introduction to Systems Biology. Design Principles of Biological Circuits*, London 2006, Fig. 9.1, 177

[93] G. Schlosser und G.P. Wagner, *Modularity in Development and Evolution*, Chicago 2004

komplexe biologische Netzwerke sind aus einfachen Grundmustern zusammengesetzt, in denen sich die Anordnung und Struktur der Knoten und Kanten wiederholt. Ein Modul wird durch eine Menge von Knoten und spezifischen Kantenverbindungen definiert, die eine bestimmte biologische Funktion erfüllen. Dazu gehören Input- und Output-Knoten, mit denen die Wechselwirkung mit dem gesamten Netzwerk kontrolliert wird.

Wie in der Industrieproduktion und dem Ingenieurentwurf haben Module den Vorteil, dass komplexe Aufgaben auf bewährte und immer wieder verwertbare Teilaufgaben zurückgeführt werden können. In der Fließbandproduktion (z.B. Automobilbau) wird die Modularisierung seit jeher verwendet. So bestehen industriell produzierte komplexe Softwareprogramme aus getesteten Softwaremodulen, aus denen sich der Nutzer häufig selber das Gesamtprogramm je nach Bedarf zusammensetzen kann. Insbesondere wenn sich Situationen schnell ändern, ist der Austausch von einzelnen Modulen angebracht, um das Gesamtsystem schnell den neuen Erfordernissen anzupassen. Ein Beispiel für ein modularisiertes soziales System sind unsere Ausbildungscurricula, die »modularisiert« wurden. Auch hier war die Motivation, in einer sich schnell verändernden technischen, wirtschaftlichen und gesellschaftlichen Entwicklung Studiengänge rasch an die neuen Erfordernisse durch Austausch einzelner Ausbildungsmodule anzupassen, ohne einen komplett neuen Studiengang entwerfen zu müssen.

Allerdings ist hervorzuheben, dass in der Evolution keineswegs alle Netzwerke modular aufgebaut sind. In Computersimulationen der Evolution entwickeln sich Netzwerke durch zufällig hinzugefügte oder veränderte Verbindungen zwischen Knoten, bis das Netz eine gegebene Aufgabe löst bzw. die korrekten Input- und Output-Signale erzeugt. In den Simulationen entstehen häufig effektive, aber hochgradig vernetzte Strukturen, die sich nicht auf einfache und sich wiederholende Teilmodule reduzieren lassen.

Abb. 13 zeigt modularisierte und nicht modularisierte elektronische Schaltungen, die bestimmte Aufgaben erfüllen. Die Netzwerke entwickeln sich mit einem festen Ziel und modular sich verändernden Zielen. In diesen Beispielen bestehen die Netzwerke aus graphischen Gattern für die logischen Verknüpfungen UND, ODER und dem ausschließenden ODER. Das ausschließende ODER (Abkürzung: XODER) ist nur dann wahr, wenn genau eine Teilaussage (nicht beide) wahr ist. Das Ziel ist eine bestimmte logische Funktion für die vier Inputs $X$, $Y$, $Z$, $W$. Ein typisches Netzwerk entwickelt sich zur Zielschaltung $G_1 = (X$ XODER $Y)$ UND $(Z$ XODER $W)$. Netzwerk 13.a ist eine perfekte Lösung dieses evolutionären Ziels. Ähnliche nicht modulare Lösungen wurden für die Zielschaltung $G_2 = (X$ XODER $Y)$ ODER $(Z$ XODER $W)$ gefunden. In 13.b werden Netzwerke mit modular variierenden Zielen gezeigt, bei denen das Ziel während der Evolution alle zwanzig Generationen zwischen $G_1$ und $G_2$ umschaltet. $G_1$ und $G_2$ bestehen aus denselben Teilproblemen, nämlich $X$ XODER $Y$ und $Z$ XODER $W$, aber verschiedenen Kombinationen. Jedes Netzwerk ist eine perfekte Lösung für das entsprechende Ziel. In 13.c entwickelt sich ein anderes Beispiel von Netzwerken mit modular variierenden Zielen zu $G_1$ und $G_2$. In 13.d entwickeln sich Netzwerke mit zwei XODER Modulen als Input für ein drittes Modul, das in Abhängigkeit vom Ziel eine UND/ODER Funktion implementiert.

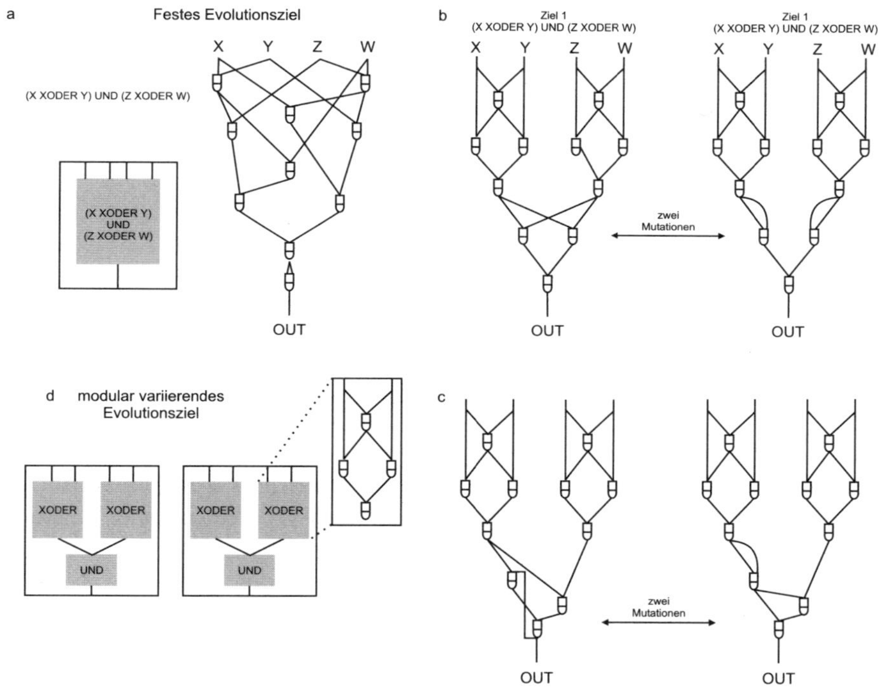


*Abb. 13:* Modulare und nicht modulare elektronische Schaltungen, die sich in simulierter Evolution entwickeln[94]

Wie in der Elektrotechnik können auch komplexe Netzwerke der Biologie durch Differentialgleichungen beschrieben werden, um ihre Dynamik rechnerisch zu erfassen. Bei linearen Gleichungen sind exakte Lösungen und damit verbundene Voraussagen einfach. Bei nichtlinearen Gleichungen sind meistens nur noch Approximationen und Computersimulationen möglich. Die Übersetzung von der graphischen Darstellung eines Netzwerks in ein Gleichungssystem geschieht nach anschaulichen Regeln.[95] Dazu betrachten wir eine einfache Reaktion, bei

---

[94] N. Kashtan und U. Alon, Spontaneous evolution of modularity and network motifs, in: *Proc. Natl. Acad. Sci. U.S.A.* 2005 102, 13773–13778

[95] Grundlegend für die Anfänge biochemischer Systemtheorie M.A. Savageau, Biochemical systems analysis I. Some mathematical properties of the rate law for the component enzymatic reactions,

der ein Molekül eines Stoffwechselprodukts *P* aus einer Substanz *S* produziert wird. Dieser Prozess ist diskret, wenn ein Molekül von *P* für jedes Molekül von *S* produziert wird. Für eine große Anzahl von Molekülen lassen sich Durchschnitte mit stetigen Produktionsraten annehmen. Die Produktionsrate von *P* und die entsprechende Abnahmerate von *S* werden in einer Gleichung verbunden. Falls die Reaktion mit einer Rate von *ν* Umwandlungen pro Sekunde abläuft, ist die Rate, mit der Moleküle von *S* verbraucht werden, und die Rate, mit der Moleküle von *P* produziert werden, ebenfalls *ν*.

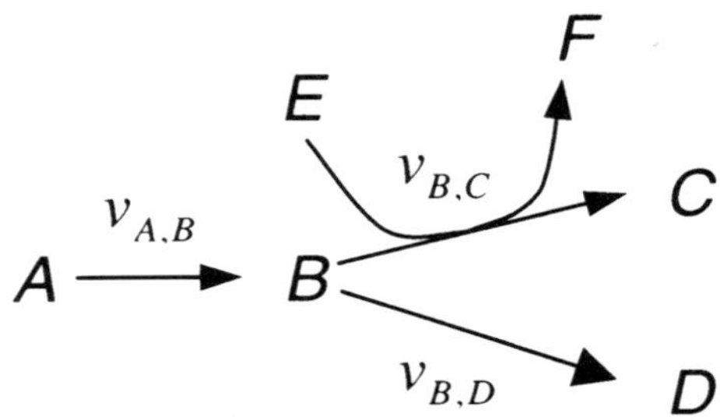


*Abb. 14:* Schaltbild eines Reaktionsnetzwerks mit sechs Substanzen und drei Reaktionsraten[96]

Viele Reaktionen sind aber komplizierter, da zusätzliche Stoffwechselprodukte oder andere Faktoren benötigt werden. Das spezifische Proportionsverhältnis, in dem Ausgangsstoff (Reaktant bzw. Edukt) und Produkt an einer Reaktion teilnehmen, bestimmt die Stöchiometrie (von gr. στοιχειον, »Grundstoff« und μετρειν, »messen«). In Abb. 14 ist ein Netzwerk aus den Stoffen *A*, *B*, *C*, *D*, *E*, *F* und drei Reaktionen gezeigt. In der ersten Reaktion wird *A* verbraucht, um *B* zu produzieren, graphisch dargestellt durch einen Pfeil von *A* nach *B*. In einer nachfolgenden Reaktion wird *B* in *C* oder *D* umgewandelt, graphisch dargestellt durch eine Verzweigung. Die Umwandlung von *B* nach *C* benötigt zusätzlich zwei Moleküle von Stoff *E*, um ein Molekül von *F* zu produzieren. Die Reaktionsrate zur Produktion von *B* aus *A* wird mit $\nu_{A,B}$ bezeichnet, zur Produktion von *D* aus *B* mit $\nu_{B,D}$ und zur Produktion von *C* aus *B* mit $\nu_{B,C}$. In einer entsprechenden Gleichung werden die einzelnen Reaktionen der beteiligten Substanzen verbunden. Nimmt eine Substanz als Ausgangsstoff (Edukt) an der

in: *J. Theor. Biol.* 1969 25(3), 365–369; Biochemical systems analysis II. The steady-state solutions for an *n*-pool system using a power law approximation, in: *J. Theor. Biol.* 1969 25(3), 370–379; Biochemical systems analysis. 3. Dynamic solutions using a power-law approximation, in: *J. Theor. Biol.* 1970 26(2), 215–226

96 E.O. Voit und J.H. Schwacke, *Understanding through modeling. A historical perspective and review of biochemical systems theory as powerful tool of systems biology*, in: A.K. Konopka (Hrsg.), Systems Biology. Principles, Methods, and Concepts, Boca Raton 2007, Fig. 2.3, 43

Reaktion teil, enthält der entsprechende Reaktionsterm ein Minuszeichen, da diese Substanz bei der Reaktion verbraucht wird. Der Reaktionsterm selber entsteht durch Multiplikation der Stöchiometrie und der Reaktionsrate der betroffenen Substanz. Falls die Substanz als Stoffwechselprodukt teilnimmt, erhält sie ein positives Vorzeichen. Wir erhalten so folgende Differentialgleichungen für die Stoffveränderungen von $A$, $B$, $C$, $D$, $E$, $F$, dargestellt durch die entsprechenden Differentialquotienten nach dem Schaltbild von Abb. 14:

$$dA/dt = -1 \cdot v_{A,B}$$
$$dB/dt = +1 \cdot v_{A,B} - 1 \cdot v_{B,C} - 1 \cdot v_{B,D}$$
$$dC/dt = +1 \cdot v_{B,C}$$
$$dD/dt = +1 \cdot v_{B,D}$$
$$dE/dt = -2 \cdot v_{B,D}$$
$$dF/dt = +2 \cdot v_{B,D}$$

Offenbar handelt es sich um lineare Gleichungen. Allgemein besteht ein solches Gleichungsschema aus endlich vielen Variablen $X$ (= $X_1, \ldots, X_n$) für die beteiligten Substanzen, Koeffizienten der Stöchiometrie $S$ und Reaktionsraten $v$. Die Dynamik komplexer Netzwerke wird daher allgemein durch Gleichungen der Form $dX/dt = S \cdot v$ beschrieben. Sind alle Stoffwechselflüsse konstant, erhält man lineare Gesetze. Bei nichtlinearen Gesetzen gibt es im Allgemeinen keine einfachen Lösungsmöglichkeiten.[97] Auch in stationären Zuständen mit $dX/dt = S \cdot v = 0$ müssen im nichtlinearen Fall zusätzlich günstige Nebenbedingungen angenommen werden, um Gleichungslösungen zu bestimmen. Nichtlineare Gleichungen liegen vor, wenn die Reaktionsraten durch Potenzgesetze bestimmt sind. So sind z.B. in der Reaktion $2A + 3B \rightarrow C$ zwei Moleküle von $A$ und drei Moleküle von $B$ notwendig, um $C$ zu erzeugen. Die Reaktionsrate $v$ wird daher durch $v = k \cdot A^2 \cdot B^3$ dargestellt, allgemein durch $v = k \cdot X_1^{g_1} \cdot X_2^{g_2} \cdot \ldots \cdot X_n^{g_n}$ mit der Ratenkonstanten $k$ und den Exponenten $g_1, \ldots, g_n$ für die Stöchiometrie der jeweiligen Reaktionen (kinetische Ordnung).

Abb. 15 zeigt ein Stoffwechselnetz mit fünf Substanzen $X_1, \ldots, X_5$ mit nichtlinearer Dynamik. Die Produktionsrate von Substanz $X_1$ aus $X_6$ nimmt mit wachsender Konzentration von $X_1$ zu (gestrichelter Pfeil von $X_1$). Ebenso nehmen die Produktionsraten von $X_3$ aus $X_2$ und von $X_5$ aus $X_4$ durch wachsende Konzentration von $X_1$ bzw. $X_3$ zu. Zwischen den Substanzen $X_2$ und $X_3$ bzw. $X_4$ und $X_5$ treten zusätzlich negative Rückkopplungsschleifen auf. Die

97 E.O. Voigt, *Canonical Nonlinear Modeling. S-System Approach to Understanding Complexity*, New York 1991

entsprechenden Veränderungsraten der Substanzen $X_1, \ldots, X_5$ sind nun in nichtlinearen Differentialgleichungen für die Differentialquotienten $dX_1/dt, \ldots, dX_5/dt$ dargestellt. Die Nichtlinearität kommt in den gekoppelten Gleichungen mit den Potenzfunktionen zum Ausdruck. Der biochemische Schaltplan und die entsprechenden Differentialgleichungen erinnern wieder an entsprechende Modellierungen in der Elektrotechnik.

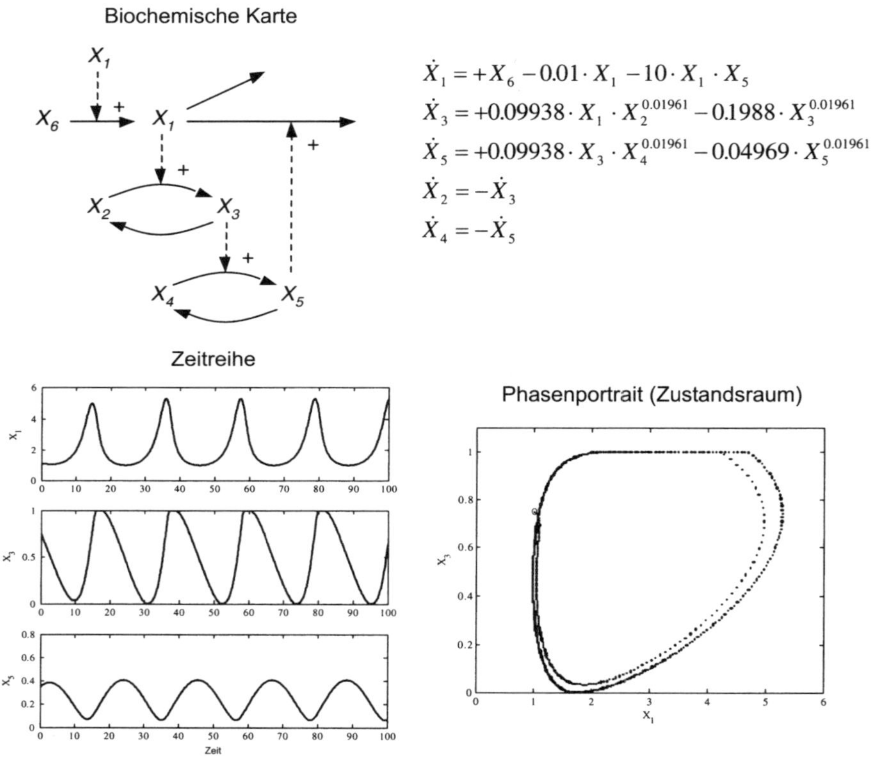


$$\dot{X}_1 = +X_6 - 0.01 \cdot X_1 - 10 \cdot X_1 \cdot X_5$$
$$\dot{X}_3 = +0.09938 \cdot X_1 \cdot X_2^{0.01961} - 0.1988 \cdot X_3^{0.01961}$$
$$\dot{X}_5 = +0.09938 \cdot X_3 \cdot X_4^{0.01961} - 0.04969 \cdot X_5^{0.01961}$$
$$\dot{X}_2 = -\dot{X}_3$$
$$\dot{X}_4 = -\dot{X}_5$$

*Abb. 15:* Stoffwechselnetz als dynamisches System mit (a) biochemischem Schaltplan, (b) Differentialgleichungen, (c) Zeitreihen (Oszillationen) und (d) Phasenportraits im Zustandsraum (Grenzzyklus)[98]

Im Sinn der Komplexitätsforschung, deren Grundlagen in Kapitel 2 erläutert wurden, kann die Dynamik dieses Systems durch Zeitreihenanalyse und Phasenporträts im Zustandsraum veranschaulicht werden. Zeitreihen sind Kurven von Größen oder Konzentrationen entlang der Zeitachse. Sie ermöglichen das

[98] E.O. Voit und J.H. Schwacke, *Understanding through modeling. A historical perspective and review of biochemical systems theory as powerful tool of systems biology*, in: A.K. Konopka (Hrsg.), Systems Biology. Principles, Methods, and Concepts, Boca Raton 2007, Fig. 2.14, 64

Studium stationärer Zustände, periodischer Oszillationen und chaotisch nichtperiodischen Verhaltens. Phasenportraits illustrieren dynamisches Verhalten in Zustandsräumen, deren Koordinaten durch die charakteristischen Größen der Systemzustände bestimmt werden. Eine anschauliche Visualisierung ist allerdings nur in 2- und 3-dimensionalen Zustandsräumen möglich.

Stoffwechselnetze in Zellen sind durch universale Struktureigenschaften bestimmt, die sich auch in anderen komplexen Netzwerken des Lebens und sogar der Technik (z.B. World Wide Web) finden. Gemeint sind z.B. die Potenzgesetze, die bei den Verteilungsfunktionen der Kanten eines Netzes auftreten. Bei Zufallsnetzen sind die Kanten, die von den Knoten eines Netzes ausgehen, mit gleicher Wahrscheinlichkeit verteilt. Bei den Netzen, die in der Evolution entstanden sind, treten Cluster und Bündelungen von Knotenverbindungen auf, die mit biologischen Funktionen wie Versorgung, Kontrolle und Regulation verbunden sind. Mathematisch kommen sie in den Potenzfunktionen der Verteilungsgesetze der Kanten eines Netzwerks zum Ausdruck.

Die meisten Knoten eines Netzes haben einen niedrigen Verbindungsgrad, während einige wenige sich durch hohe Verbindungsdichte auszeichnen. Knoten mit hoher Verbindungsdichte sind Netzzentren und dominieren die Netzwerkstruktur. Die meisten Knoten sind mit diesen Netzzentren über kurze Wege verbunden. Die durchschnittliche Wegelänge bleibt bei unterschiedlicher Größenskalierung dieser Netze erhalten. Man spricht daher auch von skalenfreien Netzen. Kleine zufällige Veränderungen stören nicht die Gesamtstruktur. In diesem Sinne besitzen solche Netzwerke auch robuste Strukturen. Die damit verbundenen biologischen Funktionen konnten sich in der Evolution durchsetzen.

Formal besteht ein Zufallsnetz aus $N$ Knoten, wobei jedes Knotenpaar mit einer Wahrscheinlichkeit $p$ verbunden ist. Dadurch entsteht ein Netz mit $pN(N-1)/2$ zufällig verteilten Kanten. Allgemein hat ein Knoten $i$ eines Netzwerks $k_i$ Kanten, die ihn mit $k_i$ anderen Knoten verbinden. Falls die nächsten Nachbarn eines Knoten zu einem Cluster gehören, dann gibt es $k_i(k_i-1)/2$ Kanten zwischen ihnen. Der Clusterkoeffizient $C_i$ eines Knoten $i$ wird dann definiert durch das Verhältnis der Anzahl $E_i$ von Kanten, die tatsächlich zwischen diesen Knoten bestehen, und der totalen Anzahl $k_i(k_i-1)/2$, d.h. $C_i = 2E_i/k_i(k_i-1)$. Der Clusterkoeffizient $C$ des ganzen Netzes ist der Durchschnitt aller $C_i$. In einem Zufallsnetz ist $C = p$, da die Kanten zufällig verteilt sind. Ferner hat die Mehrheit der Knoten im Zufallsnetz nahezu denselben Grad (Anzahl) von Ecken. Daher ist dann die Gradverteilung $P(k)$, d.h. die Wahrscheinlichkeit, dass ein Knoten $k$ Kanten hat, eine Poisson-Verteilung. Die meisten realen Netzwerke haben allerdings eine Gradverteilung mit einem Potenzgesetz, d.h. $P(k) \sim k^{-\gamma}$. Solche Netze haben keine charakteristische Skalierung, da Potenzgesetze invariant (unveränderlich) bei Skalenveränderungen (also Vergrößerungen oder Verkleinerungen) sind. Solche skalenfreien Netzwerke zeichnen sich häufig durch robuste Strukturbildungen aus.

Potenzgesetze für Gradverteilungen wurden in vielen komplexen Netzen beobachtet und sind offenbar universale Eigenschaften.[99] Allerdings charakterisieren sie nur die lokale Verknüpfung eines Netzes und sagen nichts über die globale Netzwerkstruktur. In Abb. 16 haben beide Netzwerke eine Gradverteilung mit Potenzgesetz. Dennoch ist das linke Netzwerk vollständig vernetzt, während das rechte Netzwerk aus verschiedenen separierten Teilnetzen besteht.

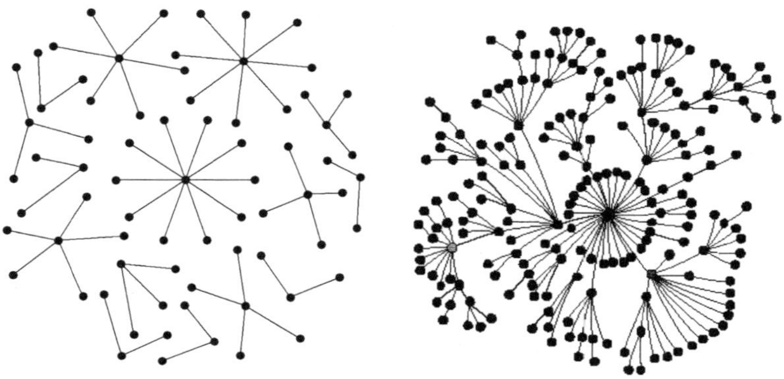

*Abb. 16:* Netzwerke mit Potenzgesetzen der Gradverteilung, aber verschiedener globaler Vernetzungsstruktur[100]

In Stoffwechselnetzwerken sind keineswegs alle Knoten vollständig verbunden. Allerdings finden sich vollständig verbundene Teilnetze, die »starke Komponenten« (*strong components*) genannt werden. Starke Komponenten eines Netzes werden als Teilmengen von Knoten definiert, in denen jedes Knotenpaar durch einen Weg, also eine Sequenz von Kanten verbunden ist.[101] Die größte der starken Komponenten hat häufig sehr viel mehr Verbindungen als die übrigen starken Komponenten. Daher wird sie auch als »gigantisch starke Komponente« (GSC, d.h. *giant strong component*) bezeichnet. Solche dominierenden Teilnetze treten in Stoffwechselnetzen wie des E.coli Bakteriums ebenso auf wie in technischen Netzen wie dem World Wide Web. Im World Wide Web werden die Knoten als Webseiten und die Kanten als Hyperlinks aufgefasst.[102] In der Regel bestehen die

---

[99] H. Jeong, B. Tombor, R. Albert, Z.N. Oltavai, und A.L. Barabasi, The large-scale organization of metabolic networks, in: *Nature* 2000 407, 651–654; S.H. Strogatz, Exploring complex networks, in: *Nature* 2001 410, 268–276

[100] Hong-Wu Ma und An-Ping Zeng, *Reconstruction of metabolic networks from genome information and its structural and functional analysis*, in: A. Kriete und R. Eils (Hrsg.), Computational Systems Biology, Amsterdam 2007, Fig. 9.5, 180

[101] V. Batagelj und A. Mryar, Pajek: Program for large network analysis, in: *Connections* 1998 21, 47–57

[102] A. Broder, R. Kumar, F. Maghoul, P. Raghavan, S. Rajagopalan, R. Stata, A. Tomkins und J. Wiener, Graph structure in the Web, in: *Computer Networks* 2000 33, 309–320

GSCs aus weniger als einem Drittel der Knoten eines Netzes, üben jedoch die wichtigsten Funktionen (z.B. Kontrolle und Regulation) des gesamten Netzes aus.

Die Netzwerkanalyse ist ein wichtiger Schritt, um die biologischen Funktionen der Teilnetze zu verstehen.[103] Biologische Funktionen beruhen auf chemischen Reaktionen zwischen den Stoffwechselprodukten. Zur Veranschaulichung werden daher Reaktionsgraphen verwendet, bei denen die Reaktionen als Netzknoten dargestellt sind. Zwei Reaktionen werden durch eine Kante verbunden, wenn ein Stoffwechselprodukt das Ergebnis der einen Reaktion und der Auslöser der anderen Reaktion ist. Im Unterschied dazu werden bei Stoffwechselnetzen die Stoffwechselprodukte durch die Netzknoten und die Reaktionen als die verbindenden Kanten bezeichnet. Die Reaktionsgraphen zeigen Potenzgesetzeigenschaften und lassen sich in starke Komponenten mit einem größten Modul GSC konzentrierter Reaktionsabläufe zerlegen.

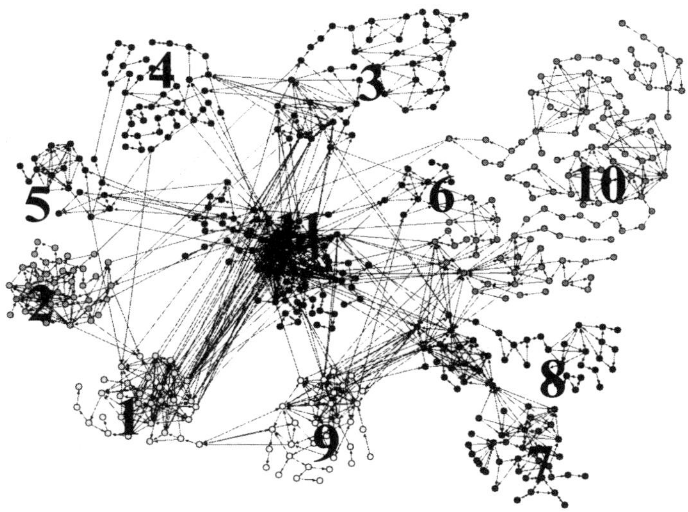


*Abb. 17:* Funktionale Module im Stoffwechselnetzwerk des E.coli Bakteriums[104]

Abb. 17 zeigt den Reaktionsgraphen der Stoffwechselabläufe in einem E.coli Bakterium mit verschiedenen Komponenten verdichteter Reaktionen, die unterschiedlichen biologischen Funktionen der Regulation, Kontrolle und Erzeugung von

[103] S. Schuster, T. Dandekar, und D.A. Fell, Detection of elementary flux modes in biochemical networks: a promising tool for pathway analysis and metabolic engineering, in: *Trans. Biotechnol.* 1999 17, 53–60

[104] Hong-Wu Ma und An-Ping Zeng, *Reconstruction of metabolic networks from genome information and its structural and functional analysis*, in: A. Kriete und R. Eils (Hrsg.), Computational Systems Biology, Amsterdam 2007, Fig. 9.10, 185

Stoffwechselprodukten entsprechen.[105] Die Abläufe zwischen den Komponenten sind kausal geordnet. Dadurch wird es möglich, die gesamte Struktur und Dynamik einer Zelle wie im Schaltplan einer komplexen Maschine ganzheitlich zu verstehen und vorauszusagen. Genau das ist das Ziel der Systembiologie.

Jede gesunde Körperzelle eines Säugetiers enthält das gesamte Genom dieses Organismus. Das menschliche Genom umfasst etwa $N = 25\,000$ Gene. Von jedem Gen werden vereinfacht zwei alternative Zustände angenommen: Entweder ist es eingeschaltet und wirkt in der Zelle aktiv (z. B. durch das Protein, das durch dieses Gen kodiert wird) oder es ist ausgeschaltet und nicht aktiv. Um das Genom als Erbinformation auffassen zu können, wird jedes Gen als ein Bit $g_i$ ($i = 1, \ldots, N$) mit den beiden Zuständen aktiv (ON) $g_i = 1$ und nicht aktiv (OFF) $g_i = 0$ gedeutet. Jeder genetische Zustand $z(t) = (g_1(t), \ldots, g_N(t))$ der Zelle zum Zeitpunkt $t$ lässt sich daher als Bitsequenz der Länge $N$ wie z. B. 1010110 … repräsentieren.[106]

Mit 25 000 binären Genen ergeben sich $2^{25000} \approx 10^{7526}$ mögliche Konfigurationen von Genomsequenzen. Alle möglichen Zustandskonfigurationen von $N$ Genen definieren einen $N$-dimensionalen genetischen Zustandsraum, wobei jedes Gen eine Dimension bestimmt. Jeder Punkt dieses Zustandsraums repräsentiert also einen genetischen Zellzustand. Obwohl die Annahme binärer Zustände bereits eine erhebliche Vereinfachung der tatsächlichen Zellzustände bedeutet, ist die Zahl von $10^{7526}$ möglichen Genexpressionen gigantisch. Zum Vergleich werden annäherungsweise $10^{80}$ Protonen im gesamten Universum und etwa $10^{17}$ Zellen in unserem Körper angenommen. Wenn alle diese Zellkonfigurationen tatsächlich realisiert würden, ergäbe sich ein quasi-stetiges Kontinuum von Zellzuständen, bei dem sich benachbarte Zellzustände wie z. B. 0000 … 001 und 0000 … 011 kaum unterscheiden würden. Hinzu käme das molekulare Rauschen von Zufallsfluktuationen, das mit den größten Supercomputern nicht zu entschlüsseln wäre.

Tatsächlich sind aber die einzelnen Zellkonfigurationen nicht unabhängig voneinander, sondern beeinflussen sich gegenseitig. Daher ist nur eine winzige Teilmenge der $10^{7526}$ möglichen Genexpressionen des binären Genmodels stabil und wird realisiert. Damit stellt sich die Frage, wie die Schaltpläne der Gene auf der Mikroebene beschaffen sein müssen, damit sich auf der Makroebene das Zellverhalten ergibt, das auch tatsächlich beobachtet wird. Ein digitales Modell wie ein Boolesches Netzwerk erklärt viele typische Zustände beobachtbarer Zelldy-

---

105 J. Gagneur, D.B. Jackson und G. Casari, Hierarchical analysis of dependency in metabolic networks, in: *Bioinformatics* 2003 19, 1027–1034

106 Ein Boolesches Zufallsnetz zur Modellierung von genetischen Interaktionen führt ein S. Kauffman, Metabolic stability and epigenesis in randomly constructed genetic nets, in: *J. Theor. Biol.* 1969 22, 437–467

namik. Historisch hatte bereits Max Delbrück 1948[107] Bistabilität als allgemeines Prinzip diskreter Übergänge zwischen zwei stabilen Zuständen in biochemischen Reaktionssystemen herausgestellt. Nachgewiesen wurde dieses Prinzip 1957 im E.coli Bakterium.[108]

In Abb. 18a betrachten wir ein einfaches regulatorisches Netzwerk aus nur zwei Genen bzw. Proteinen, die durch diese Gene jeweils kodiert werden. Die Gene $X$ und $Y$ hemmen sich gegenseitig und aktivieren sich selber. Das makroskopische Zellverhalten, das durch diesen Schaltkreis erzeugt wird, zeigt in Abb. 18b eine multipotente Vorläuferzelle $C$, die sich in zwei Zellen $A$ und $B$ differenziert. In einem stetigen Modell Abb. 18c wird die zeitliche Entwicklung der Genzustände $X(t)$ und $Y(t)$ untersucht. Ihre Veränderungsraten $dX/dt$ und $dY/dt$ im Zeitabschnitt $dt$ werden durch zwei entsprechende Differentialgleichungen beschrieben. Der erste und zweite Term dieser beiden Gleichungen entspricht der gegenseitigen Hemmung und Selbstaktivierung. $S$ ist ein charakteristischer Schwellenwert, $k_i$ eine typische Ratenkonstante. Der dritte Term berücksichtigt den Abbau und Zerfall von $X$ bzw. $Y$.[109]

In Abb. 18d wird ein Phasenportrait des entsprechenden zwei-dimensionalen Zustandsraums gezeigt, der durch $X$ und $Y$ erzeugt wird. Pfeile im Vektorfeld repräsentieren die Dynamik der Zustände $z(X, Y)$ entlang den Zustandsentwicklungen (Trajektorien) an den jeweiligen Punkten $(X, Y)$ während eines Zeitintervalls $\Delta t$. Die numerische Lösung der beiden Differentialgleichungen aus Abb. 18c liefert für viele Parameterwerte drei stabile Fixpunkte bzw. Attraktorzustände. Die beiden Attraktorzustände $A = (X_A, Y_A)$ mit hohen $X$- und niedrigen $Y$-Werten und $B = (X_B, Y_B)$ mit niedrigen $X$- und hohen $Y$-Werten entsprechen stabilen Zuständen des Systems, in denen die Aktivität eines der beiden Gene $X$ oder $Y$ das andere dominiert und unterdrückt. Die Zustände $A$ und $B$ sind Attraktoren, da benachbarte Zustände von ihnen »angezogen« werden. Ein dritter Attraktor $C$ mit $X_C \sim Y_C$ repräsentiert die Konfiguration, in der $X$ und $Y$ gleich aktiv sind. $C$ befindet sich zwischen $A$ und $B$ im Zustandsraum. Das Attraktorgebiet von $C$, in dem alle Systemzustände im Attraktorzustand von $C$ münden, wird durch die Attraktorgebiete von $A$ und $B$ begrenzt. Im Unterschied zu diesen Attraktoren hängt die Existenz des Attraktors $C$ von den Selbstregulationsschleifen im Schaltkreis Abb. 18a ab.

---

[107] M. Delbrück, Génétique du bactériophage, in: *Unités Biologiques Douées de Continuité Génétique. Colloques Internationaux du Centre National de la Recherché Scientifique* vol. 8 CNRS, Paris 1949, 91–103

[108] A. Novick und M. Weiner, Enzyme induction as an all-or-none phenomenon, in: *Proc. Natl. Acad. Sci. U.S.A.* 1957 43, 553–566

[109] J.L. Cherry und F.R. Adler, How to make a biological switch, in: *J. Theor. Biol.* 2000 203, 117–133

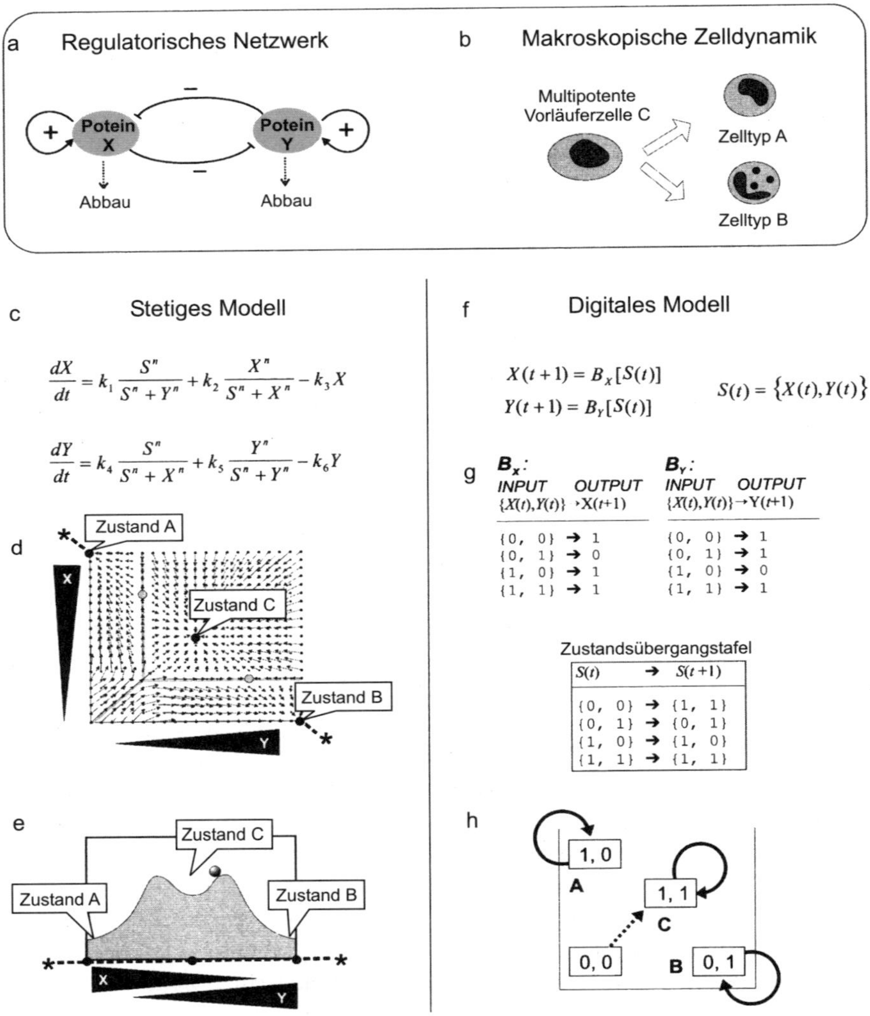


*Abb. 18:* Stetige und digitale Modelle regulatorischer Netzwerke einer Zelle[110]

Abb. 18e zeigt eine Potentiallandschaft entlang den stabilen Fixpunkten *A*, *B* und *C*. Hier wird deutlich, dass die Zelle durch eine kleine Störung aus Zustand *C* gestoßen werden kann und in einem der beiden anderen Zustände landet. Daher

110 Sui Huang, *Multistability and multicellularity: Cell fates as high-dimensional attractors of gene regulatory networks*, in: A. Kriete und R. Eils (Hrsg.), Computational Systems Biology, Amsterdam 2007, Fig. 14.2, 302

entspricht $C$ der Vorläuferzelle, die sich entweder in Zelltyp $A$ oder $B$ spezialisieren kann.

Abb. 18f zeigt ein Boolesches Netzwerk für den genetischen Schaltkreis aus Abb. 18a. Trotz der digitalen Vereinfachung zeigt dieses Automatenmodell grundlegende Übereinstimmung des makroskopischen Verhaltens mit dem dynamischen System aus Abb. 18c–d. Das Fehlen detaillierter Kenntnisse auf der Mikroebene und die steigenden Berechenbarkeitsprobleme bei großen Genomnetzwerken machen vereinfachte diskrete Modelle für die Forschung interessant. In Booleschen Netzwerken wird die Genregulation durch Boolesche Funktionen $B_i$ für jedes Gen $i$ modelliert, die eine Konfiguration aus Zuständen der Inputgene zum Zeitpunkt $t$ in den neuen Zustand zum nachfolgenden Zeitpunkt $t+1$ überführen: Sei $r_i(t) = (g_1(t), \ldots, g_{k_i}(t))$ der Inputvektor mit der Anzahl $k_i$ von Inputs, die von den Genen $i$ empfangen werden. Dann wird der Wert jedes Gens $i$ durch die Boolesche Funktion $g_i(t+1) = B_i(r_i(t))$ in jedem Zeitschritt weitergeführt. Sie treten an die Stelle der Differentialgleichungen im stetigen Modell.

In Abb. 18f ist ein kleines Netzwerk mit $N = 2$ und zwei Booleschen Funktionen $B_X$ und $B_Y$ dargestellt, die für die Zustände $z(t)$ definiert sind. Die Booleschen Funktionen beschreiben die Wechselwirkungen der Gene. In diesem Fall Abb. 18g werden sie durch die Wahrheitswerttafeln der logischen Implikation für beide Gene repräsentiert. Die gesamte Dynamik wird in einer Zustandsübergangstafel festgehalten. Sie lässt sich in einem binären Zustandsraum Abb. 18h veranschaulichen. Wie im stetigen Fall gibt es drei stabile Attraktoren: $A = \{10\}$, $B = \{01\}$ und $C = \{11\}$. Der Zustand $\{00\}$ geht in den Attraktor $\{11\}$ über. Die anderen beiden Zustände $\{10\}$ und $\{01\}$ werden in sich selbst überführt. In diesem Fall bestehen die Attraktorgebiete nur aus den Attraktorzuständen selber. Pfeile repräsentieren die Trajektorien, die angeben, welchen Übergang ein gegebener Zustand aufgrund der Booleschen Funktionen ausführt.

Allgemein werden Boolesche Netzwerke durch einen Schaltkreis (wie z.B. Abb. 18a) mit gerichteten Kanten und $N$ Knoten mit einer Menge von Booleschen Funktionen $B_i$ für jeden Knoten $i = 1, \ldots, N$ definiert. Eine überraschende Eigenschaft solcher Netzwerke besteht darin, dass auch zufällig verbundene Netzwerke auf der Mikroebene der Gene eine makroskopische Dynamik mit globalen Strukturen und Mustern auf der zellulären Ebene erzeugen können: Aus Zufall kann Ordnung entstehen. Fixpunktattraktoren, Grenzzyklen und Chaos sind unter geeigneten Umständen zu beobachten. Ein Netzwerk ist in einem kritischen Zustand, wenn es sich am Rand zwischen Ordnung und Chaos befindet. Skalenfreie Netzwerke mit Potenzfunktionen bevorzugen geordnete Strukturen.

## Computermodelle komplexer zellulärer Netzwerke

Aufgrund der gewaltigen Datenmengen lassen sich genetische Netzwerke nur computerunterstützt rekonstruieren. Eine der am meisten versprechenden Methoden ist das Modell Bayesscher Netzwerke, in denen Gene als Zufallsvariablen aufgefasst werden. Eine Zufallsvariable ist die Zuordnung von Ereignissen eines Zufallsverfahrens (z.B. Würfeln, Mutationen) zu Werten (z.B. Zahlenwerte auf dem Würfel, genetische Zustände). Ein Bayessches Netzwerk ist ein mathematisches Modell, um kausale Beziehungen zwischen Zufallsvariablen mit bedingten Wahrscheinlichkeiten zu repräsentieren.[111] Bedingte Wahrscheinlichkeit (auch konditionale Wahrscheinlichkeit) ist die Wahrscheinlichkeit des Eintretens eines Ereignisses $A$ unter der Bedingung, dass ein Ereignis $B$ bereits vorher eingetreten ist. Es wird geschrieben als $P(A \mid B)$. Der senkrechte Strich ist als »unter der Voraussetzung« zu lesen und wie folgt zu verstehen: Wenn das Ereignis $B$ eingetreten ist, ist die Wahrscheinlichkeit für das Ereignis $A$ gegeben durch $P(A \mid B)$.

Die Knoten des Netzgraphen, also die Zufallsvariablen der Gene, sind durch gerichtete Kanten verbunden. Sei $X_i$ $(i = 1, \ldots, p)$ eine diskrete Zufallsvariable mit Werten aus der Menge $\{u_1, \ldots, u_m\}$. Falls es eine gerichtete Kante $e_{ij}$ (engl. *edge*) von $X_i$ nach $X_j$ gibt, heißt $X_i$ Elternknoten von $X_j$. Mit $\mathrm{Pa}(X_j)$ (engl. *parents*) bezeichnen wir die Menge aller Elternknoten von $X_j$. Für Bayessche Netze betrachten wir zunächst gerichtete azyklische Netzgraphen, in denen die Knotenverbindungen gerichtete Kanten sind und keine zyklischen Schleifenverbindungen vorkommen. Ferner sollen Bayessche Netzwerke die Markov-Bedingung erfüllen, d.h. eine Zufallsvariable $X_j$ hängt nur von ihren direkten Elternknoten $\mathrm{Pa}(X_j)$ ab und ist unabhängig von den anderen Variablen bzw. Knoten des Netzes. Das gleichzeitige Eintreten zweier Ereignisse $X_i$ und $X_j$ wird als Verbund-Ereignis mit gemeinsamer Wahrscheinlichkeit oder Verbundwahrscheinlichkeit $P(X_i, X_j)$ aufgefasst. Für gerichtete azyklische Netzwerke mit Markov-Bedingung lässt sich die gemeinsame Wahrscheinlichkeit aller Zufallsvariablen in das Produkt ihrer bedingten Wahrscheinlichkeiten zerlegen, d.h.

$$(3.1)\quad P(X_1, \ldots, X_p) = \prod_{j=1}^{p} P(X_j \mid \mathrm{Pa}(X_j))$$

Die bedingten Wahrscheinlichkeiten $P(X_j \mid \mathrm{Pa}(X_j))$ entsprechen der Eltern-Kind-Beziehung der Knoten im genetischen Kausalnetz. Sie können als wahrscheinlichkeitstheoretische Erweiterung von deterministischen Modellen wie den Booleschen Netzwerken betrachtet werden.[112] Falls das genetische Kausalnetz bekannt ist, lässt sich die gemeinsame Wahrscheinlichkeit aller Netzknoten bzw. Gene mit

---

[111] N. Friedman, M. Linial, I. Nachman, Using Bayesian networks to analyze expression data, in: *J. Comput. Biol.* 2000 7, 601–620

[112] R. Somogyi und C.A. Sniegoski, Modeling the complexity of genetic networks: Understanding multigene and pleiotropic regulation, in. *Complexity* 1996 1, 45–63

Gleichung (3.1) durch Abschätzung jeder bedingten Wahrscheinlichkeit für die einzelnen kausalen Beziehungen im Netz berechnen. Allerdings stellt sich in der Praxis der Systembiologie genau das umgekehrte Problem: Das genetische Kausalnetz, das auf der Mikroebene der Zelldynamik zugrunde liegt, ist nicht bekannt und muss aus den Beobachtungsdaten statistisch abgeschätzt werden.

Die statistische Erschließung eines optimalen Bayesschen Netzwerks, das am besten den Mess- und Beobachtungsdaten entspricht, erweist sich als rechnerisch komplex. Dazu muss der Raum aller gerichteten azyklichen Graphen mit $n$ Knoten durchsucht werden. Für $n = 20$ Knoten ergeben sich etwa $2{,}34 \cdot 10^{72}$ Netzwerke, für $n = 30$ sind es bereits etwa $2{,}71 \cdot 10^{158}$ Netzwerke.[113] Diese gigantisch ansteigende Komplexität schließt das schlichte Durchrechnen aller Möglichkeiten auch mit Supercomputern aus. Ferner lässt sich ohne optimales Bayessches Netzmodell nicht aus den Mess- und Beobachtungsdaten auf die regulatorischen Funktionen der Gene schließen.

Eine computergestützte Möglichkeit zur Bewältigung von Suchproblemen liefern heuristische Suchverfahren. Greedy-Algorithmen oder »gierige« Algorithmen bilden eine spezielle Klasse von heuristischen Algorithmen, die in der Informatik verwendet werden.[114] Sie zeichnen sich dadurch aus, dass sie schrittweise den Folgezustand auswählen, der zum Zeitpunkt der Wahl den größten Gewinn bzw. das beste Ergebnis verspricht. Um unter den Folgezuständen eine Auswahl zu treffen, wird oft eine Bewertungsfunktion verwendet. Bei der Suche nach einem optimalen genetischen Kausalnetz werden Elternknoten und Kanten in zufällig ausgewählten Ausgangsnetzen schrittweise ergänzt, die entsprechenden Bewertungen berechnet und mit den Mess- und Beobachtungsdaten verglichen, bis diese Modifikationen der Netze keine Verbesserungen der Bewertungen mehr ergeben. Greedy-Algorithmen sind zwar meist schnell, lösen viele Probleme aber nicht optimal.

Bayessche Netzwerke haben den Nachteil, dass sie zyklische Kausalschleifen ausschließen, die tatsächlich aber in regulatorischen Gennetzen auftreten. Daher sind Erweiterungen in dynamischen Bayesschen Netzen mit zyklischen Regulationen angebracht.[115] In den Messungen werden Zeitreihendaten berücksichtigt, bei denen die Mess- und Beobachtungsdaten $x_t$ den Zuständen von $p$ Genen zum Zeitpunkt $t$ ($t = 1, \ldots, T$) entsprechen, d.h. $x_t$ wird als Beobachtung bzw.

---

113 R.W. Robinson, *Counting labeled acyclic digraphs*, in: F. Hrary (Hrsg.), New Directions in the Theory of Graphs, New York 1973, 239–273

114 D. Heckerman, D. Geiger und D.M. Chickering, Learning Bayesian networks: the combination of knowledge and statistical data, in: *Machine Learning* 1995 20, 197–243

115 S. Kim, S. Imoto und S. Miyano, Inferring gene networks from time series microarray data using dynamic Bayesian networks, in: *Brief. Bioinform.* 2003 4, 228–235

Messung des *p*-dimensionalen Zufallsvektors $\mathbf{X}_t$ betrachtet. Die zeitliche kausale Abhängigkeit der Zufallsvektoren wird durch die Markov-Bedingung geregelt, die in Abb. 19 graphisch dargestellt ist. Danach kann die gemeinsame Wahrscheinlichkeit der Zufallsvektoren $\mathbf{X}_1, \ldots, \mathbf{X}_T$ wieder in ein Produkt ihrer bedingten Wahrscheinlichkeiten zerlegt werden:

(3.2) $P(\mathbf{X}_1, \ldots, \mathbf{X}_T) = P(\mathbf{X}_1)P(\mathbf{X}_2 \,|\, \mathbf{X}_1) \cdot \ldots \cdot P(\mathbf{X}_T \,|\, \mathbf{X}_{T-1})$.

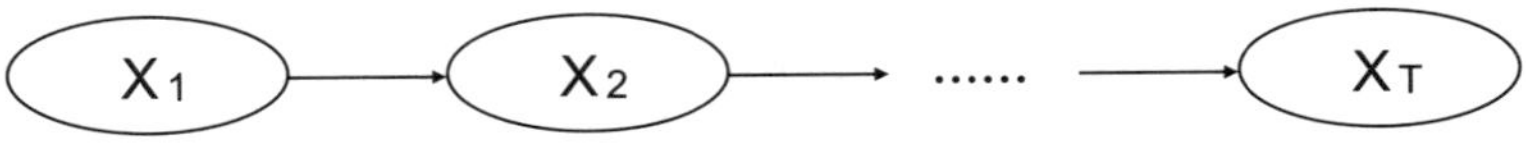


*Abb. 19:* Zeitliche Kausalität eines dynamischen Bayesschen Netzwerks

Die genetischen Regulationen können durch die Konstruktion der bedingten Wahrscheinlichkeiten $P(\mathbf{X}_t \,|\, \mathbf{X}_{T-1})$ für $t = 2, \ldots, T$ beschrieben werden. Die bedingte Wahrscheinlichkeit $P(\mathbf{X}_t \,|\, \mathbf{X}_{T-1})$ kann ebenfalls wieder in das Produkt bedingter Wahrscheinlichkeiten für jedes Gen bei gegebenen Elterngenen zerlegt werden, d.h.

(3.3) $P(\mathbf{X}_t \,|\, \mathbf{X}_{t-1}) = \prod_{j=1}^{n} P(X_{t_j} \,|\, Pa(X_j)_{t-1})$.

$\mathrm{Pa}(X_j)_{t-1}$ ist die Menge der Zufallsvariablen, die den Elterngenen des *j*-ten Gens zum Zeitpunkt $t-1$ entsprechen. Aus (3.2) und (3.3) ergibt sich die gemeinsame Wahrscheinlichkeit der Zufallsvektoren $\mathbf{X}_1, \ldots, \mathbf{X}_T$ von Mess- und Beobachtungsergebnissen, aus denen auf die möglichen regulatorischen Netzwerke der zugrundeliegenden Gene geschlossen werden kann:

(3.4) $P(\mathbf{X}_1, \ldots, \mathbf{X}_T) = P(\mathbf{X}_1)\prod_{t=2}^{T}\prod_{j=1}^{n} X_j P(X_{t_j} \,|\, Pa(X_j)_{t-1})$.

Optimale Bayessche Netzwerke können durch heuristische Algorithmen (z.B. greedy Algorithmen, genetische Algorithmen) computergestützt gefunden werden.[116] Graphische Computermodelle liefern auch Petri-Netze[117], die sich besonders gut zur Modellierung von diskreten verteilten Systemen sowie zur Modellierung von Nebenläufigkeit und Parallelität eignen. Nebenläufigkeit (concurrency) von Prozessen bedeutet, dass die Prozesse unabhängig voneinander ablaufen, sich also nicht gegenseitig beeinflussen. Nichtdeterminismus bedeutet, dass es zu einem Zustand mehrere Folgezustände geben kann. Beide Eigenschaften sind in regulatorischen Netzwerken von Genen zu beobachten. In der Systembiologie liegen dazu mittlerweile fertige Softwaretools zur Anwendung vor.

---

116 S. Ott, *Finding Optimal Models for Gene Networks*. Ph.D. Thesis, Department of Computer Science, University of Tokyo 2004

117 H. Matsung, Y. Tanaka, H. Aoshima, A. Doi, M. Matsui und S. Miyano, Biopathways representation and simulation on hybrid functional Petri net, in: *Silico Biology* 2003 3(3), 389–404

Zur Bewältigung der Daten- und Informationsexplosion wurden webbasierte Datenbanksysteme wie BIOSILICO[118] entwickelt, mit denen die Suche und Analyse von Stoffwechselwegen erleichtert wird. Mit Programmpaketen wie METAFLUXNet können Modelle und Simulationen von Stoffwechselwegen bestimmt und visualisiert werden. Über Computersprachen wie SBML (Systems Biology Markup Language) können verschiedene Forschungsplattformen miteinander kommunizieren. In der Systembiologie sind aber Simulationen und Computermodelle nicht nur nachträgliche Formalisierungen von Wissen. Im Unterschied zu den klassischen Naturwissenschaften wird Erkenntnis in der Systembiologie aufgrund der gewaltigen Datenmengen erst durch Computermodelle und Computersimulationen möglich. Methodisch werden in der Systembiologie Computermodelle und Simulationen (»*in silico* Experimente«) und Laborexperimente (»*in vitro* und *in vivo* Experimente«) verbunden, um neues Wissen zu erzeugen, mit dem bessere Modelle und neue Experimente bestimmt werden können. Wachsende Anhäufung von biologischen Daten führen zu verschiedenen Computermodellen von Zellen, Organen und Organismen mit komplexen Netzwerken für Stoffwechselprozesse, Signalübertragung und genetische Regulation.

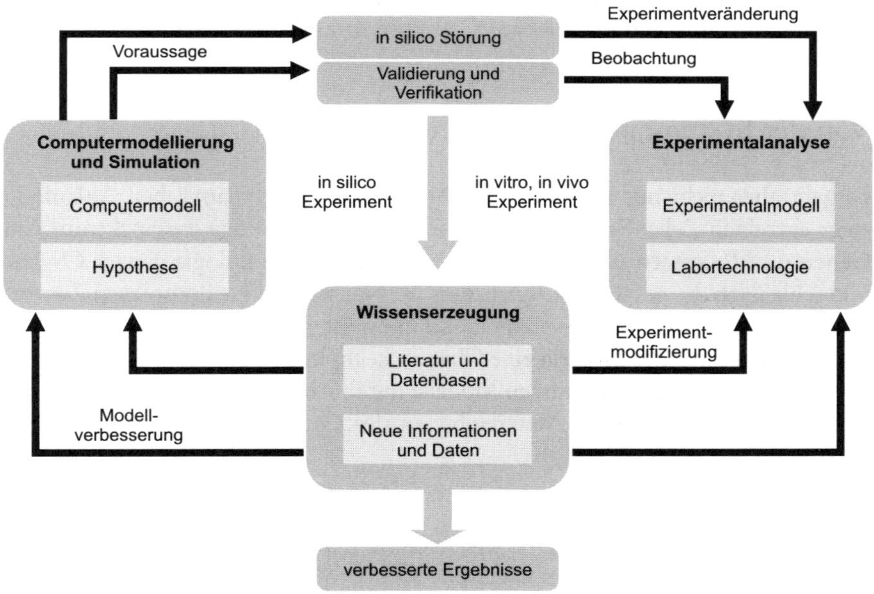


*Fig. 20:* Systembiologisches Erkenntnismodell mit Computer- und Laborexperimenten[119]

[118] B.K. Hou, J.S. Kim, J.H. Jun et alt., BioSilico: an integrated metabolic database system, in: *Bioinformatics* 2004 20(17), 3270–3272

[119] Sang Yup Lee, Dong-Yup Lee, Tae Yong Kim, Byung Hun Kim und Sang Jun Lee, *Systems biotechnology: combined in silico and omics analyses for the improvement of microorganisms for industrial*

In Abb. 20 sind die *in silico* Modelle und *in vitro* Experimente durch Feedbackschleifen iterativ verbunden.[120] Computermodelle werden durch neue Forschungshypothesen angetrieben, die sich aus den Mess- und Beobachtungsdaten der Laborexperimente ergeben. Umgekehrt beeinflussen Computermodelle und Simulationen den Entwurf von neuen Laborexperimenten. Labor- und Computerexperimente wechselwirken also bei der Erzeugung neuen Wissens. Durch iteratives Durchlaufen des Erkenntnismodells in Abb. 20 werden schrittweise immer genauere und detaillierte Forschungsergebnisse über komplexe systembiologische Zusammenhänge erschlossen.

Hier wird eine zentrale These des Buchs deutlich: Nach der Churchschen These der Berechenbarkeitstheorie, die in Kapitel 5 näher besprochen wird, können alle effektiven Prozesse (Algorithmen) auf einer universellen Turingmaschine (praktisch ein hinreichend starker Vielzweckcomputer) simuliert werden. Tatsächlich zeigt die Systembiologie, wie Lebensprozesse von subzellulären Systemen bis zu Organen und Organismen durch mathematische Modelle (z. B. Differentialgleichungen) und Computermodelle (mit Algorithmen) simuliert werden. Zellen, Organe und Organismen »rechnen« zwar nicht und »sind« in diesem Sinn auch keine Maschinen und Computer. Sie sind aber Modelle für komplexe dynamische Systeme und daher auf Computern simulierbar.

## Von der Systembiologie zur Medizin

Es geht aber nicht nur um die ganzheitliche Sicht der dynamischen Abläufe in einer einzelnen Zelle. Systembiologie zielt ab auf das biologische Spektrum von Genen und Proteinen über Zellen und Gewebe zur Physiologie ganzer Organe und schließlich des gesamten Organismus.[121] Nur wenn diese komplexen Zusammenhänge in dynamischen Systemen und Computermodellen dargestellt werden können, besteht in der Medizin eine Chance, komplexe Krankheitsbilder wie z. B. Krebs zu verstehen. Dazu müssen Modelle mit räumlicher Skalierung von Nanometern der Proteine bis zu Metereinheiten des Organismus und mit zeitlicher

---

*applications*, in: I. Rigoutsos und G. Stephanopoulos (Hrsg.), Systems Biology II: Networks, Models, and Applications, Oxford 2007, Fig. 7.9, 214.

120 R.D. Phair und T. Misteli, Kinetic modelling approaches to in vivo imaging, in: *Nature Reviews Molecular Cell Biology* 2001 2(12), 898–907; J.S. Edwards, R.U. Ibarra und B.Ø. Palsson, In silico predictions of Escherichia coli metabolic capabilities are consistent with experimental data, in: *Nature Biotechnology* 2001 19(2), 125–130

121 J.B. Bassingthwaighte, Towards modeling the human physiome, in: *Adv. Expt. Med. Biol.* 1995 382, 331–339; ders., Strategies for the Physiome Project, in: *Annals of Biomedical Engineering* 2000 28, 1043–1058

Skalierung von Mikrosekunden bis zur Lebenszeit eines Menschen berücksichtigt werden.

Historisch erinnert der systemtheoretische Ansatz in der Medizin an die Iatrophysik. Die Iatrophysik (griech. *iatros*: Arzt, Heilkundiger) bezeichnet im 17. Jahrhundert eine medizinische Lehre, nach der die Lebensvorgänge und die krankhaften Veränderungen im Organismus physikalisch und mechanisch bedingt sind. Mit dieser Begründung sollte es auch möglich sein, auf diese Lebensprozesse mit physikalischen und mechanischen Mitteln Einfluss zu nehmen. Dem entsprechend bezeichnete man mit *Iatrophysiker* einen Arzt, der die Auffassungen der Iatrophysik vertrat. So wurde z.B. der Blutkreislauf auf die Hydrodynamik zurückgeführt. Die mechanische Funktion des Herzens wurde mit der Funktion einer Pumpe verglichen.[122] Die mechanischen Funktionen der Extremitäten des menschlichen Körpers wie Arme und Beine wurden mit der Funktion von Hebeln verglichen. Der entscheidende Unterschied zur Systembiologie besteht darin, dass die Iatrophysik gemäß der Physik der damaligen Zeit ein System wie eine klassische Maschine in ihre Einzelteile linear zerlegte und damit den ganzheitlichen (nichtlinearen) Aspekt der Organe verfehlte.

Geometrische Modelle des Herzens rekonstruieren das komplexe Netzwerk koronarer Herzkranzgefäße. Mit den Navier-Stokes-Gleichungen lässt sich der Blutfluss mathematisch modellieren. Mit Reaktions-Diffusionsgleichungen werden die Wellen elektrischer Erregung beschrieben, mit denen die Pumpmechanik des Herzens ausgelöst wird. Diese Modelle lassen Rückschlüsse auf die Mikroebene von Ionenkanälen, Regulationen von Proteinen und Signalwegen zu.[123] Damit werden gezielte Überprüfungen von Herzmedikamenten, Diagnosen und Therapien bei Herzerkrankungen möglich. Ebenso liegen mathematische Modelle von anderen Organen wie z.B. der Lunge vor.[124] Auch das Immunsystem lässt sich in komplexen dynamischen Systemen und Computermodellen darstellen. Die Empfindlichkeit des Immunsystems in instabilen Zuständen (z.B. Krankheit, Alter) führt zu Effekten, die in komplexen dynamischen Systemen als Schmetterlingseffekt bekannt sind. Krankheiten bauen sich wie Attraktoren auf, die einer nichtlinearen Dynamik unterliegen.

---

122 T. Fuchs, *Die Mechanisierung des Herzens: Harvey und Descartes – der vitale und der mechanische Aspekt des Kreislaufs*, Frankfurt am Main. 1992

123 D. Noble, Modeling the hearth: From genes to cells to the whole organ, in: *Science* 2002 295(5560), 1678–1682; P. Hunter, N. Smith, J. Fernandez und M. Twhai, Integration from proteins to organs: The IUPS Physiome Project, in: *Mech. Ageing Dev.* 2005 126(1), 187–192

124 J.W. Fernandez, P. Mithraratne, S.F. Thrupp und P.I. Hunter, Anatomically based geometric modeling of the musculo-skeletal system and other organs, in: *Biomechanics and Modeling in Mechanobiology* 2004 2(3), 139–155

| **Physiologische Stufe** | | **Modelltypen** | **3D Computer-bildgebung** |
|---|---|---|---|
| **Organismus**<br>Herzkreislauf-, Atem-,<br>Muskel-Skelett-, Verdauungs-, Haut-, Harn-,<br>Nerven-, Hormon-, Lymphsystem-, männliche<br>und weibliche Forpflanzungsorgane,<br>spezielle Sinnesorgane | 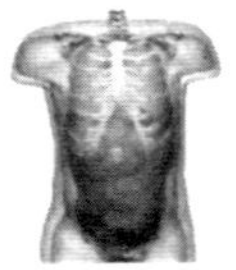 | **Systemtheorie** | **MRI, CT, PET,**<br>**3D Ultraschall**<br>1mm oder $10^{-3}$m |
| **Organ**<br>50 Organe | 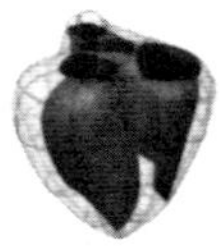 | **Makrotheorie**<br>Massen-, Impuls-,<br>Ladungserhaltung | |
| **Gewebe**<br>Muskel-, Nerven-, Binde-, Drüsengewebe | 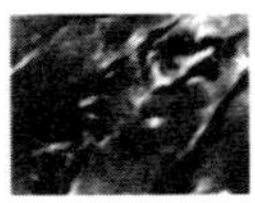 | **Erhaltungsgleichungen**<br>Fluss-, Transport-<br>gleichungen,<br>Elektrophysiologie | **MicroCT, Optische Tomographie**<br>10µ oder $10^{-5}$m<br>**Sektionen**<br>1µ oder $10^{-6}$m |
| **Zelle**<br>2000 Zelltypen | 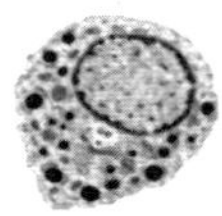 | **Erhaltungsgleichungen**<br>Fluss-, Transport-<br>gleichungen,<br>Elektrophysiologie<br><br>Kontinuumsmodelle<br>Stochastische Modelle | **konfokale Mikroskopie**<br>1µ oder $10^{-6}$m<br><br>**2-Photonen Mikroskopie**<br>100nm oder $10^{-7}$m<br><br>**Elekronen-tomographie**<br>1nm oder $10^{-9}$m |
| **Organelle**<br>Zellmembran, Mitochondrien, Zellkern,<br>endoplasmatisch, Retikulum, Ribosom, Golgi-<br>Apparat, Zentralkörperchen, Lysosom,<br>Peroxisom |  | | |
| **Zellfunktion**<br>Membranrezeporen, Membran Ionenkanäle,<br>Signal-, Stoffwechselwege , Transport,<br>Zellbeweglichkeit, Versorgung, Zellzyklus | 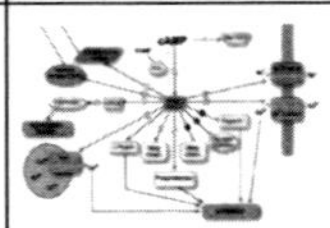 | | |
| **Proteine, Kohlenhydrate & Lipide** | 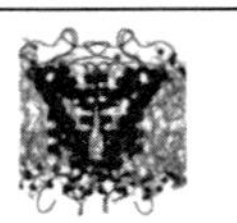 | Molekulare Dynamik<br>Quantenmechanik | **Röntgenstrahlen**<br>1A oder $10^{-10}$m |
| **Proteinfaltung**<br>**Translation**<br>**Genregulation**<br>**Transkription** | | Markov-, Bayessche-,<br>Boolesche Netzwerke | |
| **Gene**<br>25 000 Gene |  | | |

*Abb. 21:* Komplexe Systeme und Modelle des menschlichen Organismus auf verschiedenen physiologischen Hierarchiestufen. (P. Hunter, K. Burrowes, J. Fernandez, P. Nielsen, N. Smith und M. Twhai, *The IUPS Physiome Project: Progress and Plans*, in: A. Kriete und R. Eils (Hrsg.), Computational Systems Biology, Amsterdam 2007, Fig. 17.1, 385)

Die größte Herausforderung für eine systemtheoretisch begründete Medizin besteht darin, die Brücke zu schlagen von den ca. 25 000 Genen des menschlichen Genoms über die komplexen Netze von etwa 100 000 Proteinen zu den komplexen physiologischen Funktionen im gesamten Organismus. Dazu bedarf es nicht nur großer Datenbanken in den einzelnen medizinischen Teildisziplinen, sondern fächerübergreifender Computermodelle und klinischer Kooperationen (Abb. 20).

## Von der Systembiologie zur synthetischen Biologie

Systembiologie rekonstruiert die komplexen Schaltpläne des Lebens. In der synthetischen Biologie arbeiten Biologen, Chemiker und Ingenieure zusammen, um biologische Systeme nicht nur zu modellieren, sondern zu erzeugen und zu bauen.[125] Der synthetische Biologe wird zum Designer von einzelnen Molekülen, Zellen und Organismen mit dem Ziel, biologische Systeme mit neuen Eigenschaften herzustellen. Der Begriff »*La Biologie Synthétique*« erschien 1912 in einer Veröffentlichung von Stéphane Leduc[126]. Im gleichen Jahr sprach Jaques Loeb davon, dass künstliche lebende Systeme generierbar seien. Die heutige Version der synthetischen Biologie wurde erstmals 1974 von dem polnischen Genetiker Waclaw Szybalski beschrieben: »*We will ... devise new control elements and add these new modules to the existing genomes or build up wholly new genomes. This would be a field with the unlimited expansion potential and hardly any limitations to building »new better control circuits« and ... finally other »synthetic« organisms ...*«[127] Die Sicht der Ingenieurwissenschaften ist bis in die Sprache dominant.[128]

Ziele der synthetischen Biologie sind das Design und die Herstellung standardisierter Bausteine (Biobricks), die Entwicklung künstlicher Biomoleküle, die in der Natur nicht vorkommen, und die Herstellung von Minimalorganismen, die nur die notwendigsten Merkmale eines lebenden Organismus aufweisen. Zur Entwicklung von Minimalgenomen kann ein *top-down-* oder *bottom-up-*Ansatz gewählt werden. Der *top-down*-Ansatz[129] reduziert Eigenschaften vor-

---

[125] S.A. Benner und A.M. Sismour, Synthetic Biology: designs for life, in: *Nature Rev. Genet.* 2005 6(7), 533–543; R. Rawls, Synthetic biology makes its debut, in: *Chem. Eng. News* 2000 78, 49–53

[126] S. Leduc, *La biologie synthétique*, in: A. Poinat (Hrsg.), Études de biophysique, Paris 1912; J. Loeb, *The mechanistic conception of life*, in: ders., Biological Essays, Chicago 1912

[127] W. Szybalski, In vivo and in vitro Initiation of transcription, in: *Adv. Exp. Med. Biol.* 1974 44, 23–24

[128] D. Endy, Foundations for engineering biology, in: *Nature* 2005 438, 449–453; E. Andrianantoandro, S. Basu, D.K. Karig und R. Weiss, Synthetic biology: new engineering rules for an emerging discipline, in: *Mol. Syst. Biol.* 2006 2, 0028; M. Heinemann, S. Panke, Synthetic Biology – putting engineering into biology, in: *Bioinformatics* 2006 22, 2790–2799

[129] Der top-down Ansatz wurde bereits bei mehreren Mikroorganismen erprobt, vgl. z.B. G. Pósfai, G. Plunkett, T. Feher, D. Frisch, G.M. Keil, K, Umenhoffer, V. Kolisnychenko, B. Stahl, S.S. Sharma,

handener Genome, während der *bottom-up*-Ansatz ein Minimalgenom aus einzelnen DNA-Fragmenten aufbaut. Minimalzellen sollen als vereinfachte zelluläre Systeme ermöglichen, die Wechselwirkungen wesentlicher Zellmodule mit mathematischen Modellierungen im Rahmen der Systembiologie zu verstehen. Der *top-down*-Ansatz konnte bereits bei mehreren Mikroorganismen erprobt werden. Es ist erstaunlich, wie weit auf nicht wesentliche Gene verzichtet werden kann, um dennoch die Lebensfähigkeit der Zelle zu erhalten.

Demgegenüber geht der *bottom-up*-Ansatz zur Erzeugung von minimalen Genomen von einem Entwurf einer genetischen Gesamtsequenz aus, die zelluläres Leben ermöglichen soll.[130] Um die komplexen Wechselwirkungen der Zellmodule für die Erzeugung von Lebensfunktionen zu entwerfen, sind die Methoden der Systembiologie unerlässlich. Dabei stellt sich die Frage, welche Größe ein Minimalgenom haben muss, um bestimmte Lebensvorgänge verschiedener Organismen zu realisieren. Im Unterschied zu Minimalzellen sind Protozellen keine lebenden Zellen, sondern künstliche Systeme.[131] Sie werden im Labor als selbst replizierende Nanosysteme konstruiert. Zu den Eigenschaften, die Protozellen wie lebende Zellen realisieren, gehören mutierbare Informationsspeicher, Stoffwechselsysteme und eine umhüllende Membran zur Abgrenzung und zum Stoff- und Energieaustausch mit der Zellumgebung. Es handelt sich also wie bei der lebenden Zelle um ein offenes dynamisches System. Protozellen gelten mit Recht als Brücke zwischen belebter und unbelebter Natur. Methodisch dienen Protozellen als Modelle, um die Funktionen und die Entstehung lebender Zellen zu verstehen.

Aus elementaren Bausteinen von lebenden Zellen wie DNA, RNA, Proteine und Lipide lassen sich biobasierte Protozellen herstellen. Beispiele sind Lipid-Membranvesikel mit eingeschlossenen RNA-Replikationssystemen, die durch Verschmelzung mit Fettsäure-Mizellen wachsen, bis sie sich spontan in zwei Tochterzellen teilen. Auch zellfreie Expressionssysteme von DNA über RNA zu Proteinen können derart in Lipid-Membranvesikel eingebracht werden, dass Nanosysteme mit Eigenschaften lebender Zellen entstehen. Ein weiterer Schritt ist die Programmierung von chemisch-synthetischen künstlichen Systemen mit

---

M. de Arruda, V. Burland, S.W. Harcum und F.R. Blattner, Emergent properties of reduced-genome Escherichia coli, in: *Science* 2006 312, 1044–1046

130 Ein Beispiel für den bottom-up Ansatz ist die Komplettsynthese des 0,583 Mb großen Genoms von Mycoplasma genitalium durch die Forschungsgruppe um Craig Venter: D.G. Gibson, G.A. Benders, C. Andrews-Pfannkoch, E.A. Denisova, H. Baden-Tillson, J. Zaveri, T.B. Stockwell, A. Brownley, D.W. Thomas, M.A. Algire, C. Merryman, L. Young, V.N. Noskov, J.I. Glass, J.C. Venter, C.A. Hutchison 3$^{rd}$ und H.O. Smith, Complete chemical synthesis, assembly, and cloning of a Mycoplasma genitalium genome, in: *Science* 2008 319, 1215–1220

131 S. Rasmussen, M.A. Bedau, L. Chen, D. Deamer, D.C. Krakauer, N.H. Packard und P.F. Stadler (Hrsg.), *Protocells. Bridging Nonliving and Living Matter*, Cambridge Mass. 2008

integrierten komplexen elektrischen Schaltkreisen.[132] Eine Zukunftsvision sind synthetisch hergestellte Miniaturfabriken, in denen Protozellen Medikamente und andere Chemikalien auf Nanoebene herstellen.

Evolutionstheoretisch wird angenommen, dass alle heute lebenden Organismen von wenigen Urzellen abstammen. Entsprechend könnten sich in einer künstlichen Evolution aus geeignet gebauten Protozellen neuartige künstliche Lebensformen entwickeln, die in der bisherigen Evolution so nicht aufgetreten sind. Für die Anwendung wird das Design von maßgeschneiderten Stoffwechselwegen (*metabolic engineering*) angestrebt. Der gewünschte Stoffwechselweg wird in diesem Fall mit Regelschaltkreisen und Modulen nach Blaupausen der Systembiologie entworfen. So wurde das E.coli Bakterium so programmiert, dass es eine Vorstufe des Antimalaria-Medikaments Artemisinin synthetisiert.[133]

Ein weiteres Beispiel sind genetische Schaltkreise, um zelluläre Regulationsvorgänge zu modifizieren und in extern kontrollierbare genetische Schaltkreise zu überführen.[134] Biobricks als modulare genetische Einheiten werden in das Genom z.B. eines Bakteriums eingefügt, um vorher definierte Aufgaben zu erfüllen. Analog zu elektronischen Schaltkreisen, wie sie in Mikroprozessoren von Computern eingebaut sind, spricht man daher auch von biologischen Schaltkreisen (*biological circuits*). Das ist keineswegs nur eine suggestive Metapher, sondern im präzisen logischen Sinn die Bezeichnung für ein Modell, dessen Eigenschaften partiell im biologischen Exemplar erfüllt sind. Ein Beispiel ist ein genetischer Schaltkreis, der Bakterien periodisch aufleuchten lässt. Dieser sogenannte Repressilator[135] besteht aus drei verschiedenen Biobricks, die sich gegenseitig hemmen. Ein Baustein produziert ein Fluoreszenz-Protein. Die zeitliche Verzögerung bewirkt in diesem Schaltkreis eine Oszillation.

Trotz der partiellen Übereinstimmung mit dem technischen Modell bestehen auch Unterschiede. Genetische Schaltkreise sind in das Genom von Lebewesen integriert, die sich vermehren und mit ihrer Umwelt wechselwirken. Sie sind daher den evolutionären Veränderungen von Organismen ausgesetzt und funktionieren nicht wie technische Systeme, deren Abläufe sich abgesehen vom Materialverschleiß unverändert wiederholen. In manipulierten Zellen wurde tatsächlich beobachtet, dass sich das gewünschte Verhalten nach einer bestimmten Zeit nicht mehr

---

132 J.S. McCaskill, *Evolutionary microfluidic complementation towards artificial cells*, in: S. Rasmussen, M.A. Bedau, L. Chen, D. Deamer, D.C. Krakauer, N.H. Packard und P.F. Stadler (Hrsg.), Protocells. Bridging Nonliving and Living Matter, Cambridge Mass. 2008, 253–294

133 V.J. Martin, D.J. Pitera, S.T. Withers, J.D. Newman und J.D. Keasling, Engineering a mevalonate pathway in Escherichia coli for production of terpenoids, in: *Nat. Biotechnol.* 2003 21, 796–802

134 Die ersten genetischen Schaltkreise wurden beschrieben von F. Jacob und J. Monod, Genetic regulatory mechanisms in the synthesis of proteins, in: *J. Mol. Biol.* 1961 3, 318–356

135 M.B. Elowitz und S. Leibler, A synthetic oscillatory network of transcriptional regulators, in: *Nature* 2000 403, 335–338

zeigte. Zudem entziehen die Fremdkörper dem Wirtsorganismus mit ihren neuen Funktionen Energie und Nährstoffe und verändern damit das Gesamtverhalten. Schließlich erhöhen die neuen Biobricks die Komplexität der Wirtszelle. Damit wird die Voraussagbarkeit sehr viel schwieriger als bei elektrischen Schaltkreisen. Lebende Zellen sind komplexe dynamische Systeme, die der Attraktordynamik nichtlinearer Prozesse unterliegen. Wie in diesem Buch betont wird, ist auch die nichtlineare Dynamik komplexer Systeme mathematisch modellierbar und mit den Grenzen der Attraktordynamik prognostizierbar. Sie darf allerdings nicht mit einfachen elektronischen Schaltkreisen verwechselt werden.

# 4
# Robotik – Schlüssel zur Komplexität der Technik

## Roboter als Dienstleister

Mit zunehmender Komplexität und Automatisierung der Technik werden Roboter zu Dienstleistern der Industriegesellschaft. Die Evolution lebender Organismen inspiriert heute die Konstruktion von Robotiksystemen für unterschiedliche Zwecke. Die Idee von ›Maschinenmenschen‹ hat die Phantasie der Menschen seit den Anfängen ihrer Kultur- und Technikgeschichte beflügelt. Die etymologische Bedeutung des Wortes ›*Roboter*‹ verweist bereits auf die Dienstleisterrolle, mit der diese Geräte seit nahezu einem halben Jahrhundert eingesetzt werden. Aus dem spätmittelhochdeutschen ›*robât*‹ stammt das heute nicht mehr übliche Wort ›*Robot*‹ für Frondienst, gleichbedeutend mit dem tschechischen Wort ›*robota*‹ in sprachlicher Verwandtschaft mit dem polnischen Wort ›*robota*‹ für Arbeit.

In der technischen Norm ISO (International Organisation of Standardization) 8373 werden Roboter als universell einsetzbare Handhabungsautomaten mit mindestens drei Bewegungsachsen definiert, deren Ablauffolge ohne mechanischen Eingriff veränderbar (d.h. ›frei programmierbar‹) sind. Sie können also Handhabungs- und Fertigungsaufgaben vollautomatisch ausführen. Damit unterscheiden sie sich von Geräten, die von Menschen direkt gelenkt oder ferngesteuert werden. Historisch wird 1961 das erste amerikanische Patent für einen programmierbaren Manipulator erteilt. Erst der technische Fortschritt in der Mikroelektronik, Regelungs- und Antriebstechnik machte den Einsatz von ersten Industrierobotern in der Automobilindustrie möglich. Seit den 80er Jahren werden sie in diesem Industriezweig für die Automatisierung von Montagearbeiten genutzt.

In der industriellen Produktionstechnik wird Robotik mit zunehmender Rationalisierung, Automatisierung und Komplexität der industriellen Fertigung unverzichtbar.[136] Dabei stehen die Bereiche Montage und Handhabungstechnik im Vordergrund. Bei der industriellen Bildverarbeitung geht es um die informationstechnische Auswertung von Daten aus allen Phasen des Produktionsprozesses. Sie werden sowohl für Steuerungsaufgaben als auch zur Dokumentation der Produktqualität verwendet. Mit computergestützter Robotersteuerung kommt die Informatik ins Spiel. Die Anwendungen reichen vom massenhaften Einsatz preis-

---

[136] Einen Überblick zu den Schlüsselbegriffen von Industrierobotern liefern H.-J. Warnecke, R.D. Schraft (Eds.), *Industrieroboter – Handbuch für Industrie und Wissenschaft*, Berlin/Heidelberg/New York 1990; D.W. Wloka, *Robotersysteme* Bde. 1–3, Berlin/Heidelberg/New York 1992.

werter Personal Computer (PC) bis zu parallelen Mehrprozessorsystemen. In konventioneller Technik sorgen Regelkreise und Filter dafür, dass Bewegungsabläufe sich an Sollwerten orientieren. Dabei werden auch bereits Fuzzy-Regler eingesetzt, um größere Flexibilität zu erreichen.[137]

Ingenieure beginnen damit, Industrieroboter als komplexe dynamische Systeme zu begreifen, um komplexe Bewegungsabläufe zu koordinieren. Beispiel sind handähnliche Greifwerkzeuge, die über taktile und visuelle Sensoren auch weiche Materialien wie z. B. Textilien fassen können. Robotersteuerung über visuelle optische Sensoren setzt Stereokameras voraus, die 3-dimensionale Bilder der Umgebung erzeugen. Um komplexe Bewegungssysteme zu realisieren, müssen reale Produktionsabläufe vorher geplant, programmiert und optimiert werden. Dazu werden mittlerweile Visualisierungen und Virtualisierungen auf dem Computerbildschirm vorgenommen. Ein Roboter kann in solchen Szenarien auf seine Positioniergenauigkeit und sein dynamisches Verhalten getestet werden, bevor er in Hardware gebaut wird.[138]

Bei der Programmierung von Industrierobotern sind immer komplexere Roboterumgebungen zu berücksichtigen. Um z. B. die Bewegungsbahn eines Roboterarms möglichst optimal und kollisionsfrei zu programmieren, wird auch *Soft Computing* (mit z. B. genetischen Algorithmen, neuronalen Netzen und Fuzzy Logik) eingesetzt. Im Rahmen der *Bionik* haben sich Ingenieure seit den 1960er Jahren für Evolutionsstrategien der Natur interessiert. Die Gesetze der biologischen Evolution sollten im Computer angewendet werden, um geeignete Baupläne für technische Verfahren zu finden. Im *Biocomputing* ist *genetisches Programmieren* heute ein Standardverfahren.

Im Planungsverfahren GLEAM (*Genetic Learning Algorithm and Methods*) wird der Bewegungsablauf eines Roboterarms in eine Aktionskette zerlegt.[139] Die einzelnen Aktionsbausteine entsprechen den Genen, die Aktionskette einem Chromosom. Technisch stehen die einzelnen Aktionen z. B. für einfache gelenkweise Roboterbewegungen, aus denen sich ein komplexer Bewegungsablauf zu einer Aktionskette zusammensetzt. Solche Aktionsketten werden als Individuen

---

137 United Nations, Robotics Industry Association: *World Robotics: Statistics, Market Analysis, Forecasts, Case Studies and Profitability of Robot Investment*, United Nations Publications, ISBN 9211010470

138 Dazu auch J. Volmer, *Industrieroboter: Funktion und Gestaltung*, Berlin/München 1992. Als Beispiel für ein traditionsreiches deutsches Unternehmen zur Konstruktion von Industrierobotern gilt die KUKA Roboter GmbH in Augsburg, die 1900 das erste Autogen-Schweißgerät entwickelte und 1977 mit dem ersten KUKA-Robotertyp in Serie ging.

139 C. Blume, GLEAM – A System for Simulated ›Intuitive Learning‹, in: *Proceedings of the 1st Intern. Workshop on Problem Solving from Nature*, Dortmund Oktober 1990; ders., S. Kirsch, W. Jacob, Robot Trajectory Planning with Collision Avoidance using Genetic Algorithms and Simulation, in: *Proceedings of the 25th Intern. Symp. on Industrial Robots (ISIR)*, Hannover April 1994. Vgl. auch D. Goldberg, J. Parker, A. Khoogar, Inverse Kinematics of Redundant Robots using Genetic Algorithms, in: *IEEE Intern. Conference on Robotics and Automation* 7 1989, 271–276

einer Population verstanden, die sich in nachfolgenden Generationen mit Mutation, Rekombination und Selektion optimieren. Selektion setzt Simulation der jeweiligen Aktionsketten voraus, um ihre Wirksamkeit mit einem Fitnessgrad vorher bewerten zu können. Der Anwender definiert eine Anfangs- und eine Zielposition, zwischen denen eine optimale Abfolge gefunden werden soll, um einen Roboterarm für einen bestimmten Zweck in einer optimalen Bewegungsbahn zu bewegen. Die erste Generation beginnt mit zufälligen Bewegungen. Die Bewertung der Aktionsketten geschieht nach Kriterien der Nutzer. Beispiele sind der Abstand zwischen der Endposition einer Aktionskette und der Zielposition, Aufwand der Roboterbewegung u.ä. Wegen der großen Masse theoretisch möglicher Aktionsketten bieten sich genetische Algorithmen an, die auf Parallelrechnern mit hoher Rechengeschwindigkeit laufen können.

Nach der Industrieanwendung kommen Roboter in der Sicherheits- und Militärtechnik zum Einsatz, um Menschenleben in gefährlichen Situationen (z.B. in der Kerntechnik) zu schonen.[140] Robotiksysteme müssen nicht menschenähnlich oder ähnlich wie menschliche Körperteile (z.B. Roboterarme und Roboterhände) aussehen. In Automobilen können sensor- und computergestützte Systeme eingebaut werden, die ein nahezu autonomes Fahren ermöglichen. Sensoren wie Fernsehkameras, Radar- und Laserstrahlen versorgen das System mit Außenweltdaten. Mit einem wissensbasierten System kann ein internes Bild der Außenwelt erstellt und bewertet werden, um damit Konsequenzen und Aktionen zu veranlassen. Bildverarbeitungssysteme erkennen automatisch den Verlauf einer Straße. Der Computer berechnet aus Sensordaten das Verkehrsverhalten anderer Verkehrsteilnehmer und veranlasst aufgrund seiner Wissensbasis z.B. das Einhalten eines geschwindigkeitsadäquaten Abstandes. Mit Satelliten und Mobilfunk können zudem Meldungen über die Verkehrsdichte in lokalen Regionen und Straßen berücksichtigt werden, um dem integrierten Navigationssystem des Wagens eine optimale Route zu einem eingegebenen Reiseziel vorzuschlagen. Um flexibles und adaptives Verhalten zu erreichen, liegt der Einsatz von Soft Computing nahe. Denkbar sind Hybridsysteme mit neuronalen Netzen zur Mustererkennung und fuzzy Regler für Sollwerte.

Mit wachsenden Komplexitäts- und Schwierigkeitsgraden der Dienstleistungsaufgabe wird die Anwendung von KI-Technik unvermeidlich. Dienstleistung unter Extrembedingungen erfordert den Einsatz von Weltraumrobotern. ROTEX (Roboter-Technologie-Experiment) war 1993 der erste Weltraumroboter, der über ein Sensoren- und Videokamerasystem einen Zwei-Backen-Greifer veranlassen konnte, Verschlüsse zu öffnen und zu schließen.[141] Die Steuerung konnte durch

---

140 Vgl. C. Herbst, Roboter in der Sicherheits- und Kerntechnik, in: *Spektrum der Wissenschaft*. Dossier 4 1998, 36–38

141 G. Hirzinger, Raumfahrtroboter – Prototypen für die Industrie? in: *Spektrum der Wissenschaft*. Dossier 4 1998, 54–61

einen Astronauten oder eine Telerobotik-Bodenstation ausgelöst werden. Grundlegend für Weltraumroboter ist die Zukunftstechnologie der Mechatronik, in der Mechanik, Elektronik und Informatik integriert sind. Auch hier ist der Einsatz von Soft Computing denkbar, indem Hybridsysteme wie Neuro-Fuzzy-Netze z.B. eine natürliche Armbewegung beobachten und dabei einen Prototyp erlernen, der einem Roboterarm eintrainiert werden kann. Damit zeichnen sich auch medizinische Anwendungen in der Prothesentechnik ab. Beinprothesen, in denen sich Versteifung und Dämpfung im Gelenk beim Stehen und Schwingen des Beines automatisch richtig einstellen, sind in klinischer Erprobung. Ein Prozessor ermittelt aus gemessenen Daten Schrittphasen und Schrittgeschwindigkeit. Prothesen dieses Typs sind also adaptiv und selbststeuernd.

Zukünftige Dienstleistungsroboter müssen vor allem über Fragmente motorischer Intelligenz verfügen, wie sie aus der Evolution bekannt sind. Traditionell setzte Bewegungssteuerung eine exakte Kenntnis der Bewegungsbahnen mit allen möglichen Hindernissen voraus. Die Einsetzbarkeit solcher Systeme ist äußerst beschränkt, da sich reale Umwelten ständig und häufig unvorhersehbar ändern. Eine deklarative Programmierung aller Eventualitäten einer komplexen Umwelt ist ausgeschlossen. Auch spezialisierte Dienstleistungsroboter werden daher als dynamische Systeme verstanden, die objektorientiert für ihre spezielle Aufgabe programmiert, aber mit einer situationsabhängigen Navigation ausgestattet sind. Vorgegeben werden dazu Grundverhaltensmuster mit Programmbefehlen wie z.B. ›Fahre einen Weg entlang‹ oder ›Bewege dich zu einem Objekt‹. Die Details der Bewegung werden allerdings erst in der konkreten Situation entschieden. Solche dynamischen Systeme sind robuster, da sie gegenüber Veränderungen und Eingriffen toleranter reagieren.

Ein Roboter wie z.B. HERMES (*Humanoider Experimenteller Roboter für mobile Manipulations- und Erkundungsaufgaben im Servicebereich*) zeigt, dass solche präintelligenten Fähigkeiten mit bereits existierender Technik realisierbar sind.[142] So erlernt das System den Umgang mit seinem Arm und einem daran operierenden Greifer ähnlich wie ein Säugling. Auch in diesem Organismus sind Armbewegungen keineswegs in allen Details vorprogrammiert, da viele Vernetzungen im Gehirn des Säuglings noch nicht festgelegt sind. Durch Beobachten ihrer zunächst willkürlichen Bewegungen und damit verbundenen Wirkungen verbessern solche Systeme schrittweise ihre Erfolge, um die automatische Feineinstellung zu erreichen, die wir alltäglich gewohnt sind. Analog beobachten auch Kameras des Roboters die Wirkungen seiner zunächst willkürlichen Steuerbefehle, um schrittweise den Zusammenhang zwischen Bildänderungen und seinen Steuerkommandos zu verstehen. Der Roboter selber ist aus Bausteinen (Modu-

---

[142] Hierbei handelt es sich um ein Projekt des Instituts für Meßtechnik der Fakultät für Luft- und Raumfahrttechnik der Universität der Bundeswehr München: http://www.unibw.de/robotics/roboter/hermes/index_html

len) zusammengesetzt, deren mechanische und elektrische Schnittstellen genau definiert sind. Die Informationsverarbeitung in HERMES wird durch ein hierarchisches System aus Mikrokontrollern, Signalprozessoren und einem Pentium-Prozessor realisiert. Es besteht auch bereits eine Schnittstelle für Funkkontakt mit einem Kommunikationsserver im Internet.

Serviceroboter sind für viele gefährliche und unangenehme Arbeiten in der Entwicklung und Erprobung geeignet. Dazu gehören die fernbediente Brandbekämpfung, der Einsatz in gefährlichen Erdbeben- oder Vulkangebieten, Fassadenreinigung an Hochhäusern oder die Inspektion von Gas-, Öl-, oder Abwasserröhren. Ob in Astronautenkapseln im Weltraum, Pilotencockpits in Flugzeugen oder in Tiefseekapseln, ob in der Industrieproduktion oder in Operationssälen, überall werden Roboter mit präintelligenten motorischen Fähigkeiten unverzichtbar sein. Ziel sind zudem Haushaltshilfen in jedermanns Wohnung. Serviceroboter werden alles Spektakuläre verlieren und wie selbstverständlich in die Lebenswelt des Menschen integriert sein, da er sie ohne diese Systeme nicht mehr beherrschen könnte.

Während solche Systeme im menschlichen Größenbereich operieren, werden mit wachsender Miniaturisierung der Technik auch Miniroboter notwendig, die z.B. bei der Fertigung in der Feinmechanik oder der Behandlung einzelner biologischer Zellen in der medizinischen Forschung zum Einsatz kommen. Mikroroboter, die unter einem Lichtmikroskop oder sogar Rasterelektronenmikroskop arbeiten, sind eine große Herausforderung von Mikroelektronik und Materialforschung.[143] Notwendig werden feinste Materialstreifen (›*smart materials*‹), die sich unter geeigneter Spannung millimetergenau in gewünschter Weise verformen. Nadelförmige Roboterarme oder Pinzettengreifer könnten an Zellen operieren. Aktoren der Miniroboter verwenden Antriebskräfte, die auf winzige elektrostatische oder elektromagnetische Wirkungen aufbauen. Die gesamte Ansteuerungs- und Leitungselektronik muss auf kleinen Platinen untergebracht sein. Mit optischen und taktilen Mikrosensoren ausgestattet entstehen technische Systeme, die Montagearbeiten im Mikrobereich übernehmen.

---

143 Dazu auch H. Wörn, S. Fatikow, *Miniroboter montieren Mikrosysteme*, in: Spektrum der Wissenschaft. Dossier 4 1998, 63–65. Während diese Geräte im Zentimeter- und Millimeterbereich liegen, führt die Vorstellung von Nanorobotern weit darüber hinaus. Einer der Visionäre solcher Nanomaschinen ist K.E. Drexler, *Nanosystems: Molecular Machinery, Manufacturing, and Computation*, New York 1992.

## Humanoide Roboter

Humanoide Roboter sind Roboter, die eine menschliche Form besitzen. Wie wir gesehen haben, müssen Roboter nicht wie Menschen aussehen. Genauso wie Flugzeuge nicht wie Vögel aussehen, gibt es je nach Funktion auch andere angepasste Formen. Es stellt sich also die Frage, zu welchem Zweck Humanoidroboter welche Eigenschaften und Fähigkeiten besitzen sollten. Humanoidroboter sollten direkt in der menschlichen Umgebung wirken können. In der menschlichen Umwelt ist die Umgebung auf menschliche Proportionen abgestimmt. Die Gestaltung reicht von der Breite der Gänge über die Höhe einer Treppenstufe bis zu Positionen von Türklinken. Für nicht menschenähnliche Roboter (z.B. auf Rädern und mit anderen Greifern statt Händen) müssten also große Investitionen für Veränderungen der Umwelt ausgeführt werden. Zudem sind alle Werkzeuge, die Mensch und Roboter gemeinsam benutzen sollten, auf menschliche Bedürfnisse abgestimmt. Nicht zu unterschätzen ist die Erfahrung, dass humanoide Formen den emotionalen Umgang mit Robotern psychologisch erleichtern.

Während Humanoidroboter in Literatur und Film schon früh auftreten, werden die ersten technischen Exemplare vergleichsweise spät entwickelt. WABOT-1 (benannt nach der Waseda University in Japan) war 1973 der erste Humanoidroboter, der Objekte visuell erkennen konnte, ein Gehör besaß und über einen künstlichen Mund mit Menschen kommunizierte. Er hatte druckempfindliche Hände, mit denen er Gegenstände bediente. Zudem ging er wenigstens langsam auf zwei Beinen. 1984 folgte der klavierspielende WABOT-2.[144] 1996 stellte die Firma Honda den 1,80 m großen und 210 kg schweren Humanoidroboter P2 vor, der erstmals mit einem internen Rechner und Batterie ausgestattet war und daher mit hoher Zuverlässigkeit den Gang auf zwei Beinen beherrschte. 1997 folgte der 1,60 m große und 130 kg schwere P3 und schließlich im Jahr 2000 der 1,20 m große und 43 kg schwere ASIMO, also Roboter, die leichter, effektiver und kleiner werden.

Was die Hardware betrifft, so verwundert es nicht, dass ein Autokonzern wie Honda die ersten sich elegant bewegenden Roboter baute. Diese Firma konnte im Unterschied zu Universitäten leichte und dennoch stabile Glieder und Getriebe aus Speziallegierungen produzieren. Hinzu traten viele Regelungskreise mit Beschleunigungssensoren, um die jeweilige Haltung des Roboters zu erkennen. So wurden an den Füßen sechsachsige Sensoren angebracht, um Gegenkräfte und -momente des Bodens wahrzunehmen. Die Konstruktion eines Roboterbeins stellt besondere Herausforderungen. Um einen stabilen zweibeinigen Gang zu realisieren, sind zwei Grundfunktionen zu erfüllen. Einmal müssen die äußeren Einflüsse, die durch das Aufsetzen des Beins auf den Boden entstehen, ausgeglichen werden.

---

[144] Koganezawa, Takanishi und Sugano, History of Waseda robot, in: *Biomechanism Research*, Kato Lab. 1991

Zum anderen muss auf die Kräfte und Momente, die auf die Sohle des Fußes wirken, flexibel und schnell reagiert werden. Die Belastung wächst mit zunehmender Ganggeschwindigkeit. Federn und Dämpfer, wie man sie aus der Technik kennt, stellen die notwendige Steifigkeit in Frage.

Was die Software betrifft, so steht hinter den Bewegungsprogrammen humanoider Roboter eine aufwendige Mathematik komplexer dynamischer Bewegungssysteme. Sie liefert das mathematische Modell für die technische Kontrolle humanoider Bewegungsabläufe. Bewegungsabläufe werden in Vektorräumen mit Stellungs- und Drehvektoren dargestellt. Damit lässt sich aus einer gegebenen Gelenkstellung die Position und Haltung z.B. eines Fußes berechnen. Das ist die Aufgabe der Vorwärtskinematik. Umgekehrt lassen sich bei gegebener Position und Haltung der Füße die entsprechenden Gelenkstellungen berechnen. Man spricht dann von inverser Kinematik, weil sie die umgekehrte Berechnung der Vorwärtskinematik ist. Da bei Humanoidrobotern viele Drehgelenke zu berücksichtigen sind, müssen zur Darstellung der Beziehungen zwischen den Positionen und Haltungen der Glieder und Gelenkwinkel nichtlineare Gleichungen verwendet werden.

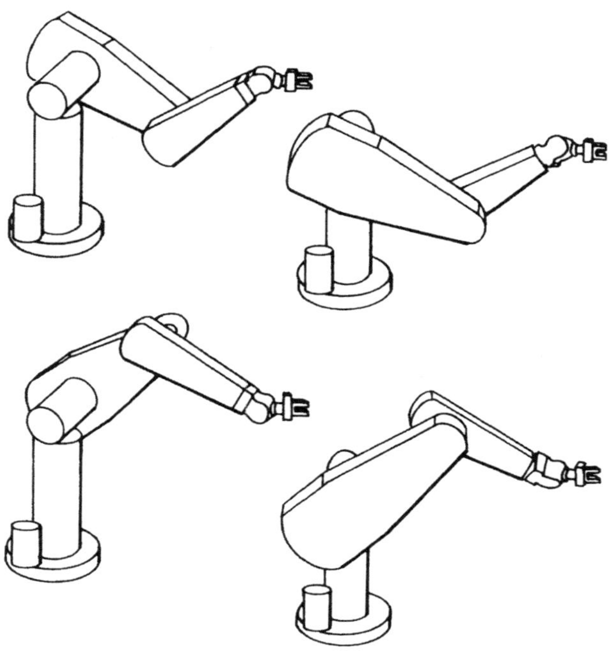

*Abb. 22:* Alternative Armkonfigurationen ermöglichen dieselbe Handposition[145]

[145] Nach J.J. Craig, *Introduction to Robotics: Mechanics and Control*, Reading Mass. ²1989

Die mathematische Herausforderung der inversen Kinematik besteht darin, Lösungen für diese nichtlinearen Gleichungssysteme zu finden. Sie entsprechen den gewünschten Gelenkstellungen, die der Roboter zu realisieren hat. Abb. 22 zeigt, wie bereits ein einfacher Roboterarm mit verschiedenen Gelenken vier unterschiedliche Stellungen einnehmen kann, um eine bestimmte Handposition zu realisieren. Wieviel mehr Varianten werden bei einem humanoiden Roboterarm möglich sein, um eine gewünschte Position einzunehmen?

Da ein entsprechendes Gleichungssystem nichtlinear und hochdimensional mit vielen Variablen ist, lässt sich im Allgemeinen zunächst keine Lösung finden. Daher wird das Gleichungssystem differenziert, um ein vereinfachtes lineares Gleichungssystem aus den Differenzenquotienten der Positionen und Haltungen der Glieder sowie der Gelenkwinkel zu erhalten. Lineare Gleichungssysteme sind mathematisch lösbar. Damit wäre die Bewegungskontrolle der inversen Kinematik realisierbar. Mathematisch sind die Differenzenquotienten der Positionen und Haltungen der Glieder und Drehvektoren in der sogenannten Jacobi-Matrix zusammengefasst. Die Kontrollaufgabe bei der Bewegung eines Roboters reduziert sich daher mathematisch auf die Berechnung der Jacobi-Matrix.[146]

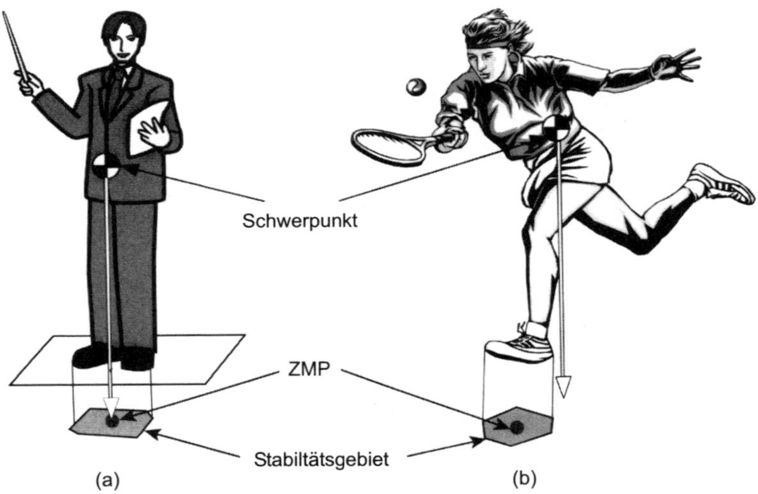


*Abb. 23:* Verhältnis zwischen Schwerpunkt, ZMP und Stabilitätsgebiet bei (a) einem aufrecht stehenden und (b) sich bewegenden Menschen[147]

[146] G.A. Bekey, *Autonomous Robots. From Biological Inspiration to Implementation and Control*, Cambridge Mass. 2005, 81

[147] Shuji Kajita (Hrsg.), *Humanoide Roboter. Theorie und Technik des Künstlichen Menschen*, Berlin 2007, 7

Humanoidroboter können im Unterschied zu fest verankerten Industrierobotern beim Laufen umfallen, wenn der Fuß frei schwebt.[148] Wenn immer ein Fuß mit der gesamten Sohle auf dem Boden aufgesetzt wäre, könnte ein Humanoidroboter sicher laufen, ohne umzufallen. Um zu entscheiden, ob der Kontakt der Sohle mit dem Boden bestehen bleibt, wird der ZMP (*zero moment point*) Punkt bestimmt, d.h. der Punkt auf dem Boden, an dem alle Horizontalkräfte, die der Fuß vom Boden erfährt, gleich Null sind. Darauf kann sich der Roboter stützen, damit seine aktuelle Neigung unverändert bleibt. Der ZMP befindet sich immer auf der Fläche zwischen Sohle und Boden. Wenn ein Mensch aufrecht steht, so behält seine Sohle den Bodenkontakt, solange der auf den Boden projizierte Schwerpunkt sich innerhalb des Stabilitätsgebiets der Sohle mit dem ZMP befindet (Abb. 23). Das ist allerdings nur eine hinreichende Bedingung, um den Fall zu verhindern, aber keine notwendige.

Fortgeschrittene Probleme wie Gehen auf unebenem Boden, Treppensteigen, Gehen mit schweren Gegenständen oder Rennen erfordern komplexe Laufmuster mit dem ZMP. Mathematisch ist das Verhältnis zwischen der Trajektorie der Gelenkgeschwindigkeit und ZMP wieder durch ein nichtlineares Differentialgleichungssystem gegeben. Die Berechnung einer Gelenkgeschwindigkeitstraktorie aus einer gegebenen Trajektorie eines ZMP ist schwierig.[149] Seit ASIMO (2000) benutzt Honda ein Verfahren, mit dem ein stabiles Laufmuster in Echtzeit produziert wird.

Hier wird der Unterschied von Technik und Natur deutlich. Um stabile Fortbewegung des Menschen zu realisieren, bedurfte es in der Evolution keineswegs eines Hochleistungsrechners, der nichtlineare Bewegungsgleichungen in Echtzeit lösen kann, um die Bewegungen nach den Lösungsmustern zu realisieren. Es bedurfte also keines »intelligent design« eines Ingenieurs. Mathematische Modelle und entsprechende Computerprogramme sind Erfindungen des Menschen, die das Bewegungsproblem auf ihre Art lösen. Das dynamische Modell der Vorwärtskinematik zeigt, wie der nächste Bewegungszustand eines Humanoidroboters bei gegebenem aktuellen Zustand, Kräften und Momenten, die auf die Glieder wirken, Kontakten mit der Umwelt und sonstigen Bedingungen zu berechnen ist. Die Rückwärtsberechnung der auf die Gelenke wirkenden Kräfte und Momente bei gegebener Sollpositionierung ist im dynamischen Modell der inversen Kinematik geregelt. Die zugrunde liegenden mathematischen Gleichungen wie die Newton-Euler Formel sind lange bekannt. Ihre technische Umsetzung in Echtzeit wurde erst seit den modernen Hochleistungsrechnern mit effizienten Lösungsalgorithmen möglich.

---

148 H. Ulbrich, T. Buschmann und S. Lohmeier, Development of the humanoid robot LOLA, in: *Journal of Applied Mechanics and Materials* 2006 5 6, 529–539

149 R.M. Murray, Z. Li und S.S. Sastry, *A Mathematical Introduction to Robotics Manipulation*, Boca Raton 1994

Die Regelungskreise zweibeiniger Roboter sind hochkomplex. Aufgaben wie z.B. Kontrolle der Haltung, Kontrolle der Schwerpunktposition, Reaktion auf Unebenheiten im Boden oder Aufprallabsorbierung beim Aufsetzen des Fußes sind zu koordinieren. Dazu muss die Stellung des Roboters ständig durch Beschleunigungssensoren und Kraftsensoren an den Sohlen (für den ZMP) kontrolliert werden. Humanoidroboter besitzen durch ihre Beine und Arme die Möglichkeit, sich hinzulegen, aufzustehen, Gegenstände zu tragen, zu tanzen und sonstige Ganzkörperbewegungen durchzuführen. Da der Schwerpunkt hoch und seine Projektionsfläche (vgl. Abb. 23) klein ist, besteht die Gefahr, dass Roboter und Mensch leicht umfallen können.

Humanoidroboter haben aber nicht nur zwei Beine und zwei Arme. Sie verfügen über optische und akustische Sensoren. In Bezug auf Platz und Batterielaufzeiten gibt es bisher bei den verwendbaren Prozessoren und Sensoren Einschränkungen. Miniaturisierungen von optischen und akustischen Funktionen sind ebenso erforderlich wie die Entwicklung von verteilten Mikroprozessoren zur lokalen Signalverarbeitung. In der Humanoidrobotik ist Japan bisher führend. Das japanische Wirtschafts- und Industrieministerium verfolgt seit 1998 das HRP (*Humanoid Robotics Project*).[150] Zunächst sollte sich danach ein Humanoidroboter frei in normaler Umgebung bewegen, Treppen und Hindernisse überwinden, selbständig Wege suchen, nach einem Fall beweglich bleiben, Türen selbständig betätigen und auf einem Arm stützend Arbeit erledigen können. Ein Humanoidroboter könnte dann im Prinzip so gehen wie ein Mensch.

Nach diesem Programm soll der Roboter bis 2015 manuelle Aufgaben selbständig ausfüllen können, die jeder Mensch erledigen kann. Dafür benötigt er dreidimensionale optische Sensoren, die die Beschaffenheit, Position und die Richtung eines Objekts wahrnehmen, eine Hand, die diese Aufgabe ausführen kann, sowie Kraftsensoren, um den Zustand der Manipulatorhand beim Greifen eines Objekts zu erkennen und die Arbeitsschritte zu planen. Das Ziel für 2020 wäre ein Humanoidroboter, der sich den Wohnraum mit dem Menschen teilt und mit ihm zusammenarbeitet. Mit der Realisierung dieses Ziels wäre das endgültige Ziel des HRP erreicht. In diesem Fall dürfte der Humanoidrober keine Menschen verletzen oder die Umgebung beschädigen. Sicherheit und Kraft, die für Bewegung und Arbeit benötigt werden, müssten gleichermaßen gewährleistet sein. Erst dann steht ein Serviceroboter für den Menschen zur Verfügung, der im Prinzip in jedem Haushalt einsetzbar ist.

---

[150] Isozumi, Akaike, Hirata, Kaneko, Kajita und Hiruka, Development of Humanoid Robot HRP-2, in: *Journal of RSJ* 2004 22-8, 1004–1012

# Kognitive Roboter

Für die Erreichung der letzten Stufe von HRP, des Zusammenlebens mit Menschen, müssen sich Roboter ein Bild vom Menschen machen können, um hinreichend sensibel zu werden. Dazu sind kognitive Fähigkeiten notwendig. Im Forschungsprogramm »*Cognition in Technical Systems*« (CoTeSys)[151] arbeiten Kognitions-, Neuro- und Biowissenschaften, Informatik, Mathematik und Ingenieurwissenschaften systematisch zusammen, um kognitive Fähigkeiten in technische Systemen zu implementieren. Dabei lassen sich die drei Stufen des funktionalistischen, konnektionistischen und handlungsorientierten Ansatzes unterscheiden, die nun untersucht werden sollen.

Der funktionalistische Ansatz geht auf die frühe kognitivistische Psychologie der 1950er Jahre von z. B. Allen Newell und Herbert Simon zurück.[152] Die Grundannahme besteht darin, dass es in Lebewesen wie in entsprechenden Robotern eine interne kognitive Struktur gibt, die Objekte der externen Außenwelt mit ihren Eigenschaften, Relationen und Funktionen untereinander über Symbole repräsentiert. Man spricht auch deshalb vom Funktionalismus, da die Abläufe der Außenwelt als isomorph in Funktionen eines symbolischen Modells abgebildet angenommen werden. Ähnlich wie ein geometrischer Vektor- oder Zustandsraum die Bewegungsabläufe der Physik abbildet, würden solche Modelle die Umgebung eines Roboters repräsentieren.

Die Verarbeitung der Symbole in einer formalen Sprache (z. B. Computerprogramm) erfolgt nach Regeln, die logische Beziehungen zwischen den Außenweltrepräsentationen herstellen, Schlüsse ermöglichen und so Wissen entstehen lassen.[153] Die Regelverarbeitung ist nach dem kognitivistischen Ansatz unabhängig von einem biologischen Organismus oder Roboterkörper. Danach könnten im Prinzip alle höheren kognitiven Fähigkeiten wie Objekterkennung, Bildinterpretation, Problemlösung, Sprachverstehen und Bewusstsein auf Rechenprozesse mit Symbolen reduziert werden. Konsequenterweise müssten dann auch biologische Fähigkeiten wie z. B. Bewusstsein auf technische Systeme übertragbar sein.

Der kognitivistisch-funktionalistische Ansatz hat sich für beschränkte Anwendungen durchaus bewährt, stößt jedoch in Praxis und Theorie auf grundlegende Grenzen. Ein Roboter dieser Art benötigt nämlich eine vollständige symbolische Repräsentation der Außenwelt, die ständig angepasst werden muss, wenn die Position des Roboters sich ändert. Relationen wie ON(TABLE,BALL), ON(TABLE,CUP), BEHIND(CUP,BALL) etc., mit denen die Relation eines Balls und einer Tasse auf einem Tisch relativ zu einem Roboter repräsentiert wird,

---

151 CoTeSys ist ein DFG Exzellenz-Cluster an der Technischen Universität München: http://cotesys.in.tum.de/

152 A. Newell und H.A. Simon, *Human Problem Solving*, Englewood Cliffs NJ 1972

153 H. Siegert und P. Norvig, *Robotik: Programmierung intelligenter Roboter*, Berlin 1996

ändern sich, wenn sich der Roboter um den Tisch herum bewegt. Menschen benötigen demgegenüber keine symbolische Darstellung und kein symbolisches Updating von sich ändernden Situationen. Sie interagieren sensorisch-körperlich mit ihrer Umwelt. Rationale Gedanken mit interner symbolischer Repräsentation garantieren kein rationales Handeln, wie bereits einfache Alltagssituationen zeigen. So weichen wir einem plötzlich auftretenden Verkehrshindernis aufgrund von blitzschnellen körperlichen Signalen und Interaktionen aus, ohne auf symbolische Repräsentationen und logische Ableitungen zurückzugreifen.

In der Kognitionwissenschaft unterscheiden wir daher zwischen formalem und körperlichem Handeln.[154] Schach ist ein formales Spiel mit vollständiger symbolischer Darstellung, präzisen Spielstellungen und formalen Operationen. Fussball ist ein nicht-formales Spiel mit Fähigkeiten, die von körperlichen Interaktionen ohne vollständige Repräsentation von Situationen und Operationen abhängen. Es gibt zwar auch Spielregeln. Aber Situationen sind wegen der körperlichen Aktion nie exakt identisch und daher auch nicht (im Unterschied zum Schach) beliebig reproduzierbar.

Die Beschränkung des kognitivistischen Ansatzes wird auch beim Sprachverstehen deutlich. Der amerikanische Sprachphilosoph John Searle hat darauf in seinem Gedankenexperiment des Chinesischen Zimmers hingewiesen.[155] Dazu wird ein ausschließlich Englisch sprechender Mensch in ein abgeschlossenes Zimmer gesetzt. Obwohl er kein Chinesisch versteht, habe dieser Mensch eine formale Anleitung zur Verfügung, wie chinesische Zeichen rein syntaktisch zu bearbeiten sind, um sinnvolle chinesische Sätze zu erzeugen. Anstelle eines solchen Menschen könnte auch ein Computer programmiert werden. Ohne Chinesisch zu verstehen, so lautet das Argument, könnte das System bedeutungsvolle chinesische Sätze erzeugen. Tatsächlich setzt menschliches Verständnis von Sprache voraus, dass Bedeutungen von Spracheinheiten im Handlungsvollzug erfahren werden. Allerdings arbeiten wir bei Übersetzungen auch mit symbolischen Zuordnungen, um formale Bedeutungen zu erzeugen.

Ein ähnliches Gedankenexperiment beschreibt eine Psychologin, die zwar alles über Farbwahrnehmung weiß, aber in einem Schwarz-Weiß Zimmer eingesperrt nie die Chance hatte, irgendwelche Farben selber wahrzunehmen. Dieses Argument wendete sich gegen die wissensbasierten Expertensysteme der Künstlichen Intelligenz, die nach dem kognitivistischen Paradigma Wissen formal repräsentieren, ohne die Bedeutung zu verstehen. Menschen lösen dieses Problem als körperlich-sensorische Organismen durch Interaktion mit ihrer Umwelt. Sie haben zwar auch mentale Wissensrepräsentationen und greifen dabei auf symbolische Darstellunge (z. B. Texte, Tabellen, Zeichnungen) zurück. Insofern ist der kognitivistische

---

154 F. Valera, E. Thompson, E. Rosch, *The Embodied Mind. Cognitive Science and Human Experience*, Cambridge Mass. 1991

155 J. Searl, Minds, brains, and programs, in: *Behavioral and Brain Sciences* 1980 3, 417–424

Ansatz nicht falsch, sondern nur eine Teilwahrheit. Wichtig ist aber der Außenweltkontakt über Sensoren und die Verarbeitung dieser Daten im Nervensystem und den neuronalen Netzwerken des Gehirns. Insofern sind Farben ein Beispiel für sogenannte Qualia, also Eigenschaften, die bewusst erlebt und nicht nur formal beschrieben werden.[156]

Der konnektionistische Ansatz betont deshalb, dass Bedeutung nicht von Symbolen getragen wird, sondern sich in der Wechselwirkung zwischen verschiedenen kommunizierenden Einheiten eines komplexen Netzwerks ergibt. Diese Herausbildung bzw. Emergenz von Bedeutungen und Handlungsmustern wird durch die sich selbst organisierende Dynamik eines komplexen Netzwerks möglich.[157]

So ist das Gehirn ein komplexes Netzsystem von Milliarden von Neuronen, die durch elektrische Entladung von Membranspannungen (»Feuern«) und durch einen Ruhezustand (»Nicht-Feuern«) digitale Zellzustände realisieren. Die lokale Wechselwirkung einzelner Neuronen untereinander geschieht chemisch durch den Austausch von Botenstoffen (Neurotransmittern), die bei der elektrischen Entladung frei gesetzt werden. Unter geeigneten Umständen feuern Gruppen von Neuronen gleichzeitig und verschalten sich neurochemisch in Mustern, die durch bildgebende Verfahren mit Computern sichtbar gemacht werden können. Diese makroskopischen Verschaltungsmuster sind nachweislich mit kognitiven Zuständen wie Wahrnehmungen, Gefühlen, Gedanken und Bewusstsein verbunden. Die Neuropsychologie vermag aus diesen Bildern (z.B. PET) zu schließen, dass jemand z.B. denkt oder fühlt, aber (bisher noch nicht) was er denkt oder fühlt.

Neuronale Netzwerke haben sich in der Evolution aufgrund neuronaler Selbstorganisation entwickelt. W.S. McCulloch und W. Pitts schlugen 1943 ein erstes Modell eines technischen neuronalen Netzes vor.[158] In einem vereinfachten McCulloch-Pitts-Neuron treten an die Stelle der Dendriten Inputlinien $x_1 \ldots x_m$ $(m \geq 1)$ und an die Stelle des Axons eine Outputlinie $y$. Falls die Inputlinie $x_i$ im $n$-ten Zeitintervall einen Impuls leitet, gilt $x_i(n) = 1$, im anderen Fall ist $x_i(n) = 0$. Falls die $i$-te Synapse exzitatorisch ist, wird sie mit einem Gewicht $w_i$ größer als Null verbunden, das der elektrischen Stärke einer elektrischen Synapse oder der Transmitterausschüttung einer chemischen Synapse entspricht. Bei einer inhibitorischen Synapse gilt $w_i < 0$. Wenn die Refraktärzeit als Zeiteinheit interpretiert wird, läßt sich eine digitale Zeitskala $n = 1, 2, 3, \ldots$ annehmen, in der das Neuron

156 Vgl. auch P. Bieri (Hrsg.), *Analytische Philosophie des Geistes*, Königstein 1981

157 G. Marcus, *The Algebraic Mind: Integrating Connectionism and Cognitive Science Science*, Cambridge Mass. 2003

158 W.S. McCulloch und W.H. Pitts, A Logical Calculus of the Ideas Immanent in Nervous Activity, in: *Bull. Math. Biophys.* 5 1943, 115–133. Für eine kritische Bestandsaufnahme vgl. auch K. Möller, G. Paaß (Hrsg.), Künstliche Neuronale Netze: eine Bestandsaufnahme, in: *KI – Künstliche Intelligenz* 4 1994, 37–61.

operiert. Das Feuern des Outputs zum Zeitpunkt $n+1$ wird durch das Feuern der Inputsignale zum Zeitpunkt $n$ bestimmt. Das Neuron feuert nämlich nach McCulloch-Pitts einen Impuls entlang seinem Axon zum Zeitpunkt $n+1$, falls die gewichtete Summe des Inputs zum Zeitpunkt $n$ den Schwellenwert $\Theta$ des Neurons überschreitet. Ein neuronales Netz nach McCulloch Pitts wird als komplexes System solcher Neuronen verstanden, deren Input- und Outputlinien miteinander verbunden sind und die mit der gleichen Zeitskala operieren.

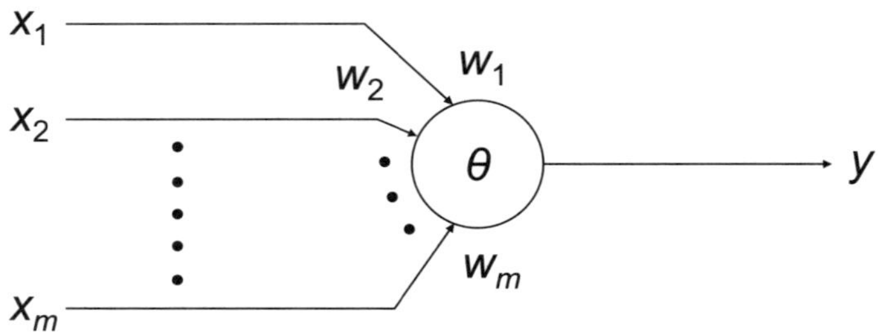


*Abb. 24:* McCulloch-Pitts-Neuron

Eine wesentliche Einschränkung der McCulloch-Pitts-Netze bestand in der Annahme, daß die Gewichte für immer fixiert seien. Damit ist eine entscheidende Leistungsfähigkeit des Gehirns aus seiner stammesgeschichtlichen Evolution ausgeschlossen. Das Lernen wird nämlich durch Modifikationen der Synapsen zwischen den Neuronen ermöglicht. Es setzt also variable Synapsengewichte voraus. Die Stärke der Verbindungen (Assoziationen) von Neuronen hängt von den jeweiligen Synapsen ab. Unter physiologischen Gesichtspunkten stellt sich das Lernen daher als lokaler Vorgang dar. Die Veränderungen der Synapsen werden nicht global von außen veranlasst und gesteuert, sondern geschehen lokal an den einzelnen Synapsen durch Änderung der Neurotransmitter.

Nach diesem Konzept baute der amerikanische Psychologe Frank Rosenblatt Ende der 50er Jahre die erste neuronale Netzwerkmaschine, die Mustererkennung mit neuronenähnlichen Einheiten bewerkstelligen sollte. Diese Maschine, der Rosenblatt den Namen *Perzeptron* gab, bestand aus einem Rasternetz von 400 Photozellen, das der Retina nachgebildet war und mit neuronenähnlichen Einheiten verbunden wurde.[159] Wenn den Sensoren ein Muster wie z.B. ein Buchstabe vorgelegt wurde, dann aktivierte diese Wahrnehmung eine Neuronengruppe, die wiederum ein Neuronenensemble zu einer Klassifizierung veranlasste, ob nämlich der vorgelegte Buchstabe einer bestimmten Buchstabenkategorie angehört oder nicht.

159 F. Rosenblatt, The Perceptron: A Probabilistic Model for Information Storage and Organization in the Brain, in: *Psychological Review* 65 1958, 386–408

Analog zu neuronalem Gewebe sah Rosenblatt verschiedene Schichten vor. Die Eingabeschicht dient als künstliche Netzhaut (*Retina*). Sie ist aus Stimuluszellen (*S-units*) zusammengesetzt, die man sich technisch als Photozellen vorstellen kann. Die S-Einheiten werden mit der Mittelschicht über zufällige Verbindungen verknüpft, die feste Gewichte (Synapsen) besitzen und daher nicht veränderbar bzw. lernfähig sind. Entsprechend ihrer Aufgabe bezeichnet sie Rosenblatt als Assoziationszellen (*A-units*). Jede A-Zelle erhält also einen fest gewichteten Input von einigen S-Zellen. Eine S-Zelle der Retina kann ihr Signal auch auf mehrere Zellen der Mittelschicht projizieren. Die Mittelschicht ist komplett mit den Responsezellen (*R-units*) der Ausgabeschicht verbunden.

Nur die Synapsengewichte zwischen Mittel- und Ausgabeschicht sind variabel und damit lernfähig. Die Neuronen arbeiten als Schaltelemente mit zwei Zuständen. Das Perzeptron-Netzwerk lernt durch einen überwachten Lernvorgang. Dazu muss bei jedem zu lernenden Muster (z. B. Buchstabe) der gewünschte Zustand jeder Zelle der Outputschicht bekannt sein. Die zu lernenden Muster werden dem Netzwerk angeboten. Die Lernregel von Perzeptron ist eine Variante der Hebbschen Lernregel, wonach die Gewichtsänderung in einem Lernschritt proportional zur präsynaptischen Aktivität und zur Differenz von gewünschter und tatsächlicher postsynaptischer Aktivität ist. Der Vorgang wird mit einer konstanten Lernschrittweite solange wiederholt, bis alle Muster den korrekten Output erzeugen. Wegen seiner Langsamkeit und beschränkten Lernfähigkeit, bei der nur die Synapsengewichte zur Outputschicht verändert werden können, erwies sich das Perzeptron aber als praktisch unbrauchbar.

Anfang der 80er Jahre schlug der Physiker John J. Hopfield ein einschichtiges neuronales Netz vor, das am Modell sich selbst organisierender Materialien (Spinglas-Modell) orientiert ist.[160] Ein Ferromagnet ist ein komplexes System aus Dipolen mit je zwei möglichen Spinzuständen Up (↑) und Down (↓). Mit einem Ordnungsparameter läßt sich die statistische Verteilung der Up- und Down-Zustände als Makrozustand des Systems angeben. Bei Abkühlung des Systems auf den Curie-Punkt findet ein Phasenübergang statt, bei dem spontan nahezu alle Dipole in den gleichen Zustand springen und daher aus einer irregulären Verteilung ein reguläres Muster hervorgeht. Das System geht also in einen Gleichgewichtszustand (Attraktor) über, in dem sich selbständig eine Ordnung organisiert. Diese Ordnung wird als magnetischer Gesamtzustand des Ferromagneten wahrgenommen.

Hopfield beschrieb analog ein Netz aus einer einzigen Schicht, in dem binäre Neuronen vollständig und symmetrisch vernetzt sind. Es ist daher ein homogenes neuronales Netz. Der binäre Zustand eines Neurons entspricht den beiden möglichen Spinwerten eines Dipols. Die Dynamik des Hopfield-Systems

---

160 J.J. Hopfield, Neural Networks and Physical Systems with Emergent Collective Computational Abilities, in: *Proceedings of the National Academy of Sciences* 79 1982, 2554–2558.

ist exakt dem Spinglas-Modell der Festkörperphysik nachgebildet. Die energetische Wechselwirkung der magnetischen Atome im Spinglas-Modell wird nun als Wechselwirkung binärer Neuronen interpretiert. Die Verteilung der Energiewerte im Spinglas-Modell wird als Verteilung der ›Rechenenergie‹ im neuronalen Netz aufgefaßt. Anschaulich können wir uns dazu ein Potentialgebirge über dem Zustandsraum aller möglichen binären Neuronen vorstellen. Startet das System aus einem Anfangszustand, so bewegt es sich in diesem Potentialgebirge so lange bergab, bis es in einem Tal mit lokalem Minimum stecken bleibt. Ist der Startzustand das Eingabemuster, so ist das erreichte Energieminimum die Antwort des Netzwerkes. Ein Tal mit lokalem Energieminimum ist also ein Attraktor, auf den sich das System hinbewegt.

Eine einfache Anwendung ist die Wiedererkennung eines verrauschten Musters, dessen Prototyp das System vorher gelernt hat. Dazu stellen wir uns ein schachbrettartiges Gitternetz aus binären technischen Neuronen vor. Ein Muster (z.B. der Buchstabe A) wird im Gitternetz durch schwarze Punkte für alle aktiven Neuronen (mit Wert 1) und weiße Punkte für inaktive Neuronen (mit Wert 0) dargestellt. Die Prototypen der Buchstaben werden zunächst dem System ›eintrainiert‹, d.h. sie werden mit den Punktattraktoren bzw. lokalen Energieminima verbunden. Die Neuronen sind mit Sensoren verbunden, mit denen ein Muster wahrgenommen wird. Bieten wir nun dem System ein verrauschtes und teilweise gestörtes Muster des eintrainierten Prototypen an, dann kann es den Prototypen in einem Lernprozess wiedererkennen. Der Lernprozess geschieht durch *lokale Wechselwirkungen* der einzelnen Neuronen nach einer Hebbschen Lernregel: Sind zwei Neuronen zur gleichen Zeit entweder aktiv oder inaktiv, so wird die synaptische Kopplung verstärkt. Bei unterschiedlichen Zuständen werden die synaptischen Gewichte verkleinert. Der Lernprozess wird so lange durchgeführt, bis der gespeicherte Prototyp erzeugt (›wiedererkannt‹) ist.

Der Wiedererkennungsprozess ist also ein Phasenübergang zu einem Zielattraktor, wie wir ihn bereits beim Ferromagneten beobachtet haben. Hervorzuheben ist, dass dieser Phasenübergang ohne zentrale Programmsteuerung durch Selbstorganisation geschieht. Hopfield-Systeme lassen sich auch für kognitive Aufgaben anwenden. Im Potentialgebirge stellt der Zustand geringster Energie eine optimale Lösung dar. Ein Optimierungsproblem, wie z.B. die Suche nach einer optimalen Reiseroute, wie es im DNA-Computing angewendet wurde, ist auch mit einem Hopfield-System möglich. In einem Hopfield-System werden die unterschiedlichen Entfernungen zwischen den Städten und die Reihenfolge, in der sie besucht werden, durch entsprechende Synapsengewichte berücksichtigt. In Bruchteilen von Sekunden sinkt die Rechenenergie in einen stabilen energiearmen Zustand, der die kürzeste Route repräsentiert. Ein neuronales Netz kann so ständig zwischen Millionen von möglichen Antworten entscheiden, weil es die Antworten nicht nacheinander prüfen muss. Es geht auch nicht davon aus, dass jede mögliche Antwort wahr oder falsch ist. Jede Möglichkeit hat vielmehr ihr synaptisches Gewicht, das der Stärke der Annahme entspricht, die das System mit jeder Möglichkeit verbindet. Sie werden parallel verarbeitet.

Hopfield-Systeme arbeiten zwar parallel, aber determiniert, d.h. jedes Neuron ist z.B. bei der Buchstabenerkennung unverzichtbar. Nun verhalten sich aber lebende Nervenzellen kaum wie determinierte Planetensysteme, und auch bei entsprechenden technischen Netzmodellen treten große Nachteile auf. Stellen wir uns einen Wiedererkennungsprozess oder ein Entscheidungsverfahren im Sinne von Hopfield als Energieverringerung vor, dann kann der Lernprozess in einem Tal steckenbleiben, das nicht das tiefste im gesamten Netz ist. Terrence J. Sejnowski und Geoffrey E. Hinton schlugen deshalb 1984 ein Verfahren vor, um das Netzwerk zu immer tieferen Tälern zu führen.[161] Hat z.B. eine Kugel im Energiegebirge ein Tal erreicht, dann lautet der naheliegende wie anschauliche Vorschlag, das gesamte System ein wenig zu schütteln, damit die Kugel das Tal verlassen kann, um niedrigere Minima einzunehmen. Starke oder schwächere Schüttelbewegungen verändern die Aufenthaltswahrscheinlichkeit einer Kugel wie bei einem Gasmolekül, dessen Kollisionen durch Druck- und Temperaturveränderungen beeinflusst werden. Sejnowski und Hinton nannten ihr probabilistisches Netzwerk daher nach dem Begründer der statistischen Mechanik und Thermodynamik ›Boltzmann-Maschine‹. Es ist bemerkenswert, dass bereits John von Neumann auf die Verbindung von Lern- und Erkenntnisvorgängen zu Boltzmanns statistischer Thermodynamik hingewiesen hatte.

Das Problem, ein globales Minimum im Netzwerk zu finden und Nebenminima zu vermeiden, tritt physikalisch in der Thermodynamik der Kristallzüchtung auf. Um einem Kristall eine möglichst fehlerfreie Struktur zu verleihen, muß es langsam abgekühlt werden. Die Atome müssen nämlich Zeit haben, um Plätze in der Gitterstruktur mit minimaler Gesamtenergie zu finden. Bei hinreichend hoher Temperatur vermögen einzelne Moleküle ihren Zustand so zu ändern, dass die Gesamtenergie zunimmt. In diesem Fall können also noch lokale Minima verlassen werden. Mit sinkender Temperatur nimmt aber die Wahrscheinlichkeit dafür ab. Dieses Verfahren wird anschaulich auch ›simuliertes Ausglühen bzw. Kühlen‹ (*simulated annealing*) genannt.

Probabilistische Netzwerke haben experimentell eine große Ähnlichkeit mit biologischen neuronalen Netzen. Werden Zellen entfernt oder einzelne Synapsengewichte um kleine Beträge verändert, erweisen sich Boltzmann-Maschinen als fehlertolerant gegenüber kleineren Störungen wie z.B. das menschliche Gehirn bei kleineren Unfallschäden. Das menschliche Gehirn arbeitet mit Schichten paralleler Signalverarbeitung. So sind z.B. zwischen einer sensorischen Inputschicht und einer motorischen Outputschicht interne Zwischenschritte neuronaler Signalverarbeitung geschaltet, die nicht mit der Außenwelt in Verbindung stehen.

---

161 G.E. Hinton, J.A. Anderson, *Parallel Models of Associative Memory*, Hillsdale N.J. 1981

Tatsächlich lässt sich auch in technischen neuronalen Netzen die Repräsentations- und Problemlösungskapazität steigern, indem verschiedene lernfähige Schichten mit möglichst vielen Neuronen zwischengeschaltet werden. Die erste Schicht erhält das Eingabemuster. Jedes Neuron dieser Schicht hat Verbindungen zu jedem Neuron der nächsten Schicht. Die Hintereinanderschaltung setzt sich fort, bis die letzte Schicht erreicht ist und ein Aktivitätsmuster abgibt.

Wir sprechen von überwachten Lernverfahren, wenn der zu lernende Prototyp (z.B. die Wiedererkennung eines Musters) bekannt ist und die jeweiligen Fehlerabweichungen daran gemessen werden können. Ein Lernalgorithmus muss die synaptischen Gewichte so lange verändern, bis ein Aktivitätsmuster in der Outputschicht herauskommt, das möglichst wenig vom Prototyp abweicht. Ein effektives Verfahren besteht darin, für jedes Neuron der Outputschicht die Fehlerabweichung von tatsächlichem und gewünschtem Output zu berechnen und dann über die Schichten des Netzwerks zurückzuverfolgen. Wir sprechen daher auch von einem *Backpropagation*-Algorithmus. Die Absicht ist, durch genügend viele Lernschritte für ein Vorgabemuster den Fehler auf Null bzw. vernachlässigbar kleine Werte zu vermindern. Bislang wurde ein solches Verfahren als technisch effektiv, aber biologisch unrealistisch angenommen, da neuronale Signalverarbeitung nur vorwärts (*forward*) vom präsynaptischen zum postsynaptischen Neuron bekannt war. Bei der Langzeitpotenzierung werden heute allerdings auch rückläufige Signalwirkungen diskutiert. Daher könnten Lernalgorithmen mit Backpropagation neurobiologisch durchaus interessant werden.

Wie kann ein neuronales Netz ohne ›Überwachung‹ durch eine äußere Instanz (Prototyp bzw. ›Lehrer‹) lernen? Hochentwickelte Gehirne der biologischen Evolution können nicht nur eintrainierte Muster wiedererkennen, sondern klassifizieren spontan nach Merkmalen ohne äußere Überwachung des Lernvorgangs. Begriffe und Figuren werden durch spontane Selbstorganisation erzeugt. In einer mehrschichtigen Netzwerkhierarchie kann dieser Prozess durch Wettbewerb und Selektion der Neuronen in den verschiedenen Schichten realisiert werden. Ein Neuron lernt, indem es den Wettbewerb mit den übrigen Neuronen eines Clusters gewinnt.[162]

Tatsächlich werden sensorische Informationen über mehrere neuronale Schichten im Cortex projiziert. Diese Projektionen sind zwar verzerrt, erhalten aber die Nachbarschaftsbeziehungen zwischen Punkten des abgebildeten Gegenstandes. Solche verzerrten Darstellungen finden sich ebenso in den visuellen Feldern von Sehwahrnehmungen als auch in den somatotopischen Darstellungen der Körperoberfläche oder den auditiven Feldern von Tonfolgen im Cortex. Die visuellen, taktilen oder auditiven Abbildungen der Außenwelt können zwar in Teile zerschnitten sein, um sie besser auf der zerfurchten Oberfläche des Cortex unterzubringen.

---

162 Einen Überblick liefern H. Ritter, T. Martinetz, K. Schulten, *Neuronale Netze*, Bonn 1991.

Sie können auch größer oder kleiner verzerrt sein, um durch eine größere oder kleinere Auflösung eine größere oder geringere Sensibilität in bestimmten Zonen zum Ausdruck zu bringen. In diesen Teilen bleibt aber die Ordnung der Zusammenhänge erhalten. Wahrnehmungsinformationen werden also nicht nur über mehrere neuronale Schichten projiziert und parallel verarbeitet. In den neuronalen Schichten werden auch Nachbarneuronen einer neuronalen Schicht beeinflusst. Dieser Mechanismus wurde in den bisher erwähnten technischen Standardnetzwerken nicht berücksichtigt.

Neuronale Projektionen im Cortex werden wegen ihrer geometrischen Eigenschaften als Abbildungen und als neuronale Karten bezeichnet. Sie organisieren ihre Detaildarstellungen aufgrund äußerer Reize weitgehend selber. Diese neuronale Selbstorganisation entlastet die genetische Informationsverarbeitung. Nicht alle Details können wegen ihrer ständigen Veränderung und Komplexität in der Programmierung der Erbinformation berücksichtigt werden. Für visuelle Karten schlug der Neuroinformatiker Christoph von der Malsburg einen Algorithmus der Selbstorganisation vor:[163]

1. Synapsen verändern ihre Verbindung aufgrund der Aktivität ihrer Verbindungspartner (Hebbsche Regel).
2. Neuronale Signale werden nicht nur auf nachfolgende neuronale Schichten übertragen, sondern auch innerhalb einer Schicht auf benachbarte Neuronen.
3. Neuronen konkurrieren untereinander in einem Wettbewerb, wobei die stärker aktivierten Neuronen die schwächeren unterdrücken.

Da viele neuronale Karten in dieser Weise arbeiten, wird davon ausgegangen, dass nur die Prinzipien der Selbstorganisation genetisch verankert sind, die Details aber sich in jedem Individuum selbständig entwickeln. Nach diesem biologischen Vorbild hat Teuvo Kohonen neuronale Netze als sich selbst organisierende Merkmalskarten entworfen, die mit nicht-überwachten Lernalgorithmen auskommen.[164] Benachbarte Erregungsorte der Merkmalskarte entsprechen äußeren Reizen mit ähnlichen Merkmalen. Dazu gehören Reizorte auf der Retina, Haut oder im Ohr, die auf einer neuronalen Schicht im Cortex abgebildet werden.

Schematisch werden in einer Kohonenkarte die Eingangssignale der Reize (geometrisch aufgefasst als Vektoren eines Vektorraums) auf ein quadratisches Gitter abgebildet, dessen Knoten die Neuronen des Cortex darstellen. In einem einzelnen Lernschritt wird ein Reiz zufällig ausgewählt und auf das am besten angepasste

---

[163] C. von der Malsburg, Self-Organization of Orientation Sensitive Cells in the Striate Cortex, in: *Kybernetik* 14, 85–100

[164] T. Kohonen, *Self-Organizing Maps*, Berlin/Heidelberg/New York 1991; vgl. auch G. Palm (Hrsg.), *Neural Assemblies: An Alternative Approach to Artificial Intelligence*, Berlin/Heidelberg/New York 1982

Neuron abgebildet. Es handelt sich um dasjenige Neuron, dessen Synapsenstärke sich vom Eingangsreiz verglichen mit den Synapsenstärken der übrigen Gitterneuronen am wenigsten unterscheidet. Alle Neuronen in der Nachbarschaft dieses Erregungszentrums werden ebenfalls erregt, aber mit abnehmendem Abstand weniger. Sie passen sich dem Erregungszentrum im Lernschritt an. Der Lernalgorithmus hängt aber sowohl von der Reichweite der Nachbarschaftsbeziehung als auch der Reaktionsintensität auf neue Reize ab. Beide Größen nehmen bei jedem wiederholten Lernschritt ab, bis sich die Karte von einem ungeordneten Anfangszustand in eine Merkmalskarte verwandelt hat, deren Details der Verteilung der Eingangsreize möglichst adäquat entsprechen. Das Informationssystem hat sich selbständig in einen *Gleichgewichtszustand* bzw. *Attraktor* begeben, der mit der Erzeugung einer Information verbunden ist.

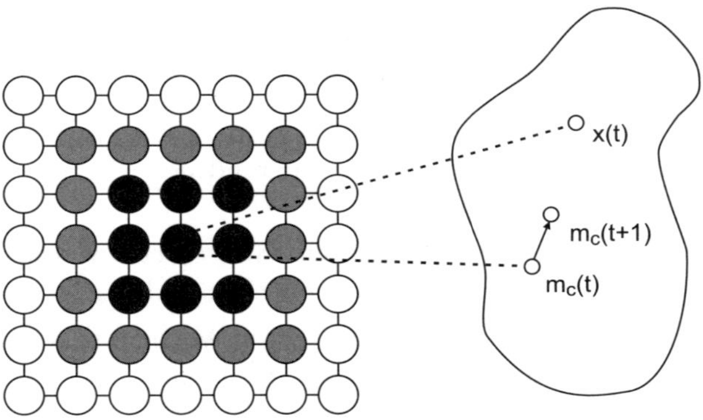


*Abb. 25:* Selbstorganisation eines Netzwerks nach T. Kohonen

Allgemein ist jedes *Neuron i* eines neuronalen Netzes mit einem *Gewicht* $m_i$ verbunden, das der neuronalen Aktivität eines Reizes entspricht (Abb. 25). Bei neuronalen Karten des Gehirns kann es sich z.B. um einen Hautreiz handeln, der als Inputmuster dient. Ein Reizmuster auf der Hautoberfläche soll sich nun selbständig auf einer neuronalen Karte des Gehirns zu einer adäquaten Abbildung arrangieren. In einer Trainingsphase ordnet sich ein zufälliges Inputmuster $x(t)$ zum Zeitpunkt $t$ dem Neuron $c$ (›schwarz‹) zu, dessen Gewicht $m_c(t)$ den kleinsten Unterschied (Abstand) zu $x(t)$ hat. Dieses Neuron hat sich gegenüber konkurrierenden Neuronen durchgesetzt und wird als Gewinner der Trainingsphase bezeichnet. In nachfolgenden Lernschritten zum Zeitpunkt $t+1$ verringert sich der Unterschied von $m_c(t+1)$ zu $x(t)$ nach vorgegebenen Maßzahlen. Die Gewichte $m_i(t)$ der Nachbarneuronen $i$ von $c$ (›grau‹) passen sich graduell nach einer Nachbarschaftsfunktion an.

Neuronale Netze werden nicht nur zur Simulation sensorischer Informationsverarbeitung verwendet. Ebenso können sie motorische Karten erzeugen und durch Verschaltung mit sensorischen Karten sensomotorische Koordination realisieren. Ein einfacher Roboter mit verschiedenen Sensoren (z.B. Nachbarschaft, Licht, Kollision) und motorischer Ausstattung (z.B. Räder und Motor) erzeugt komplexes Verhalten durch ein sich selbst organisierendes Netzwerk. Sensoren sind mit passenden Neuronen des technischen Gehirns verbunden. Bei einer Kollision mit einem Hindernis werden die Kontaktsensoren erregt, die Erregungen an die entsprechenden Neuronen des technischen Gehirns weitergeleitet, die synaptischen Verbindungen zwischen den sensorisch erregten Neuronen verstärkt und dadurch Verschaltungsmuster erzeugt, die im Prinzip mit den Verschaltungsmustern des Gehirns verglichen werden können. Ebenso wie im Gehirn repräsentieren diese Verschaltungsmuster Objekte der Außenwelt (hier: ein Hindernis).

Man könnte an dieser Stelle einwenden, dass neuronale Netze praktisch auf Computern simuliert werden und daher den funktionalistisch-symbolischen Ansatz rechtfertigen. Mit neuronalen Netzen und Gehirnen wurde in der Evolution tatsächlich eine effektive Informationsverarbeitung entwickelt, die sich als Algorithmus für computergestützte Problemlösung abbilden lässt. Deshalb sind sowohl symbolverarbeitende Maschinen als auch neuronale Netze zur Realisation kognitiver Fähigkeiten in der Robotik nützlich. Sowohl der kognitivistische als auch der konnektionistische Ansatz können allerdings im Prinzip von der Umgebung der Systeme absehen und nur die symbolische Repräsentation bzw. neuronale Dynamik beschreiben. Im handlungsorientierten Ansatz steht demgegenüber die Einbettung des Roboterkörpers in seine Umwelt im Vordergrund.[165] Insbesondere einfache Organismen der Natur wie z.B. Bakterien legen es nahe, verhaltensgesteuerte Artefakte zu bauen, die sich an veränderte Umwelten anzupassen vermögen. Aber auch hier wäre die Forderung einseitig, nur verhaltensbasierte Robotik zu favorisieren und symbolische Repräsentationen und Modelle der Welt auszuschließen.

Richtig ist die Erkenntnis, dass kognitive Leistungen des Menschen sowohl funktionalistische, konnektionistische und verhaltensorientierte Aspekte berücksichtigen.[166] Richtig ist es daher, wie beim Menschen von einer eigenen Leiblichkeit (*embodiment*) der Humanoidroboter auszugehen. Danach agieren diese Maschinen mit ihrem Roboterkörper in einer physischen Umwelt und bauen dazu einen kausalen Bezug auf. Sie machen ihre je eigenen Erfahrungen mit ihrem Körper in

---

165 K. Mainzer, From embodied mind to embodied robotics: humanities and system theoretical aspects, in: *Journal of Physiology* Paris 2009 103, 296–304; T. Ziemke, Are robots embodied? In: C. Balkenius, J. Zlatev, H. Kozima, K. Dautenhahn, and C. Breazeal (Hrsg.), *Proc. First Workshop on Epigenetic Robotics: Modeling Cognitive Development in Robotic Systems*, Lund University Cognitive Studies 2001, 75–83

166 K. Mainzer, The emergence of mind and brain: an evolutionary, computational, and philosophical approach, in: R. Banerjee und B.K. Chakrabarti (Hrsg.), *Progress in Brain Research* vol. 168, Amsterdam 2008, 115–132

dieser Umwelt und sollten ihre eigenen internen symbolischen Repräsentationen und Bedeutungssysteme aufbauen können.[167]

Konkrete Beispiele sind die Serviceroboter, die im Rahmen des Forschungsprogramms CoTeSys entwickelt werden.[168] Mit dem Start der Exzellenzinitiative in Deutschland 2006 konnte mit dem Cluster »Cognition for Technical Systems« (CoTeSys) in München zum ersten Mal in Deutschland ein breites, interdisziplinäres Projekt gestartet werden, an dem über hundert Wissenschaftler aus den Ingenieur- und Naturwissenschaften, Neurowissenschaften, der klinischen Neurologie und Informatik, Biologie und Psychologie beteiligt sind. Unter Federführung der Technischen Universität München (TUM) haben sich alle einschlägigen Forschungsgruppen der drei Münchner Universitäten (neben der TUM die Ludwig-Maximilians-Universität (LMU) und die Universität der Bundeswehr) sowie zwei außeruniversitärer Einrichtungen (ein Institut des Deutschen Zentrum für Luft- und Raumfahrt sowie das Max-Planck-Institut für Neurobiologie in Martinsried) zusammengeschlossen, um ihre Forschungskompetenzen zu bündeln. Neurologen und Biologen erforschen kognitive Fähigkeiten von Menschen und Tieren und ihre Übertragbarkeit auf technische Systeme. Psychologen untersuchen die Anforderungen an die verbale und nonverbale Kommunikation zwischen Roboter und Mensch. In den technischen Fakultäten werden mechanische, physikalische und regelungstechnische Fragen angegangen, wobei Mathematik und Biologie Optimierungsverfahren beisteuern.

Für die in CoTeSys arbeitenden Wissenschaftler besteht eine Selbstverpflichtung, die entwickelten kognitiven Verfahren in technischen Demonstrationsszenarien zu testen und ihre Überlegenheit gegenüber klassischen Ansätzen nicht nur auf Papier zu demonstrieren. Ein wichtiges und herausforderndes Szenario ist der Homecare Bereich. Dabei sind selbst für Menschen scheinbar einfache Tätigkeiten wie ein Getränk zu servieren für Roboter eine komplexe Angelegenheit. Denn dazu muss der Roboter beispielsweise den Menschen erkennen, wissen, wie man eine Tasse Kaffee oder ein Glas reicht und davor das Objekt als das Gewünschte identifizieren. Wenn ein Roboter mit Menschen interagiert, muss er das auf eine menschliche Art und Weise können.

Die Bildverarbeitung zur Interpretation von Objekten und Umgebung ist weit entwickelt. Auch können Gesichter Personen zugeordnet und deren Mimik und Emotionen gut erkannt bzw. interpretiert werden. Wesentlich problematischer ist die taktile (haptische) Erkennung, z.B. durch Drucksensoren an den mechani-

---

167 R. Pfeifer und C. Scheier, *Understanding Intelligence*, Cambridge Mass. 2001

168 M. Buss, M. Beetz und D. Wollherr, CoTeSys – cognition in technical systems, in: *Proceedings of the 4th COE Workshop on Human Mechatronics (HAM)* 2007; M. Beetz, Plan representation for robotic agents, in: *Proceedings of the 6h International Conference on AI Planning and Scheduling*, Menlo Park CA 2002, 223–232

schen Greifern und Fingern. Hier fehlen häufig geeignete Sensoren, aber auch die Integration mit den visuellen Sensoren ist noch ein Forschungsgegenstand.

Die eigenen Bewegungen und Handlungen mit denen anderer Personen zu koordinieren, ist eine Fähigkeit von hoher Relevanz im sozialen Alltag und in der Arbeitswelt, die wir Menschen scheinbar mühelos beherrschen. Ziel der Forschung ist herauszufinden, welche der Koordinationsregeln auf die Interaktion von Mensch und Roboter übertragen werden können. Erste Ergebnisse zeigen, dass der Mensch eine Bewegung immer unter dem Aspekt der Optimierung mit nachfolgenden Bewegungen plant. Teilnehmer einer Versuchsreihe, die eine Flasche in verschieden hohe Regalbretter stellen sollten, griffen die Flasche anders, je nachdem wo die Flasche am Bewegungsende hingestellt werden sollte.

Wozu dienen diese Ergebnisse in der Robotik und wie finden sie Anwendung? Um die Mensch-Maschine-Interaktion für Menschen komfortabel zu gestalten, kann die Art und Weise, wie der Mensch sich bewegt als Maßstab dienen. Der Mensch antizipiert – in der Regel unbewusst und vor dem tatsächlichen Beginn der Bewegung – dass eine bestimmte Bewegungsbahn die beste und effizienteste ist, um an ein Objekt zu kommen. Die Modelle, die von Psychologen erarbeitet werden, können den Ingenieuren oder Informatikern bei der Übertragung in die Robotersteuerung von Nutzen sein. So wird die Bewegungsplanung eines Roboters weniger komplex, dafür effizienter und berechenbarer für den menschlichen Interaktionspartner. Auch hier dienen also Strategien zur optimalen Steuerung von Bewegungsabläufen als Vorbild, die im Lauf der Evolution beim Menschen entwickelt wurden.

Diese Untersuchungen helfen, die Interaktion zwischen Roboter und Mensch intuitiver zu machen. Wie lernt der HomeCare Roboter, wenn er frisch aus der Fabrik kommt und zuhause angeliefert wird, sich in seiner neuen Umgebung zu Recht zu finden? Laut dem CoTeSys-Szenario bleibt er erst einmal ein paar Tage in der Küche, um zu lernen, was dort vor sich geht, wo die Objekte aufbewahrt werden, was für einen Frühstückstisch benötigt wird, und wer was zum Frühstück isst. So soll der Roboter lernen, einen Frühstückstisch zu decken und abzuräumen. Dazu kann er seine Mitbewohner und deren Vorlieben identifizieren. Weiß der Roboter nicht, was eine »Tasse« ist, geht er ins Internet und sucht unter Google Bilder von Tassen, um die Gegenstände zu vergleichen. Oder er geht ins Internet, um zu erfahren, wie Nudeln gekocht werden (im Internet gibt es Tausende von Rezepten und Arbeitsanweisungen). An diesem Szenario lässt sich das Kernziel von CoTeSys, technischen Systemen kognitive Fähigkeiten zu verleihen, verdeutlichen: Technische Systeme, die planen, entscheiden, lernen, vor Überraschungen gefeit sind – und sich auch selbst informieren können.

Eine Küchenumgebung weist bereits eine derartige Komplexität und zeitliche Veränderung auf, dass Roboter nicht für jede Anwendung und Eventualität programmiert werden können. Das Programm muss aus Erfahrung lernen können, wo man stehen muss, um ein Glas aus einem Schrank zu nehmen, wie Küchengeräte am besten zu ergreifen sind, wo Besteck zu suchen ist etc. Dazu muss das Kontrollsystem die Parameter der Kontrollroutinen kennen und über Modelle verfügen, wie die Parameter das Verhalten ändern.

Wie können solche Roboter selbständig sich ändernde Situationen einschätzen? Körperliche Erfahrungen des Roboters beginnen mit Wahrnehmungen über Sensordaten der Umgebung. Sie werden in einer relationalen Datenbank des Roboters als seinem Gedächtnis gespeichert. Die Relationen der Außenweltobjekte bilden untereinander kausale Netzwerke, an denen sich der Roboter bei seinen Handlungen orientiert. Dabei werden z. B. Ereignisse, Personen, Orte, Situationen und Gebrauchsgegenstände unterschieden. Mögliche Szenarien und Situationen werden mit Sätzen einer formalen Logik 1. Stufe repräsentiert. Wenn z. B. ein Ereignis vom Typ »Frühstück« ist, dann sind Küchenutensilien wie Tassen in bestimmter Weise auf einem Tisch angeordnet und mit Tee oder Kaffee gefüllt:

$$\text{eventType}\{e,\text{Breakfast} \rightarrow \exists s,c\ (\text{partOf}\{s,e\} \cap \text{location}\{c,\text{Table},s\} \cap \text{utensilType}\{c,\text{Cup}\} \cap (\text{filledWith}\{c,\text{Tea},s\} \cup \text{filledWith}\{c,\text{Coffee},s\}))$$

Mögliche Ereignisse hängen von Bedingungen ab, die in konkreten Situationen mit bedingten Wahrscheinlichkeiten verbunden sind. Wenn es sich z. B. um das Frühstück von Steve handelt, benutzt er mit einer bestimmten Wahrscheinlichkeit eine blaue Tasse für den Kaffee:

$$P(\text{eventType}\{E1,\text{Breakfast}\} \mid \text{partOf}\{S1,E1\} \cap \text{location}\{\text{BlueCup},\text{Table},S1\} \cap \text{filledWith}\{\text{BlueCup},\text{Tea},S1\} \cap \text{location}\{\text{Steve},\text{Table},S1\} \cap \text{usedBy}\{\text{BlueCup},\text{Steve},S1\})$$

Die Wahrscheinlichkeitsverteilung solcher Situationen wird in einer Markov Logik[169] beschrieben. Hieraus lassen sich Wahrscheinlichkeitseinschätzungen von Situationen ableiten[170], an denen sich ein Roboter orientieren kann, wenn er z. B. für jemanden das Frühstück bereiten und dazu Geschirr in der Küche zusammensuchen soll. Das komplexe Kausalnetz möglicher Roboterhandlungen lässt sich aus einem Bayesschen Netzwerk bedingter Wahrscheinlichkeiten erschließen.[171] Damit wird keineswegs behauptet, dass menschliche Haushaltsgehilfen sich bei

---

[169] P. Domingos und M. Richardson, Markov Logic: A unifying framework for statistical relational learning, in: *Proceedings of the ICML Workshop on Statistical Relational Learning and Its Connections to Other Fields* 2004, 49–54

[170] K.P. Koerding und D. Wolpert, Bayesian decision theory in sensorimotor control, in: *Trends in Cognitive Sciences* 2006 10, 319–326; S. Thrun, W. Burgard und D. Fox, *Probabilistic Robotics*, Cambridge Mass. 2005

[171] J. Pearl, *Causality. Models, Reasoning, and Inference*, Cambridge Mass.2000; C. Glymour, R. Scheines, P. Spirtes, and K. Kelley, *Discovering Causal Structures. Artificial Intelligence, Philosophy of Science, and Statistical Modeling*, Orlando 1987

ihren Handlungen an Bayesschen Netzen orientieren. Aber mit dieser Kombination aus Logik, Wahrscheinlichkeit und sensorisch-körperlicher Interaktion werden ähnliche Ziele realisiert wie bei Menschen.

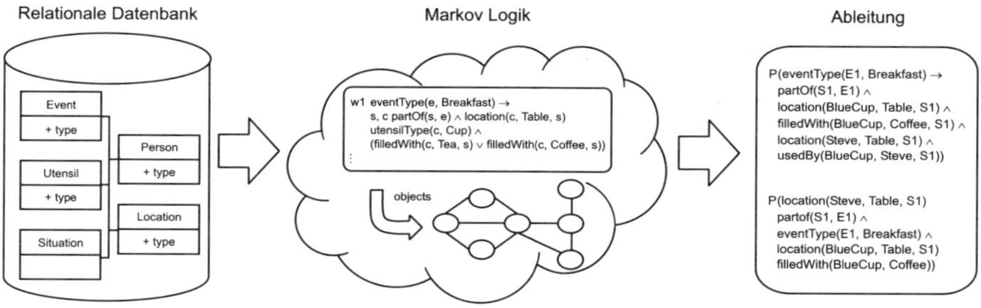


*Abb. 26:* Markov Logik eines Haushaltsroboters

Als Architektur der Robotersteuerung wird die Anordnung von Modulen mit ihren Verbindungen bezeichnet, durch die Reaktionen und Aktionen des Roboters umgesetzt werden. In einer symbolisch orientierten Architektur wird von den Details der Hardware abstrahiert und Kognition als Symbolverarbeitung im Modell dargestellt. Demgegenüber sind verhaltensbasierte Architekturen an einem handlungszentrierten Verständnis von Kognition angelehnt. Leiblichkeit mit allen körperlichen Details, Situiertheit durch die Umgebung und hohe Anpassungsfähigkeit spielen eine große Rolle. Verhaltensbasierte Steuerungen sorgen für schnelle Reaktionen des Roboters auf Umweltänderungen, indem durch Sensoren wahrgenommene Stimuli verarbeitet werden.[172]

In Abb. 27 ist der Unterschied zwischen einer symbolisch orientierten und einer verhaltensbasierten Steuerungsarchitektur herausgestellt. Bei symbolischer Verarbeitung werden Sensorinputs zunächst in einem Umweltmodell interpretiert. Danach wird ein Plan für die durch Aktoren (z.B. Räder, Füße, Beine, Arme, Hände, Greifer) auszuführende Handlung festgelegt. Dieser Plan gleicht unterschiedliche Ziele möglichst optimal ab. Beim verhaltensbasierten Ansatz wird auf eine sequentielle Programmierung verzichtet. Stattdessen sind wie in einem lebenden Organismus parallel laufende Prozesse zu koordinieren.

Verhaltensbasierte Architekturen[173] finden sich eher in einfachen mobilen Robotern, während symbolisch orientierte Architekturen in kognitiven Systemen mit symbolischer Wissensrepräsentation zu finden sind. Wie Menschen sollen auch humanoide Roboter über beide Eigenschaften verfügen. Sie sind Hybridsysteme mit symbolischer Wissensrepräsentation und verhaltensbasiertem Agieren,

---

[172] V. Braitenberg, *Künstliche Wesen. Verhalten kybernetischer Vehikel*, Braunschweig 1986

[173] R. Arkin, *Behavior-Based Robotics*, Cambridge Mass. 1998

das die sensorisch-motorische Leiblichkeit und Veränderung von Umweltsituationen berücksichtigt. Gesteuert werden Hybridsysteme in einem hierarchisch geschichteten Ansatz: Komplexe Verhaltensweisen auf einer höheren Ebene steuern ein oder mehrere Verhalten auf darunterliegender Ebene. Ein komplexes Verhalten setzt sich also aus einem Ensemble einfacherer Verhaltensweisen zusammen. In der Natur entspricht diese Hierarchie häufig der stammesgeschichtlichen Entwicklung eines Lebewesens.

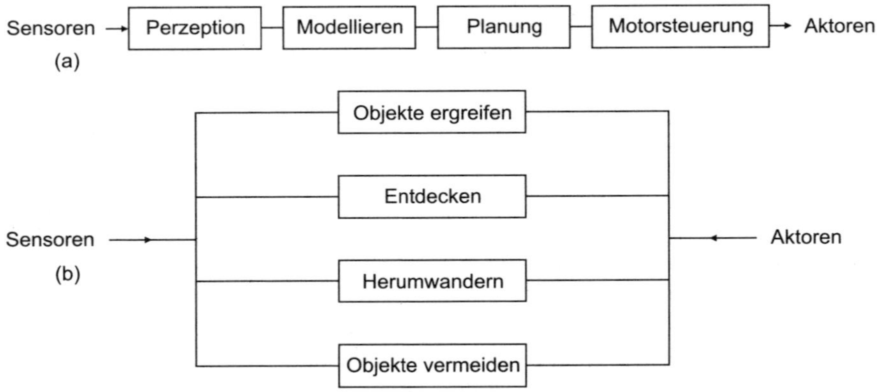


*Abb. 27:* Informationsfluss in symbolisch orientierter Roboterarchitektur mit sequentieller Verarbeitung (a) und verhaltensbasierter Roboterarchitektur mit parallelen und konkurrierenden Verarbeitungseinheiten (b)[174]

In Abb. 28 ist die Hybridarchitektur eines humanoiden Roboters mit einzelnen Modulen für Perzeption (Wahrnehmung), Kognition und Handlung zusammengestellt. Kognition ist in viele Teilmodule unterschieden. Sensorische Daten werden damit interpretiert, für sprachliche Repräsentation, konzeptionelles und situatives Wissen ausgewertet, um Handlungen mit senso-motorischen Fertigkeiten zu verwirklichen. Hier ist symbolische und sequentielle Handlungsplanung möglich, aber auch schnelle Reaktion weitgehend ohne Einschaltung symbolisch-kognitiver Instanzen.

Menschenähnliche Intelligenz und Adaption wird sich allerdings nur dann ausprägen können, wenn die Artefakte nicht nur über einen an ihre Aufgaben angepassten und anpassungsfähigen Körper verfügen, sondern auch situationsgerecht und weitgehend autonom reagieren können. Da sich Intelligenz bei lebenden Organismen wie z. B. Menschen über einen Lebenslauf körperabhängig entwickelt und verändert, wird auch ein mitwachsender Körper mit hochflexibler Aktorik notwendig werden. Dazu bedarf es der Kooperation mit Disziplinen, die bis vor

[174] Nach A. Knoll und T. Christaller, *Robotik*, Frankfurt 2003, Abb. 18, 83

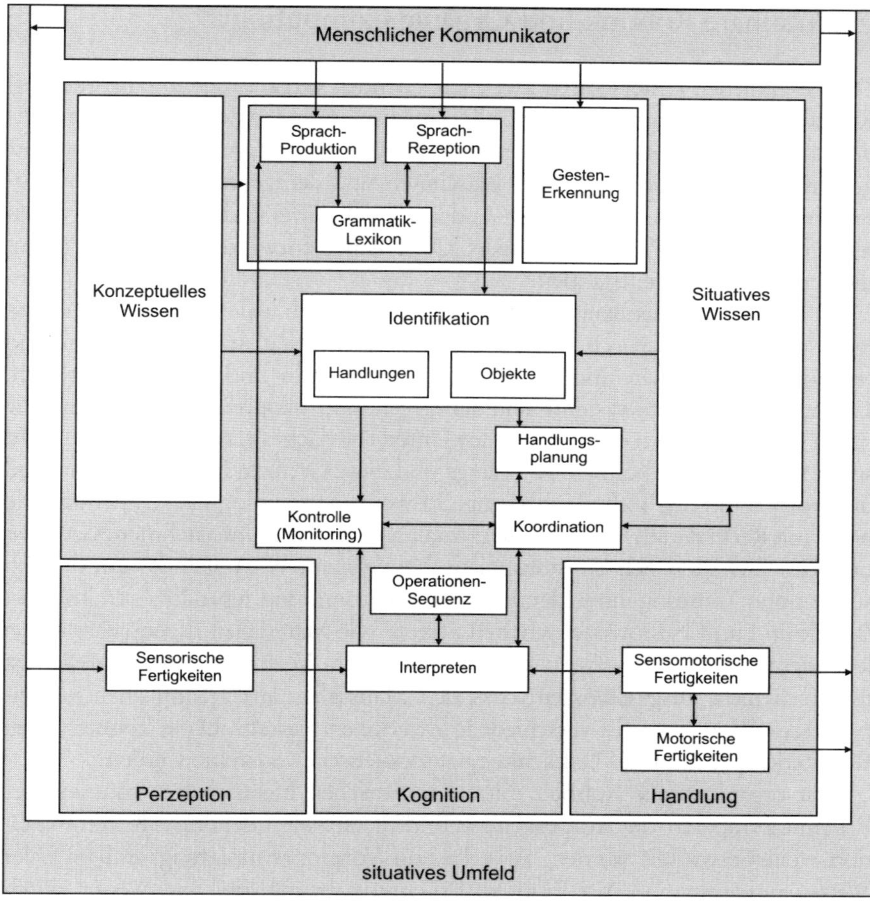


*Abb. 28:* Hybridarchitektur eines humanoiden Roboters mit verhaltensbasierten und symbolisch-kognitiven Modulen[175]

kurzem für die Ingenieurwissenschaften völlig bedeutungslos schienen: Kognitionswissenschaft und Gehirnforschung, Systembiologie und synthetische Biologie, Nano- und Materialwissenschaften. Die moderne Philosophie ist herausgefordert, die interdisziplinären Grundlagen dieser neuen Forschungscluster zu bestimmen und zusammen zu denken.

---

[175] Nach A. Knoll und T. Christaller, *Robotik*, Frankfurt 2003, Abb. 17, 82

## Evolutionäre Robotik und Organic Computing[176]

Die wesentlichen Unterschiede zwischen lebenden Organismen und (bisherigen) Robotiksystemen liegen auf der Hand. Organismen sind in der Evolution entstanden und bestehen aus reproduzierbaren Zellen, die Wachstum und Selbstreparatur gemäß einem Kode ermöglichen. Maschinen sind demgegenüber feste Strukturen, die bisher zu einer struktuellen Änderung nicht fähig sind. Maschinen wurden nach menschlichen Plänen konstruiert. Organismen entwickeln sich nach Plänen, die in der Evolution entstanden.

In dem Zusammenhang werden Organismen auch als »autopoietische« Systeme bezeichnet, die sich bei Wahrung ihrer Identität ständig erneuern und reproduzieren können und sich dabei eigene Regeln und Grenzen festlegen. Gegenwärtige Robotiksysteme sind demgegenüber »allopoietische« Systeme, die durch ihre Funktionen etwas von ihnen Unterschiedliches erzeugen und sich nicht selbst reproduzieren können. Allerdings sind diese Grenzen heute bereits fließend und vom Stand der Technik abhängig. So weist die soziologische Systemtheorie heute mit Recht darauf hin, dass auch soziale Systeme wie Unternehmen, Gruppen und Gesellschaften sich als »autopoietische« Systeme betrachten lassen, die sich selber unter Wahrung ihrer Identität selber erneuern und reproduzieren können. Bionik und und Nanowissenschaften zeigen, wie Materialien Eigenschaften von lebendem Gewebe entwickeln können. Nach dem Vorbild von Stammzellen ist technisch nicht ausgeschlossen, dass sich Materialien aus zellähnlichen »omnipotenten« Bausteinen für verschiedene Zwecke entwickeln. Dann könnten auch Roboterkörper mit ihrer Leiblichkeit »autopoietische« Systeme werden.

Für organismische Roboter mit autopoietischen Eigenschaften müssten der Erkenntnisapparat, die Körperlichkeit und die soziale interaktive Kommunikation weiterentwickelt werden. Anstelle von Vorprogrammierung und formaler Wissensrepräsentation tritt dann ein Erkenntnisapparat, der sein Wissen durch Handeln (»*learning by doing*«) erwirbt. Entscheidend wird bei diesem bioinspirierten Ansatz die Frage, welches Wissen dem System im Programm mitgegeben wird und welches Wissen, welche Strukturen und welche Verhaltensmuster aufgrund sensorischer Interaktion gelernt und durch Erfahrung erworben werden können. Denkbar ist die Vorgabe von Metaregeln, nach denen Regeln aufgrund von Erfahrung gebildet werden können.

Was die Entwicklung der Körperlichkeit betrifft, so wird es zukünftig um selbständige Anpassung der aktorischen Fähigkeiten eines Roboters an die Umwelt und die selbständige Veränderung der Umwelt durch den Roboter gehen. Dazu müssen zukünftige Situationen aufgrund von Sensormustern antizipiert werden. Sensomotorische Regelkreise müssten sich selbständig Veränderungen

---

176 K. Mainzer, Organic Computing and Complex Dynamical Systems. Conceptual Foundations and Interdisciplinary Perspectives, in: R.P. Würtz (Hrsg.) *Organic Computing*, Berlin 2008, 105–122

anpassen, also in diesem Sinn »plastisch« sein. Wie bei biologischen Substraten sollte die Möglichkeit bestehen, dass sich technische Organe und Effektoren durch Wachstum während der Lebenszeit des Systems ausbilden.

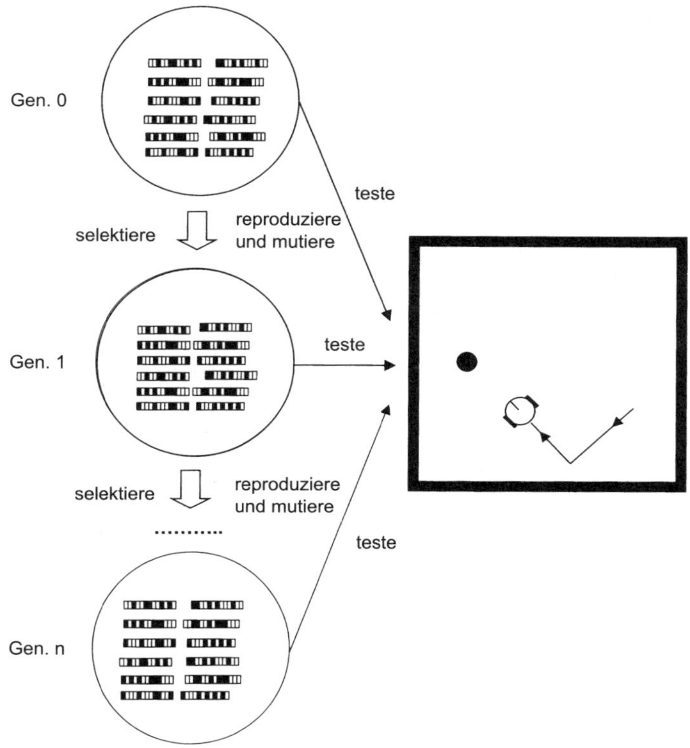


*Abb. 29:* Schema evolutionärer Robotik mit Kodes für künstliche Chromosome von Robotern in nachfolgenden Generationen[177]

Evolutionäre Robotik ist eine neue Technik zur automatischen Erzeugung von autonomen Robotern. Sie ist von Darwins Evolutionslehre inspiriert, wonach sich Organismen durch selektive Reproduktion entwickeln.[178] Roboter werden als künstliche autonome Organismen verstanden, die ihre eigenen Fähigkeiten durch Interaktion mit ihrer Umgebung ohne menschliche Intervention erwerben. Ähnlich wie bei Organismen soll das Kontrollsystem eines Roboters durch künstli-

177 S. Nolfi und D. Floreano, *Evolutionary Robotics. The Biology, Intelligence, and Technology of Self-Organizing Machines*, Cambridge Mass. ²2001, Fig. 1.1, 2

178 D. Parisi, S. Nolfi und F. Cecconi, Learning, Behavior and Evolution, in: F. Valera und P. Bourgine (Hrsg.), *Towards a Practice of Autonomous Systems*, Cambridge Mass. 1992, 207–216

che Chromosome und seine Interaktion mit der Umwelt durch sensor-motorische Regelkreise festgelegt sein. Um eine technische Evolution zu ermöglichen, wird eine Anfangspopulation mit verschiedenen künstlichen Chromosomen zufällig geschaffen. Die künstlichen Chromosomen kodieren das Kontrollsystem und die Morphologie der Roboter. Die künstlichen Organismen agieren und reagieren frei entsprechend den genetisch festgelegten Kontrollsystemen. Ihre Verhaltensweisen werden durch eine Fitnessfunktion evaluiert. Die fittesten Roboter dürfen sich gemäß einem genetischen Operator reproduzieren. Dabei können auch zufällige Veränderungen (Mutationen) der genetischen Codes auftreten. Der Prozess wird in Generationen von Robotern solange wiederholt, bis ein Exemplar entsteht, das den Fitnesskriterien des Experimentators am besten entspricht (Abb. 29). Im Allgemeinen gibt es jedoch wie in der biologischen Evolution keine Garantie, dass ein solches optimales Exemplar existiert.

Um evolutionäre Prozesse zu simulieren, werden genetische Algorithmen angewendet.[179] Ein genetischer Algorithmus operiert auf einer Population von künstlichen Chromosomen, indem selektiv Chromosomen von Individuen mit höherer Fitness erzeugt werden.[180] Wie in der biologischen Evolution werden dabei Zufallsveränderungen (Mutationen) berücksichtigt. Dieses Verfahren wird in vielen Schritten wiederholt, um nachfolgende Generationen zu erzeugen. Ein künstliches Chromosom (Genotyp) ist eine Sequenz von Symbolen, die Eigenschaften eines Individuums (Phänotyp) kodiert. Naheliegend ist eine binäre Darstellung von Feldern mit zwei Zuständen »schwarz« und »weiß«, die den Bits 1 und 0 entsprechen. Allerdings können auch Kodierungen mit Graustufen bzw. reellen Zahlenwerten für feinere Skalierungen verwendet werden.

Eine Fitnessfunktion bewertet den Grad der Fitness jedes einzelnen Phänotyps. In Abb. 30a ist eine Population von Individuen durch binäre Sequenzen ihrer Chromosomen repräsentiert. Eine Fitnessfunktion $F$ ordnet jeder Sequenz $x$ einen Fitnessgrad $F(x)$ als Zahlenwert zu. Es kommt darauf an, diese Funktion zu optimieren. Neue Generationen werden durch genetische Operatoren erzeugt, die neben selektiver Reproduktion Mutationen und Crossover Verfahren verwenden.[181] Fig. 30b zeigt, wie zwei Chromosomsequenzen an zwei zufällig gewählten Schnittpunkten (Crossover Punkt) zu trennen sind, um dann paarweise ausgetauscht zu werden. Zudem hat in einer Sequenz eine zufällige Bitmutation stattgefunden.

---

179 A. Ram, R.C. Arkin, G. Boone und M. Pearce, Using genetic algorithm to learn reactive control parameters for autonomous robotic navigation, in: *Adaptive Behavior* 1994 3, 277–305

180 J.H. Holland, *Adaption in Natural and Artificial Systems*, Ann Arbor MI 1975; M. Mitchell, *An Introduction to Genetic Algorithms*, Cambridge Mass. 1996

181 D.E. Goldberg, *Genetic Algorithms in Search, Optimization, and Machine Learning*, Redwood City CA 1989

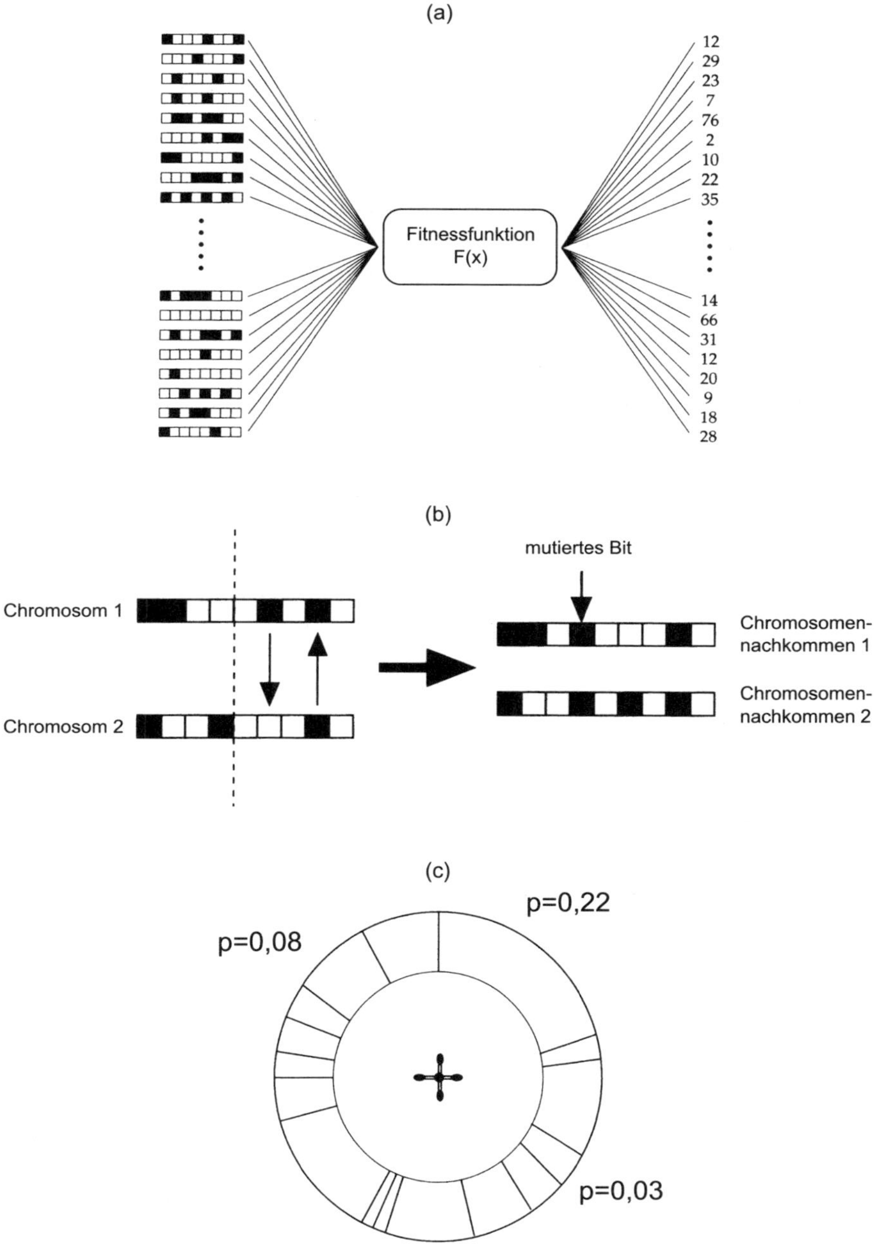


*Abb. 30:* Genetischer Algorithmus mit Fitnessfunktion (a), genetischer Reproduktion und Mutation (b) und Selektion (c). (Nach S. Nolfi und D. Floreano, *Evolutionary Robotics. The Biology, Intelligence, and Technology of Self-Organizing Machines*, Cambridge Mass. ²2001, Fig. 2.1–2.3, 20–22)

Individuen mit höheren Fitnessgraden zeichnen sich durch eine höhere Anzahl von Kopien ihrer Chromosomen in der nachfolgenden Generation aus. Technisch lässt sich Selektion durch ein Rouletterad simulieren, bei dem jeder Abschnitt einem Individuum der Population entspricht (Abb. 30c). Die Größe des jeweiligen Abschnitts ist proportional zum Fitnessgrad des Individuums. Wenn ein individueller Phänotyp $x_i$ den Fitnessgrad $f_i = F(x_i)$ besitzt, dann wird die Breite $p_i$ des Abschnitts proportional zum Fitnesswert normalisiert durch die totale Fitness der Population mit $N$ Individuen gesetzt, also $p_i = f_i / \sum_i^N f_i$. Ein Nachkomme wird durch Drehung des Rouletterads erzeugt. Die rollende Kugel bleibt schließlich in einem Abschnitt liegen. Von dem Individuum, das diesem Abschnitt entspricht, wird eine Kopie erzeugt. Offenbar lässt sich die Breite $p_i$ eines Abschnitts als Wahrscheinlichkeit dafür auffassen, dass von Individuum $x_i$ eine Kopie erzeugt wird. Für eine konstante Population wird die neue Generation von Chromosomen durch $N$-maliges Drehen des Rads erzeugt. Die erwartete Anzahl von Nachkommen eines Individuums $x_i$ beträgt $N \cdot p_i$.

Das Rouletteverfahren hat seine Grenze, wenn alle Individuen denselben Fitnessgrad haben. Dann läge für alle Individuen dieselbe Wahrscheinlichkeit für Nachkommen vor und die Evolution würde zu einem reinen Zufallsverfahren. Für den Fall, dass ein Individuum einen weit überragenden Fitnessgrad hätte, würden nahezu alle Nachkommen der Population nur noch von diesem Individuum abstammen.

In der Evolution entstanden genetische Programme für das Wachstum von Nervensystemen und Gehirnen. Analog können in der Technik genetische Algorithmen verwendet werden, um passende Architekturen von neuronalen Netzen zu finden. Wie in der Natur werden im Genotyp nur einige Eigenschaften der Netzwerke kodiert, wie z.B. die Anzahl der Knoten (Neuronen), die Wahrscheinlichkeit ihrer Verbindung oder der Typ ihrer Aktivierungsfunktion. Die Einstellung der Gewichte zwischen den Knoten, die in der Natur der Stärke der synaptischen Verbindungen entspricht, wird durch Lernalgorithmen des Netzwerks realisiert. Der genetische Kode ist also die Blaupause für den Bau eines Netzwerks. Er besteht aus verschiedenen Segmenten für die einzelnen Schichten des neuronalen Netzwerks. Jedes Segment hat zwei Teile. Ein Teil kodiert die Eigenschaften der Knoten (»Nervenzellen«), der andere die Eigenschaften ihrer Verbindungen (»Synapsen«). Eine Fitnessfunktion berücksichtigt zum Beispiel, wie viele Lerndurchläufe durch ein Netz notwendig sind, um ein bestimmtes Lernziel zu erreichen. So kann es sein, dass ein Netzwerk wesentlich schneller als ein anderes lernt, dafür aber sehr viel mehr Verbindungen benötigt.

Evolution kann technisch aber auch dadurch realisiert werden, dass evolutionäre Algorithmen Populationen von Computerprogrammen für die Lösung einer Aufgabe optimieren. Man beginnt mit einer Anfangspopulation mit mehr oder weniger zufällig zusammengestellten Programmen. Ein Beispiel sind einfache Bewegungsprogramme für künstliche Ameisen, die auf einem Schachbrett verteilte Futterkörner in einem optimalen Weg finden sollen. Die Programme bestehen aus einfachen Befehlen wie z.B. »Rücke ein Feld nach links«, »Rücke ein Feld nach rechts«, »Nimm ein Futterkorn auf und rücke ein Feld nach vorn«. In jeder Generation wird bewertet, wie optimal der jeweilige Weg der Programme war. Die besten Programme dürfen eine Kopie von sich selbst herstellen. Nach endlich vielen Schritten ist eine optimale Generation erreicht (oder auch nicht).

Um die Prinzipien der Evolution mit physischen Robotern zu erproben, genügt ein kleiner mobiler Miniaturroboter wie Khepera mit einem Durchmesser von 55 mm und einem Gewicht von 70 g.[182] Khepera ist der Name eines ägyptischen Gottes, der den Sonnenaufgang und die Morgensonne symbolisiert – ein sympathischer Name also, der Hoffnung und Zukunft signalisiert. Dieser Roboter ist mit zwei Rädern und einem Elektromotor ausgestattet, mit dem er in alle Fahrtrichtungen drehen kann. Das Sensorsystem des Roboters besteht aus acht Infrarotlichtsensoren, sechs an einer Seite zwei an der anderen Seite. Im passiven Zustand messen sie das Aufkommen von Infrarotlicht in der Umgebung. Wenn der Roboter sich nicht in der Nähe einer Wärmequelle befindet, entspricht die Infrarotkomponente etwa dem sichtbaren Licht. Im aktiven Zustand senden die Sensoren einen Strahl Infrarotlicht aus und messen das reflektierte Licht. Je näher sie zu einer Oberfläche sind, umso intensiver wird das reflektierte Licht gemessen. Durch eine entsprechende Software lassen sich die Reaktionen der Sensoren über einen Zentralprozessor (CPU) für unterschiedliche Aufgaben steuern.

Für viele Evolutionsexperimente reicht ein einzelner Roboter aus. In Abb. 31 ist ein Khepera Roboter über ein Kabel mit einer Computer Workstation verbunden. Über dieses Kabel fließt die Datenkommunikation und Energieversorgung des Roboters, der sich zwischen aufgestellten Hindernissen möglichst ohne Kollisionen zu bewegen hat. Auf dem Computer laufen ein evolutionärer Algorithmus und ein neuronales Netzwerk, das die Rotationen und Drehrichtungen der beiden Roboterräder steuert. Der genetische Algorithmus simuliert also die Evolution, mit der neuronale Netzwerke mit möglichst optimaler Bewegungskontrolle gefunden werden. Alle 100–300 ms liest das entstehende Kontrollnetz die sensorischen Aktivitäten des Roboters ein, berechnet die Outputkommandos für Geschwindigkeit und Drehungsrichtung der Räder und sendet sie zum Roboter zurück. Diese Kommandos werden ausgeführt, bis neue Anweisungen eintreffen. Gleichzeitig können große Datenmengen der vergangenen Evolution gespeichert und für die Entwicklung späterer Kontrollsysteme ausgewertet werden. Bei der selektiven Reproduktion neuer Individuen mit neuen Kontrollsystemen kommen wieder Zufallsänderungen (Mutationen) und Crossover der genetischen Sequenzen zur

---

182 R. Mondada, E. Franz und P. Ienne, Mobile robot miniaturization: A tool for investigation in control algorithms, in: T.Y. Yoshikawa und F. Miyazaki (Hrsg.), *Proceedings of the 3rd Intern. Symposium on Experimental Robots*, Berlin 1993

Anwendung, in denen der Aufbau der jeweiligen neuronalen Kontrollnetze kodiert ist.

Auf demselben physischen Roboter werden also nacheinander verschiedene Individuen einer Population mit ihren jeweiligen Kontrollsystemen realisiert. Da jedes Individuum einer Population mit seinem Kontrollsystem für eine gewisse Zeit (z.B. 60 s) getestet werden muss, kann ein Evolutionsexperiment mit einer großen Population einige Stunden oder Tage dauern. Entscheidend ist jedenfalls, dass sich diese Populationen von Kontrollsystemen in dieser Zeit ohne menschlichen Eingriff von außen entwickeln.

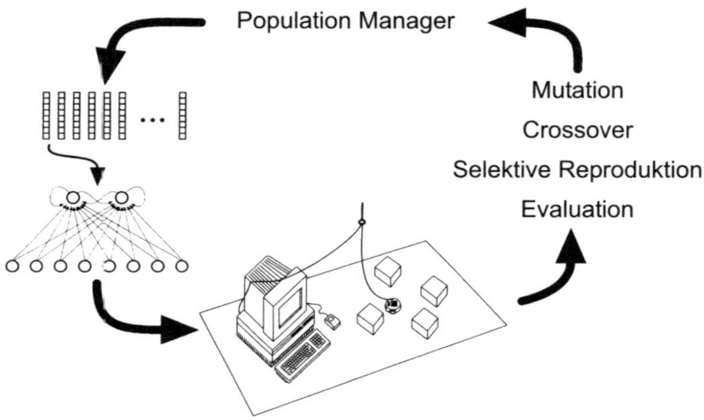


*Abb. 31:* Künstliche Evolution mit einem Roboter ohne menschlichen Eingriff[183]

Technisch sind auch Lösungen möglich, bei denen die neuronalen Kontrollnetze direkt auf dem Prozessor des Roboters laufen, während der genetische Algorithmus auf der Workstation implementiert ist. In diesem Fall läuft die Energieversorgung des Roboters ebenso über das Verbindungskabel wie der Chromosomensatz zu Beginn jeden Tests und die Fitnesswerte des Kontrollnetzes am Ende des Tests. Schließlich kann auch der Evolutionsalgorithmus auf einem hinreichend starken Prozessor des Roboters installiert sein. Die Energieversorgung würde dann über ein Energienetz am Boden laufen, von dem der Roboter je nach Bedarf Energie aufnehmen kann.

Ohne Zweifel lassen sich auf diesem Weg nicht nur evolutionäre Prozesse simulieren, sondern auch neue technische Lösungen finden. Nimmt man allerdings die Philosophie des Embodiment ernst, dann hängen Erfahrungen von den je unterschiedlichen und individuellen Körpern ab. Daher hat Brooks (1992) mit Recht darauf hingewiesen, dass Evolutionsexperimente mit Populationen auf

---

183 S. Nolfi und D. Floreano, *Evolutionary Robotics. The Biology, Intelligence, and Technology of Self-Organizing Machines*, Cambridge Mass. ²2001, Fig. 3.7, 56

einem Roboter zu Daten und Systemen führen könnten, die es so in der Natur nicht gibt.[184] Hier setzen Experimente mit großen physischen Roboterpopulationen an.[185] Eine technische Barriere bleibt allerdings bisher, dass die selektive Reproduktion von Kontrollsystemen in jeder Generation auf Software beschränkt ist.

Reaktive Roboter können mit einfachen neuronalen Netzen auf Khepera Systemen realisiert werden. Alle Input- und Outputneuronen sind dann ohne neuronale Zwischenschichten direkt verbunden. Wie in der Evolution können solche Systeme nicht nur einfache Reaktionen wie das Ausweichen vor Hindernissen realisieren, sondern auch Wahrnehmungseffekte und sequentielle Ausführung von verschiedenen Verhaltensmustern. Für die kognitive Robotik stellt sich die Frage, welche Art von Problemen nicht mehr durch einfache Input-Output-Netze ohne Zwischenschichten lösbar sind. Wo werden interne Repräsentationen der Außenwelt notwendig? Aus diesen technischen Modellen könnten Rückschlüsse auf die Evolution gezogen werden, die ihrerseits in bestimmten Entwicklungsstadien Organismen mit der Fähigkeit zu internen Vorstellungen und schließlich Bewusstsein entwickelt hatte.

Dazu betrachten wir einen Khepera Roboter, der lernen soll, wie autonom die eigene Energieversorgung zu regeln ist. Zusätzlich zur bisherigen Ausstattung verfügt er über einen Infrarotsensor, der unterhalb des Roboters auf den Boden gerichtet ist. Damit kann festgestellt werden, ob er sich über einer schwarzen Bodenplatte befindet. An dieser Stelle wird Energie aufgenommen, wenn der Batteriespeicher des Roboters sich entleert. Das neuronale Kontrollnetz des Roboters besteht aus drei Schichten, die neben der Input- und Outputschicht auch eine Zwischenschicht mit »verborgenen« fünf Neuronen umfassen (Abb. 32). Die Inputschicht besteht aus 12 Rezeptoren, die jeweils mit einem Sensor verbunden sind: 8 für Infrarot emittiertes Licht, 2 für Tageslicht, 1 für den Boden und 1 für Batterieladung. Diese 12 Sensoren sind vollständig mit den 5 Neuronen der Zwischenschicht verbunden, die wiederum vollständig mit zwei Motorneuronen für den linken und rechten Motor des linken und rechten Roboterrads verknüpft sind. Die Neuronen der Zwischenschicht sind zusätzlich mit rückläufigen Verbindungen ausgestattet.[186] Sie erlauben eine Kopie bzw. »Erinnerung« an frühere Zustände der verborgenen Neuronen.

---

184 R.A. Brooks, Artificial life and real robots, in: F.J. Varela und P. Bourgine (Hrsg.), *Towards a Practice of Autonomous Systems: Proceedings of the First European Conference on Artificial Life*, Cambridge Mass. 1993, 4

185 R.A. Watson, S.G. Ficici und J.B. Pollack, Embodied evolution: A response to challenges in evolutionary robotics, in: J.L. Wyatt und J. Demiris (Hrsg.), *8th European Workshop on Learning Robots*, 1999

186 J.L. Elman, Finding structure in time, in: *Cognitive Science* 1990 14, 179–211

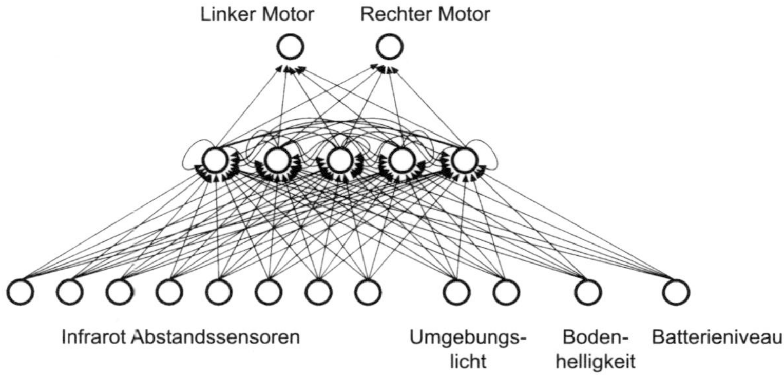


*Abb. 32:* Neuronales Netzwerk mit Zwischenschicht zur Roboterkontrolle[187]

Jedes Individuum startet mit einer vollständig geladenen Batterie, die sich um einen festen Betrag bei jedem Zeitschritt entleert. Eine vollständig geladene Batterie erlaubt dem Roboter, sich in 50 Zeitschritten (20 Sekunden) zu bewegen. Falls der Roboter sich über der schwarzen Fläche bewegt, wird die Baterie spontan wieder aufgeladen und damit sein Leben verlängert. Für jedes Individuum ist eine höchste Lebenszeit von 150 Schritten (60 Sekunden) festgelegt, um zu vermeiden, dass Roboter sich über der Ladefläche »verewigen«. Die Fitnessfunktion $F(v,i) = v(1-i)$ mit $0 \leq v \leq 1$ und $0 \leq i \leq 1$ hängt ab von den Größen $v$ als durchschnittlicher Drehungsgeschwindigkeit der Räder und $i$ als durchschnittlichem Wert des Abstandsensors mit der höchsten Aktivität. Die beiden Komponenten dieser Fitnessfunktion werden also durch Maximierung der Geschwindigkeit bzw. durch Vermeidung von Hindernissen optimiert. Der Fitnesswert von jedem Individuum wird dann zur maximalen Anzahl von Zeitschritten (150) in Beziehung gesetzt.

Es ist bemerkenswert, das Verhalten der internen (»verborgenen«) Parameter in Evolutionsexperimenten zu beobachten. Sie erweisen sich nämlich als Keimzelle für die spontane Entstehung interner Außenweltrepräsentationen. In Abb. 33 ist die Bewegungsfläche des Roboters mit der Ladefläche links oben in der Ecke gezeigt. Der Roboter startet im unteren Bereich der Fläche und erzeugt eine Bewegungstrajektorie, die im letzten Bild angezeigt ist. Die fünf internen Neuronen sind mit den Symbolen v_h0, v_h1, v_h2, v_h3, v_h4 bezeichnet. Die fünf Karten repräsentieren den Grad ihrer jeweiligen Aktivität auf dem Bewegungspfad des Roboters durch unterschiedliche Grautöne. In den Experimenten zeigt sich, dass der Roboter unabhängig von der Startposition etwa 3 bis 4 Kehrtwendungen benötigt, um sein Ziel der Ladestation zu erreichen. Dabei macht es nochmal einen Unterschied, ob der Ort der Ladefläche zusätzlich durch eine

[187] S. Nolfi und D. Floreano, *Evolutionary Robotics. The Biology, Intelligence, and Technology of Self-Organizing Machines*, Cambridge Mass. ²2001, Fig. 6.13, 138

Lichtquelle (»Leuchtturm«) gekennzeichnet ist (wie in Abb. 33) oder nicht. Fehlt die Lichtquelle, kreist der Roboter über die Bewegungsfläche, um den Ladeort allein aufgrund der dunklen Bodenfärbung zu finden.

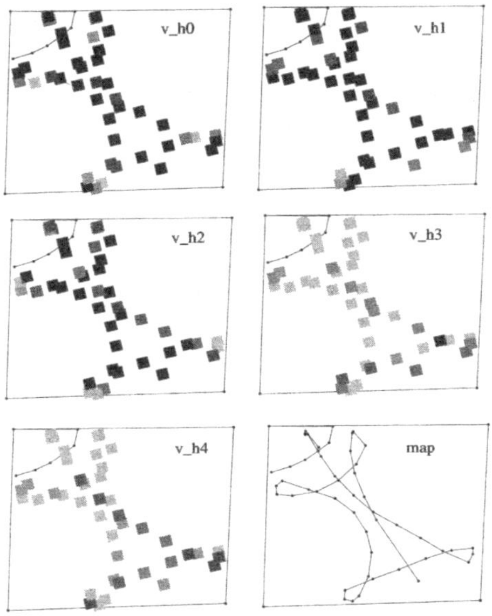


*Abb. 33:* Die Aktivitätsgrade der internen Neuronen v_h0, v_h1, v_h2, v_h3, v_h4 eines Robotergehirns werden in kleinen Quadraten auf einer Lagekarte visualisiert. Die Stärke der Grautöne in jedem Quadrat entspricht dem Aktivitätsgrad des betreffenden Neurons an dem jeweiligen Ort des Roboters auf der Lagekarte. Der Roboter startet im unteren Bereich der Karte und sucht sich zum Zielort in der linken oberen Ecke durch (vgl. Trajektorie im letzten Bild)[188]

Wenn der Batteriestand einen kritischen Wert erreicht, beginnt der Roboter, seinen Bewegungspfad zu korrigieren. Dieses Verhalten ist nun mit den Aktivitäten der internen Neuronen korreliert. Besonders der Knoten v_h4 scheint für den Batteriecheck und die Routenplanung während der letzten Schritte verantwortlich zu sein. In allen Experimenten zeigt er nämlich konstante niedrige Aktivität, außer bei den zwei Schritten nach einer Wende. Wenn die Batterie einen kritischen Wert erreicht, hebt dieses Neuron seine Aktivität, bis der Roboter den Ladungsort erreicht. Demgegenüber sind die Knoten v_h0 und v_h2 nahezu immer hoch aktiviert, außer wenn sich der Roboter einer Wand nähert. Daher liegt es nahe, dass sie sich auf eine gerade Navigation und Hindernisvermeidung spezialisiert haben. Die Knoten v_h1 und v_h3 tragen zur Wegplanung bei. Die zeitweise Aktivitätsänderung von Knoten v_h1 nach einer Wende suggeriert, dass er teilweise

---

188 S. Nolfi und D. Floreano, *Evolutionary Robotics. The Biology, Intelligence, and Technology of Self-Organizing Machines*, Cambridge Mass. $^{2}$2001, Fig. 6.18, 141

die Bewegungstrajektorie kontrolliert. Die leichte Anhebung der Aktivität von Knoten v_h3, wenn der Batteriestand kritisch wird, ist mit der Aktivität von Knoten v_h4 korreliert.

In unterschiedlichen Szenarien mit unterschiedlichen Ausgangspositionen, ein- und ausgeschalteter Lichtquelle an der Ladungsstation, niedrigem oder hohem Batteriestand zeigt die Aktivitätskarte von Knoten v_h4 erstaunliche topographische Repräsentationen der Außenwelt. In der biologischen Evolution hängt das Verhalten der Individuen von neuronalen topographischen Repräsentationen der Außenwelt ab, die durch Interaktion mit der Außenwelt entstehen. Die Aktivität von Knoten v_h4 erinnert an Beobachtungen des Hippocampus von Rattengehirnen. Die meisten Zellen dieses Areals fungieren als Ortszellen, die nur feuern, wenn die Ratte in einer speziellen Region der Umgebung ist.[189]

Bei der Ratte wie beim Roboter kann also das Verhalten nicht allein durch ein Reiz-Stimulus Schema erklärt werden, da sich in beiden Fällen eine interne Repräsentation der Außenwelt autonom aufgebaut hat und entscheidend den Handlungserfolg ermöglicht. In beiden Fällen werden die Ziele der jeweiligen Handlung des Systems (z.B. beim Roboter eine Ladestation und bei der Ratte einen Futterplatz finden) berücksichtigt.[190] Ein möglicher Unterschied könnte darin gesehen werden, dass die Ratte »weiß«, dass sie es ist, die dieses Ziel verfolgt. Mit anderen Worten hat sie ein Bewusstsein von ihren Handlungen. Aber auch hier liegt keine prinzipielle Barriere für technische Systeme. Es ist durchaus denkbar, kognitive Roboter zu konstruieren, die durch Selbstkontrolle und Selbstmonitoring verbunden mit einem Speicher (Gedächtnis) der eigenen Entwicklung und Identität einen Zustand entwickeln, der funktional dem Bewusstsein hochentwickelter biologischer Organismen entspricht. In jedem Fall zeigen diese Evolutionsexperimente, dass sich Mechanismen jenseits von bloßem Reaktionsverhalten entwickeln können, ohne dass sie extern und explizit implementiert und programmiert wurden.

Bei den meisten Tierarten ist nicht alle Information im Genom festgelegt, die zum Aufbau eines Phänotyps notwendig ist. In der Evolution höher entwickelter Organismen kodiert der Genotyp nur die Architektur und Lernregeln der Synapsen im Gehirn, aber nicht die genaue Stärke der synaptischen Verbindungen. Sie werden durch Interaktion mit der Umwelt in einem Lernprozess, also durch Lernalgorithmen festgelegt. Analog lassen sich auch neuronale Netze in Robotern anlegen, bei denen nur der hierarchische Aufbau der Neuronenschichten und die Lernregeln genetisch fixiert sind. Sobald sich der Roboter bewegt und

---

[189] O'Keefe und L. Nadel, *The Hippocampus as a Cognitive Map*, Oxford 1978

[190] J.S. Taube, R.U. Müller und J.B. Ranck, Head-direction cells recorded from the postsubiculum in freely moving rats. I: Description and quantitative analysis, in: *Journal of Neuroscience* 1990 10, 420–435

sensorische Daten durch das Netzwerk fließen, verändern sich die synaptischen Verbindungen.

Lernen verändert das Anpassungsverhalten bereits zu Lebzeiten des Individuums.[191] Daher können Lernen und genetische Evolution zusammen mehr Probleme lösen als die genetische Evolution alleine. Hier liegt der Grund, warum in der Evolution genetische Algorithmen durch neuronale Netze und Lernalgorithmen ergänzt wurden. In der Technik entsteht gewöhnlich der Eindruck, dass Roboter quasi als voll entwickelte Individuen »auf die Welt kommen«. Physisches Wachstum, Veränderung in Größe und Struktur findet nicht statt. In einer künstlichen Evolution können Roboter wenigstens ihre Kontrollsysteme (z. B. neuronale Netze) durch Interaktion mit ihrer Umgebung verändern und entwickeln. Analog ist aus der Gehirnforschung bekannt, dass Lernen nicht nur synaptische Stärken verändert, sondern auch physische Veränderungen wie Wachstum zusätzlicher Synapsen verursacht.

Künstliche Evolution ist durch die technischen Möglichkeiten von traditionellen Schaltkreisen, Programmiersprachen, die Wahl von sensorisch-motorischen Systemen und den Entwurf der Körpergestalt beschränkt. Es kann daher vorkommen, dass ein Roboter komplexe Kontrollsysteme entwickeln muss, da seine Hardwarekonfiguration mit Prozessor, Sensoren oder Gestalt keine einfachen Lösungen bietet. Die Wahl der Hardware beschränkt die Entwicklungsfähigkeit eines Roboters und beinflusst letztlich die Art des Verhaltens und den Typ der Kontrollmechanismen. So hängt die Evolution elektronischer Schaltkreise von der Verfügbarkeit rekonfigurierbarer Bausteine ab. Vorstellbar ist eine Matrix mit verbundenen logischen Zellen. Die Konfiguration einer Bitsequenz definiert die logische Funktion jeder Zelle und das Muster ihrer Verbindungen mit den anderen Zellen. Das Arrangement der gesamten Matrix kann in wenigen Bruchteilen von Sekunden rekonfiguriert werden, um sich neuen Umweltsituationen anzupassen und komplexe Abläufe zu implementieren.

Das Kontrollsystem eines Schaltkreises ist nur ein Aspekt, der das Verhalten eines Roboters bestimmt. Verhalten entsteht durch die Interaktion eines Kontrollsystems, des Roboterkörpers und der externen Umgebung.[192] Wie die biologische Evolution zeigt, sollten Kontrollsystem und Körper eines Roboters aufeinander abgestimmt sein. Ein Giraffengehirn wäre ebensowenig passend für den menschlichen Körper, wie das menschliche Gehirn für einen Delphin. Für Roboterkörper wurden physische Bausteine aus z. B. Servomotoren vorgeschlagen, die sich in

---

[191] T. Sasaki und M. Tokoro, Adaption toward changing environments: Why Darwinian in nature? In: P. Husbands und I. Harvey (Hrsg.), *Proceedings of the 4th European Conference on Artificial Life*, Cambridge Mass. 1997

[192] D. Floreano und F. Mondala, Evolution of plastic neurocontrollers for situated agents, in: P. Maes, M. Mataric, J.A. Meyer, J. Pollack und S. Wilson (Hrsg.), *From Animals to Animat. 4. Proceedings of the Intern. Conference on Simulation of Adaptive Behavior*, Cambridge Mass. 1996

unterschiedlichen Körperformationen verbinden können, um bestimmte Bewegungsaufgaben zu lösen. Bewertet werden diese entwickelbaren Körperfunktionen durch eine Fitnessfunktion. Durchbrüche evolutionärer Hardware und Wetware von Robotern werden allerdings erst durch Nano- und Materialwissenschaften, Systembiologie und synthetische Biologie zu erwarten sein, wenn gewebeähnliches Material genetisch programmierbar ist.

Evolutionäre Robotik ist zweckmäßig, um allgemeine Prinzipien der biologischen Evolution und des adaptiven Verhaltens zu verstehen. Begreifen geschieht nämlich buchstäblich am besten durch Greifen, Herstellen und Konstruieren mit den eigenen Händen, z. B. beim Bau und Entwurf von technischen Modellen eines zu verstehenden Sachverhalts. In einem nächsten Schritt können dann theoretische Hypothesen anhand entsprechender Modelle entwickelt und *in vivo* überprüft werden. Andererseits zeigen sich aber auch die Unterschiede und Abweichungen unserer wissenschaftlichen Konzepte vom natürlichen Vorbild am klarsten und schärfsten in technischen Modellen. Das wiederum sollte nicht als Grenze der Technik mißverstanden werden. Künstliche Evolution technischer Systeme kann nämlich neue Möglichkeiten eröffnen, die in der biologischen Evolution bisher nicht realisiert wurden. Tatsächlich erweisen sich realisierte biologische Funktionen häufig als suboptimale Lösungen, Anpassungen oder Kompromisse unter historischen Bedingungen der Evolution. Für natürliche Vorbilder wie das Fliegen von Vögeln oder Tauchen und Schwimmen von Fischen wurden technisch auch völlig andere Lösungen gefunden, wie intelligente und autonome Drohnenflugzeuge oder kognitive Unterwasserfahrzeuge zeigen. Am Ende steht das Ziel autonomer Maschinen, die in der Lage sind sich selber zu organisieren, an wechselnde Umgebungen anzupassen und zu überleben.

Natürliche Innovationen der Evolution entstehen häufig durch zufällige (genetische) Änderungen, die sich dann selektiv durchsetzen. Auch diese Entwicklung von Neuem und Unvorhersehbarem ist mit evolutionären und genetischen Algorithmen durchaus realisierbar. So wird bereits die Evolution von Bewegungssystemen simuliert, in dem aus einem vorgegebenen Baukasten von einfachen Modulen Baupläne im Computer erzeugt, virtuell in der Simulation erprobt und durch zufällige Abänderungen (Mutation), Rekombination und Selektion in nachfolgenden Generationen optimiert werden. Diese virtuelle Evolution im Computer ist gegenüber der realen Evolution zeitsparend und ressourcenfreundlich, wenn man nach menschlichen Maßstäben die Vergeudung von biologischem Material bei abgebrochenen biologischen Entwicklungen berücksichtigt. Allerdings stand der Evolution kein Computer zur Verfügung. Im Prinzip könnten bei solchen Evolutionsexperimenten in jeder Generation die Baupläne der Bewegungsmechanismen mit den vorgegebenen Bewegungsmodulen auch physisch umgesetzt werden.

Das Biocomputing der Evolution belegt, wie bereits einfache Organismen mit verhältnismäßig kleinen neuronalen Netzen und langsamer neuronaler Signalverarbeitung effiziente Leistungen erbringen. Im Prinzip sind diese Leistungen auch mit mathematischen Modellen und Computern zu erreichen. Hier zeigt sich die biologische und technische Variante der Churchschen These, die in Kapitel 5 näher besprochen wird. Danach sind alle Algorithmen durch eine universelle Turingmaschine (praktisch ein hinreichend starker Vielzweckcomputer) simulierbar. Tatsächlich lassen sich z.B. Lernalgorithmen von neuronalen Netzen auf Computern simulieren. Biologische Organismen entsprechen damit Komplexitätsgraden der Berechenbarkeitstheorie. Andere Realisationen sind im Sinne der Churchschen These denkbar und werden in der Robotik entwickelt.

Damit treffen wir erneut auf eine zentrale These dieses Buchs: Biologische Organismen »rechnen« zwar nicht mit Molekülen und Zellen. Ihre Prozesse werden auch nicht wie Computer durch mathematische Algorithmen »gesteuert«. Daher »sind« Organismen weder Maschinen (im Sinn bisheriger Technik) noch Computer. Computer, Mathematik und Algorithmen sind Erfindungen des Menschen. Allerdings lassen sich organische Prozesse in mathematischen Modellen (z.B. mit Differentialgleichungen) und in Computermodellen (mit Algorithmen) simulieren. Kants berühmtes Diktum vom »Newton des Grashalms«, der noch zu finden sei, ist daher längst realisiert. Das heißt allerdings nicht, dass wir »alles« berechnen und erklären können. Bereits für Newton und seine Nachfolger in der Physik traf und trifft dieser Anspruch nicht zu.

Um Komplexitätsgrade des Biocomputing zu bestimmen, muss die Rechenleistung biologischer Organismen abgeschätzt werden. Solche Abschätzungen sind mehr oder weniger grob und hängen vom jeweiligen Forschungsstand ab. Ein überschaubares und detailliert erforschtes Teil des menschlichen Nervensystems ist die ca. 2 cm breite Netzhaut. Eine 1/10 mm dicke Schicht der Netzhaut besteht aus ca. 1 Million neuronaler Schaltkreise, die auf die Informationsverarbeitung visueller Wahrnehmung spezialisiert sind. Die Netzhaut verarbeitet in einer Sekunde ca. 10 Millionen Wahrnehmungen. Wenn nach heutigem Stand der Programmiertechnik für eine Wahrnehmung ca. 100 elementare Rechenschritte bzw. Elementarbefehle (engl. *instructions*) angenommen werden, dann sind für die Wahrnehmungen in einer Sekunde auf jeden Fall 1000 MIPS (1 MIPS = 1 Million Instruktionen pro Sekunde) notwendig. Hans Moravic[193] rechnet den Nervenanteil der Netzhaut auf das 75000 mal schwerere Gehirn um und schätzt eine Rechenleistung von 100 Millionen MIPS bzw. $1 \times 10^{14}$ Instruktionen pro Sekunde.

Einer höheren Schätzung liegen die ca. 100 Milliarden Neuronen des Gehirns zugrunde. Mit ca. 1000 synaptischen Verbindungen pro Neuron ergeben sich insgesamt ca. 100 Billionen synaptische Verbindungen im Gehirn. Dieses gewaltige neuronale Netzwerk verfügt allerdings nur über eine sehr langsame Signal-

193 H. Moravec, *Computer übernehmen die Macht. Vom Siegeszug der künstlichen Intelligenz*, Hamburg 1999; ders., *Mind Children. Der Wettlauf zwischen menschlicher und künstlicher Intelligenz*, Hamburg 1990, 87

verarbeitung von 200 Instruktionen pro Sekunde. 100 Billionen Schaltungen mit je 200 Instruktionen pro Sekunde ergeben 20 Millionen Milliarden bzw. $2 \times 10^{16}$ Instruktionen pro Sekunde.

Allerdings ist bei solchen Schätzungen zu berücksichtigen, dass die Rechengeschwindigkeit eines Systems allein noch nichts über dessen Leistung aussagt. Selbst in einem Computer kommt es auf die Software mit den Möglichkeiten ihrer Programmiersprache an. Gerade Soft Computing zeigt, wie mit Menschen vergleichbare motorische, sensorische oder kognitive Leistungen erst mit neuen Softwarekonzepten möglich werden. Die Fixierung auf die Rechenleistung von einzelnen Neuronen und Synapsen erinnert an die derzeitige Gentechnik, wenn sie glauben sollte, mit der Entzifferung des DNA-Kodes des Menschen auch seinen Organismus zu verstehen. Gehirne sind wie andere Organe und der menschliche Körper insgesamt hochkomplexe dynamische Systeme, deren Leistungen nicht alleine durch die Schnelligkeit der Wechselwirkungen ihrer Elemente auf der Mikroebene erklärbar sind. Dazu müssen die kollektive Dynamik des Systems und seine Attraktoren verstanden werden.

Mit diesen Einschränkungen können Komplexitätsklassen für biologische Organismen und Roboter unterschieden werden. Insektengehirne werden auf 100 MIPS bzw. $1 \times 10^{8}$ Instruktionen pro Sekunde geschätzt, was der Rechenleistung eines derzeitigen Laptops entspricht. Bereits bei diesem Vergleich sind die Unterschiede zu beachten. Während das Insektengehirn ein hochspezialisiertes neuronales Netz für sensomotorische Leistungen ist, handelt es sich bei einem Laptop um einen universellen Computer, der (wenn auch beschränkt durch seine Rechenleistung) für unterschiedliche Zwecke programmierbar ist. Kleine Zierfische verfügen bereits über 1000 MIPS. Mehrzweckroboter mit anthropomorpher Gestalt für verschiedene einfache Dienstleistungen werden ca. 5000 MIPS voraussetzen, was der Rechenleistung eines Eidechsengehirns entspricht. Mehrzweckcomputer, die neben Handlungsanweisungen auch über Konditionierungsprogramme mit Handlungsalternativen verfügen, werden auf 100 000 MIPS geschätzt, was der Rechnerkomplexität eines Mausgehirns entspricht. In einer Abschätzung von Hans Moravic folgen mit 5 Millionen MIPS die Rechnerkapazität eines Affenhirns und schließlich mit 100 Millionen MIPS die Komplexitätsklasse des Menschen. Ob Roboter dieser Rechenkapazität auch über die Leistungsfähigkeit biologischer Organismen verfügen, ist damit keinesfalls gesagt. Rechengeschwindigkeit ist kein Maß für die Intelligenz von komplexen Systemen.

## Roboter mit Schwarmintelligenz

In der Evolution beschränkt sich intelligentes Verhalten keineswegs auf einzelne Organismen. Die Soziobiologie betrachtet Populationen als Superorganismen, die zu kollektiven Leistungen fähig sind.[194] Die entsprechenden Fähigkeiten sind häufig in den einzelnen Organismen nicht vollständig programmiert und von ihnen allein nicht realisierbar. Ein Beispiel ist die Schwarmintelligenz von Insekten, die sich in Termitenbauten und Ameisenstraßen zeigt.[195] Auch menschliche Gesellschaften mit extrasomatischer Informationsspeicherung und Kommunikationssystemen entwickeln kollektive Intelligenz, die sich erst in ihren Institutionen zeigt. In der Wirtschaft wird der Mehrwert dieser kollektiven Intelligenz messbar.

Populationen sind Beispiele für komplexe dynamische Systeme. Dienstleistungsroboter, die kollektive Intelligenz unterstützen sollen, müssen daher die Dynamik komplexer Systeme beachten. Wie gezeigt wurde, liefert die Theorie komplexer Systeme interdisziplinäre Methoden, um das Auftreten (Emergenz) von makroskopischen Mustern und Clustern durch kollektive (nichtlineare) Wechselwirkung von mikroskopischen Elementen eines komplexen oder viel-elementigen Systems zu erklären. Beim Fahrzeugverkehr hängt ein Phasenübergang von frei fließendem zu zähflüssigem Verkehr von der durchschnittlichen Verkehrsdichte als Kontrollparameter ab. Bei kritischen Werten können Fluktuationen die Bildung von Attraktoren auslösen. Das Verhalten einzelner Verkehrsteilnehmer ist also nicht voraussagbar, wohl aber die kollektive Dynamik unter gegebenen Voraussetzungen.

Für intelligente Verkehrsleitsysteme folgt daraus, dass regelbasierte Wissensbasen mit expliziten Verhaltensregeln wenig helfen. Sie müssen vielmehr in der Lage sein, prototypische Verkehrsmuster aus gemessenen Verkehrswerten zu erkennen, flexibel und fehlertolerant Anpassungen an den Verkehrsfluss zu empfehlen, um gefährliche Situationen oder Verkehrsinfarkt zu vermeiden. Das sind typische Leistungen von Hybridsystemen wie Neuro-Fuzzy-Systemen, die Attraktoren des Verkehrsflusses mit Lernalgorithmen erlernt haben und erkennen können. Über fuzzy und fehlertolerante Sensorsysteme müsste dem System der Verkehrsfluss gemeldet werden. Der nächste Schritt bestände darin, die Verkehrsteilnehmer mit einer Art elektronischer Schwarmintelligenz auszustatten. Automobile müssten über Sensor- und Reaktionsmechanismen verfügen, die mehr oder weniger automatisch entsprechende Anpassungen des einzelnen Verkehrsteilnehmers an den Verkehrsfluss veranlassen. Die kollektive Intelligenz des Verkehrssystems beruht auf dem Wissen und der Anwendung der Gesetzmäßigkeiten komplexer dynamischer Systeme.

---

[194] E.O. Wilson, *Sociobiology: The New Synthesis. 25th Anniversary Edition*, Cambridge Mass. 2000

[195] E.O. Wilson, *The Insect Societies*, Cambridge Mass. 1971

Kollektive Muster- und Clusterbildungen lassen sich bereits bei Populationen einfacher Roboter beobachten, ohne dass sie dazu vorher programmiert wurden.[196] Ein Beispiel sind einfache Roboter, die nur darauf programmiert sind, kleine Hindernisse vor sich her zu schieben.[197] Wenn die Reibung beim Anschieben einen Schwellenwert übersteigt, dreht das Roboterfahrzeug in eine andere Richtung ab. Ein Beispiel sind kleine insektenartige Roboter, die Teelichter auf einer glatten Fläche zusammenschieben. Wenn eine Gruppe solcher Roboter auf eine zufällig verteilte Anzahl von gleichen Hindernissen stößt, haben sie nach einer gewissen Zeit Cluster von Hindernissen zusammengeschoben. Dazu hat keinerlei Kommunikation zwischen den Robotern stattgefunden. Die Selbstorganisation der Muster beruht allein auf physikalischen Nebenbedingungen der kollektiven Wechselwirkungen: Die Wachstumswahrscheinlichkeit eines Clusters wächst deshalb mit zunehmender Größe, da die Roboter beim Anstoßen abdrehen und ihre mitgeschobenen Hindernisse am Hindernishaufen liegen lassen. In diesem Fall liegt noch keine prärationale Intelligenz des Kollektivs vor. Wenn aber ein Kollektiv von Robotern dieses Verhalten als zweckmäßig erlernt haben sollte (›*Learning by doing*‹), um es in zukünftigen Situationen zu wiederholen, würde kollektive Intelligenz verwirklicht.

Roboterpopulationen als Dienstleister könnten konkrete Anwendung im Straßenverkehr z. B. bei fahrerlosen Transportsystemen oder Gabelstaplern finden, die sich selbständig über ihr Verhalten in bestimmten Verkehrs- und Auftragssituationen verständigen. Zunehmend werden auch unterschiedliche Roboterarten wie Fahr- und Flugroboter (z. B. bei militärischen Einsätzen oder bei der Weltraumerkundung) miteinander interagieren.[198] Rodney Allen Brooks vom MIT fordert allgemein eine verhaltensbasierte KI, die auf künstliche soziale Intelligenz in Roboterpopulationen ausgerichtet ist.[199] Soziale Interaktion und Abstimmung gemeinsamer Aktionen bei sich verändernden Situationen ist eine äußerst erfolgreiche Form von Intelligenz, die sich in der Evolution herausgebildet hat. Bereits einfache Roboter könnten ähnlich wie einfache Organismen der Evolution kollektive Leistungen erzeugen. Im Management spricht man von der sozialen Intelligenz

---

196 T. Balch und L. Parker (Hrsg.), *Robot Teams: From Diversity to Polymorphism*, Wellesley Mass. 2002

197 M. Mataric, Designing emergent behavior: From local interactions to collective intelligence, in: *From Animals to Animats 2. 2nd Intern. Conference on Simulation of Adaptive Behavior*, 1993, 432–441

198 M. Mataric, G. Sukhatme und E. Østergaard, Multi-robot task allocation in uncertain environments, in: *Autonomous Robots* 2003 14 (2–3), 253–261

199 R. Brooks ist Direktor des Artificial Intelligence Laboratory am MIT. Vgl. auch seinen Beitrag ›*Intelligence without Reason*‹ in den Proceedings of International Joint Conference on Artificial Intelligence 1991.

als einem *Soft Skill*, das nun auch im *Soft Computing* von Roboterpopulationen berücksichtigt werden soll.[200]

Ein erstes Experimentierfeld für solche Roboterpopulationen sind die verschiedenen Spielarten von Roboterfußball.[201] Derzeit werden vier Spielkategorien unterschieden. Nur in der vorgesehenen HuroSot (*Humanoid Robot World Cup Soccer Tournament*)-Klasse spielen humanoide Fußballroboter auf zwei Beinen mit einer Größe von ca. 40 Zentimetern. Beim MiroSot (*Micro Robot World Cup Soccer Tournament*) handelt es sich um radgetriebene Roboter mit einer Kantenlänge von ca. 7,5 cm, deren Teams über zentrale Steuercomputer gelenkt werden. Etwas kleiner sind die Roboter des NaroSot (*Nano Robot Cup Soccer Tournament*)-Systems. Ebenfalls mit einem zentralen Steuercomputer arbeitet das KheperaSot (*Khepera Robot Soccer Tournament)*-System.

Die heutige Ausstattung einer Robomannschaft besteht aus drei mobilen Robotersystemen, einem zentralen Steuercomputer, einem (drahtlosen) Telekommunikationssystem als Verbindung zu den Robotern und einem Bildverarbeitungssystem. Der zentrale Steuercomputer berechnet eine Spielstrategie mit den nächsten Aktionen der Roboter auf der Grundlage der übermittelten Bilddaten des Spielfeldes. Ein Spielroboter verfügt neben einem Antriebsmechanismus, Schaltkreisen für die Lenkung des Antriebsmechanismus und Sensoren über einen kleinen Rechner, der die Sensordaten und Fahrbefehle des Steuercomputers verarbeitet.

Der Zustand eines Roboters hängt von den Informationen ab, wo er sich auf dem Spielfeld befindet, ob er im Ballbesitz ist und ob ein Hindernis zur Ausführung einer Spielaktion vorliegt. Typische einprogrammierte Verhaltensmuster eines Roboters lauten ›*Fahre*‹ zu einer bestimmten Position und ›*Torschuss*‹, falls die Verbindung zwischen der Standposition und dem Tor hindernisfrei ist. Zum ›*Abfangen eines Balls*‹ muss die Bahn eines Balls aus einer vorherigen und derzeitigen Position berechnet und der Abfangpunkt bestimmt werden. Kein menschlicher Fußballspieler stellt natürlich schwierige geometrisch-mechanische Rechnungen an. Die wenigsten dieser Medienstars wären vermutlich dazu überhaupt in der Lage. Jedenfalls könnte es kein Mensch in der Geschwindigkeit, um anschließend auch noch blitzschnell reagieren zu können.

Hier zeigt sich, dass dieselben Leistungen von Robotern mit mathematischen Modellen und hoher Rechenintensität anders gelöst werden als durch ihre biologischen Kollegen. Bedeutende Fußballspieler nutzen ähnlich wie Schachspieler Mustererkennung für Spielsituationen, die sie aufgrund ihrer Erfahrung fehlertolerant und flexibel abgleichen. Jedenfalls ist dieses Fußballwissen nicht regelba-

200 K. Dautenhahn, Getting to know each other – Artificial Social Intelligence for Autonomous Robots, in: *Robotics and Autonomous Systems* 16 1995, 333–356.

201 Einen Überblick liefern P. Kopacek, G. Kronreif, Die Roboterkicker kommen, in: *Spektrum der Wissenschaft*. Dossier 4 1998, 96–99. Neuer Stand: http://www.robocup2010.org/

siert gespeichert, sondern steht prozedural zur Verfügung. Im Unterschied zum Schachspieler kommen beim Fußballspieler noch motorische Verhaltensmuster hinzu, die prototypisch eintrainiert wurden. Das Kommunikationssystem arbeitet mit allen nicht-technischen Formen der menschlichen Nachrichtenübertragung, wobei der Körpersprache mit Gestik und Mimik eine überragende Bedeutung zukommt.

Von allen diesen Formen autonomen Verhaltens ist die Robotertechnik heute weit entfernt. Typisch für menschliche Fußballteams sind die Entwicklung und Umsetzung von Spielstrategien in taktisches Verhalten. Während der Trainer vor dem Spiel mit seinem Team die Strategie festlegen und mit möglichen Spielsituationen simulieren kann, entsteht die taktische Umsetzung im Zusammenspiel während des Spielverlaufs. Dabei handelt es sich um die nichtlineare Dynamik eines komplexen Systems, während der es aufgrund von Fluktuaktionen zu kollektiven Phasenübergängen kommen kann. Die dabei entstehenden Spielattraktoren reichen vom bistabilen Oszillieren zwischen beiden Teams bis zum Chaosattraktor, in dem eine Mannschaft ›untergeht‹ oder dem Punktattraktor des Torschusses, auf den der Spielverlauf hinsteuert. Die kollektive Intelligenz eines Fußballteams muss also über Grundkenntnisse nichtlinearer Spieldynamik verfügen, von denen die Robotertechnik weit entfernt ist.[202]

Hinzu kommen bei menschlichen Spielern psychologische Faktoren wie Motivation, mentale Stärke und Spielmoral. Wiederum wird also emotionale Intelligenz vorausgesetzt. So können selbst hervorragende Mannschaften durch einen unverhofften Spielverlauf vollständig demoralisiert werden und physisch zusammenbrechen, während andere über die Nervenstärke verfügen, in bedrohlichen Situationen mit dem Blick in den Abgrund über sich selber hinauszuwachsen. Team- und Sozialverhalten ist von überragender Bedeutung, um menschliche Intelligenz und Leistungsfähigkeit zu verstehen. Spielverhalten im Sport ist nur ein weniger komplexes und überschaubares Experimentierfeld als in Wirtschaft und Gesellschaft.

So sind auch Unternehmen Systeme von Menschen mit Gefühlen und Bewusstsein. In sozialen Gruppen entstehen globale Meinungstrends einerseits durch kollektive Wechselwirkung ihrer Mitglieder (z.B. Kommunikation). Andererseits wirken globale Trends auf die Gruppenmitglieder zurück, beeinflussen ihr Mikroverhalten und verstärken oder bremsen dadurch die globale Systemdynamik. Solche Rückkopplungsschleifen zwischen Mikro- und Makrodynamik eines Systems ermöglichen erst Lerneffekte im Unternehmen wie z.B. antizyklisches Verhalten,

202 Die Selbstorganisation sozialer Gruppen untersucht G. Küppers, *Der Umgang mit Unsicherheit: Zur Selbstorganisation sozialer Systeme,* in: K. Mainzer (Hrsg.), Komplexe Systeme und Nichtlineare Dynamik in Natur und Gesellschaft. Komplexitätsforschung auf dem Weg ins nächste Jahrhundert, Berlin/Heidelberg/New York 1999, 348–372.

um bewusst schädlichen Trends entgegenzuwirken. Dazu dienen auch digitale Modelle von Produktions- und Organisationsabläufen.[203]

Wenn Unternehmen als lernende und sich selbst organisierende komplexe dynamische Systeme verstanden werden, dann zeichnen sich erste Konturen eines Mitarbeiterprofils ab.[204] Angesichts der nichtlinearen Dynamik von Menschen, Unternehmen und Märkten ist der Laplacesche Geist eines linearen Managements und Controllings ebenso zum Scheitern verurteilt wie die Unterstellung rationalen Verhaltens im Sinne des *homo oeconomicus*. Menschen handeln auch in Unternehmen weder vollständig rational noch vollständig irrational. In unsicheren und unübersichtlichen Informationsräumen entscheiden sie auf der Grundlage beschränkter Rationalität.[205] Sie filtern fuzzy Informationen mit beschränkten Sinnesorganen und kognitiven Fähigkeiten, bewerten Situationen auf der Grundlage von Motivationen und Emotionen, ergänzen und verstärken ihre Fähigkeit im Team. Lern- und Kommunikationsfähigkeit, Sensibilität und Sozialität machen uns nach wie vor einem Supercomputer überlegen, der mit noch so großer Rechen- und Speicherleistung der Komplexität moderner Lebenswelt nicht gewachsen ist. Unternehmen müssen sich davor hüten, ihre Organisation durch falsche Rationalitätsmodelle an überholten technischen Standards der Programmier- und Computertechnik zu messen. Es gilt vielmehr die natürlichen Anlagen des Menschen zur Teamfähigkeit zu erkennen und zu stärken.

## Evolution der Cyborgs

Klassische Robotik versucht, motorische, sensorische und kognitive Fähigkeiten des Menschen mit technischen Geräten zu simulieren. Dabei zeigen sich häufig materialbedingte Grenzen, die von organischem Gewebe besser bewältigt werden. Mit zunehmendem Fortschritt von Bioinformatik, Transplantationsmedizin und Organzüchtung stellt sich daher die Frage, wie organische mit technischen Systemen in der Robotik verbunden werden können.[206] Damit wäre die Konstruktion von Hybridsytemen nicht nur auf *Software* und *Hardware* von Computern beschränkt, sondern würde auch die *Wetware* biologischer Systeme erweitert. In der Science-Fiction-Literatur werden solche Hybridsysteme als Cyborgs (engl. *Cybernetic organisms*) bezeichnet. Solche humanoiden Wesen besitzen implantierte technische Geräte für Sensorik und Motorik bis zum Computerchip zur Verstärkung kognitiver Fähigkeiten.

---

203 T.J. Walter, *Einsatz von Methoden der digitalen Fabrik bei der Planung von Produktionssystemen für die Automobilindustrie*, TU Clausthal, Diss. 2001

204 E. Westkämper, *Einführung in die Fabrikorganisation*, Berlin 2005

205 H.A. Simon, *Models of Bounded Rationality* 2 Bde., Cambridge Mass. 1982

206 W. Konermann, *Navigation und Robotik in der Gelenk- und Wirbelsäulenchirugie*, Berlin 2004

Was seit Mary Shelleys Frankenstein in der Kulturgeschichte schockierte, vollzieht sich schrittweise und unspektakulär in der Transplantationsmedizin. Der menschliche Körper besteht zwar nicht aus beliebig austauschbaren Teilsystemen. Im Fall von Verschleiß oder Organversagen könnte aber technischer oder organischer Ersatz für verbesserte Lebensqualität sorgen. Dabei ist die Grenze zwischen ›technischem‹ und ›natürlichem‹ Ersatz fließend. Wenn organischer Ersatz mit Biotechnik gezüchtet wird, handelt es sich nicht weniger um ein technisches Produkt als beim Einpflanzen einer Prothese aus organverträglicher Keramik. Bei sich selbst organisierenden Materialien und gezüchtetem Gewebe werden die Grenzen zwischen Materialforschung und Biologie fließend.[207]

Gewebeingenieure bilden z.B. Nasen und Ohren mit einem künstlichen Gerüst aus Polymeren und natürlichen Knorpelzellen, die zu einem Transplantat der plastischen Chirurgie verwachsen.[208] Ebenso lassen sich Knochenstücke nachbilden. Hautpräparate werden bereits als Ersatz bei schweren Verbrennungen eingesetzt. Die künstlichen Polymergerüste werden während des zellulären Wachstums abgebaut. Um die Blutversorgung des neuen Gewebes zu garantieren, werden vorhandene Blutgefäße durch eingefügte Wachstumsfaktoren zum Auswachsen in gewünschte Bahnen oder zum Verwachsen mit neuen Adern animiert. Der nächste Schritt besteht in der Anwendung gengesteuerter Selbstorganisation von Gewebe und Organen. Dazu werden DNA-Moleküle eingelagert, nach deren Bauanweisung sich die entsprechenden Proteine selber bilden.

An dieser Stelle berühren sich synthetische Biologie und Mikrotechnik. Um Abstoßung von körperfremden Zellen durch das Immunsystem zu vermeiden, sind körpereigene Zellen herzustellen. Dabei spielen Stammzellen eine zentrale Rolle, die zur selbständigen Bildung vieler Körperteile veranlasst werden können.[209] Die Vision besteht darin, selbständig Ersatzgewebe für geschädigte Organteile oder sogar die Organe selber auszubilden. An die verwendeten Polymere werden neben der Resorbierbarkeit unterschiedliche Anforderungen gestellt, die dem jeweiligen Zweck des Organs entsprechen. Für die Neuroinformatik ist mit Blick auf neuronale Netze die Züchtung von Nerven von Interesse.[210] Dazu wird bereits an elektrisch leitende Polymere gedacht.

Der nächste Schritt bestände darin, künstliche neuronale Netze aus lebenden Nervenzellen herzustellen. So hat Peter Fromherz vom Max Planck Institut für

---

207 E. Wintermantel, *Medizintechnik mit biokompatiblen Werkstoffen und Verfahren*, Berlin 2002

208 C.W. Patrick jr., A.G. Mikos, L.V. McIntire, *Frontiers in Tissue Engineering*, Oxford 1998; C. Ezzell, Tissue Engineering and the Human Body Shop: Designing ›Bioartificial Organs‹, in: *Journal of NIH Research* 7 1995, 49–53; R.P. Lanza, *Principles of Tissue Engineering*, London 2000

209 Vgl. auch R.A. Pedersen, Studies of In Vitro Differentiation with Ebryonic Stem Cells, in: *Reproduction, Fertility and Development* 6 1994, 543–552; J.A. Thomson, Embryonic Stem Cell Lines derived from Human Blastocysts, in: *Science* 282 1998, 1145–1147

210 Dazu auch R. Langer, J.P. Vascanti, Tissue Engineering, in: *Science* 260 1993, 920–926

Biochemie in Martinsried erstmals Neuronen von Schnecken auf einem Siliziumchip arrangiert und den Signalaustausch zwischen den Neuronen gemessen. Schneckenneuronen sind so groß, dass sie einzeln auf einem Chip fixiert werden können, um kleine neuronale Netze zu bauen. Zellen von Ratten, die dem menschlichen Nervengewebe näherstehen, sind kleiner und besitzen daher etwa hundertmal schwächere Kopplungen. Zudem lassen sie sich nicht mehr fixieren. Solche Zellen müssten also auf einem Chip sehr dicht gepackt werden, damit trotz Bewegung der Zellen Kopplungen immer möglich wären.

Bei der Verbindung von Nerven mit technischen Implantaten wie Prothesen steht die Neurotechnologie vor folgender Aufgabe: Ein lernfähiger neuronaler Netz-Enkoder setzt sensorische oder Bewegungssteuerungssignale in viele parallele Impulsfolgen zur Ansteuerung einer Gruppe von implantierten Mikrokontakten um. Umgekehrt müssen registrierte Nervengewebssignale von einem neuronalen Netz dekodiert werden, um Bewegungsprothesen ansteuern zu können. Das Nervensystem besitzt eine eigene Signalsprache, die dabei kodiert und dekodiert wird. Bei Neuroprothesen muss ein gemeinsamer Kode für alle zu sendenden und zu empfangenden neuronalen Signale auf der neurobiologischen und der technischen Seite gefunden werden.[211] Die Signalverarbeitung in Nervenzellverbänden geschieht gemischt durch langsame Potentialänderung und diskrete, asynchron auftretende Pulse.

Technisch ist es heute noch sehr schwierig, zur Stimulation oder Registrierung direkte Verbindungen zu den dendritischen und synaptischen Zonen einzelner Neuronen herzustellen. Einfacher ist die Stimulation einzelner Axone (Nervenfasern) oder die Registrierung ihrer Pulsaktivität. Daher strebt die Neurotechnologie dauerhafte Kontakte möglichst vieler einzelner Axone oder Zellkörper der jeweils betroffenen Nerven an. Zwischen den implantierten Mikrokontakten zur Stimulation eines Nervs und dem zugehörigen lernfähigen neuronalen Netz als Enkoder muss eine Signalübertragung von mehreren Zentimetern möglich sein. Diese Signalübertragungsstrecke sollte in Echtzeitbetrieb (d.h. analog zum neurobiologischen System) genau die Zahl paralleler Sende- bzw. Empfangskanäle besitzen, die der Zahl der verfügbaren Stimulationselektroden entspricht.

Technische neuronale Netze können verschieden realisiert werden. Häufig sind Simulationen heute noch auf programmgesteuerte Computer angewiesen. Aufgrund der Komplexität großer Netze haben allerdings Simulationen auf von-Neumann-Rechnern eine viel zu große Rechenzeit, da die einzelnen Neuronensimulationen dort seriell abgearbeitet werden müssen. Daher ist der Einsatz schneller Parallelrechner und schließlich neuronaler Netze unausweichlich. Die neuronalen

---

211 Für einen Überblick vgl. K. Mainzer, *Gehirn, Computer, Komplexität*, Berlin/Heidelberg/New York 1997, Kap. 11; H.W. Bothe, M. Samii und R. Eckmiller (Eds.), *Neurobionics*, Amsterdam 1993; O. Müller, J. Clausen, G. Maio (Hrsg.), *Das technisierte Gehirn. Neurotechnologien als Herausforderung für Ethik und Anthropologie*, Paderborn 2009

Netze, die wir bisher erläutert haben, beruhen trotz unterschiedlicher Netzwerktopologien und Lernalgorithmen auf dem Summieren von gewichteten (›synaptischen‹) Eingängen mit anschließendem Schwellenwert, wie sie von McCulloch und Pitts (MCP) vorgeschlagen wurden. Für eine adäquate Kommunikation mit ausgewählten Bereichen des Nervensystems über entsprechende Nervenfasern müssen flexible und lernfähige Signalverarbeitungssysteme zur Verfügung stehen, die sowohl Stimulationen in asynchrone Pulsfolgen kodieren als auch registrierte Pulsfolgen für die technische Weiterverarbeitung dekodieren können. Das sollen biologienahe pulsprozessierende neuronale Netze (BPN) leisten. Die Pulskodierung garantiert in biologischen Nervensystemen eine verlustfreie Signalübertragung, da sich die Impulse entlang der Übertragungsstrecke regenerieren können. Bei der Kopplung biologischer und technischer Systeme wird die biologische Kodierung der Signale übernommen. Ferner muss die Dynamik von BPN-Netzen reizabhängig sein, um die Veränderungen der Stimulationsmuster zu erfassen.

Bei der Stimulation des Nervensystems ist ein zentrales Problem, dass die von einem BPN-Netz erzeugten Impulse vom stimulierten neuronalen System ›verstanden‹ werden. Am besten wäre die Situation, wenn ein einzelner BPN-Impuls ein Aktionspotential eines Neurons oder einer Nervenfaser direkt auslösen könnte. Die zeitliche Ordnung der einzelnen Stimulationssignale, ihre Amplitude, Form, Dauer und Rate sind zu berücksichtigen. Nur so kann erreicht werden, dass das biologische Neuron in seiner typischen Form erfasst wird. Die genannten Signaleigenschaften müssen für jeden Stimulationsort und für jeden Patienten einzeln ermittelt werden. Ein lernfähiges BPN-System muss sich auf diese Parameter selbständig einstellen können. Um ein Aktionspotential auf einem Axon durch Anlegen einer pulsartigen Spannungsänderung auslösen zu können, muss eine Reizelektrode nahe genug an eine Nervenmembran gebracht werden. Für diesen Vorstoß in zelluläre Dimensionen ist die Mikrosystemtechnik in besonderer Weise herausgefordert.

Mikrokontakte in Siliziumtechnik erlauben eine große Integrationsdichte von Kontaktstellen mit hohem Miniaturisierungsgrad. Berührungselektroden aus feinen isolierten Metalldrähten haben demgegenüber den Nachteil, dass sie nicht für längere Zeit in einem Nerv fixiert werden können. In Gebrauch sind auch manschettenartige Kontakte, die einen Nerv umfassen. Sensoren mit elektrochemischer Wirkung sind zwar biologischen Synapsen sehr nahe. Allerdings arbeiten sie heute noch mit zu langen Antwortzeiten und ungeklärter Langzeitstabilität. Zu erwähnen sind auch optische Signalkopplungen über faseroptische Sensoren. Bei elektromagnetischer Signalkopplung werden zur Auskopplung die durch Ionenströme induzierten Magnetfelder verwendet, zur Stimulation die durch ein veränderliches Magnetfeld induzierten elektrischen Felder. Der Vorteil von Magnetfeldern besteht darin, dass sie keine Berührungskontakte mit Nerven benötigen. Allerdings müssen sie heute noch durch Spulen in Zentimetergröße erzeugt werden, die nur außerhalb des Körpers deponiert werden können.

Den neurologischen Strukturen angepasst sind besonders biologische Neuronen-Mikrosonden, bei denen die Mikroelektronik über spezielle Zellen synaptische Kopplungen mit dem neuronalen Zielorgan bildet. Angestrebt wird eine biologische Kopplung, die aus der anorganischen Mikroelektronik, einer Grenzfläche mit Sonden-Neuronen und wachstumsfördernder Wirkung, den ausgebildeten Synapsen und den Empfänger-Neuronen besteht. Biotechnisch möglich sind also Berührungskontakte durch Elektroden, die an Nervenstrukturen angelegt werden, Elektroden, die in die Nervensubstanz eindringen, und biologische Kontakte mit Aufwachsen von Neuronen auf mikroelektronische Strukturen z.B. aus Silizium.

Projekte zur Entwicklung motorischer Implantate, mit denen Querschnittsgelähmte Funktionen von Arm, Hand und Fingern wiedererlangen sollen, sind in der Erprobung. Durch Stimulation der Armmuskulatur soll der Patient schrittweise wieder in die Lage versetzt werden, selbst mit den Händen gezielt greifen und mit dem Arm reichen zu lernen. Je nach Ausmaß und Ort der Schädigung des peripheren Nervensystems durch spinale Reflexbögen und sensorische Bahnen sind die Eigenwahrnehmung des Greifens und die Greiffunktion beeinträchtigt. Zur Überbrückung der ausgefallenen neuronalen Strukturen werden die Greif- und Reichbewegungen durch eine Neuroprothese im Unterarm geregelt.

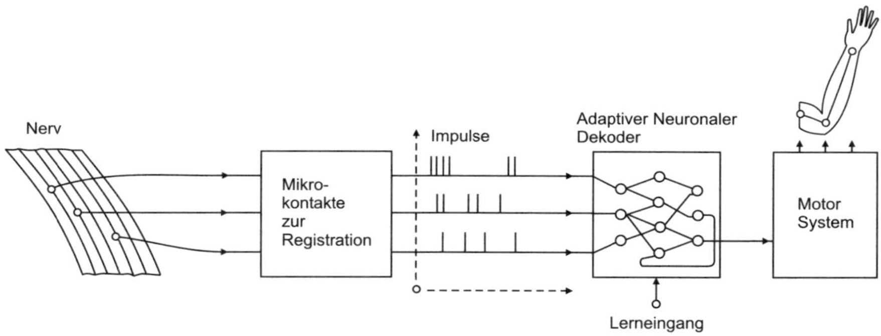


*Abb. 34:* Lernfähiges neuronales Netz in Neuroprothese

Noch weiter würde eine Stand-Gang-Neuroprothese führen, mit der bei Querschnittsgelähmten die zerstörten Neuronenverbände im Rückenmark überbrückt werden können. Als Kommandoeingabe sind zunächst Sprachbefehle vorgesehen, die über Radiowellen an Stimulatoren weitergegeben werden, um die intakten Muskelnerven Beinbewegungen ausführen zu lassen. Durch Sensoren sind die Bewegungen rückgekoppelt, damit das System Stabilität und Störungskompensationen erlernen kann. Die Grenze dieser Neurotechnologie besteht darin, dass die Auslösung des sich selbst organisierenden Bewegungsvorgangs deklarativ über akustische Signale (also Sprache und Bewusstsein) und nicht implizit wie bei gesunden Menschen erfolgt. Daher kann dieser Ansatz nur als Ergänzung zum Rollstuhl dienen, um z.B. selbständig aufstehen und sich hinsetzen zu können.

Langfristiges, aber heute noch nicht absehbares Ziel wäre eine direkte Überbrückung von Querschnittsdurchtrennungen des Rückenmarks. Oberhalb der Läsion müssten mehrere Hundert Axone (Nervenfasern) von genau identifizierten absteigenden Faserbündeln dauerhaft durch implantierte Mikrokontakte zur Registrierung der jeweiligen Impulsfolgen kontaktiert werden. Die für einen gewünschten Bewegungsablauf verwendeten Nervenfaserbündel müssten eindeutig als Implantationsort im Rückenmark bekannt sein. Die registrierten Impulsfolgen müssten so dekodiert werden, dass sie einem vom zentralen Nervensystem geplanten Bewegungsablauf zuzuordnen sind. Auch bei Querschnittsgelähmten werden im Gehirn Bewegungspläne erzeugt, die kodiert ans Rückenmark gesendet werden. Die registrierten Impulsfolgen sollten so weit dekodiert werden, dass die jeweiligen Signalsegmente unterhalb der Verletzung zur Weiterverarbeitung der Signale verwendet werden können. Ein lernfähiger neuronaler Spinalsegment-Prozessor sollte die registrierten Impulsfolgen über ein Netz von Interneuronen so weiterverarbeiten, dass die erzeugten Ausgangssignale zur gezielten Stimulation von motorischen Vorderwurzeln und damit zur koordinierten Erzeugung der Kontraktion mehrerer Muskelgruppen dienen können. Unterhalb der Verletzung können dauerhaft implantierte Mikrokontakte zur Stimulation (z.B. in Muskelnähe der entsprechenden Motoneuronen oder im Bereich der Vorderwurzeln) implantiert werden.

Neben motorischen Implantaten sind auch sensorische Ersatzsysteme in der Erprobung.[212] Dazu werden Elektroden z.B. um einen Nerv gelegt, der Signale von bestimmten Rezeptorzellen erhält. Ziel ist es, die Systeme so zu verfeinern, dass sie ähnlich wie das Gehirn unterscheiden können, welche der feuernden Rezeptoren welche Nervenfaser erregt hat. Neuroprothesen sind mit künstlichen Sensorsystemen auszustatten, um so etwas wie Bewegungsgefühl zu ermitteln. Ferngesteuerte Roboterarme mit Greifsystemen, die z.B. im Weltraum oder bei Operationen eingesetzt werden, könnten mit Sensorsystemen ausgestattet werden, um dem Benutzer Tast- und Druckempfindungen zu vermitteln. Obwohl solche Empfindungen im Unterschied zu Messdaten fuzzy sind, erweisen sie sich für den erfahrenen Chirurgen oder Ingenieur als nicht ersetzbar. Datenhandschuhe mit Sensoren stellen haptische Systeme dar, mit denen sogar Tastempfindungen von virtuellen Objekten erzeugt werden können.

Neben motorischen und haptischen Neuroprothesen werden auch visuelle Neuroprothesen bei bestimmten Formen von Blindheit diskutiert. Gemeint sind Patienten, bei denen die äußere Netzhaut (Retina) geschädigt ist, aber Ganglienzellen und Sehnerv weitgehend intakt sind. Dieser Fall liegt bei Patienten mit *Retinitis pigmentosa* (RP) vor. Mikrostimulationen von Ganglienzellen der Retina bei blinden RP-Patienten könnten daher zu eingeschränkten Sehwahr-

[212] E. Strauss, Tastsinn. Die Zukunft des Fühlens, in: *Spektrum der Wissenschaft* Dossier 4 1999, 34–37

nehmungen führen. Vorausgesetzt wäre ein lernfähiger neuronaler Enkoder für ein Retina-Implantat, das wenigstens annähernd die retinale Signalverarbeitung für die kontaktierten Axone von Ganglienzellen leistet. Neben der Hell-Dunkel-Anpassung gehören dazu besondere farbantagonistische, kontrastverstärkende und bewegungsempfindliche Kanäle. Auf Photorezeptorebene werden Signale in verschiedenen Kanälen für z.B. Orts- und Zeitfrequenz, Kontrast und Reizgröße verarbeitet.

Bei einem lernfähigen neuronalen Enkoder käme es darauf an, dass Lichtmuster von Photosensoren in Impulsfolgen zur Stimulation einzelner Ganglienzellen übersetzt würden, um die neurophysiologisch bekannten Eigenschaften der rezeptiven Felder zu simulieren. Die Eigenschaften rezeptiver Felder des lernfähigen neuronalen Netzes werden für eine gegebene Ganglienzelle angepasst, indem die Sehwahrnehmungen des Patienten bei Stimulation der Ganglienzelle oder seines Axon ausgewertet werden. Für die Bildaufnahme wird ein Photodetektorsystem eingesetzt. Eine mögliche Architektur einer solchen Neuroprothese setzt sich zusammen aus einer externen Bildaufnahme durch eine Brille, externer Simulation rezeptiver Felder und telematischer Datenübertragung an ein Stimulatorimplantat in der Netzhaut. Denkbar wäre auch, dass der Retina-Enkoder miniaturisiert und in einer Kontaktlinse untergebracht ist. Von dort werden die Signale über den Sehnerv weiter an den visuellen Cortex geleitet. Weiterführende Neuroprothesen, die bei Ausfall des Sehnervs oder gar höherer visueller Teilsysteme (z.B. im Cortex) eingesetzt werden könnten, sind bisher jenseits der voraussagbaren Möglichkeiten heutiger Neurotechnologie.

Ein Vorläufermodell für ein auditives System ist die als Cochlea-Implantat bekannte Hörprothese, mit der Ausfälle der Hörschnecke (Cochlea) überbrückt werden sollen. Über ein Mikrofon gelangt ein Sprachsignal nach der Wandlung in ein elektrisches Signal in einen Sprachprozessor. Mikrofon und Sprachprozessor übernehmen die Aufgaben von Trommelfell und Hörknöchel zur Verarbeitung des akustischen Signals. Die frequenzauflösende Funktion der Hörschnecke leistet der Sprachprozessor durch Analyse des Frequenzspektrums des Sprachsignals. Die erzeugten Reizimpulse gelangen über zwei bis zweiundzwanzig Elektroden zu den an der Cochlea aufgefächerten Hörnervenenden. Dazu müssen verschiedene Sprachanalyse-Algorithmen am Patienten getestet und dann im Sprachprozessor programmiert werden. In einem engen Spielraum können von einem Patienten Anpassungen an die jeweilige Hörumgebung eingestellt werden. Allerdings ist die Prothese im Unterschied zum neurobiologischen System nicht selbst lernfähig. Bei Ausfall des Hörnervs werden auch bereits Hörprothesen eingesetzt, die direkt am Hirnstamm ansetzen.

Im Rahmen der Organzüchtung wird auch daran gedacht, Sinneszellen zum Wachsen anzuregen. Neben der gentechnischen Reparatur bei angeborener Taubheit wird versucht, die Tausenden von Hörzellen der Hörschnecke durch Einführung entsprechender Gensequenzen zum selbständigen Nachwachsen zu animieren. Nachdem künstliche Nasen bereits ein Thema der plastischen Chirurgie sind, wäre auch die Neuroprothese zum Ersatz einer zerstörten Riechschleimhaut wenigstens denkbar. Ähnlich wie die neurotechnische Simulation der Geschmacksknospen handelt es sich dabei nicht um ein medizinisch dringendes Thema. Allerdings wäre es für die Robotertechnik interessant, einen Riech-Chip zum Entdecken gefährlicher Stoffe und Gase zu entwickeln.[213] Der japanische Pflegeroboter Ri-Man verfügt bereits über Sensoren, um einschlägige Gerüche (z. B. Urin) zu identifizieren.[214]

Neuroprothesen, die z. B. das Stammhirn anzapfen, sind bereits sehr dicht an der Vorstellung von ›Maschinenmenschen‹ mit Direktanschluss an Computerchips. Die Direktübertragung von Information zwischen Gehirn und Computer scheitert heute sicher noch an der mangelnden Auflösungsmöglichkeit der Gehirnsignale. Ein Elektroenzephalogramm (EEG) ist ein grobes Aktivitätsmuster, in dem sich wegen der dichten Neuronenpackung des Gehirns einzelne motorische, sensorische oder gar kognitive Funktionen nur sehr schwierig unterscheiden lassen. In diesem Fall könnten Muster von Absichten und Vorstellungen zur Ansteuerung elektronischer Apparate verwendet werden.[215] Ein Beispiel sind Versuche mit Ratten, die bei Durstgefühl gelernt hatten, den Hebel einer Wasserspende zu betätigen. Schließlich wurde das neuronale Aktivitätsmuster für Intentionen wie Durst- und Wasserwunsch im Rattengehirn gemessen und das Messgerät mit einem Auslösemechanismus für automatische Wasserspender verbunden, falls das entsprechende Aktivitätsmuster auftrat.

Neuronale Aktivitätsmuster werden auch technisch erprobt, um damit an Stelle einer Computermaus den Cursor auf einem Computerbildschirm zu bewegen. Diese Anlagen sind bei genügender Feinauflösung der Signalmuster in der Lage, ohne Keyboard die Schreibbefehle entsprechender Symbole auszulösen. Der Rauschpegel, der durch die am Kopf angelegten Elektroden übermittelt wird, ist allerdings noch sehr hoch. Erste Geräte werden bei vollständig Gelähmten und künstlich beatmeten Patienten eingesetzt.

Der nächste Schritt wäre der direkte Gehirnanschluss, bei dem organverträgliche Gehirnchips in entsprechende Gehirnareale implantiert würden, um dort die entsprechenden motorischen, sensorischen oder sogar kognitiven Signalmuster zu empfangen und anstelle beschädigten neuronalen Gewebes informationstech-

---

213 K.S. Brown, Ersatzsensorik für Blinde und Taube, in: *Spektrum der Wissenschaft* Dossier 4 1999, 38–43

214 Der künstliche Altenpfleger: Riken Ri-Man, in: Futurebytes.CH 20.1.2010 (http://www.futurebytes.ch/nicht-alltaeglich-futurebytes/der-kunstliche-altenpfleger-riken-ri-man/2554/)

215 Erste Ansätze dazu in einer Arbeitsgruppe von N. Birbaumer (Universität Tübingen). Für die neuropsychologischen Grundlagen vgl. N. Birbaumer, R.F. Schmidt, *Biologische Psychologie*, Berlin/Heidelberg/New York ²1991

nisch zu verarbeiten.[216] Die Horrorvisionen vom manipulierten Cyborg liegen auf der Hand. Andererseits zeichnet sich damit auch eine medizinische Vision ab, nach der Ersatztransplantation nicht bei Extremitäten und Organen wie Herz und Leber stehen bleiben muss. Ausfälle nach Läsionen oder chirurgischen Eingriffen z.B. bei Tumoroperationen wären damit ersetzbar. Ebenso wäre denkbar, entsprechendes neuronales Gewebe gentechnisch zu züchten und mit entsprechenden Lernalgorithmen für den gewünschten Einsatz zu trainieren. Dass in der Medizin die Transplantation eines vollständigen Kopfes auf einen anderen Körper in Tierversuchen wenigstens erprobt wurde, zeigt die Ultima Ratio der Transplantationsmedizin auf.

Vom Standpunkt der KI-Forschung werden die verschiedenen Varianten technisch-organischer Verbindung nur Beispiele von Hybridsytemen sein, die motorische, sensorische, emotionale und kognitive Fähigkeiten realisieren. Sind sie im Sinne Turings auf entsprechende Algorithmen abbildbar und damit auf Computern simulierbar? Selbst wenn das so ist, dann besteht das Problem der Simulation weniger in der dazu notwendigen Steigerung der Rechen- und Speicherkapazität, die in absehbarer Zeit erreichbar ist. Das Problem besteht in der Art der dazu notwendigen Programme. Sich selbst organisierende Verfahren wie genetische, evolutionäre und lernende Algorithmen sind vermutlich nur die ersten Schritte. Um genaue Verschaltungsdynamik des Gehirns bei den genannten Leistungen zu erfahren, ist zunächst eine extreme Auflösung der neuronalen Aktivitätsmuster notwendig.

Ray Kurzweil diskutiert in dem Zusammenhang eine komplette Kartierung des Gehirns auf der Auflösungsebene von Synapsen. Solche Karten, wie sie wenigstens hypothetisch in den sich selbst organisierenden Merkmalskarten von Kohonen vorliegen, müssten nach diesem Ansatz schichtweise gescannt werden, um der Dynamik des Gehirns auf die Spur zu kommen. Damit stände die Software zur Verfügung, die unabhängig von der Wetware eines Gehirns auf andere Medien übertragbar wäre. Die chirurgische Kopftransplantation würde sich buchstäblich erübrigen. Vielleicht sind auch andere Trägermedien als biologisches neuronales Gewebe möglich. Turing und die Churchsche These (vgl. Kap. 5) haben damit keine Probleme. Selbst wenn Kurzweils Prognose der Steigerung der Rechenkapazität im 21. Jahrhundert zutrifft, ist damit nicht garantiert, dass auch die motorischen, sensorischen, emotionalen und kognitiven Fähigkeiten des Menschen in gleicher Weise durch Programme zu erfassen und simulieren sind oder sich evolutionär in Generationen von Programmen entwickeln könnten. In Forschung und

---

216 Auf die Möglichkeit von einem direkten Gehirnanschluß weist H. Moravec bereits in seinem Buch *Mind Children. Der Wettlauf zwischen menschlicher und künstlicher Intelligenz*, Hamburg 1990 hin. Dazu auch P. Thomas, Die neuen Maschinenmenschen, in: *Spektrum der Wissenschaft* Dossier 4 1999, 44–47

Technik zeichnet sich eine von Menschen initiierte Ko-Evolution von künstlichen intelligenten Systemen erst schemenhaft ab.[217]

In dieser Grauzone künstlicher Evolution der Robotik treffen sich heute *Science Fiction* und zivilisatorische Projektionen unserer Gesellschaft.[218] War es Ende der 60er Jahre noch Stanley Kubricks fühlender Bordcomputer eines Raumschiffs (H.A.L.), so ist es Anfang des 21. Jahrhunderts Stephen Spielbergs kleiner Roboterjunge DAVID, der auf Liebe und Familie programmiert wurde und sie im gesellschaftlichen Koma einer sterbenden menschlichen Zivilisation vergeblich sucht. In Spielbergs Vision sind die großen Städte mit ihren Wolkenkratzern untergegangen. Wenige Menschen stützen sich auf einen Versorgungsstaat mit intelligenten Robotern. Es ist die Endzeitvision von Dienstleistungsrobotern, die körperliche und mentale menschliche Krüppel angesichts knapper Ressourcen mit dem Notwendigen versorgen – von Nahrungsmitteln bis zu Gefühlen.

---

217 Darauf hat sehr früh M. Minsky hingewiesen. Vgl. z.B. *The Society of Mind*, New York 1985. Ebenso C. Maar, E. Pöppel, T. Christaller (Hrsg.), *Die Technik auf dem Weg zur Seele*, Reinbeck 1996; R. Kurzweil, *Homo s@piens. Leben im 21. Jahrhundert. Was bleibt vom Menschen?* München 2000, Kap. 6

218 O. Müller, J. Clausen, G. Maio (Hrsg.), *Das technisierte Gehirn. Neurotechnologien als Herausforderung für Ethik und Anthropologie*, Paderborn 2009; R. Kurzweil, *The Singularity is near: When Humans transcend Biology*, New York 2005

# 5
# Künstliche Intelligenz – Schlüssel zur Komplexität des Geistes

## Symbolische KI

Als Geburtsjahr der KI-Forschung gilt 1950, als Turing seinen berühmten Aufsatz *Computing Machinery and Intelligence* veröffentlicht. Hier findet sich der sogenannte ›Turing-Test‹. Turing schlägt vor, einer Maschine genau dann ›Künstliche Intelligenz‹ zuzusprechen, wenn ein Beobachter nicht in der Lage ist zu unterscheiden, ob er es mit einem Menschen oder einem Computer zu tun hat. Beobachter und Testsystem (Mensch oder Computer) kommunizieren über ein Terminal (heute z. B. mit Keyboardtastatur und Bildschirm). Turing stellt in seiner Arbeit Musterfragen und Musterantworten aus unterschiedlichen Anwendungsbereichen vor wie z. B.:[219]

F: Schreiben Sie mir bitte ein Gedicht über die Firth of Forth-Brücke.
A: In diesem Punkt muss ich passen. Ich könnte nie ein Gedicht schreiben.
F: Addieren Sie 34957 zu 70764.
A: (wartet ca. 30 Sekunden und gibt dann die Antwort) 105 721.
F: Spielen Sie Schach?
A: Ja.
F: Mein König steht auf e8; sonst habe ich keine Figuren mehr. Sie haben nur noch ihren König auf e6 und einen Turm auf h1. Sie sind am Zug. Wie ziehen sie?
A: (nach einer Pause von 15 Sekunden) Th1–h8, matt.

Turing ist 1950 überzeugt: »Ich glaube, dass am Ende dieses Jahrhunderts die allgemeinen Ansichten der Gelehrten sich soweit geändert haben werden, dass man ohne Widerspruch von denkenden Maschinen wird reden können.« Dass Computer heute schneller und genauer rechnen und besser Schach spielen, kann tatsächlich kaum noch bestritten werden. Menschen irren aber auch, täuschen, sind ungenau und geben ungefähre Antworten. Das ist nicht nur ein Mangel, sondern zeichnet sie manchmal sogar aus, um sich in unklaren Situationen zurechtzufinden. Jedenfalls müssten diese Reaktionen auch von einer Maschine realisiert werden können. Dass Turings Testsystem kein Gedicht schreiben wollte, also den Kreativitätstest von Lady Lovelace nicht bestanden hat, konnte Turing kaum erschüttern. Welcher Mensch ist schon kreativ und kann Gedichte schreiben?

---

219 A.M. Turing, Computing Machinery and Intelligence, in: Ders., *Intelligence Service. Schriften*, Berlin 1987, 147–182

Wie auch immer der Turing-Test heute zu beurteilen ist. Als sich 1956 führende Forscher wie John McCarthy, William A. Newell, Herbert Simon u.a. zur Dartmouth-Konferenz über Maschinenintelligenz trafen, waren sie von Turings Frage ›*Can machines think*?‹ inspiriert. Bezeichnend war die interdisziplinäre Zusammensetzung dieser Konferenz aus Computerwissenschaftlern, Mathematikern, Psychologen, Linguisten und Philosophen. So trat die Gruppe um den universell gebildeten Simon, der spätere Nobelpreisträger für Wirtschaftswissenschaften, für ein psychologisches Forschungsprogramm ein, um kognitive Prozesse menschlicher Problem- und Entscheidungsfindung auf dem Computer zu simulieren.

Die erste Phase der KI-Forschung (etwa Mitte der 50er bis Mitte der 60er Jahre) ist noch von euphorischen Erwartungen für formale symbolische Verfahren bestimmt. Ähnlich wie in Leibnizens *mathesis universalis* sollen symbolische Problemlösungsverfahren für Computer formuliert werden. Nachdem Newell, Shaw und Simon 1957 mit dem LOGICAL THEORIST ein formales Beweisprogramm für die ersten 38 Sätze aus Russells und Whiteheads Logikbuch *Principia Mathematica* angegeben hatten, sollte das formale GPS (General-Problem-Solver)-Programm 1962 die heuristische Basis für menschliches Problemlösen überhaupt festlegen. Die Enttäuschung war groß angesichts der praktischen Ergebnisse. Erfolgreicher erwiesen sich erste spezialisierte Programme wie STUDENT zum Lösen von Algebraaufgaben oder ANALOGY zur Mustererkennung analoger Objekte. Es zeigte sich, dass erfolgreiche KI-Programme von geeigneten Wissensbasen (Datenbanken) und schnellen Abrufverfahren abhängen.

Um mit Menschen zu kommunizieren, müssen ihre natürlichen Sprachen verstanden werden. Ehrgeiziges Ziel der KI-Forschung war es daher von Anfang an, entsprechende Computerprogramme für natürliche Sprachen zu entwickeln. 1965 stellte Joseph Weizenbaum das Programm ELIZA vor, in dem der Dialog zwischen einem Psychiater und einem Patienten simuliert wurde. Obwohl Weizenbaum selber sein Programm nicht als intelligent bezeichnete, sorgte es in der Öffentlichkeit für Aufsehen. Grund waren die verblüffenden Fragen und Antworten des Systems, die geradezu Verständnis für die Situation einer Patientin zu signalisieren schienen.

Auf z.B. die Bemerkung der Patientin MÄNNER SIND ALLE GLEICH, scheint der Psychiater verständnisvoll zurückzufragen IN WELCHER HINSICHT. Tatsächlich handelt es sich um nichts anderes als das Ableiten von syntaktischen Symbollisten in der formalen Programmiersprache LISP (*List Processing Language*): Die formalen Programmregeln sind so gewählt, dass sie umgangssprachlichen Unterhaltungsgewohnheiten entsprechen. Auf bestimmte Schlüsselworte und Satzmuster können passende Umstellungen und Einsetzungen vorgenommen werden. Bei einer allgemeinen Feststellung fragen wir üblicherweise nach. Steht z.B. in einem Satz der Patientin das Schlüsselwort SIND, so antwortet das Programm mit der Liste von Symbolen IN WELCHER HINSICHT. Dazu wendet ein spezieller Operator das Muster *SIND* mit der Leerstelle * an, in die in unserem Beispiel die Symbollisten MÄNNER und ALLE GLEICH einzusetzen sind.

Im Programm ELIZA kann zwar von der Simulation von Gefühlen und Verständnis keine Rede sein. Allerdings handelt es sich um symbolische Mustererkennung, die auch von Menschen angewendet wird. Unabhängig von den damaligen KI-Programmen ist die 1959 von McCarthy entwickelte KI-Programmiersprache LISP bis heute von grundlegender Bedeutung.

In der zweiten Phase der KI (etwa Mitte der 60er bis Mitte der 70er Jahre) lässt sich eine verstärkte Hinwendung zum praktischen und spezialisierten symbolischen Programmieren beobachten. Typisch ist die Konstruktion von spezialisierten symbolischen Systemen, Methoden zur symbolischen Wissensrepräsentation und ein Interesse an natürlichen Sprachen. Am MIT entwickelte J. Moser das Programm MACSYMA, das eigentlich eine Sammlung von Spezialprogrammen zur Lösung von mathematischen Problemen in der üblichen mathematischen Symbolik darstellte. Weiterführende Programme dieser Art (z. B. zum Integrieren und Differenzieren) sind bis heute im Gebrauch.

Terry Winograd stellte 1972 ein Robotikprogramm vor, um verschieden geformte und gefärbte Bauklötze mit einem Magnetarm zu manipulieren. Dazu wurden die Bauklötze mit ihren Eigenschaften und Ortsangaben in Datenstrukturen repräsentiert. Umprogrammierung der Ortsangaben wurde mit dem Magnetarm durch Umstellung der Bauklötze ausgeführt.

Eine bemerkenswerte Programmiersprache dieser Epoche ist PROLOG (*Programming in Logic*), die sich am Aufbau der formalen Sprache der Prädikatenlogik orientiert. Wissen wird in der Prädikatenlogik durch eine Menge von wahren Aussagen dargestellt. Aussagen wie z. B. ›Sokrates ist Philosoph‹ und ›Sokrates ist Lehrer von Platon‹ bestehen aus Namen (z. B. ›Sokrates‹, ›Platon‹) und Prädikaten (z. B. ›ist Philosoph‹, ›ist Lehrer von‹). Nach dem Vorbild von Funktionsausdrücken $f(x)$ oder $g(x,y)$ in der Mathematik werden Prädikate und Relationen den Argumenten, auf die sie angewendet werden, vorangestellt, also z. B.

ist Philosoph (Sokrates)

ist Lehrer von (Sokrates, Platon).

Damit können komplizierte Wissensdateien dargestellt und nach einheitlichen Standards wie Funktionen in der Mathematik bearbeitet werden.

In der dritten Phase der KI (ca. Mitte der 70er bis Mitte der 80er Jahre) rücken wissensbasierte Expertensysteme in den Vordergrund, die erste praktische Anwendungen versprachen. Abgegrenztes und überschaubares Spezialwissen menschlicher Experten wie z. B. von Ingenieuren und Ärzten sollte für den tagtäglichen Gebrauch zur Verfügung gestellte werden. Bei wissensbasierten Expertensystemen handelt es sich um KI-Programme, die Wissen über ein spezielles Gebiet speichern und aus dem Wissen automatisch Schlussfolgerungen ziehen, um konkrete Lösungen zu finden oder Diagnosen von Situationen bereitzustellen.

Im Unterschied zum menschlichen Experten ist das symbolische Wissen eines Expertensystems beschränkt. Es besitzt kein allgemeines Hintergrundwissen, keine Erinnerungen, Gefühle und Motivationen, die von Person zu Person trotz gemeinsamem Spezialwissen unterschiedlich sein können: Ein älterer Hausarzt, der eine Familie über Generationen kennt, wird anderes Hintergrundwissen in die Diagnose eines Familienmitgliedes einfließen lassen als der junge Spezialist, der soeben von der Universität kommt.

Wissen ist ein Schlüsselfaktor in der Darstellung eines symbolischen Expertensystems. Wir unterscheiden zwei Arten von Wissen. Die eine Art des Wissens betrifft die Fakten des Anwendungsbereichs, die in Lehrbüchern und Zeitschriften festgehalten werden. Ebenso wichtig ist die Praxis im jeweiligen Anwendungsbereich als Wissen der zweiten Art. Es handelt sich um heuristisches Wissen, auf dem Urteilsvermögen und jede erfolgreiche Problemlösungspraxis im Anwendungsbereich beruhen. Es ist Erfahrungswissen, die Kunst des erfolgreichen Vermutens, das ein menschlicher Experte nur in vielen Jahren Berufspraxis erwirbt.

Das heuristische Wissen ist am schwierigsten darzustellen, da sich der Experte dessen meistens selber nicht bewusst ist. Kognitionswissenschaftler sprechen von implizitem bzw. nicht-deklarativem Wissen im Unterschied zu deklarativem Wissen, das explizit angegeben und sprachlich formuliert werden kann. Daher müssen interdisziplinär geschulte Wissensingenieure die Expertenregeln der menschlichen Experten in Erfahrung bringen, in formalen Programmiersprachen darstellen und in ein funktionsfähiges Arbeitsprogramm umsetzen.

Eine weitverbreitete Art symbolischer Wissensrepräsentation ist regelbasiert. Dabei werden formale Regeln als Wenn-dann-Aussagen verstanden, bei denen die Vorbedingung (›Prämisse‹) eine Situation beschreibt, in der eine Aktion ausgeführt werden soll. Damit kann eine logische Folgerung gemeint sein, wonach aus einer Prämisse eine Aussage abgeleitet wird. Ein Beispiel dafür ist, wenn ein Ingenieur aus bestimmten Symptomen eines Motors folgert, dass ein Motorkolben defekt ist. Eine Regel kann aber auch als eine Handlungsanweisung verstanden werden, um einen Zustand zu verändern. Wenn z. B. ein Kolben defekt ist, dann ist sofort der Motor abzustellen und das defekte Teil zu ersetzen.

Der Klassiker eines diagnostischen Expertensystems war MYCIN, das Mitte der 70er Jahre an der Universität Stanford entwickelt wurde. Das MYCIN-Programm sollte das medizinische Spezialwissen eines Arztes über bakterielle Infektion simulieren. MYCINs Wissenspool über bakterielle Infektion besteht aus etwa 300 Regeln. Um das Wissen anwenden zu können arbeitet das Programm rückwärts. Für jede von etwa 100 möglichen Vermutungen über Diagnosen versucht MYCIN auf einfache Fakten zu stoßen, die durch Laborergebnisse oder Klinikbeobachtungen bestätigt sind.

Da in der Medizin im Unterschied zur Mathematik formale Ableitungen kaum sicher sind, wurde ein Verfahren des plausiblen Schließens und der Wahrscheinlichkeitsbewertung mit dem Problemfindungsapparat des Systems verbunden. Es ist bemerkenswert, dass einer der Autoren von MYCIN, nämlich B.G. Buchanan, zunächst Philosoph war und in Pittsburgh Rudolf Carnaps Theorie des induktiven Schließens studiert hatte, die bei den Schlussverfahren dieses Expertensystems unübersehbar Pate stand.

Bereits Ende der 60er Jahre hatten Edward A. Feigenbaum u.a. ebenfalls in Stanford das Expertensystem DENDRAL vorgestellt. Es benutzte die speziellen Kenntnisse eines Chemikers, um zu einer chemischen Summenformel eine passende molekulare Strukturformel zu finden. In einem ersten Schritt werden systematisch alle kombinatorisch möglichen räumlichen Anordnungen der Atome zu einer vorgegebenen Summenformel bestimmt. Für z.B. $C_{20}H_{43}N$ ergeben sich 43 Millionen Anordnungen. Chemisches Wissen über die Bindungstopologie, wonach z.B. Kohlenstoffatome vielfach gebunden werden können, reduziert die Möglichkeit auf 15 Millionen. Wissen über Massenspektroskopie, über die Stabilität von Bindungen und Kernspinresonanz schränken schließlich die Möglichkeiten auf die gesuchte Strukturformel oder wenige Kandidaten ein.

Die formale Problemlösungsstrategie ist der *British-Museum*-Algorithmus, der in der Programmiersprache LISP darstellbar ist. Er zählt systematisch alle Kombinationen auf und testet sie darauf, ob sie als Lösungen in Frage kommen. Formal handelt es sich also um einen Suchalgorithmus, der ebenso im Britischen Museum (daher der Name) systematisch alle dort aufgestellten Bücher durchtesten könnte, ob es sich um die von mir gewünschten Bücher handelt oder nicht. Bereits Leibniz hatte eine systematische Kunst des Findens (*ars inveniendi*) für die Wahrheiten von Wissensgebieten gefordert, die an Maschinen delegiert werden sollte.

Tatsächlich wurden in den Problemlösungskomponenten von symbolischen Expertensystemen verschiedene logische, statistische und heuristische Methoden eingebaut, die aus der Logik und Methodenlehre der Philosophie wohl bekannt waren. Mit Blick auf die Expertensysteme stellte daher Clark Glymour von der Carnegie-Mellon Universität in Pittsburgh, einer der Kaderschmieden amerikanischer KI-Forschung, Ende der 80er Jahre fest: »Künstliche Intelligenz ist Philosophie, die in Computerprogramme übersetzt wird«.[220] Neben ihren erkenntnistheoretischen Aspekten schienen Expertensysteme erstmals kommerzielle KI-Software zu ermöglichen.

Feigenbaum, einer der Pioniere dieser Entwicklung, verglich Mitte der 80er Jahre die Entwicklung wissensbasierter Expertensysteme mit der Geschichte der Automobilindustrie. In der Welt der KI wäre es sozusagen 1890, als die ersten Automobile auftraten. Sie waren handbetriebene pferdelose Wagen, aber bereits Automobile, d.h. selbstbewegliche Fahrzeuge. So wie seinerzeit Henry Ford die ersten Prototypen für die Massenproduktion weiterentwickelte, so würden nach Feigenbaum auch wissensbasierte Systeme in die Massenproduktion gehen. Wis-

---

220 C. Glymour, AI is Philosophy, in: J.H. Fetzer (ed.), *Aspects in Artificial Intelligence*, Dordrecht/Boston/Lancaster/Tokyo 1988, 195–207

sensbasierte Systeme wurden also als ›Automobile des Wissens‹ verstanden. So wie Babbage in seinem Buch ›*On the Economy of Manufactures and Machining*‹ das Zeitalter numerischer Datenverarbeitung vorwegnahm, prophezeite Feigenbaum in seinem Buch ›The *5th Generation*‹ von 1984 ein Zeitalter massenhafter maschineller Wissensverarbeitung.

George Orwell hatte pikanterweise für *1984* den totalen Überwachungsstaat vorausgesagt, in dem Buchwissen verbannt wäre und der ›*Big Brother*‹ die technische Kontrolle über das Denken und Fühlen der Menschen übernommen hätte. Der Untertitel von Feigenbaums Buch (›*Artificial Intelligence and Japan's Computer Challenge to the World*‹) appellierte zudem an amerikanische Urängste nach dem Pearl Harbor-Schock des Weltkriegs: Japans KI-Forschung rüste seit Anfang der 80er Jahre auf, um das rohstoffarme Japan mit wissensbasierten Expertensystemen, Datenbanken und der Intelligenz seiner Bevölkerung als wichtigstem Rohstoff in ein Zeitalter der Wissensindustrie zu führen.

Die Bezeichnung der 5. Generation spielte auf die vorangegangenen Computergenerationen an. Nach der ersten Generation der Elektronenröhrencomputer (bis Ende der 50er Jahre), der zweiten Generation der Transistorencomputer (bis Ende der 60er Jahre), der dritten Generation der teilweise integrierten Schaltkreise (seit Mitte der 60er Jahre) und der vierten Generation der hochintegrierten Schaltkreise (seit Anfang der 70er Jahre) sollte die fünfte Generation mit Supercomputern wesentlich schnellere Rechenleistungen, größere Speicherkapazitäten für Datenbanken, neue Programmiersprachen zur symbolischen Wissensverarbeitung und damit kommerzielle Expertensysteme ermöglichen.

Im Programm der 5. Generation wurden viele Themen genannt, die bis heute zentrale Fragen der KI-Forschung sind. Hier ist vor allem die Mensch-Maschine-Wechselwirkung (Interface) mit natürlicher Sprache, Rede, Bilderkennung und Gesten zu nennen. Für diese Aufgaben erwiesen sich aber regel- und wissensbasierte Expertensysteme nur beschränkt tauglich. Auch die Fixierung auf Supercomputer war zeitbedingt. Mit dem Einzug von leistungsfähigen Personal Computers (PC) seit Mitte der 80er Jahre, ihrer weltweiten Vernetzung im World Wide Web seit Anfang der 80er Jahre mit Multimedia und virtueller Realität und schließlich ubiquitären Kommunikationstechnologien seit der Jahrtausendwende werden neue technische Rahmenbedingungen der KI-Forschung gesetzt. Hinzu kommt eine stärkere Orientierung an natürlichen Systemen der Evolution, der Gehirn- und Kognitionsforschung. Damit zeichnet sich eine neue Phase der KI-Forschung nach den symbolischen KI-Programmen ab, von der in diesem Buch die Rede sein soll.[221]

---

221 Weitere Quellen zu den historischen Wurzeln der symbolischen KI in K. Mainzer, *Computer – Neue Flügel des Geistes? Die Evolution computergestützter Technik, Wissenschaft, Kultur und Philosophie*, Berlin/New York 1995, 103ff.. Die Entwicklung der symbolischen KI in den 90er Jahren ist doku-

# Turingmaschine und Berechenbarkeit

Wenn Intelligenz mit Computern realisiert werden soll, dann muss sie auf Rechenleistungen zurückführbar sein. Rechnen ist aber letztlich ein mechanischer Vorgang, der ohne ›intelligente Einsicht‹ von einer Maschine ausgeführt werden kann. Die Kunst besteht darin, ein solches Rechenverfahren zu finden. Analog bestand die Kunst von Henry Ford darin, ein Automobil zu entwerfen. Die Produktion konnte in elementare Produktionsschritte zerlegt werden, die nacheinander auf einem Fließband nach einem vorgegebenen Programm ausgeführt werden.

In der Arithmetik lassen sich elementare Rechenschritte von einem Schulkind ausführen. Wir sprechen dann von ›Algorithmen‹ nach dem persischen Mathematiker al-Chwarismi, der um ca. 800 n. Chr. Lösungsverfahren für einfache algebraische Gleichungen fand. Turing zeigte 1936, wie ein Rechenverfahren in eine Folge kleinster und einfachster Schritte zerlegt werden kann.[222] Damit gelang ihm erstmals, den allgemeinen Begriff eines effektiven Verfahrens (Algorithmus) logisch-mathematisch zu präzisieren. Erst dann lässt sich nämlich unabhängig von der jeweiligen Computertechnik beantworten, ob ein Problem prinzipiell berechenbar oder nicht berechenbar sei.

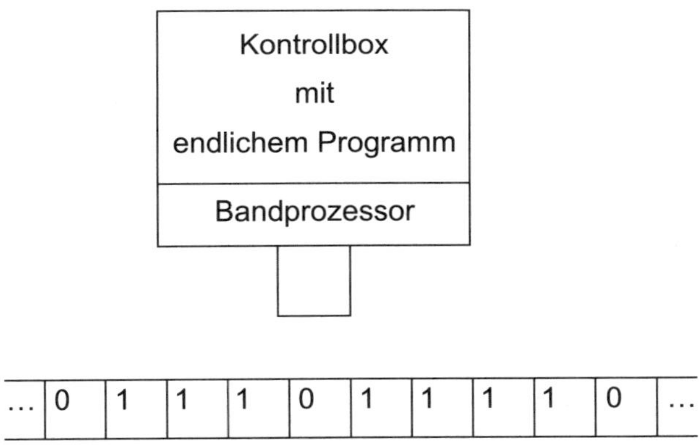


*Abb. 35:* Turingmaschine mit Schreibband

Anschaulich stellte sich Turing seine Maschine wie eine Schreibmaschine vor. Wie ein beweglicher Schreibkopf kann ein Prozessor nacheinander einzelne wohlunterschiedene Zeichen aus einem endlichen Alphabet auf ein Schreibband dru-

---

mentiert in der deutschen *KI-Zeitschrift Künstliche Intelligenz* des Fachbereichs 1 der Gesellschaft für Informatik e.V.

222 A.M. Turing, On Computable Numbers, with an Application to the Entscheidungsproblem, in: *Proc. London Math. Soc., Ser.* 2 42 1936-7, 230–65. Vgl. auch E.L. Post, Finite Combinatory Processes – Formulation I, in: *Symbolic Logic* I 1936, 103–105

cken (Abb. 35). Das Schreibband ist in einzelne Felder unterteilt und nach links und rechts im Prinzip unbegrenzt. Das Programm einer Turingmaschine besteht aus einfachen Elementarbefehlen, die nacheinander (sequentiell) ausgeführt werden. Danach kann ein Symbol des Alphabets in dem jeweiligen Arbeitsfeld eines Schreibbands gedruckt oder gelöscht, der Schreibkopf um ein Feld nach links oder rechts verschoben werden und der Rechenprozess schließlich nach endlich vielen Schritten stoppen. Im Unterschied zu einer Schreibmaschine kann eine Turingmaschine den Inhalt einzelner Felder des Bandes nacheinander lesen und in Abhängigkeit davon weitere Schritte ausführen.

Ein Beispiel für ein endliches Alphabet besteht aus den beiden Zeichen 0 und 1, mit denen sich alle natürliche Zahlen 1,2, … darstellen lassen. Wie beim Zählen lässt sich nämlich jede natürliche Zahl 1,2,3,4 … durch entsprechend häufige Addition von 1 erzeugen, also 1, $1+1$, $1+1+1$, $1+1+1+1$, … . Auf dem Schreibband einer Turingmaschine wird eine natürliche Zahl daher durch eine entsprechende Kette von Einsen dargestellt, die nacheinander in einem Feld gedruckt sind. Am Anfang und Ende wird jede Zahl mit Null begrenzt. In Abb. 35 sind die Zahlen 3 und 4 auf einem Schreibband notiert. Ein Additionsprogramm für die Aufgabe $3+4$ besteht darin, die Null zwischen den beiden Einserketten zu löschen und die linke Einserkette um ein Feld nach rechts zu verschieben. So entsteht eine Einserkette aus sieben Einsen, also eine Darstellung der Zahl Sieben. Danach stoppt das Programm.

Nicht jedes Programm einer Turingmaschine ist so einfach wie die Addition. Im Prinzip kann aber das Rechnen mit natürlichen Zahlen auf das Manipulieren von 0 und 1 mit den Elementarbefehlen einer Turingmaschine zurückgeführt werden. Allgemein untersucht die Arithmetik mehrstellige Funktionen $f$ mit Argumenten $x_1, \ldots, x_n$, also z.B. $f(x_1, x_2) = x_1 + x_2$. Jedes Argument ist eine Zahl, die auf einem Turingband durch eine Einserkette dargestellt wird. Die restlichen Felder sind leer, d.h. mit 0 bedruckt. Am Anfang einer Rechnung stehen also auf einem Turingband nur Einserketten, die durch Nullen getrennt sind, also: $\ldots 0x_1 0x_2 0 \ldots 0x_n 0 \ldots$ . Eine $n$-stellige Funktion $f$ mit Argumenten $x_1, \ldots, x_n$ heißt Turing-berechenbar, wenn es eine Turingmaschine gibt, die mit einer Bandbeschriftung $\ldots 0x_1 0x_2 \ldots 0x_n \ldots$ beginnt und nach endlich vielen Schritten mit der Bandbeschriftung $\ldots 0f(x_1, \ldots, x_n)0 \ldots$ stoppt. Dabei wird der Funktionswert $f(x_1, \ldots, x_n)$ durch eine entsprechende Einserkette dargestellt.

Jede Turingmaschine kann durch die Liste ihrer Anweisungen eindeutig definiert werden. Dieses Turingprogramm besteht aus endlich vielen Anweisungen und Zeichen eines endlichen Alphabets. Anweisungen und Zeichen können durch Zahlen kodiert werden. Daher lässt sich ein Turingmaschine eindeutig durch einen Zahlenkode (Maschinennummer) charakterisieren, der das entsprechende Maschinenprogramm mit seinen endlich vielen Zeichen und Anordnungen verschlüsselt. Diese Maschinennummer kann wie jede Zahl als Folge von Nullen und Einsen auf einem Turingband notiert werden. Damit war es Turing möglich, das

Verhalten einer beliebigen Turingmaschine mit einer beliebigen Bandschrift durch eine bestimmte Turingmaschine mit vorgegebenem Turingband zu simulieren. Turing nannte eine solche Maschine universell. Sie übersetzt jede Anweisung der simulierten Maschine, deren Maschinenkode auf ihrem Band notiert ist, in einen entsprechenden Bearbeitungsschritt einer beliebig vorgegebenen Bandinschrift.

Vom logischen Standpunkt ist jeder universelle programmkontrollierte Computer, wie er z.B. von John von Neumann oder Zuse gebaut wurde, nichts anderes als eine technische Realisation einer solchen universellen Turingmaschine, die jedes mögliche Turingprogramm ausführen kann. Ein Computer ist heute ein Vielzweckinstrument, das wir als Schreibmaschine, Rechner, Buch, Bibliothek, Videogerät, Drucker oder Multimedia-Show verwenden können je nachdem, welches Programm wir einstellen und laufen lassen. Jedes dieser Programme lässt sich im Prinzip auf ein Turingprogramm zurückführen. Wegen ihrer vielfältigen Aufgaben wären diese Turingprogramme sicher sehr viel unübersichtlicher, größer und langsamer als die Programme, die wir heute in unseren PC's und Notebooks installieren. Aber vom logischen Standpunkt sind diese technischen Fragen unerheblich. Jeder Computer kann also im Prinzip bei beliebiger Vergrößerung der Speicherkapazität und Verlängerung der Rechenzeit dieselbe Klasse von Funktionen berechnen, die auch von einer Turingmaschine berechnet werden kann.

Neben Turingmaschinen wurden verschiedene andere Verfahren zur Definition berechenbarer Funktionen vorgeschlagen, die sich als mathematisch äquivalent mit der Berechenbarkeit durch Turingmaschinen erwiesen. Daher stellte Alonzo Church in einer nach ihm benannten These (Churchsche These) fest, dass der Begriff der Berechenbarkeit überhaupt durch eine Definition wie die Turing-Berechenbarkeit vollständig erfasst sei. Die Churchsche These kann natürlich nicht bewiesen werden, da sie präzise Begriffe wie Turing-Berechenbarkeit mit intuitiven Vorstellungen von Rechenverfahren vergleicht. Sie wird allerdings dadurch gestützt, dass alle bisherigen Definitionsvorschläge mathematisch äquivalent sind.[223]

Turing-Maschinen sind keineswegs auf das erwähnte Alphabet aus den beiden Symbolen 0 und 1 beschränkt. Im Sinne symbolischer Datenverarbeitung können auch Worte und Sätze als Folgen von Symbolketten (z.B. aus den Buchstaben des lateinischen Alphabets) programmgesteuert erzeugt und verändert werden. Unter semiotischem Aspekt sind Zahlen nur spezielle Worte, die aus Ziffern als ihren Grundsymbolen erzeugt werden. So wurden auch Wortkalküle vorgeschlagen, die statt mit Zahlen mit Worten ›rechnen‹, um sie nach Programmregeln zu verändern. Auch dieser Ansatz hat sich als äquivalent zur Turing-Berechenbarkeit herausgestellt. Nach der Churchschen These können wir daher von Berechenbarkeit

223 A. Church, An Unsolvable Problem of Elementary Number Theory, in: *Amer. J. Math.* 58 1936, 345–363. Vgl. auch A. Heyting (ed.), *Constructivity in Mathematics*, Amsterdam 1957; K. Mainzer, Der Konstruktionsbegriff in der Mathematik, in: *Philosophia Naturalis* 12 1970, 367–412

überhaupt, effektiven Rechenverfahren bzw. Algorithmen als exakten Begriffen und Verfahren sprechen.

In diesem Buch wird darüberhinaus eine erweiterte Version der Churchschen These (*Extended Church's Thesis*) vertreten. Danach sind auch effektive Prozesse in Natur und Technik durch eine universelle Turingmaschine simulierbar. Die Dynamik solcher effektiven Prozesse in Natur und Technik, die sich aus elementaren Entwicklungsschritten (z. B. molekulare Reaktionen, elektronischen Schaltungen) zusammensetzen, ist nämlich durch mathematische Gleichungen darstellbar, die in Computermodellen und Computerprogrammen (und damit Algorithmen) simulierbar sind, die wiederum nach der Churchschen These auf einer universellen Turingmaschine realisierbar sind. Diese These wird durch die diskutierten Beispiele von der Systembiologie bis zu Robotik und Künstlicher Intelligenz gestützt.

Was haben aber diese idealen Begriffe und Verfahren mit realen Computern zu tun? Ein Benutzer kommuniziert mit einem Computer über ein Terminal, das heute noch aus einer Tastatur wie bei einer früheren Schreibmaschine und einem Bildschirm besteht. Die Ersteingabe von Daten erfolgt über die Tastatur mit Tasten für Buchstaben, Ziffern und Sonderzeichen. Der Bildschirm ist heute die wichtigste Ausgabeeinheit mit visuellen Daten aus Symbolen, Grafiken und Bildern. Bildschirmpositionen können durch Zeigegeräte wie z. B. eine Maus aufgesucht werden. Im Zeitalter von Multimedia wird das Terminal häufig durch Mikrofon und Lautsprecher für akustische Signale ergänzt.

Ein klassisches Ausgabegerät ist der Drucker, der die Ergebnisse der Datenverarbeitung auf Papier ausdruckt. Die Verarbeitung der Daten erfolgt im Prozessor. Der Zentralprozessor CPU (engl. *Central Processing Unit*) übernimmt die Steuerungs- und Ausführungsaufgaben. Dabei greift er auf einen Arbeitsspeicher zurück. Für langfristige Datenspeicherung nach Abschalten des Computers dienen Massenspeicher wie z. B. Festplatten und Disketten. Im Prinzip sind alle diese technischen Details in Turings Maschine mit Band und Bandprozessor berücksichtigt.

Symbolische Datenverarbeitung eines Programms setzt voraus, dass Daten in physikalische Zustände des Computers übersetzt werden. Im realen Prozessor werden dazu zwei Impulse mit verschiedenen Spannungen unterschieden. Der einzelne Impuls heißt *Bit* (engl. *Binary Digit*). Daher werden Ziffern, Buchstaben und Sonderzeichen in einen Binärkode aus den Symbolen 0 und 1 übersetzt, dem eine Bitfolge der beiden unterschiedlichen Stromimpulse als den physikalischen Zuständen der Maschine entspricht. So wird z. B. die Dezimalzahl 10 wegen $10 = 1 \cdot 2^3 + 0 \cdot 2^2 + 1 \cdot 2^1 + 0 \cdot 2^0$ in die Dualzahl 1010 umgerechnet. Während Dezimalzahlen in Dualzahlen kodiert werden, müssen für Buchstaben und Sonderzeichen besondere Binärcodes vereinbart werden (z. B. ASCII-Code für *American Standard Code for Information Interchange*). Das sind andere Vereinfachungen als wir sie eben bei Einführung der Turingmaschine verwendet haben. Aber sie sind im Prinzip auch für eine Turingmaschine einzurichten.

Die Maschinensprache eines Computers besteht nur aus Folgen von Bits, die für den Benutzer völlig unübersichtlich sind. Daher werden mehrere Bits zu Gruppen zusammengefasst und mit Buchstaben und Ziffern bezeichnet. Diese Symbole sollten leicht verständlich entsprechende Befehle und Daten im Binärcode repräsentieren. Das leisten maschinenorientierte Assemblersprachen (engl. *assemble* für montieren). Beispiele sind die Bezeichnung ›add‹ für Addition oder ›sub‹ für Subtraktion, um das Hinzufügen oder Abziehen eines Speicherinhalts im Zentralprozessor verständlich anzuzeigen. Ein Assemblerprogramm ist auf einem Computer nur ausführbar, wenn es in den Binärkode einer Maschine übersetzt wird. Im Prinzip lässt sich ein solcher Übersetzungsvorgang auch auf ein Turingprogramm zurückführen.

Computer sollen Probleme maschinell lösen. Bei schwierigen Problemen wird sich ein Benutzer kaum noch zusätzlich um die Zuordnung von Werten und Speicherstellen kümmern können. Daher wurden problemorientierte Programmiersprachen eingeführt, die es einem Nutzer erlauben, Probleme und ihre Lösungsverfahren in einer problemnahen Sprache auszudrücken. Ein Beispiel war die frühere Programmiersprache FORTRAN, die mit ihren Formelausdrücken zur Lösung mathematischer Aufgaben geschaffen wurde.

Problemorientierte Sprachen werden auch als höhere Programmiersprachen bezeichnet, da sie nicht maschinenorientiert sind und auch nicht in die Maschinensprache übersetzt werden müssen. Andere Beispiele von höheren am Nutzer orientierten Programmiersprachen legen auf einen übersichtlichen strukturierten Programmierstil Wert wie z. B. PASCAL. Die erwähnten KI-Sprachen LISP und PROLOG eignen sich als höhere Programmiersprachen besonders für Wissensrepräsentationen.

Übersetzungsprogramme für das Programm (Quellkode) einer höheren Programmiersprache in den Maschinenkode sind Compiler oder Interpreter. Ein Compiler übersetzt ein Programm vor der Programmausführung und speichert den Maschinenkode ab. Zur Laufzeit wird das Programm nur noch ausgeführt, so dass eine Übersetzungszeit entfällt. Demgegenüber übersetzt ein Interpreter den Quellkode ohne Abspeicherung Befehl für Befehl, so dass Änderungen schnell durchführbar sind, aber eine längere Übersetzungszeit erforderlich ist.

Mit einem Compiler übersetzte Programme können ohne erneute Übersetzung beliebig oft ablaufen, während der Quellkode beim Interpreter jedes Mal neu übersetzt werden muss. In diesem Zusammenhang gilt festzuhalten, dass die Übersetzungsarbeiten von Compiler- und Interpreter-Programmen im Prinzip auch auf Turingprogramme zurückführbar sind. Damit ist klar, dass auch höhere am Nutzer orientierte Programmiersprachen logisch als Turingprogramme verstanden werden können.

## Komplexität und Algorithmen

Wenn wir bestimmen wollen, wie intelligent eine Problemlösung ist, dann ist zunächst zu klären, wie schwierig und komplex ein Problem ist. In der Theorie der Berechenbarkeit, die auf Turing zurückgeht, wird die Komplexität eines Problems durch den Rechenaufwand der Problemlösung gemessen.[224] Nach der Churchschen These liegt mit der Turingmaschine ein exakter Maßstab für Berechenbarkeit vor. Die Frage, ob ein Problem effektiv entscheidbar ist, hängt mit seiner Berechenbarkeit unmittelbar zusammen. So lässt sich z.B. die Frage, ob eine natürliche Zahl gerade ist oder nicht, in endlich vielen Schritten entscheiden, indem wir für eine vorgelegte Zahl nachprüfen, ob sie durch 2 teilbar ist oder nicht. Das lässt sich mit einem Programm einer Turingmaschine nachrechnen.

Für den Intelligenzgrad einer Problemlösung ist nicht nur die Frage interessant, ob ein Problem entscheidbar sei, sondern wie und mit welchem Aufwand eine Entscheidung herbeigeführt werden kann. Betrachten wir das bekannte Problem eines Handlungsreisenden, der seine Kunden in ihren verschiedenen Städten nacheinander auf der kürzest möglichen Strecke abfahren soll.[225] Bei z.B. 3 Kunden hat er beim ersten Kunden 3 Möglichkeiten der Anfahrt von zu Hause. Für den zweiten Kunden verbleiben dann $2 = 3-1$ Möglichkeiten der Anfahrt. Für den dritten Kunden bleibt nur noch $1 = 3-2$ Möglichkeit der Anfahrt, um dann nach Hause zurückzufahren. Die Anzahl der Routen umfasst also $3 \cdot 2 \cdot 1 = 6$ Möglichkeiten.

Mathematisch werden die Möglichkeiten durch die ›Fakultät‹ (!) mit $3! = 6$ erfasst. Mit wachsender Kundenzahl steigen die Möglichkeiten extrem schnell von $4! = 24$ über $5! = 120$ bis $10! = 3628800$. Danach beginnen viele Taschenrechner zu streiken. Eine praktische Anwendung ist die Frage, wie ein Automat auf kürzestem Weg 442 Löcher in eine Platine bohren kann. Solche Leiterplatten befinden sich mit ähnlich hohen Anzahlen in Haushaltsgeräten, Fernsehempfängern oder Computern. Die Zahl 442! mit über tausend Dezimalstellen lässt sich nicht ausprobieren. Wie effektiv kann eine Lösung sein?

In der Komplexitätstheorie der Informatik werden Grade von Berechenbarkeit und Entscheidbarkeit unterschieden. Dazu kann die Rechenzeit als Anzahl der Elementarschritte eines Turingprogramms in Abhängigkeit von der Länge der Bandinschrift bei Rechnungsbeginn (Input) gewählt werden. Ein Problem hat lineare Rechenzeit, wenn die Rechenzeit nur proportional zur Länge der Summanden zunimmt. Bei der Multiplikation wächst die Anzahl der Rechenschritte proportional zum Quadrat der Inputlänge. Wächst die Anzahl der Rechen-

---

[224] Vgl. auch E. Cohors-Fresenborg, *Mathematik mit Kalkülen und Maschinen*, Braunschweig 1977; E. Börger, *Berechenbarkeit, Komplexität, Logik*, Braunschweig 1985

[225] M. Grötschel, L. Lovásc, A. Schrijver, *Geometric Algorithms and Combinatorial Optimization*, Berlin/Heidelberg/New York 1988

schritte proportional zu einem Quadrat-, Polynom- oder Exponentialausdruck in Abhängigkeit von der Inputlänge, spricht man von quadratischer, polynomialer und exponentieller Rechenzeit.

Lange Rechenzeiten kommen bei einer deterministischen Turingmaschine dadurch zustande, dass alle Teilprobleme und Fallunterscheidungen eines Problems systematisch nacheinander geprüft und berechnet werden müssen. Manchmal scheint es deshalb ratsamer, sich unter einer endlichen Anzahl von Möglichkeiten durch eine Zufallsentscheidung eine Lösung auszuwählen. So verfährt eine nicht-deterministische Turingmaschine: Sie rät eine Antwort auf das Problem und beweist dann die geratene Antwort. Um zu entscheiden, ob z. B. eine natürliche Zahl zusammengesetzt ist, rät die nichtdeterministische Maschine einen Teiler, teilt die gegebene Zahl mit Rest durch den Teiler und überprüft, ob der Rest aufgeht. In diesem Fall bestätigt die Maschine, dass die Zahl zusammengesetzt ist. Demgegenüber muss eine deterministische Turingmaschine systematisch nach einem Teiler suchen, indem sie z. B. jede von Eins verschiedene kleinere Zahl als die vorgegebene Zahl aufzählt und den Teilbarkeitstest durchführt.

Probleme, die in polynomialer Zeit durch eine deterministische Maschine entschieden werden, heißen P-Probleme. Werden Probleme in polynomialer Zeit von einer nichtdeterministischen Maschine entschieden, sprechen wir von NP-Problemen. Nach dieser Definition sind alle P-Probleme auch NP-Probleme. Es ist allerdings nach wie vor eine offene Frage, ob alle NP-Probleme auch P-Probleme sind, also nichtdeterministische Maschinen bei polynomialer Rechenzeit durch deterministische Maschinen ersetzt werden können.

Wir kennen heute Probleme, die zwar nicht entschieden werden, von denen wir aber exakt bestimmen können, wie schwierig sie sind. Aus der Aussagenlogik ist das Problem bekannt, wie für eine beliebige aus Elementaraussagen zusammengesetzte Aussage herausgefunden werden soll, welche der Elementaraussagen wahr bzw. falsch sein müssen, damit die gesamte Aussage wahr ist.

So ergeben die durch die logische Verknüpfung ›und‹ verbundenen Elementaraussagen A und B nur dann eine wahre zusammengesetzte Aussage, wenn beide Elementaraussagen A bzw. B wahr sind. Die durch ›oder‹ verbundenen Elementaraussagen ergeben nur dann eine wahre zusammengesetzte Aussage, wenn wenigstens eine Elementaraussage wahr ist. Man sagt in diesen Fällen, dass die zusammengesetzten Aussagen erfüllbar seien. Demgegenüber bilden die durch ›und‹ verbundene Elementaraussage A und ihre Verneinung keine erfüllbare Aussage: Beide Elementaraussagen können nicht zugleich wahr sein.

Die Rechenzeit eines Algorithmus, der alle Kombinationen von Wahrheitswerten einer zusammengesetzten Aussage überprüft, hängt ab von der Anzahl ihrer Elementaraussagen. Bisher ist weder ein Algorithmus bekannt, der das Problem in Polynomialzeit löst, noch wissen wir, ob es einen solchen Algorithmus überhaupt gibt. Der amerikanische Mathematiker Stephen A. Cook konnte allerdings 1971 beweisen, dass das Erfüllbarkeitsproblem mindestens so schwierig ist wie jedes andere Problem aus der Klasse der NP-Probleme. Zwei Probleme sind äquivalent in ihrer Schwierigkeit, falls eine Lösung des einen Problems auch eine Lösung des anderen Problems liefert. Ein Problem, das in diesem Sinne äquivalent ist mit einer Klasse von Problemen, heißt vollständig in Bezug auf diese Klasse. Nach dem Erfüllbarkeitsproblem konnten noch andere klassische Probleme wie z.B. das Problem des Handlungsreisenden als NP-vollständig bewiesen werden. Ob allerdings die Klasse der P-Probleme und die Klasse der NP-Probleme äquivalent ist oder nicht, konnte bisher nicht entschieden werden.

Immerhin gibt es bemerkenswerte Einsichten, wenn der Begriff der Berechenbarkeit und Entscheidbarkeit relativiert wird. Aus dem Alltag sind uns Entscheidungssituationen bekannt, bei denen wir auf Nachrichten vertrauen und sie bei unserer Entscheidung verwenden, ohne zu wissen, wie sie zustande gekommen sind. Die Nachrichtenquelle wird in diesem Fall wie eine Black Box oder ein Orakel behandelt, von deren Entscheidungsmechanismus wir den Berechenbarkeitsgrad nicht kennen.

Eine entsprechende Turingmaschine greift bei der Berechnung einer Funktion zusätzlich auf Bandinschriften von Nachrichten aus der Menge $M$ zurück, ohne den Rechenaufwand zu kennen, wie diese Nachrichten zustande kamen. Bei $M$ kann es sich um Mengen handeln, von denen wir nicht wissen, ob sie überhaupt entscheidbar sind. Für eine Funktion, die relativ zu $M$ berechenbar ist, gibt es also eine Turingmaschine, die unter Verwendung von Bandinschriften aus $M$ nach endlich vielen Schritten stoppt. Muss sie dazu zusätzliche Inschriften verwenden, die nicht zur Menge $M$ gehören, dann ist die Funktion nicht berechenbar relativ zu $M$.

Wie lassen sich relative Berechnungen für das Grundproblem ausnutzen, ob die Klassen P und NP äquivalent sind? Tatsächlich lassen sich viele Probleme soweit relativieren, dass zwei verschiedene und sich widersprechende Ergebnisse daraus folgen. So konnten die Logiker Robert M. Solovay und Theodore Baker 1974 zwei Mengen mit unterschiedlicher Beziehung zu den beiden Klassen der P- und NP-Probleme angeben. Danach sind P- und NP-Probleme äquivalent relativ zu der einen Menge, aber nicht äquivalent zu der anderen Menge. Damit ist das Grundproblem noch nicht entschieden. Wir sind aber bereits tief in philosophische Grenzdiskussionen logisch-mathematischen Denkens eingetaucht, die für die Leistungsfähigkeit künstlicher Intelligenz von grundsätzlicher Bedeutung sind.

NP-vollständige Probleme gelten als hoffnungslos schwierig. Praktiker suchen daher nicht nach exakten Lösungen, sondern unter praktikablen Einschränkungen nach fast optimalen Lösungen. Hier ist Einfallsreichtum, Phantasie und Kreativität gefragt. Das Rundreiseproblem ist nur ein Beispiel für praktische Planungsprobleme, wie sie sich alltäglich beim Entwurf z.B. von Verkehrs- und Kommunikationsnetzen unter sich ständig verändernden Netzbedingungen stellen. Je weniger Rechenaufwand, Zeit und Speicherkapazität ein Algorithmus benötigt, umso preisgünstiger und wirtschaftlicher gestalten sich praktische Problemlösungen. Die Komplexitätstheorie liefert also die Rahmenbedingungen für praktische intelligente Problemlösungen.

Bereits Leibniz hatte die Vorstellung, dass man alle Denkprozesse kodieren und in einer symbolischen Sprache darstellen kann. Heute könnte man annehmen, dass alle Gedanken und Denkprozesse in einer mächtigen formalen Programmiersprache darstellbar und berechenbar sind. Ausdrücke einer Programmiersprache sind Folgen von Symbolen, die durch natürliche Zahlen kodiert werden können. Behauptungen über Objekte entsprechen dann Funktionen von Zahlen. Schlüsse aus den Behauptungen entsprechen effektiven Berechnungsverfahren. Wenn menschliches Denken durch eine (komplexe, aber dennoch) berechenbare Funktion dargestellt werden könnte, dann gäbe es nach der Churchschen These auch ein Turingprogramm, das auf einer universellen Turingmaschine berechenbar wäre. Die klassische KI-These in der Tradition von Leibniz geht davon aus, dass menschliches Denken in diesem Sinne maschinell simulierbar sei.

Der Begriff universeller Berechenbarkeit und Entscheidbarkeit ist zwar sehr mächtig und umfasst einen großen Bereich wissenschaftlicher, technischer und praktischer Probleme. Wie die Mathematik zeigt, ist menschliches Denken aber mächtiger als Algorithmen, die nach endlicher Zeit stoppen. Wir können nicht nur unendlich große Mengen bilden. Wir müssen sie sogar voraussetzen, um maschinelle Algorithmen vollständig definieren zu können. Sind damit Grenzen künstlicher Intelligenz verbunden?

Das Unendliche kommt bereits durch das elementare Zählen in die Mathematik: $0, 1, 2, 3, \ldots$ . Wir beginnen mit $0$ und erhalten dann jede weitere Zahl, indem wir die vorausgehende Zahl $n$ um 1 erhöhen, also $n+1$. Dieser Prozess bricht nie ab. Zu jeder noch so großen Zahl $n$ gibt es immer noch eine Nachfolgerzahl $n+1$. Bei der Bildung einer neuen Zahl wird auf die bereits gebildete Vorgängerzahl zurückgegriffen. Man spricht daher auch vom Prinzip der Rekursion.[226] Nach diesem Prinzip lassen sich Funktionen für alle unendlich vielen natürlichen Zahlen definieren. So wird unsere beim Problem des Handlungsreisenden erwähnte Fakultätsfunktion $f$, die jeder Zahl $n$ die Fakultät $n!$ zuordnet, rekursiv definiert, indem man ihren Wert in $0$ gleich 1 setzt und vom Wert in $n$ zum Wert in $n+1$ durch Multiplikation mit $n+1$ übergeht, also $f(0)=1$ und $f(n+1)=f(n)\cdot(n+1)$. Durch Rückgriff auf die vorher gebildeten Zahlen erhält man nacheinander die nichtabbrechende Folge von Werten: $f(0)=1, f(1)=1, f(2)=2, f(3)=6, f(4)=24, \ldots$ . Auch z.B. Addieren, Multiplizieren und Potenzieren werden nach dem Prinzip der Rekursion für alle natürlichen Zahlen definiert.

Für rekursiv definierte Funktionen lässt sich immer ein Computerprogramm angeben, das nach endlich vielen Durchläufen rekursiv gebildeter Funktionswerte

---

226 K. Mainzer, Natürliche, ganze und rationale Zahlen, in: H.-D. Ebbinghaus, H. Hermes, F. Hirzebruch, M. Koecher, K. Mainzer, J. Neukirch, A. Prestel, R. Remmert, *Grundwissen Mathematik 1. Zahlen*, Berlin/Heidelberg/New York ³1992, Kap. 1 § 2

stoppt. Jeder Durchlauf entspricht einem elementaren Rechenschritt, also z.B. bei der Fakultätsfunktion die Multiplikation von $n+1$ mit dem vorher gebildeten Funktionswert für $n$. In manchen Programmiersprachen werden solche Durchläufe durch einen Schleifenbefehl mit dem Schlüsselkode *for* (deutsch: für) ausgelöst. Für mehrere Werte einer Variablen $k$ ist das Programm $n$-mal hintereinander auszuführen:

```
f:=1;
for k:=1 to n do f:=n+1*f
```

Die endliche Anzahl von Schleifen ist also durch jeden zu berechnenden Wert vorher festgelegt. Solche Funktionen werden auch primitiv-rekursiv genannt.

Bei der Berechnung primitiv-rekursiver Funktionen sind also unendliche Programmschleifen, die nicht abbrechen, ausgeschlossen. Wir kommen für ihre Definition noch ohne das Unendliche aus. Damit sind allerdings nicht alle Algorithmen erfasst. Historisch konnte der Münsteraner Logiker Wilhelm Ackermann 1928 erstmals eine berechenbare Funktion angeben, die nicht primitiv-rekursiv ist.[227] Bei Turingprogrammen sind Schleifen möglich, die solange (engl. *while*) durchlaufen werden müssen, bis eine Zahl gefunden ist, die eine bestimmte Prüfbedingung erfüllt. Bei Computerprogrammen mit *while*-Schleifen kann es vorkommen, dass keine Zahl mit der Prüfbedingung gefunden wird und das Programm (wenigstens theoretisch) unbegrenzt weiterläuft. Jedenfalls lässt sich bei *while*-Schleifen die Anzahl der Durchläufe nicht immer voraussagen.

Stephen Cole Kleene hat daher 1936 die Rekursionsvorschriften der primitiv-rekursiven Funktionen durch das sogenannte $\mu$-Schema erweitert.[228] Als Prüfbedingung wird eine geeignete primitiv-rekursiv definierte Funktion $g$ angenommen. Dann sind nacheinander die Funktionswerte $g(x)$ für $x = 0, 1, 2, \ldots$ zu berechnen, bis die kleinste Zahl $x$ mit $g(x) = 0$ gefunden ist, abgekürzt $\mu x\ g(x) = 0$. Nach Kleene heißen die um das $\mu$-Schema erweiterten primitiv-rekursiven Funktionen auch $\mu$-rekursive Funktionen. Alle primitiv-rekursiven Funktionen sind also auch $\mu$-rekursiv. Das $\mu$-Schema berücksichtigt mögliche *while*-Schleifen von Turingmaschinen. Es lässt sich daher beweisen, dass erst die Klasse der $\mu$-rekursiven Funktionen mit der Klasse der Turing-berechenbaren Funktion übereinstimmt.

Nach der Churchschen These setzt also der Begriff der Berechenbarkeit die Möglichkeit des Unendlichen in Form von *while*-Schleifen voraus. Ist das Unendliche auf menschliches Denken beschränkt und sind damit Grenzen seiner Simulation auf Computern gegeben? Tatsächlich kann auch kein menschlicher Mathematiker das Unendliche in Form eines unbegrenzten Suchprozesses durchlaufen. Er besitzt nur einen exakten Begriff dieser Form von Unendlichkeit durch das $\mu$-Schema. Dem entspricht der *while*-Befehl in einem Computerprogramm. Man

---

227 H. Hermes, *Aufzählbarkeit, Entscheidbarkeit, Berechenbarkeit*, Berlin/Heidelberg/New York [3]1978

228 S.C. Kleene, *Introduction to Metamathematics*, Amsterdam/Groningen [7]1974

könnte daher sagen, der *while*-Befehl ist die Weise des Computers, das so definierte Unendliche als Möglichkeit zu ›denken‹. Im Sinne der Lady Lovelace wird mancher einwenden, dass das Unendliche in der Mathematik eine Erfindung des Menschen sei, während es durch den *while*-Befehl dem Computer nur programmiert wurde. Das stimmt allerdings nur, solange wir keine Systeme betrachten, die selbständig im Laufe ihrer Evolution z. B. *while*-Befehle erzeugt haben. In der Praxis wird ein Mathematiker versuchen, den Suchprozess so einzuschränken, dass er nach endlich vielen Schritten abbricht. Dazu werden obere Schranken für das $\mu$-Schema oder die Anzahl der Programmschleifen angenommen. Auch hier ist wieder Geschicklichkeit, Phantasie und damit Intelligenz für jede neue Anwendungssituation gefordert.

Können alle Probleme tatsächlich, wie Leibniz glaubte, durch Maschinen entschieden werden? Um z. B. für eine beliebig vorgelegte Zahl zu entscheiden, ob sie gerade ist, reicht es nicht aus, alle geraden Zahlen nacheinander effektiv aufzuzählen, um zu vergleichen, ob die gesuchte Zahl dabei ist. Wir müssen ebenso alle nicht-geraden (ungeraden) Zahlen effektiv aufzählen können, um vergleichen zu können, ob die gesuchte Zahl zu der Menge derjenigen Zahlen gehört, die die geforderte Eigenschaft nicht erfüllen. Allgemein sprechen wir dann von der Komplementärmenge dieser Menge. Im Fall der ungeraden Zahlen kann die Komplementärmenge durch die berechenbare Funktion $f(n) = 2n-1$ mit $f(1) = 1$, $f(2) = 3$, $f(3) = 5$, ... für $n = 1, 2, 3, \ldots$ effektiv aufgezählt werden. Allgemein ist eine Menge effektiv entscheidbar, wenn sie selbst und ihre Komplementärmenge effektiv aufzählbar sind. Daraus folgt, dass jede effektiv entscheidbare Menge auch effektiv aufzählbar ist. Es gibt aber effektiv aufzählbare Mengen, die nicht effektiv entscheidbar sind. Damit sind wir an der Kernfrage angelangt, ob es auch prinzipiell nicht-entscheidbares bzw. unentscheidbares Denken gibt. Leibnizens optimistisches Forschungsprogramm war ursprünglich von der Existenz universeller Entscheidungsalgorithmen ausgegangen.

Ein Beispiel eines nicht-effektiv entscheidbaren Problems betrifft die Turingmaschine selbst. Danach gibt es prinzipiell kein allgemeines Entscheidungsverfahren für die Frage, ob eine beliebige Turingmaschine mit einem entsprechenden Maschinenprogramm bei einer beliebigen Bandschrift als Input nach endlich vielen Schritten stoppt oder nicht (Stopp-Problem der Turingmaschine). Eine Turingmaschine besteht bekanntlich aus Symbolen und Operationsanweisungen, die wir durch Zahlenkodes verschlüsseln können. Tatsächlich geschieht das auch im Maschinenprogramm eines realen Computers. Auf diesem Weg lässt sich jede Turingmaschine durch einen Zahlenkode $p$ eindeutig charakterisieren. Daher entspricht dem Stopp-Problem eine Eigenschaft $S(p,x)$, wonach es eine endliche Anzahl von Rechenschritten gibt, so dass eine Turingmaschine mit dem Maschinenkode $p$ auf der Bandinschrift $x$ stoppt.

Das Stopp-Problem $S(p,x)$ ist für beliebige Maschinen $p$ mit beliebigem Input $x$ prinzipiell nicht entscheidbar und nicht nur deshalb, weil wir heute noch kein

Entscheidungsverfahren kennen. Ein Beweis erfolgt indirekt durch Widerspruch, d.h. wir zeigen, dass die Annahme des Gegenteils der Behauptung zu einem Widerspruch führt: Wäre die Stoppeigenschaft $S(p,x)$ entscheidbar, so wäre auch die Verneinung entscheidbar. Als Input $x$ einer Maschine können wir insbesondere ihren Zahlenkode $p$ selbst verwenden. Es wäre dann entscheidbar, ob $S(p,p)$ nicht zutrifft. Wir bezeichnen diese Eigenschaft kurz mit $N(p)$. Ein effektives Entscheidungsverfahren einer Eigenschaft können wir uns so vorstellen, dass es eine Turingmaschine gibt, die nach endlich vielen Schritten stoppt und 0 auf ein Turingband druckt, wenn die Eigenschaft zutrifft, und 1 druckt, wenn die Eigenschaft nicht zutrifft. Wegen der Entscheidbarkeit von $N(p)$ gibt es eine entsprechende Turingmaschine mit dem Maschinenkode $z$. Diese Turingmaschine stoppt insbesondere bei Input $z$ und druckt 0 genau dann, wenn $N(z)$ zutrifft. Die Eigenschaft $N(z)$ bedeutet aber, dass die Turingmaschine mit dem Maschinenkode $z$ bei Input $z$ nicht stoppt. Das ist ein Widerspruch.

Ein weiteres Beispiel eines nicht effektiv entscheidbaren Problems betrifft die Logik: Es gibt keinen allgemeinen Entscheidungsalgorithmus für die Frage, ob eine Formel der Prädikatenlogik 1. Stufe ($PL_1$) eine logische Wahrheit ist oder nicht. In der formalen Sprache dieser Logik werden Objekte und Eigenschaften (Prädikate) dieser Objekte unterschieden und durch besondere Symbole bezeichnet. Neben logischen Verknüpfungen (z.B. ›und‹, ›oder‹, ›nicht‹) werden All- und Existenzquantoren (z.B. ›Alle Menschen sind sterblich‹, ›Es gibt Primzahlen‹) verwendet. Da sich die Quantoren dieser Sprache auf (abzählbar viele) Objekte und nicht auf Mengen von Objekten beziehen sollen, spricht man von einer Logik 1. Stufe. Der formale Logikkalkül der $PL_1$ wird durch eine endliche Menge von formalen Axiomen und Ableitungsregeln definiert. Beweise entscheiden, ob eine Formel von anderen Formeln abgeleitet werden kann. Ein Beweis ist eine endliche Folge von Formeln, die entweder vorausgesetzte Axiome oder aus vorherigen Formeln der Beweisfolge mit einer Ableitungsregel ableitbar sind.

Logische Wahrheiten zeichnen sich dadurch aus, dass es zu ihrer Begründung keiner Wahrnehmung bedarf. Sie sind wahr alleine aufgrund ihrer logischen Form. Die Behauptung ›Der Baum ist grün‹ wird von uns nur dann als wahr akzeptiert, wenn sie mit unserer Wahrnehmung übereinstimmt. Die Behauptung ›Der Baum ist grün oder der Baum ist nicht grün‹ ist demgegenüber unabhängig von einer konkreten Baumwahrnehmung wahr, denn einer der beiden konträren Fälle trifft immer zu. Wir könnten ebenso behaupten ›Das Einhorn ist gelb oder das Einhorn ist nicht gelb‹. Obwohl es sich um ein Fabelwesen handelt, bleibt die Behauptung immer richtig, dass eine Eigenschaft zutrifft oder nicht zutrifft. Bezeichnen wir eine Behauptung mit dem Symbol ›A‹, dann haben unsere Beispiele die Form ›A oder nicht A‹.

Im Logikkalkül werden auch die logischen Verknüpfungen durch Symbole bezeichnet z.B. ›$A \vee \neg A$‹ mit ›$\vee$‹ für ›oder‹ und ›$\neg$‹ für ›nicht‹. Diese Formel ist ein einfaches Beispiel für eine logische Wahrheit, die in der $PL_1$ ableitbar ist.

Der formale Logikkalkül des $PL_1$ ist vollständig, da wir mit ihm alle logischen Wahrheiten der Prädikatenlogik 1. Stufe formal ableiten können: Jede ableitbare Formel entspricht einer logischen Wahrheit und umgekehrt. Formeln sind nichts anderes als endliche Folgen von Symbolen, die durch Zahlen kodiert werden können. Daher lassen sich die formalen Ableitungen (Beweise) des Logikkalküls auch als Aufzählungsverfahren verstehen, mit denen die Kodenummern der logischen Wahrheiten aufgezählt werden können. In diesem Sinn ist die Menge der logischen Wahrheiten der Prädikatenlogik 1. Stufe effektiv aufzählbar. Sie ist aber nicht effektiv entscheidbar, da es kein allgemeines Verfahren gibt, um für eine beliebige Zahl auszurechnen, ob sie Kodenummer einer beweisbaren Formel (also eine logische Wahrheit) der $PL_1$ ist oder nicht. Dabei muss betont werden, dass es kein allgemeines Entscheidungsverfahren für diesen Kalkül gibt. In einzelnen Beispielen oder für Teile der $PL_1$ mag es ein Entscheidungsverfahren durchaus geben.

Die $PL_1$ entspricht in dem Sinn Leibnizens Forschungsprogramm, als sie eine vollständige Formalisierung aller Wahrheiten der Prädikatenlogik erlaubt. Gödels Unvollständigkeitssatz geht noch einen Schritt weiter.[229] Er betrachtet formale Sprachen, die neben der Logik auch die elementare Zahlentheorie (z. B. die Grundrechenarten) umfassen sollen. Dann zeigt Gödel, dass in jeder widerspruchsfreien axiomatischen Erweiterung der formalen Zahlentheorie auch eine Formel angegeben werden kann, die nicht entscheidbar ist. Jede adäquate widerspruchsfreie arithmetische Logik ist unvollständig, da immer eine arithmetische Wahrheit existiert, die in diesem Kalkül nicht formal bewiesen werden kann. Selbst wenn wir diesen Kalkül um diese unentscheidbare Formel erweitern und sie als Axiom mit voraussetzen, dann lässt sich in dieser Erweiterung eine andere Formel finden, die nicht entscheidbar ist.

Was folgt aus diesem Unvollständigkeitssatz für die Grenzen künstlicher Intelligenz? Gödels Theorem sagt etwas aus über die Grenzen bestimmter Systeme, die mit Turingmaschinen äquivalent sind. Keines dieser Systeme vermag die Formeln für alle Wahrheiten einer Theorie effektiv auszudrücken, wenn diese Theorie wenigstens die Grundrechenarten umfasst. Daher ist die klassische KI-These zu revidieren, wonach (mathematisches) Denken durch ein einziges Turingprogramm erfasst werden könnte. Schon für die formale Zahlentheorie gelingt das nicht. Allerdings können wir ein effektives Aufzählungsverfahren schrittweise durch Formeln erweitern, die jeweils nicht berücksichtigt wurden. Das lässt sich natürlich auch durch ein künstliches System realisieren, das man durch einen entsprechenden Befehl erweitert. Im Sinne der Lady Lovelace wird mancher einwenden, dass es der mathematischen Kreativität eines Kurt Gödel bedurfte,

---

229 K. Gödel, Über formal unentscheidbare Sätze der Principia mathematica und verwandter Systeme I, in: *Mh. Math. Phys.* 38 1931, 173–198, repr. in: Ders., *Collected Works I*, S. Feferman u. a. (Hrsg.), New York/Oxford 1986, 144–195

um diesen Unvollständigkeitssatz zu entdecken, während die schrittweise Erweiterung durch unentscheidbare Formeln dem Computer programmiert werden müsste. Das stimmt allerdings wieder nur solange wir keine Systeme betrachten, die selbständig im Laufe ihrer Evolution gelernt haben, Sätze vom Schlage eines Unvollständigkeitssatzes zu entdecken.

## Intelligenz, Embodiment und Fuzziness

Tatsächlich gibt es heute keine abschließende und hinreichende Definition von Intelligenz, aber notwendige Eigenschaften von intelligenten Systemen, die aus der Evolution bekannt sind. Es sind komplexe dynamische Systeme mit Lernfähigkeit (*Neurocomputing*), evolutionären und kreativen Fähigkeiten (*Genetic Computing*), die in unsicheren und unbestimmten Informationsräumen mehr oder weniger autonom entscheiden, handeln und kommunizieren können (*Fuzzy* und *Probabilistic Computing*). Diese Fähigkeiten sind nicht fertig vorgegeben, sondern entwickeln sich in Interaktion von dynamischen Systemen und ihren Umgebungen. Körperlichkeit (*Embodiment*) ist also ebenso eine grundlegende Voraussetzung.[230] Ferner können diese Fähigkeiten unterschiedlich ausgebildet sein und miteinander kombiniert werden. Intelligente Systeme sind daher Hybridsysteme, deren Zusammensetzung aus den genannten Fähigkeiten durch die Natur keineswegs vorgegeben sein muss. Der Mensch ist dann nur ein Exemplar der biologischen Evolution, in dem diese Fähigkeiten in bestimmter Weise mehr oder weniger stark ausgebildet und kombiniert wurden. In einer Metapher aus dem Sport ist er ein herausragender Zehnkämpfer, der in einzelnen Disziplinen von Computern (z.B. Speicherfähigkeit) und Tieren (z.B. motorische Intelligenz) überholt wird, in anderen (z.B. Kreativität, Lern- und Sprachfähigkeit) die Spitze hält. Wenn allerdings die Gesetze dieser Hybridsysteme bekannt sind, werden andere Exemplare als die bisher realisierten denkbar.

Ein Beispiel sind Hybridsysteme, in denen z.B. Neuronale Netze, Genetisches Programmieren und Fuzzy Logik miteinander für bestimmte Anwendungen verbunden werden.[231] Dabei zeigt sich wie bei den biologischen Exemplaren der Evolution, dass Hybridsysteme nicht nur aus den Modulen dieser Teilsysteme additiv zusammengesetzt sind, sondern zusätzliche synergetische Fähigkeiten entwickeln. Die erste Teilklasse umfaßt Neuro-Fuzzy-Systeme, in denen Lernalgorithmen neuronaler Netze mit Fuzzy Logik verbunden werden. So sind z.B.

---

230 Embodied Robotics untersucht mittlerweile sogar künstliche Pheromone, die für die soziale und körperliche Interaktion von Organismen eine große Rolle spielen: D. Payton, M. Daily, R. Estkowski, M. Howard und C. Lee, Pheromone robotics, in: *Autonomous Robots* 2001 11(3), 319–324

231 T. Fukura, Fuzzy-Neuro-GA Based Intelligent Robotics, in: *Computational Imitating Life* 1994, 352–36

Fuzzinessgrade der Wahrnehmung eines Organismus in der Natur keineswegs starr für alle Zeiten festgelegt, sondern werden durch Erfahrungs- und Lernprozesse erst erzeugt und verändert. Die sensorische Sensibilität in den Fingerkuppen eines Feinmechanikers oder Chirurgen kann durch Lernprozesse ebenso verändert werden wie der visuelle Auflösungsgrad bei einem geschulten Jäger auf der Pirsch. Entsprechend kann in der Technik die fuzzy Skalierung von sensorischen, visuellen oder auditiven Systemen z.B. bei Robotern durch neuronale Netze erzeugt und verändert werden. Fuzzy Skalierungen werden graphisch durch Kurven dargestellt (Fig. 36), deren Form und Verlauf bei einem Roboter durch einen überwachten Lernalgorithmus (*Backpropagation*) z.B. mit dem Muster eines menschlichen Nutzers abgeglichen oder durch nicht-überwachtes Lernen erzeugt werden können.

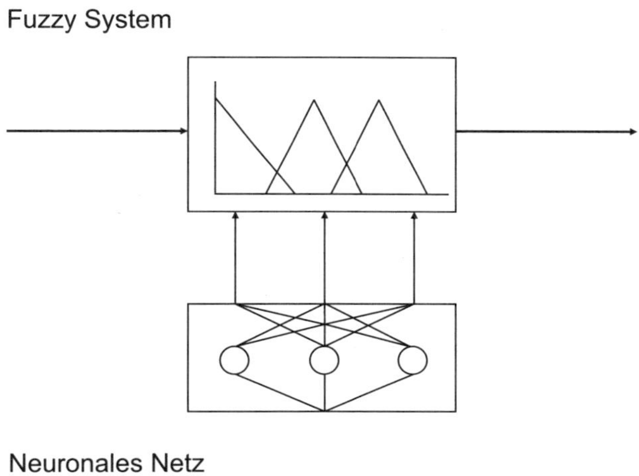


*Abb. 36:* Neuronales Netz zur Einstellung eines Fuzzy Systems

Um die Nutzerfreundlichkeit von Fuzzy-Systemen zu erhöhen, werden ihren Inputs oder Outputs auch gelegentlich Lernalgorithmen vor- oder nachgeschaltet (Abb. 36). Ein Mikrowellenofen mit Toaster von Toshiba ist ein solches Hybridsystem, das zunächst mit einem neuronalen Netz die gewünschte Temperatur und Anzahl von Toastscheiben nach den Nutzerwünschen lernt und dann die optimale Toastzeit nach fuzzy Regeln einstellt. Die Firma Sanyo entwickelte einen Ventilator, der sich automatisch auf einen sich in einem Raum bewegenden Nutzer ausrichtet. Ein Fuzzy-System schätzt zunächst die Entfernung aufgrund der Daten eines Infrarotsensors ab. Ein neuronales Netz wird dann darauf trainiert, mit diesen fuzzy Informationen den erforderlichen Einstellungswinkel des Ventilators zu berechnen.[232]

---

232 A.R. Medsker, *Hybrid Intelligent Systems*, Amsterdam 1995; Sanyo News Release: Electric Fan Series in 1991 (März 1991)

Neuronale Netze und Fuzzy-Systeme können auch parallel in einem Hybridsystem arbeiten. Ein Beispiel wäre ein neuronales Netz, das die Input- und Output-Werte eines Fuzzy-Systems vergleicht und nach den Nutzerpräferenzen korrigiert. Schließlich kann die Starrheit von wissensbasierten Expertensystemen durch Hybridschaltungen mit neuronalen Netzen und Fuzzy-Systemen überwunden werden, um größere Flexibilität und Nutzerfreundlichkeit solcher Systeme zu erreichen. Das Wissen eines Experten wird tatsächlich mehr oder weniger genau (z.B. heuristische Daumenregeln) erfaßt. Daher bietet sich die symbolische Darstellung durch fuzzy Regeln eines Fuzzy-Systems an. Ein zwischengeschaltetes neuronales Netz sorgt dafür, dass dieses fuzzy Expertenwissen von einem wissensbasierten System erlernt und ständig erneuert werden kann.[233]

Bisher wurden neuronale Netze und Fuzzy-Systeme als abgeschlossene Module verstanden, die in Hybridsystemen miteinander in unterschiedlicher Weise verschaltet werden. In der Natur arbeiten neuronale Organe nicht nach den exakten Regeln technischer neuronaler Netze. Daher werden auch neuronale Netze aus fuzzy Bauteilen wie fuzzy Neuronen und fuzzy Gewichten mit fuzzy Regeln entworfen. Fuzzy Neuronen werden z.B. bei der Mustererkennung verwendet. Ein fuzzy Neuron erhält wie ein McCulloch-Pitts-Neuron gewichtete Inputs, um bei Überschreitung einer Reizschwelle zu feuern. Im Unterschied zu einem McCulloch-Pitts-Neuron sendet ein fuzzy Neuron aber mehrere Outputsignale, die mit einer fuzzy Skalierung versehen sind. Der Fuzzygrad hängt davon ab, wie deutlich ein Muster erkannt wird. Da solche Systeme als besonders realitätsnah gelten, werden sie für Kontrollaufgaben eingesetzt (z.B. im Space Shuttle der NASA).[234]

Auch in selbstorganisierenden Karten lassen sich fuzzy Elemente einbauen, um noch größere Praxistauglichkeit zu erreichen. In fuzzy-genetischen Systemen wird die Optimierungskapazität großer Datenmassen durch Genetic Computing mit Fuzzy-Logik verknüpft. Dadurch lassen sich viele fuzzy Daten und Regeln in einem quasievolutionären Prozess optimieren. Zusammengefasst sind Hybridsysteme für intelligente Systeme von grundlegender Bedeutung.

---

[233] T.P. Martin, J.F. Baldwin, Soft Computing and Intelligent Knowledge-Based Systems, in: B. Azvine, N. Azarmi, D.D. Nauck (Eds.), *Intelligent Systems and Soft Computing. Prospects, Tools and Applications*, Berlin/Heidelberg/New York 1998, 161–187

[234] H.R. Berenji, Fuzzy Systems That Can Learn, in: *Computational Intelligence Imitating Life* 1994, 23–30; vgl. auch Z.-Q. Liu, V. Chandrasekaran, Fuzzy Gated Neural Networks in Pattern Recognition, in: Z.-Q. Liu, S. Miyamoto (Hrsg.), *Soft Computing and Human-Centered Machines*, Berlin/Heidelberg/New York 2000, 189–214

## Emotionale Intelligenz und Affective Computing

Wenn wir das für Menschen typische flexible Agieren in komplexen und unsicheren Informationsräumen erfassen wollen, dann darf es nicht auf motorische, sensible und kognitive Leistungen eingeschränkt werden. Ebenso wie Wahrnehmungen und Bewegungen werden Emotionen durch neuronale Schaltkreise im Gehirn kontrolliert. Auch Emotionen liegen also Signal- und Informationsprozesse zugrunde, die im Prinzip durch Computermodelle erfaßt werden können.

In biologischen Organismen spielen die neuronalen Botenstoffe in den emotionalen Schaltkreisen eine Rolle. Bereits bei Tieren ist zu beobachten, dass Angst mit äußeren Reaktionen wie z.B. Beschleunigung von Herzschlag und Atmung oder trockenem Mund verbunden ist. Das emotionale System ist mit dem dafür zuständigen autonomen Nervensystem verschaltet. Hinzu treten also nun noch andere physiologische Abläufe (z.B. Hormone als Botenstufe). Aber auch Kognition und Gedächtnis wirken auf emotionale Zustände ein: Freude, Trauer oder Schmerz können mit Vorstellungen und Erinnerungen verbunden sein. Die Gehirnforschung zeigt, wie eng beim Menschen Denken, Fühlen und Handeln mit dem Körper vernetzt sind. Die Psychologie spricht daher auch von einer emotionalen Intelligenz des Menschen, die typisch für seine Entscheidungen ist. Ziel der KI-Forschung ist es, Informationssysteme mit emotionaler Intelligenz technisch zu modellieren oder sogar zu erzeugen. In diesem Fall wäre Emotion ebenso wie Kognition nicht auf biologische Organismen beschränkt.

Für eine Modellierung bieten sich zunächst die äußeren Reaktionen bei emotionalen Vorgängen an. Physiologische Veränderungen bei z.B. Angstzuständen wie schneller Herzschlag, Hauttranspiration oder angespannte Muskeln werden durch das autonome Nervensystem ausgelöst, das nicht bewusst erlebt wird, sondern unwillkürlich (autonom) reagiert. Als Schaltzentrale dient im Zwischenhirn der Hypothalamus, der Veränderungen äußerer und innerer Zustände registriert und den Körper über das autonome Nervensystem auf neue Situationen einzustellen und zu stabilisieren versucht. Erhöhung des Herzschlags zur stärkeren Blutversorgung oder Pupillenerweiterung für rasche Reaktionen sind Beispiele für Alarmierungszustände wie Angst. Zudem wirkt der Hypothalamus auf das (endokrine) Drüsensystem zur Freisetzung von Hormonen ein. Der Hypothalamus läßt sich also mit einem Gleichgewichtsregler in einem homöostatischen System vergleichen. Durch elektrische Stimulation des Hypothalamus bei Katzen und Ratten lassen sich Zustände erzeugen, die mit typischen äußeren Reaktionen wie bei Ärger verbunden sind.

Wo entstehen Emotionen im Gehirn des Menschen?[235] Beteiligt ist ein Ring von Hirnrinde um den Hirnstamm und das Zwischenhirn (limbischer Lappen).

---

[235] J.E. LeDoux, Emotion, Memory and the Brain, in: *Scientific American* 270 1994, 50–57; M. Davis, The Role of Amygdala in Fear and Anxiety, in: *Annu. Rev. Neurosci.* 15 1992, 353–375

Zum limbischen System gehören auch Hippocampus und Mandelkern (*Amygdala*). Tatsächlich führte der Ausfall des Temporallappens mit Mandelkern und Hippocampusformation zu ›emotionaler Blindheit‹: Patienten zeigen keine emotionalen Äußerungen. Neben Verbindungen des Mandelkerns sind Verschaltungen mit dem Assoziationscortex angegeben. Im Einzelnen sind die neuronalen Schalteinheiten der Mandelkernstruktur in komplexer und großräumiger Weise mit verschiedenen neuronalen Systemen vernetzt, die bis heute nur teilweise bekannt sind. So gibt es Impulse von den sensorischen Kernen des Thalamus und aus dem primären sensorischen Cortex. Input und Output werden durch einen Schaltkern der Mandelkernstruktur (*nucleus centralis*) an die cortikalen Assoziationsfelder zurückgemeldet und ermöglichen damit das bewusste Erleben von Emotionen. Dieser Schaltkern ist auch am Wachheitsgrad und den damit verbundenen physiologischen Reaktionen beteiligt.

Die Mandelkernstruktur ist auch bei der emotionalen Färbung von kognitiv-sensorischen Signalen beteiligt. Das limbische System kreuzen bestimmte Transmitterbahnen, die bei der Erzeugung von Aggressionen, Angst, traurigen und depressiven Gefühlen beteiligt sind. Vom Gehirn erzeugte Morphine bewirken freudige und lustvolle Gefühle. Emotionale Zustände werden also durch verschiedene, weiträumig miteinander verbundene Hirnstrukturen bewirkt. Bekannt sind die neuronalen Ärger-Wut-, Furcht-Angst-, Panik-Trauer-, Freude-Lust- und Interesse-Erwartungs-Systeme. Der Neurologe António R. Damasio unterscheidet zwischen einem Grundapparat von primären Gefühlen aufgrund von angeborenen neuronalen Schaltkreisen des limbischen Systems und sekundären Gefühlen, die in der individuellen Entwicklung aufgrund besonderer Erfahrungen erworben werden.[236] Sekundäre Gefühle entstehen durch Modifikation und Weiterentwicklung der primären Gefühle, indem sich deren basale neuronale Schaltkreise mit der präfrontalen Großhirnrinde verbinden und damit individuelle Erfahrungen, Erinnerungen und Lernprozesse möglich werden. Analog wie bei den sensorischen und motorischen Systemen verfügt das emotionale System nicht über eine feste emotionale Grundkarte, sondern über eine Vielzahl von neuronalen Repräsentationsmustern, die ständig modifiziert und koordiniert werden.

Diese Dynamik emotionaler Zustände ist Forschungsthema des *Affective Computing*.[237] Im Vordergrund steht zunächst eine Verbesserung des Mensch-Maschine-Verhältnisses. Beispiel ist das Trainieren neuronaler Netze auf das Erkennen von emotionalen Reaktionen. Die Verbesserung des Interface von Computer und Nutzer soll dazu führen, dass ein Computer ohne Maus und Tastatur eines Keyboards durch Mienenspiel, Gestik oder Stimmlage eines Computers bedient wird. Insbesondere Behinderte könnten davon profitieren. Dabei wird aus der Gehirnforschung angenommen, dass Emotionen durch physiologische Signal-

---

236 A.R. Damasio, *Descartes' Irrtum. Fühlen, Denken und das menschliche Gehirn*, München 1995
237 Vgl. auch R.W. Picard, *Affective Computing*, Cambridge MA 1997

muster dargestellt werden, die ein neuronales Netz erkennen kann. So sind z.B. Ärger oder Kummer durch bestimmte Messkurven für Muskelspannung, Blutdruck, Hautleitfähigkeit und Atmungsfrequenz bestimmt. Ein neuronales Netz kann auf das Erkennen typischer Muster trainiert werden, um auch in verrauschten Mustern Grundstimmungen zu erkennen. Ein solches neuronales Netz könnte sich in seiner Gefühlsdiagnose ebenso irren wie ein menschlicher Psychologe, der diese Kurven falsch interpretiert. Es könnte daher im Sinne Turings den Turing-Test bestehen, obgleich dieses Kriterium für die hier vertretene KI-Forschung keine Rolle spielt. Zudem arbeitet diese Gefühlserkennung mit Messinstrumenten, die im Alltag und in der Natur nicht zur Verfügung stehen.

Daher berücksichtigen andere Ansätze den Gesichtsausdruck, der für die emotionale Körpersprache der Primaten grundlegend ist. So gibt es eine Reihe von Grundmustern des Mienenspiels, die als Kodes dieser Sprache zu verstehen sind. Für ein neuronales Mustererkennungssystem gibt es verschiedene Möglichkeiten. Emotionale Gesichtsausdrücke von z.B. ›Glück‹, ›Überraschung‹, ›Ärger‹, ›Ekel‹ sind mit angespannten oder entspannten Gesichtspartien verbunden, die wegen ihrer größeren oder schwächeren Durchblutung Wärme- oder Energiekarten bilden. Über spezielle Sensoren können neuronale Netze solche emotionalen Karten wahrnehmen. Das neuronale Netz wird auf entsprechende Prototypen trainiert und vermag damit Stimmungslagen auch in verrauschten Mustern zu erkennen. In diesem Fall arbeitet das Erkennungssystem für Emotionsmuster erneut anders als z.B. beim Menschen. An die Stelle von Wärmekarten, die von Menschen ohne Zusatzinstrumente nicht erkannt werden können, treten Mienenspiel und Hautfärbung typischer Gesichtspartien.

Auch solche visuellen Gesichtskarten können von geeigneten neuronalen Netzen erkannt und unterschieden werden. Als Beispiel werden acht Parameter für Gesichtsregionen unterschieden: Größe, Schrägstellung und Gestalt der Augenbrauen, Größe, Breite und Gestalt des Mundes. Da diese Merkmale mehr oder weniger stark ausgeprägt sind, werden sie als fuzzy Eigenschaften in einem Intervall von Null bis Eins definiert. Was z.B. die Augengröße betrifft, so können Augen geschlossen (0), schwach (0.33), moderat (0.67) oder weit aufgerissen sein (1.0). Aus der E-Mail-Sprache sind binäre Kodes wie z.B. :-) oder :-( für Freude oder Frust bekannt. In einem fuzzy Kode kann der Mundbogen als Darstellung der Mundgestalt zwischen diesen beiden Extremstellungen variieren. Ein gesamter Gesichtsausdruck wird also durch acht fuzzy Werte dieser Parameter bestimmt. Auch sechs emotionale Parameter für Glück, Traurigkeit, Ärger, Ekel, Angst und Überraschung lassen sich durch fuzzy Werte zwischen ›schwach‹, ›mäßig‹ und ›stark‹ belegen. Ein gesamter emotionaler Zustand ist dann durch acht fuzzy Werte dieser Parameter bestimmt. Im Rahmen psychologischer Tests können Probanden Testbögen mit fuzzy Angaben dieser Parameter ausfüllen, um ihren emotionalen Zustand in bestimmten Situationen zu bestimmen. Situationen werden auf diese Weise durch fuzzy Werte eines emotionalen Musters repräsentiert.

Eine japanische Forschergruppe um Takehisa Onisawa hat ein System zur situationsabhängigen Gesichtserkennung von Emotionen entworfen.[238] Als emotionale Prototypen werden Glück, Traurigkeit, Ärger, Ekel, Angst, Überrraschung und Unnatürlichkeit zugrunde gelegt. Das System besteht aus sieben neuronalen Netzen, die den jeweiligen Grad der Prototypen feststellen. Jedes Netz besteht daher aus einer Inputschicht mit acht Knoten für Gesichstsparameter und sechs Knoten für Situationsmuster und einer Outputschicht, die einen Knoten für je einen der sieben emotionalen Prototypen erhält. Zwischen Input- und Outputschicht befinden sich zwei weitere Neuronenschichten mit jeweils zwanzig Neuronen. Ein *Backpropagation*-Algorithmus stellt die Abweichung von den emotionalen Prototypen fest. Derselbe Gesichtsausdruck kann in verschiedenen Situationen mit unterschiedlichen emotionalen Zuständen verbunden sein. Die sieben Outputneuronen des Gesamtsystems für die sieben emotionalen Prototypen beschreiben den fuzzy Wert einer Gesamtbefindlichkeit.

Wenn z.B. drei oder mehr der unangenehmen Emotionen wie Ärger, Ekel, Traurigkeit oder Angst nur wenig empfunden werden, liegt bereits ein Zustand vor, der in der natürlichen Sprache mit dem fuzzy Begriff ›Unwohlsein‹ bezeichnet wird. Obwohl dieses System lernfähig, flexibel, fehlertolerant und fuzzy ist, arbeitet es auf anderer Grundlage als die neuronalen Areale im Gehirn, die für diese Aufgabe zuständig sind. Es gibt im Gehirn keine separaten Areale, die nichts anderes können, als jeweils einen bestimmten Emotionstyp zu erkennen. Andererseits berücksichtigt das System kulturelle Eigenheiten, die bei emotionalen Befindlichkeiten eine Rolle spielen. Es wird daher mit dem japanischen Wort für Gefühl als ein Kansei-Informationssystem bezeichnet.

Lassen sich auch dynamische Systeme entwerfen, die Emotionen nicht nur erkennen, sondern auch empfinden? Emotionen bei Primaten sind mit neurochemischen und hormonellen Veränderungen in komplexen Netzwerken verbunden. Emotionen und Empfindungen sind daher nicht in einer Zelle oder einem Gehirnmodul wie im Prozessor eines herkömmlichen Computers programmiert, sondern in den synaptischen Verschaltungsmustern und hormonellen Rückkopplungen dieser Netze. Denkbar sind also Schaltungsmuster, die emotionale Dynamik durch Lernalgorithmen simulieren.

---

[238] Japan Interdisciplinary Council (Ed.), *Kansei and Information Processing – New Possibility to Computer Science*, Tokyo 1994; T. Onisawa, Soft Computing Technique in Kansei (Emotional) Information Processing, in: Z.-Q. Liu, S. Miyamoto (Eds.), *Soft Computing and Human-Centered Machines*, Berlin/Heidelberg/New York 2000, 215–248. Vgl. auch S.J. Case, J.F. Baldwin, T.P. Martin, Machine Interpretation of Facial Expression, in: B. Azvine, N. Azarmi, D.D. Nauck (Eds.), *Intelligent Systems and Soft Computing. Prospects, Tools and Applications*, Berlin/Heidelberg/New York 2000, 321–342

Im Model CATHEXIS wird ein Netz emotionaler Prototypen angenommen, die als Netzknoten repräsentiert sind.[239] Es handelt sich um die Emotionen Ärger bzw. Zorn, Furcht bzw. Angst, Schmerz bzw. Traurigkeit, Genuß bzw. Glücklichsein, Ekel und Überraschung. Weitere Emotionen lassen sich wieder als Mischzustände des emotionalen Netzes erzeugen, an denen die emotionalen Prototypen unterschiedlich stark beteiligt sind. So ist z.B. Gram eine bestimmte Form von Traurigkeit, in der auch Ärger und Furcht mitschwingen. Die Intensität eines emotionalen Prototyps wird dabei durch die Intensität der übrigen Prototypen verstärkt oder gehemmt. So wirkt z.B. Ärger hemmend auf Genuß und Glücklichsein, aber verstärkend auf Traurigkeit.

Dieses emotionale System ist ferner mit einem Verhaltenssystem ausgestattet, in dem verschiedene Verhaltensstrategien ausgewählt werden können. Sie reichen von z.B. Gesichtsausdruck und Körperhaltung bis zu stimmlichen Veränderungen. Welches Verhalten gewählt wird, hängt von den jeweils dominierenden Emotionen ab. Bei entsprechenden numerischen Darstellungen rechnet ein Algorithmus die höchsten Werte aus, die über das zu wählende Verhalten entscheiden. Dieses Verhalten wird durch ein motorisches System realisiert, um damit die Systemumwelt zu verändern.

Im CATHEXIS Modell werden vier Arten von internen Stimuli unterschieden: Neuronale Stimuli betreffen z.B. neurochemische und hormonelle Botenstoffe. Sensomotorische Stimuli betreffen z.B. Muskelpotentiale und motorische Nervenreize. Motivationsstimuli beziehen sich auf alle Motivationen, die Emotionen auslösen können. Dazu gehören Hunger- und Durstzustände als Auslöser von Hunger- und Durstgefühlen ebenso wie z.B. Schmerzreizungen als Auslöser von Schmerzgefühlen. Schließlich werden corticale Stimuli angenommen, die durch Denken und Entscheiden Emotionen auslösen können.

Insgesamt lässt sich eine Funktion zur Berechnung der Intensität eines emotionalen Prototyps $p$ zu einem Zeitpunkt $t$ angeben. Diese Funktion hängt ab von der Intensität dieser Emotion zum vorhergehenden Zeitpunkt $t$-1, dem anregenden und hemmenden Einfluss der übrigen emotionalen Prototypen auf $p$ und der Gesamtbeeinflussung von $p$ durch die vier internen Stimuli, die eine Vernetzung mit dem Gesamtorganismus simulieren. Jede Emotion ist durch einen unteren Schwellenwert der Auslösung und einen oberen Schwellenwert der Sättigung bestimmt. So beginnen z.B. Glücks- und Schmerzgefühle bei einer bestimmten Reizschwelle und lassen sich nicht beliebig steigern. Diese Schwellenwerte einzelner Emotionen können allerdings bei Menschen unterschiedlich sein. Einige sind z.B. schmerzempfindlicher, leidensfähiger oder für Euphorie anfälliger als andere. Es liegt nahe, das gewünschte Temperament des emotionalen Systems durch die jeweiligen Schwellenwerte der emotionalen Prototypen einzustellen. Die Dynamik

---

239 J.D. Velasquez, Modeling Emotions and Other Motivations in Synthetic Agents, in: *Amer. Assoc. Art. Int.* 1997, 10–15

des emotionalen Systems CATHEXIS ist also insgesamt durch sieben gekoppelte Gleichungen für die sieben angenommen emotionalen Grundtypen bestimmt. Als nichtlineares komplexes dynamisches System erzeugt es Makrozustände, die sich in stationären Gleichgewichtszuständen stabilisieren, aber auch ins Chaos abstürzen können. Wir können von emotionalen Attraktoren sprechen, die den jeweiligen Temperamentstyp charakterisieren – vom Sanguiniker, der zwischen Zuständen wie ›himmelhoch jauchzend‹ und ›zu Tode betrübt‹ oszilliert, bis zum Choleriker, der sich in einem Chaosattraktor des Zorns verrennt.

Denkbar werden wieder Hybridsysteme, die neben motorischen und kognitiven Systemen auch mit emotionalen Systemen ausgestattet sind. Mit Blick auf das Gehirn wäre z.B. ein wissensbasiertes Expertensystem mit einem emotionalen System zu koppeln analog der Vernetzung des Cortex mit den Schaltzentralen des limbischen Systems (z.B. Mandelkerne). Die Übersetzung dieser Dynamik in eine geeignete Programmiersprache liefert zunächst nur eine emotionale Software, die selber nicht empfindet. Es könnte für Roboter genügen, dass bei bestimmten numerischen Intensitätsgrößen in Intervallen von numerischen Reizschwellenwerten entsprechende Handlungen ausgelöst werden: Roboter müssten nicht tatsächlich Schmerz und Freude empfinden, um mit emotionaler Intelligenz benutzerfreundlich zu interagieren. Damit ist das Erleben von Emotionen bei Robotern keineswegs ausgeschlossen, wenn die Software der Emotionen mit der entsprechenden Wetware hormoneller, neurochemischer und physiologischer Abläufe wie bei biologischen Organismen verbunden wäre. Selbst bei dieser physiologisch-biochemischen Ausstattung müsste ein Roboter nicht in jeder Hinsicht wie ein Mensch empfinden. Jedenfalls ist die Erzeugung eines empfindungsfähigen Systems nicht prinzipiell ausgeschlossen.

Damit löst sich auch das traditionelle Qualia-Problem auf.[240] Qualia sind Eigenschaften, die empfunden und erlebt werden. Sie hängen damit von der sensorisch erlebten Körperlichkeit eines Organismus ab. In dem Zusammenhang wurde das Gedankenexperiment einer neurologischen Expertin eingeführt, die in einem Schwarz-Weiß Raum eingesperrt ist, Zeit ihres Lebens nur Grautöne zwischen Schwarz und Weiß und keine Farben erfahren hat. Theoretisch weiß sie aber alles über Farben. Ihr Farbwissen könnte daher in einem Expertensystem symbolisch repräsentiert werden. Wenn KI auf Expertensysteme eingeschränkt wäre, könnte damit gezeigt werden, dass KI-Systeme »prinzipell« nie Qualia verstehen werden. Tatsächlich machen bereits einfache Roboter, wie wir in diesem Buch gezeigt haben, ihre je eignen körperlichen Erfahrungen. So können entsprechende technische Systeme ihre je eigenen körperlichen Qualia-Erfahrungen

[240] Der Begriff geht zurück auf C.I. Lewis (*Mind and the World Order*, 1929) und hat eine breite Diskussion in Sprach- und Bewusstseinsphilosophie ausgelöst. Vgl. z.B. P. Bieri (Hrsg.), *Analytische Philosophie des Geistes*, Königstein 1981; P.M. Churchland, *Neurocomputational Perspective. The Nature of Mind and the Structure of Science*, Cambridge Mass./London 1989

machen, ohne dass damit behauptet wird, dass es sich um ähnliche oder gar die gleichen Erfahrungen handelt. Bereits in der biologischen Evolution haben unterschiedliche Organismen ihre je eigenen Farberfahrungen.

Zudem wird in dem Zusammenhang auch auf die prinzipielle Unmöglichkeit verwiesen, die Gefühle anderer (das sogenannte ›Fremd-Psyche‹) zu empfinden. Wie häufig hängen solche ›prinzipiellen‹ Statements vom jeweiligen Stand technisch-wissenschaftlicher Entwicklung ab. Da Empfindungen mit komplexen Aktivitätsmustern neuronaler, hormoneller und physiologischer Dynamik verbunden sind, könnten sie durch hochauflösende und leistungsstarke neuronale Netze erkannt, gescannt und übertragen werden. Die bereits erwähnten neuronalen Abbildungsmethoden wie z.B. PET reichen, wie gezeigt wurde, mit ihrem Auflösungsgrad und ihrer Rechnerkapazität längst nicht aus, weisen aber in diese Richtung. Solche emotionalen Scannmuster könnten also zunächst von einem Gehirn zum anderen übertragen werden und zusammen mit der jeweiligen Körper-Wetware empfunden werden. Ebenso wären sie aber auch auf entsprechend ausgestattete künstliche Systeme übertragbar.

Aus der Evolution ist bekannt, dass Organismen Schmerz empfinden, leiden und erregt sein können, ohne über ein menschenähnliches Bewusstsein zu verfügen. Auch Menschen sind sich nicht jeder Emotion mit gleicher Deutlichkeit bewusst. Ähnlich sind visuelle Wahrnehmungen nur mehr oder weniger bewusst. Daher sind sensorische, kognitive und emotionale Systeme möglich, die nicht notwendig über ein Bewusstsein wie bei Menschen verfügen. Beim Menschen, den Primaten und mehr oder weniger intensiv auch bei anderen Tieren sind diese Systeme miteinander in einem komplexen Hybridsystem vernetzt. Das macht die artspezifische Besonderheit dieser Organismen aus. Für die Robotik wird daher wichtig sein, dass diese Teilsysteme für unterschiedliche Anwendungen getrennt modelliert und angewendet werden können.

Auch in der Medizin ist denkbar, dass bei Schädigungen oder Ausfällen entsprechende neuronale, hormonelle oder physische Teilsysteme ersetzbar werden. So untersucht die medizinische *Theory of Mind* (ToM)[241] die menschliche Fähigkeit, andere und ihre Absichten zu verstehen und dadurch das eigene Verhalten vernünftig anzupassen. Dabei ist sie von der Arbeitshypothese der modernen Neurobiologie geleitet, dass alle mentalen Zustände mit neuronalen Funktionen des Gehirns korreliert sind. ToM untersucht in der Medizin, was passiert, wenn entsprechende grundlegende Gehirnleistungen außer Kraft gesetzt werden. Beispiele sind der kollektive Verlust humanen Handelns in fanatisierten Ideologien und das kriminelle Verhalten einzelner. Bei einer Reihe von Krankheitsbildern werden Symptome von ToM ebenfalls beeinträchtigt und können in günstigen Fällen therapeutisch trainiert werden. Hierzu zählen unter anderem Schizophre-

---

[241] H. Förstl (Hrsg.), *Theory of Mind. Neurobiologie und Psychologie sozialen Verhaltens*, Heidelberg 2007

nien, depressive Erkrankungen und Borderline-Persönlichkeitsstörungen. In einer immer älter werdenden Gesellschaft ist die Zunahme von Demenzerkrankungen zu berücksichtigen. Abbau und Zerstörung entsprechender Gehirnareale führen auch zum Verlust von Empathie und sozialer Sensibilität. Eine an Embodiment orientierte KI kann Modelle liefern, um diese Dynamik besser zu verstehen. Autonome und sich selbst organisierende emotionale Systeme werden zwar nach heutigem Stand der Technik noch auf sich warten lassen, sind aber theoretisch und technisch nicht auszuschließen. Roboter müssen menschliche Züge übernehmen, damit wir leichter mit ihnen kommunizieren und zusammenarbeiten können.

## Bewusstsein und Extended Mind

Die meisten Körper- und Gehirnfunktionen, Wahrnehmungen und Bewegungen sind unbewusst, prozedural und nicht deklarativ. In der Evolution haben sich zwar Aufmerksamkeit, Wachheit und Bewusstsein als Selektionsvorteile herausgestellt, um z. B. in kritischen Situationen vorsichtiger und zielsicherer zu handeln. Bewusstsein reduziert daher Unbestimmtheit und trägt damit zum Informationsgewinn eines Systems bei. Allerdings wäre ein komplexes Informationssystem völlig überfordert, wenn alle seine Prozessschritte in dieser Weise kontrolliert ins ›Bewusstsein‹ gebracht würden. Selbst hochkomplexe Kognitionsprozesse können unbewusst ablaufen. Häufig wissen wir nicht, wie Einfälle und Informationen für Problemlösungen entstanden sind. Die Technik-, Wissenschafts- und Kulturgeschichte ist voll von Anekdoten großer Ingenieure, Wissenschaftler, Musiker oder Literaten, die von intuitiven und unbewussten Einfällen buchstäblich im Schlaf berichten. Auch Manager und Politiker entscheiden häufig intuitiv, ohne alle Details einer komplexen Situation bewusst durchkalkuliert zu haben. Für die KI-Forschung folgt daraus, dass Bewusstseinsfunktionen z. B. für kognitive und motorische Systeme eine wichtige Rolle spielen können, aber keineswegs die konstitutive Funktion besitzen, ohne die intelligente Problemlösungen nicht möglich wären.

Aufmerksamkeit, Wachheit und Konzentration sind mit gesteigerter Stoffwechselaktivität des Gehirns verbunden. Ihre Verschaltungsmuster sind durch Mess- und Beobachtungsverfahren wie PET illustrierbar. Dazu werden Aufgaben an einen Probanden gestellt, z. B. sich einen bestimmten Gegenstand oder eine Situation vorzustellen, ohne dass er wahrnehmbar ist. Die heutigen computergestützten Visualisierungen von neuronalen Verschaltungsmustern zeigen zwar weit verteilte Aktivitäten, ohne sie aber in zelluläre Areale und synaptische Verbindungen detailliert auflösen zu können.

Jedenfalls lässt sich ein Scheinproblem der Tradition klären, das hinter dem Gegenstandswort ›Bewusstsein‹ einen bestimmten Gegenstand oder Stoff gesucht hat. So wurde häufig eine zentrale Kontrollinstanz namens ›Bewusstsein‹ als eine

Art Homunculus vorgestellt, der alle Fäden in der Hand hält und im Neocortex als ›oberster‹ Gehirnschicht sitzt.[242] Tatsächlich erzeugt aber ein dezentrales, weit verzweigtes Netz komplex miteinander verschalteter neuronaler Strukturen die Gehirnzustände, die wir in Praxis und Labor als mehr oder weniger ›bewusst‹ bezeichnen. Unter anderem ist dabei eine Formation des Hirnstamms beteiligt, die den Cortex wach macht und wach hält. Teile des limbischen Systems müssen unbewusste Wahrnehmungen allerdings als hinreichend neu, wichtig und interessant bewerten, damit sie im Neocortex vergegenwärtigt werden. Dabei spielt auch das Gedächtnissystem mit dem Hippocampus eine Rolle. Der Cortex vermag also weder ohne diese Systeme Bewusstseinszustände zu erzeugen, noch ›weiß‹ er von sich aus, was wichtig genug ist, um vergegenwärtigt zu werden.[243]

Häufig wird behauptet, dass subjektives Bewusstsein prinzipiell neurobiologisch nicht erfasst werden könnte. Dazu wird angeführt, dass subjektives Bewusstsein nur individuell erfahren, aber nie mitgeteilt werden könnte. Dabei handelt es sich allerdings um ein Scheinproblem, da es gerade neurobiologische Tatbestände sind, die diesen Umstand erklären. Tatsächlich erfährt jeder tagtäglich, dass sich persönliche Erlebnisse nicht adäquat in Worte fassen lassen. Häufig sind wir so ›betroffen‹, dass wir buchstäblich ›sprachlos‹ sind. Zudem trifft auf die Übertragung eines ›fremd-psychischen‹ Bewusstseins das zu, was bereits über Emotionen festgestellt wurde. Wenn entsprechende Gehirnaktivitäten detailliert bekannt und abscannbar wären, wäre die Erzeugung eines Zustandes in einem entsprechenden anderen System nicht prinzipiell auszuschließen.

Tatsächlich gibt es also so etwas wie ›das‹ Bewusstsein nicht. Unter Bewusstsein wird in der Gehirnforschung eine Skala von Graden der Aufmerksamkeit, Selbstwahrnehmung und Selbstbeobachtung verstanden. Wir unterscheiden zunächst visuelles, auditives, taktiles oder motorisches Bewusstsein und meinen damit, dass wir uns selbst bei diesen physiologischen Abläufen wahrnehmen. Wir wissen dann, dass wir jetzt sehen, hören, fühlen oder uns bewegen, ohne dass visuelle, auditive, taktile oder motorische Abläufe immer bewusst sein müssten. Die neurobiologische Erklärung bewusster visueller Wahrnehmung setzt wieder auf Hierarchiemodelle paralleler Signalverarbeitung. Auf jeder Hierarchiestufe werden visuelle Signale neu und häufig auf parallelen Bahnen unterschiedlich kodiert. Die Ganglienzellen der Netzhaut verarbeiten einen Lichtreiz in Aktionspotentiale. Die Neuronen der primären Sehrinde sprechen unterschiedlich auf Linien, Kanten und Farben an. Hierarchisch höhere Neuronen reagieren auf bewegte Konturen. Auf noch höheren Hierarchiestufen werden ganze Gestalten und vertraute Objekte

---

242 Für einen Überblick vgl. K. Mainzer, *Computer – Neue Flügel des Geistes?* Berlin/New York ²1995, Kap. 4.4; M. Carrier, J. Mittelstraß, *Geist, Gehirn, Verhalten. Das Leib-Seele-Problem und die Philosophie der Psychologie*, Berlin/New York 1989

243 E.R. Kandel, J.H. Schwartz und T.M. Jessell (Hrsg.), *Neurowissenschaften*, Berlin 1996, 455ff.

kodiert, emotional gefärbt und mit Erinnerungen und Erfahrungen assoziiert. Schließlich wird auf prämotorische und motorische Strukturen projiziert, deren Neuronen Tätigkeiten wie z. B. Sprechen und Handeln auslösen.

Dieses Modell erklärt, warum Patienten, deren neuronale Hierarchiestufe zur expliziten Gestaltwahrnehmung zerstört wurde, vertraute Gesichter nicht mehr bewusst wiedererkennen, obwohl sie implizit ein Gesicht mit seinen typischen Einzelheiten (Konturen, Schatten, Farben etc.) wahrnehmen. Neuronen, die auf Gestaltwahrnehmung (z. B. Vervollständigung von Konturen, Vordergrund-Hintergrund) spezialisiert sind, erzeugen die Vorstellung von Figuren, obwohl diese Figuren in einer Abbildung nur angedeutet oder suggeriert werden. Einige Philosophen sprachen gelehrt vom ›intentionalen‹ (vom Bewusstsein beabsichtigten) Bezug zwischen dem ›Erkenntnissubjekt‹ (Beobachter) und ›Erkenntnisobjekt‹ (physikalisches Bild). Die Entstehung der Gestalt fehlt bei Patienten mit einer entsprechenden Gehirnläsion. Bei Verletzungen einer anderen Hierarchiestufe verlieren betroffene Patienten die Fähigkeit der bewussten Farbwahrnehmung, obwohl die Farbrezeptoren des Auges funktionieren.

Das Modell paralleler Signalverarbeitung auf Hierarchiestufen komplexer neuronaler Systeme hat erhebliche Bedeutung für die Technik neuronaler Netze. Für den Neurobiologen und Gehirnforscher bleibt es allerdings nur ein Modell, solange die beteiligten neuronalen Strukturen und ihre molekulare und zelluläre Signalverarbeitung nicht identifiziert und durch Beobachtung, Messung und Experiment belegt sind. Im Zusammenhang mit Bewusstseinszuständen liegen hier die tatsächlichen Probleme der modernen Neurobiologie, Kognitions- und Gehirnforschung. Wie werden auf zellulärer Ebene die Neuronen einer bestimmten Hierarchiestufe ›verschaltet‹, die z. B. auf bestimmte Konturen und Gestalten reagieren? Im Anschluss an die Hebbschen Regeln müsste die simultane Aktivität nicht nur die Neuronen erregen, die auf den jeweiligen Aspekt eines wahrgenommenen Gegenstandes reagieren. Vorübergehend müssten auch die betroffenen Synapsen verstärkt werden, so dass in einer Art Kurzzeitgedächtnis ein reproduzierbares Aktivitätsmuster entsteht.

Bei den Wahrnehmungssystemen haben wir bereits das Synchronisationsverfahren kennengelernt. Danach müssten alle Neuronen, die einen bestimmten Aspekt repräsentieren, im Gleichtakt feuern, jedoch asynchron zu denen, die auf einen anderen Aspekt reagieren. In Weiterführung dieses Ansatzes könnte die Hypothese entwickelt werden, dass Aufmerksamkeits- und Bewusstseinszustände durch bestimmte synchrone Aktivitätsmuster erzeugt werden (z. B. die Aufmerksamkeit für die Vordergrund-Hintergrund-Beziehung bei der Gestaltwahrnehmung). In dem Zusammenhang wird heute auf die bereits erwähnte Langzeitpotenzierung synaptischer Verschaltungen verwiesen, die bei der Gedächtnisbildung eine Rolle spielen soll. Sie könnte die kurz- oder langfristige Reproduzierbarkeit von bewussten Wahrnehmungen garantieren. Andere Autoren wie Francis Crick vermuten, dass die Neuronen einer bestimmten cortikalen

Schicht an Bewusstseinszuständen eng beteiligt sind, indem sie für die Aufrechterhaltung von Schaltungen mit kreisender Erregung und Aufmerksamkeit sorgen.[244]

Schließlich stellt sich die Frage nach der Entstehung eines Bewusstseins von uns selbst, eines Selbstbewusstseins, das wir mit dem Wort ›Ich‹ bezeichnen. In der Entwicklung eines Kindes lassen sich die Stadien genau angeben, in denen das Ich-Bewusstsein erwacht und Wahrnehmungen, Bewegungen, Fühlen, Denken und Wünsche schrittweise mit dem eigenen Ich verbunden werden. Dabei wird nicht auf einmal ein einzelnes ›Bewusstseinsneuron‹ wie eine Lampe eingeschaltet. Eine solche Vorstellung würde das Problem auch nur verschieben, da wir fragen müssten, wie in diesem Bewusstseinsneuron Bewusstsein zustande käme. Am Beispiel einer Wahrnehmung wird der komplexe Verschaltungsprozess deutlich, der im Prozeß der Selbstreflexion schließlich zum Selbstbewusstsein führt: Ich nehme einen Gegenstand wahr; schließlich nehme ich mich selbst beim Wahrnehmen dieses Gegenstandes wahr; schließlich nehme ich wahr, wie ich mich selbst beim Wahrnehmen dieses Gegenstandes wahrnehme etc.

Jede dieser Ebenen von Selbstwahrnehmung könnte mit einem bestimmten neuronalen Repräsentationsmuster (neuronale Karte) verbunden sein, dessen Kodierung als Input auf der nächsten Wahrnehmungsstufe eine neue neuronale Meta-Repräsentation der Selbstreflexion auslöst.[245] Umgekehrt kann ein gespeichertes Aktivitätsmuster von uns selbst mit dem sprachlichen Kodewort ›Ich‹ aufgerufen werden, um Absichten und Wünsche unmittelbar zu äußern oder durch Handlungen zu realisieren. Diese Art der Selbstwahrnehmung kann durch Medikamente und Drogen verlangsamt, getrübt oder bis zum euphorischen Rausch beschleunigt werden. Die synaptische Verschaltungsgeschwindigkeit bei der Bildung synchroner Aktivitätsmuster ist tatsächlich über die Transmitterausschüttung beeinflussbar.

Die Disposition, ein Ich-Bewusstsein zu entwickeln, ist vermutlich genetisch angelegt, auch wenn wir noch nicht genau wissen wie. In der Evolution hat es sich aus der Aufmerksamkeit für überlebenswichtige Aspekte der Wahrnehmung, Bewegung, Emotion und Kognition entwickelt. Heute sprechen wir bereits von historischem, sozialem und gesellschaftlichem Bewusstsein und meinen damit die Aufmerksamkeit für wichtige Aspekte des kollektiven Zusammenlebens und Überlebens. Auch für diese Art kollektiven Selbstbewusstseins werden komplexe Vernetzungen von neuronalen Systemen der Wahrnehmung, Analyse, Entscheidung, aber auch der emotionalen Bewertung und Motivierung für Handeln aktiviert.

---

244 F. Crick, *Was die Seele wirklich ist: Die naturwissenschaftliche Erfahrung des Bewusstseins*, München 1994. Andere Positionen finden sich in E. Pöppel (Hrsg.), *Gehirn und Bewusstsein*, Weinheim 1989

245 H. Flohr, Brain Processes and Phenomenal Consciousness. A New and Specific Hypothesis, in: *Theory and Psychology* 1 1991, 245–262

Sollten also einmal die Gesetze, die zu komplexen Gehirnzuständen wie ›Bewusstsein‹ führen, ebenso bekannt sein wie die komplexe Dynamik eines anderen Organs (z. B. Herz), dann wären komplexe Systeme mit entsprechenden Zuständen prinzipiell nicht auszuschließen. Für diese Systeme wäre die innere Selbstwahrnehmung ebenfalls nicht notwendig an sprachliche Repräsentationen gebunden. Einfache Formen des Selbstmonitoring sind bereits in existierenden Computer- und Informationssystemen realisiert. In der biologischen Evolution haben sich bei Tieren und Menschen Bewusstseinsformen wachsender Komplexität ausgebildet. Wenn Bewusstsein nichts anderes ist als ein besonderer Zustand des Gehirns, dann ist jedenfalls prinzipiell nicht einzusehen, warum nur die vergangene biologische Evolution ein solches System hervorzubringen vermochte. Der Glaube an die Einmaligkeit der Biochemie des Gehirns ist durch unsere bisherige technische Erfahrung wenig gestützt.[246] Schließlich gelang uns Menschen das Fliegen auch ohne Federkleid und Flügelschlag, nachdem die hydrodynamischen Gesetze des Fliegens bekannt waren. Ob wir bei entsprechenden komplexen Systemen von ›künstlichem Bewusstsein‹ sprechen, das unter geeigneten Laborbedingungen entstehen würde, wäre dann ebenso nur noch eine Frage der Definition wie im Fall von ›künstlichem Leben‹. Im Rahmen der KI-Forschung könnten z. B. sensorische, kognitive oder motorische Systeme in einer Hybridverschaltung mit Modulen des Selbstmonitoring verbunden werden. Bis zu welchem Grad allerdings solche Systeme mit Fähigkeiten der Aufmerksamkeit, Wachheit und Bewusstsein ausgestattet werden sollten, ist nicht nur eine Frage technischer Machbarkeit, sondern auch, wenn es soweit ist, eine Frage der Ethik.

Auch Bewusstseinszustände haben sich also aufgrund menschlicher Körperlichkeit in Interaktion mit sich verändernden Umweltbedingungen entwickelt. Anders als in der klassischen KI lassen sich in einem kognitiven System ablaufende Prozesse nicht losgelöst von den körperlichen Gegebenheiten des Systems, seiner situativen Einbettung in eine Umgebung und seiner dynamischen Interaktion mit der Umgebung verstehen.[247] Damit scheinen die Grenzen von »Innen« und »Außen« bei kognitiven Zuständen zu verschwimmen. Auch Bewusstseinszustände »weiten sich auf die körperliche Umwelt aus«. So jedenfalls behauptet die »*Extended Mind*«-These, die auf ein Gedankenexperiment von Andy Clark und David Chalmers (1998) zurückgeht.[248] In diesem Gedankenexperiment benutzt ein Alzheimer-Patient namens Otto ein Notizbuch, in dem er jeden Schritt eines geplanten Museumsbesuchs detailliert notiert hat. Demgegenüber plant die gesunde Ina gleichzeitig diesen Museumsbesuch in ihrem Bewusstsein

---

[246] Diese These vertritt J.R. Searle, Minds, Brains, and Programs, in: *Behavioral and Brain Science* 3 1980, 417–424; ders., Ist der menschliche Geist ein Computerprogramm?, in: *Spektrum der Wissenschaft:* Ultrarechner 1991, 92–99

[247] F. Valera, E. Thompson und E. Rosh, *The Embodied Mind*, Cambridge Mass. 1991

[248] A. Clark und David J. Chalmers, The extended mind, in: *Analysis* 1998 58, 10–23

und speichert jeden Schritt in ihrem Gedächtnis. Für die Ausführung muss Otto den »externen« Speicher des Notizbuchs benutzen, da seine Gehirnareale für das Gedächtnis defekt sind. Ina kann auf den »internen« Speicher ihres Gedächtnisses zurückgreifen.

An dieser Stelle ist für manche Philosophen die Versuchung (wieder) groß, den Tatbestand metaphysisch aufzuladen: Menschliche Bewusstseinszustände »erfüllen« den Raum und »erfassen« Gegenstände außerhalb der eigenen Körperlichkeit. Richtig an dieser These ist, dass kognitive Zustände nicht in einem isolierten, sondern in einem mit seiner Umwelt gekoppelten System entstehen. Dieser Unterschied lässt sich präzisieren, wenn wir kognitive Prozesse im Zustandsraum eines komplexen dynamischen Systems modellieren. Ein kognitiver Zustand wird dann durch einen Punkt im Zustandsraum repräsentiert, der durch verschiedene Koordinaten definiert ist. Diese Koordinaten repräsentieren unterschiedliche Einflussfaktoren, zu denen nicht nur interne Daten des Organismus wie z.B. von beteiligten Gehirnarealen gehören, sondern auch Daten von Eigenschaften der Gegenstände, mit denen z.B. der Mensch interagiert. Dabei kann es sich ebenso um ein technisches kognitives System handeln.

Wie üblich wird dann die Entwicklungsdynamik des Systemzustands durch eine Trajektorie im Zustandsraum beschrieben, die unterschiedlichen Attraktoren zustrebt. Im Gedankenexperiment kann sich der Zielort des Museums für Otto und Ina als Fixpunkt erweisen, in dem die Besucher buchstäblich zur Ruhe kommen. Es können aber auch Fluktuationen durch Irritationen enstehen, die schließlich in der Irrfahrt eines Chaosattraktors enden. Phasenübergänge an Bifurkationspunkten treiben die Entwicklung in unterschiedliche Richtungen. Jedenfalls erklärt der erweiterte Zustandsraum eines kognitiven Systems die Extended-Mind-These und eröffnet die Möglichkeit, die Dynamik und Komplexität der erweiterten kognitiven Zustände zu analysieren. Diese Gesamtzustände von System und Umwelt sind in der Regel hochgradig korreliert: Eigenschaften von Gegenständen der Umgebung führen zu Reaktionen des Systems, die ihrerseits wieder Eigenschaften verändern. Ein typisches Beispiel sind die erwähnten Qualia, die keine physikalischen Eigenschaften eines isolierten Gegenstands sind, sondern nur durch physiologische und kognitive Wechselwirkung mit dem Gegenstand zu erklären sind.

# 6
# Cyberphysical Systems – Schlüssel zur Komplexität der Gesellschaft

## Internet als künstliches Nervensystem

Das weltweite Medium von Sprache und Kommunikation ist das World Wide Web (WWW). In der Extended Mind-These kann daher Ottos »externes« Notizbuch mit seinen Instruktionen ebenso für Speicher und Mikroprozessoren mit Computerprogrammen in der modernen Internetgesellschaft stehen. Komplexe dynamische Informationssysteme sind weder an einzelne Organismen der Natur noch an einzelne Computern oder Roboter der Technik gebunden. In der biologischen Evolution haben sich raffinierte Kommunikationssysteme von Populationen herausgebildet, die als Superorganismen selbstorganisiert kollektive Intelligenz (Schwarmintelligenz) erzeugen. In einer Art technischer Evolution scheint ein globales Kommunikationsnetz (*World Wide Web*) zu entstehen, dessen Knoten sich dezentral wie Neuronen im Gehirn verschalten. Lässt sich der Informationsfluss in diesen Netzen mit dem Datenstrom in Nervensystemen vergleichen? Tatsächlich lassen sich aus Analogien zwischen Gehirnen, neuronalen Netzen und dem World Wide Web technische Innovationen gewinnen. Wird damit aber das World Wide Web irgendwann ›intelligent‹? Erwacht vielleicht sogar ein eigenes Bewusstsein? Was bedeutet Extended Mind des Internets? Ist das Internet eine Erweiterung des Bewusstseins über den Körper hinaus, wie bereits Sprachen als typisches Medium für Extended Mind verstanden werden?[249]

Die Anfänge elektronischer Vernetzung beginnen mit dem praktischen Wunsch, an einem Computer mit mehreren Nutzern gleichzeitig arbeiten zu können.[250] Anfang der 60er Jahre wurde dazu Time-Sharing-Betrieb an einer Von-Neumann-Maschine mit nur einem Prozessor eingeführt. Dort schaltete ein Betriebssystem zwischen mehreren Benutzerprogrammen in Abständen von wenigen Millisekunden hin und her und erzeugte so den Eindruck der gleichzeitigen Nutzung des einen Von-Neumann-Prozessors. Der nächste Schritt waren die Netzwerke in Parallelrechnern und Supercomputern. Dort transportieren sie

---

249 R.K. Logan, *The Extended Mind: The Emergence of Language, the Human Mind and Culture*, Toronto 2007

250 Für einen Überblick vgl. K. Mainzer, *Computernetze und virtuelle Realität. Leben in der Wissensgesellschaft*, Berlin/Heidelberg/New York 1999, Kap. 2; A.S. Tanenbaum, *Computer Networks*, Englewood Cliffs N.J. ²1988; H.-G. Hegering, S. Abeck, *Integriertes Netz- und Systemmangement*, Bonn 1995

Daten zwischen vielen Prozessoren nach einem gemeinsamen Maschinenprogramm.

Prozessorennetze in Supercomputern wurden gelegentlich mit Nervennetzwerken in Gehirnen verglichen. Obwohl sich Gehirn und Computer in Architektur und Funktion erheblich unterscheiden, kann eine Analogie festgehalten werden: Gehirne tauschen Informationen untereinander aus und bilden Kommunikationsnetze. Ebenso können Computer untereinander verbunden werden, um Kommunikationsnetze zu erzeugen. Computer tauschen ihre Daten über elektronische Leitungen, Funkstrecken oder Lichtwellenleiter (Glasfaserkabel) aus. Neben den Verbindungswegen gibt es in einem Computernetz Knoten für Computer und Übertragungseinrichtungen für eventuelle Zwischenspeicherungen. Die Übertragung von Nachrichten erfolgt durch genau festgelegte Verfahren für den Sender- und Empfängerknoten.

Zur Übermittlung der Daten bringt der Sender die Übertragungsleitung abwechselnd in verschiedene Spannungszustände. Da eine Nachricht in Maschinensprache binär kodiert ist, kann eine Leitung mit zwei Zustandswechseln ein Bit pro Zustandsänderung übertragen. Es kann aber auch mit mehr als zwei Übertragungswerten gearbeitet werden. Bei z.B. acht Spannungswerten mit 0, 1, 2, 3, 4, 5, 6 und 7 Volt können drei Bits pro Zustandsänderung übertragen werden. Die Übertragungskapazität einer Leitung für Nachrichten hängt daher von der Menge der unterschiedlichen Werte und der Häufigkeit ab, mit der ein Sender den Wert pro Sekunde übertragen kann. Die Maßeinheit für den Wechsel pro Sekunde wird nach dem französischen Ingenieur Emile Baudot mit ›*baud*‹ bezeichnet.

Die Leistungsfähigkeit von Netzwerken hängt zudem von ihrer geometrischen Struktur ab. Dabei lassen sich wie bei der Vernetzung von Prozessoren in Supercomputern verschiedene Grundformen unterscheiden. In einem Sternnetz laufen die Verbindungen der Computer sternförmig auf eine Zentralstelle zu, die etwa bestimmte Netzdienste zur Verfügung stellt. Bei einem Busnetz sind alle Computer an einer Sammelleitung angeschlossen. Durch eine der Nachricht beigefügte Adresse erkennt der Empfänger die für ihn bestimmte Nachricht. Im Unterschied zu Stern- und Busform ist ein Ringnetz immer geschlossen. Die Baumstruktur findet sich z.B. bei Telefonnebenstellenanlagen. Für die Leistungsfähigkeit eines Netzes ist wichtig, ob seine Knoten durch einfache oder mehrfache Verbindungen zu erreichen sind. Bei einer Leitungsunterbrechung ist ein Knoten mit einfacher Verbindung nicht mehr erreichbar. Ein vollständig vermaschtes Netz bietet zwar maximale Sicherheit, allerdings um den Preis eines großen technischen Aufwandes. In Mischformen von teilweise vermaschten Netzen sind nur kritische Knoten durch mehrfache Verbindungen abgesichert.

Analog zu den Prozessorennetzen, die wir bei Parallel- und Supercomputern kennengelernt haben, kann es in Computernetzen zu Kollisionen von Datensendungen kommen, wenn verschiedene Knoten gleichzeitig senden. Im Datenflussmanagement gibt es dazu die beiden Strategien der Kollisionserkennung und der Kollisionsvermeidung.[251] Bei der Kollisionserkennung muß das gleichzeitige Senden von mehreren Knoten auf einer Leitung erkannt, abgebrochen und nach zufälliger Wartezeit wiederholt werden. Ein Beispiel ist das Ethernet, bei dem alle Knoten mit speziellen Schnittstellen an ein gemeinsames Koaxialkabel angeschlossen sind. Da Datenpakete in beiden Richtungen des Koaxialkabels laufen können, sind Überschneidungen möglich. Die betroffenen Knoten erkennen solche Überlagerungen durch ihre Schnittstellen und unterbrechen ihre Sendung, um nach einem zufälligen Zeitintervall die Übertragung des beschädigten Datenpakets zu wiederholen.

Bei der Strategie der Kollisionsvermeidung werden Kollisionen von vornherein durch ein Zugangsprotokoll verhindert. Dazu zirkuliert eine Berechtigungsmarke (*Token*) als spezielle Bitsequenz im Netz, die jeweils genau einem Knoten das Senderecht erteilt. Ein Beispiel ist der *Token Ring*, bei dem ein Token in einem Ring zirkuliert. Ein angeschlossener Knoten kann erst dann senden, wenn das Token vorbeikommt. Ein solcher Knoten nimmt das Token zunächst aus dem Ring, gibt dann ein adressiertes Datenpaket oder eine Folge von Datenpaketen in den Ring und schließt das Token an. Wenn der Zielknoten nach Empfang der Datenpakete nicht selber sendet, gibt er nur das Token in den Ring zur weiteren Zirkulation frei. Da der Datenfluss in Ringen bereits bei Ausfall eines einzigen Knotens zusammenbricht, werden doppelte Ringe verwendet, die sich bei Knotenausfällen in geschlossenen Schleifen verschalten können. Bei einem *Token Bus* wird das Token in einem Bus z.B. von links nach rechts weitergegeben, um am Ende von der ersten Station ganz rechts zurück gereicht zu werden.

Je komplexer Computernetze werden, umso dringender wird ein geeignetes Management der Datenflüsse. Bei der Leitungsvermittlung wird für den Datenfluss zwischen zwei Computern wie bei einer Telefonvermittlung eine Standleitung vom Sender zum Empfänger geschaltet. Bei der Herstellung der Verbindung wird allerdings häufig mehr Zeit verbraucht als bei der Übertragung der Nachricht selbst. Zudem wird die Leitungsvermittlung verweigert, wenn alle Leitungswege zwischen Sender und Empfänger besetzt sind. Dadurch bleiben große Teile eines Netzes während einer Standleitung ungenutzt. Eine Lösung, die erstmals im ARPANET (engl. *Advanced Research Projects Agency*) des US-Verteidigungsministeriums 1969 angewendet wurde, arbeitet mit der Datenpaketvermittlung. Dabei werden die Daten zu Bündeln einheitlicher Länge zusammengefasst und mit Kodes für Absender und Empfänger versehen. Dadurch können Datenpakete von verschiedenen Computern nacheinander über die gleichen Netzverbindungen gesendet werden. Vorherige Leitungsvermittlung ist überflüssig und das Netz ist durch vielseitigen Datenfluss ausgelastet.

---

[251] Zum Datenflussmanagement in großen Rechnern vgl. auch T. Ungerer, *Datenflussrechner*, Stuttgart 1993.

Alle Datenpakete werden also unabhängig voneinander an ihren Bestimmungsort geschickt. Dabei ist von äußerster Wichtigkeit, dass sie korrekt ankommen. Geht ein Paket verloren, muss es erneut versendet werden. Wenn alle Pakete angekommen sind, wird ihre korrekte ursprüngliche Ordnung wiederhergestellt, um die Daten an den Empfänger zu übermitteln. Im Netz werden die Pakete von Router-Knoten zu Router-Knoten geschickt, um über die jeweils günstigsten Verbindungen (*Routen*) lokal zu entscheiden. Dazu bedient sich ein *Routing*-Algorithmus vor Ort einer Routingtabelle und vergleicht die Paketadresse, um die Weiterleitung an den nächsten Knoten festzulegen.[252]

Das Internet ist daher bis zu einem bestimmten Grad ein komplexes sich selbst organisierendes dynamisches Informationssystem, in dem keine zentrale Leitungsverteilung stattfindet. Das trifft insbesondere beim dynamischen Routing zu, bei dem die sich ständig verändernden Belastungen des Netzes berücksichtigt werden. In periodischen Abständen tauschen benachbarte Router Daten über ihre jeweilige Belastung aus, um Zeit, Kosten und Wegstrecken zu optimieren.

Wenn zu viele Datenpakete in einem Router ankommen, werden sie zunächst in einem lokalen Speicher (*buffer*) abgelegt, um nacheinander bearbeitet zu werden. So entstehen Warteschlangen wie an einer Ladenkasse. Daher wurde für Telefonnetze die mathematische Theorie der Warteschlangen entwickelt, um die Häufigkeit von Telefonanrufen und Wartezeit von Telefonverbindungen abzuschätzen. Diese statistische Theorie ist jedoch nur für grobe Schätzungen des Internets geeignet, da sie von vereinfachten Annahmen ausgeht. So wird für die Zeit zwischen der Ankunft von zwei Datenpaketen an einem Router eine exponentielle Verteilung mit endlicher Varianz angenommen. Tatsächlich können sich kleine lokale Zeitverschiebungen zu globalen Beeinträchtigungen des Datenverkehrs aufschaukeln. Die Ankunft von zwei Datenpaketen ist nicht unabhängig, sondern mit früheren Ereignissen korreliert. Solche Schmetterlingseffekte sind aus der Theorie komplexer dynamischer Systeme bestens bekannt. Lokale Veränderungen des Wetters können einen globalen Wetterumschlag auslösen. Eine lokale Infektion kann sich epidemisch in einer Population verteilen und eine globale Erkrankung auslösen. Einige Modelle des Datenverkehrs beschreiben daher einen Netzkollaps wie eine sich ausbreitende Epidemie.

Überlastung der Router, langsame Prozessoren und geringe Bandbreite der Übertragung legen ebenfalls Analogien mit Staus im Straßenverkehr nahe.[253] In beiden Systemen handelt es sich um diskrete Verkehrsobjekte wie Datenpakete oder Fahrzeuge, die sich auf Routen bzw. Straßen bewegen. Phänomene nicht-

---

252 B. Halabi, *Internet-Routing-Architekturen. Grundlagen, Design und Implementierung*, München/Wien 1998

253 Dazu auch M. Büchs, D. Kundish, P. Pyrka und K. Mainzer, Physical and Virtual Mobility. Analogies between Traffic and Virtual Highways, in: F. Mayinger (Hrsg.), *Mobility and Traffic in the 21st Century*, Berlin/Heidelberg/New York 2001, 243–318.

linearer Dynamik wie Stau, Überlastung und Chaos sind sowohl im Daten- als auch Straßenverkehr empirisch nachweisbar. In beiden Verkehrsströmen werden Navigationssysteme angewendet, um Verkehrsteilnehmer durch Routingtabellen oder Straßenschilder, Karten und Verkehrsansagen zu informieren. Unterschiede sind nicht nur auf die autonomen menschlichen Fahrer in Verkehrsfahrzeugen zurückzuführen. Auch Kabelwege lassen sich nicht mit Straßen vergleichen, auf denen Fahrzeuge ihre Geschwindigkeit verändern. Alle Datenpakete bewegen sich mit Lichtgeschwindigkeit, so dass die Länge des Weges nicht zu Buche schlägt. Die Faszination des Internets besteht gerade in der Echtzeit, mit der Sender und Empfänger weltweit kommunizieren können. Allerdings liegt in beiden Systemen keine Zentralsteuerung vor. Im Internet sind die Router die lokalen Entscheidungsträger, die eine globale Dynamik mit kollektiven Trends erzeugen.

Computernetze bestehen wie Computer selbst nicht nur aus Hardware. Zur Datenverarbeitung und Datensendung müssen Benutzerprogramme auf Betriebssysteme zurückgreifen. Sie veranlassen Computerknoten, physikalische Signalfolgen zu versenden, die den Bitsequenzen der Maschinensprache entsprechen. Im Zielknoten müssen diese Signale von einem Computer mit eventuell verschiedener Hardware durch geeignete Software zurückübersetzbar sein, um für einen Benutzer verständlich zu werden. Daher ist moderne Netzprogrammierung bestrebt, gemeinsame virtuelle Maschinen im Netz oder – anders ausgedrückt – eine gemeinsame virtuelle Netzmaschine für die Netzkommunikation bereitzustellen.

Ein erster Schritt ist das ISO (engl. *International Standards Organization*)/OSI (engl. *Open Systems Interconnection*)-Modell, in dem Kommunikationsstandards für offene Verbundsysteme festgelegt sind.[254] Im ISO/OSI-Modell ist die Kommunikation zwischen zwei Computerknoten dargestellt. Dazu wird die Nachricht eines Benutzers des einen Knotens über sieben Schichten bis auf die Ebene der physikalischen Signale und Leitungen übersetzt, zum anderen Knoten gesendet und dann über entsprechende Schichten bis auf die Benutzerebene des anderen Nutzers zurückübersetzt.

In der obersten Schicht sind die eigentlichen Anwendungen (*application*) eines Benutzers. Die Darstellungsschicht (*presentation*) bringt die Daten auf eine einheitliche Form und verschlüsselt sie (z.B. im ASCII-Code). Die Sitzungsschicht (*session*) koordiniert die Kommunikation zwischen zwei Benutzern während der Sitzung vor ihren Computern. Dazu gehört z.B. das Token Management, um Datenkollisionen während der Sitzung zu vermeiden. In der Transportschicht (*transport*) werden die Daten in Pakete verpackt und entpackt, ohne dass es die Benutzer auf den oberen Schichten 5–7 bemerken. Die Netzwerkschicht (*network*) wählt den Weg für die Datenübermittlung im Netz. Dazu wird gegebenenfalls ein

254 P. Dadam, *Verteilte Datenbanken und Client/Server-Systeme*, Berlin/Heidelberg/New York 1996

Teilnetz aus einem Netzverbund benutzt. Die Data-Link-Schicht fasst Bitsequenzen zu Bytes zusammen, korrigiert Übertragungsfehler und passt unterschiedliche Geschwindigkeiten von Sendern und Empfängern an. Die unterste physikalische Schicht (*physical*) realisiert die physikalische Signalübertragung der Bitsequenzen. Jede Schicht baut also auf die Funktionen der darunterliegenden Schicht auf.

Sendet nun ein Benutzer von Computerknoten A eine Nachricht zum Computerknoten B, dann wird diese Nachricht im Knoten A von der Benutzerschicht über alle sieben Stufen auf die tiefste physikalische Schicht runterübersetzt, als Bitsequenz versendet und im Knoten B von der tiefsten physikalischen Schicht bis zur Benutzerebene zurückübersetzt. Beide Benutzer scheinen direkt zu kommunizieren. Tatsächlich sprechen sie wie zwei ausländische Politiker zu ihren Übersetzern. Bei der Übersetzung von der Benutzerebene auf die physikalische Ebene wird eine Nachricht schrittweise mit einem Kopfkode (*header*) der jeweiligen sieben Ebenen erweitert. So entsteht auf der untersten Ebene ein geschichtetes Protokoll mit den sechs Kopfkodes der darüberliegenden Schichten. Wenn dieses Protokoll als Bitsequenz im Zielknoten ankommt, wird es zurückübersetzt und auf jeder Schicht vom Kopfkode der vorherigen Schicht entledigt. Die geschichteten Protokolle mit ihren eindeutigen Kopfkodes erlauben einen Nachrichtenaustausch zwischen den einzelnen Schichten der Computerknoten. Zwischen den jeweiligen Ebenen scheinen dann direkte Verbindungen zu bestehen. Tatsächlich handelt es sich um Übersetzungsprozesse, da nur auf der untersten Ebene physikalisch reale Signale ausgetauscht werden. Daher sprechen wir auch von ›virtuellen Verbindungen‹ zwischen den einzelnen Ebenen und einer ›virtuellen Kommunikation‹ der Benutzer auf der Anwendungsebene.

Neben dem ISO/OSI-Modell wurden noch andere Kommunikationssysteme mit abweichenden Schichtungen eingeführt. Gemeinsam ist eine Protokollhierarchie mit virtuellen Verbindungen. Mit wachsender Komplexität der Netze vergrößern sich die Probleme der Verständigung. Nicht nur die Maschinen eines Netzes müssen sich verstehen, sondern auch die zusammenwachsenden Netze. Am Anfang gab es nur lokale Netze, die z.B. Rechner, Massenspeicher und Drucker im Gebäude eines Instituts oder in einer Industrieanlage verbanden. Diese LA (*L*ocal *A*rea)-Netze verwendeten noch einfache Architekturen. Es folgten MA (*M*etropolitan *A*rea)-Netze für Städte und RA (*R*egional *A*rea)-Netze für Regionen, die sich als Informationssysteme für z.B. Gesundheits-, Geschäfts- oder Verwaltungsaufgaben spezialisierten. Diese kleineren Netze werden in WA (*W*ide *A*rea)-Netzen verbunden, um schließlich in GA (*G*lobal *A*rea)-Netzen wie dem Internet und World Wide Web (WWW) zusammenzuwachsen.

Netze stellen unabhängig von den Entfernungen ihrer Knoten Dienstleistungen zur Verfügung, die von der elektronischen Post (E-Mail) über Informationssuche in fernen Datenbanken und Echtzeit-Dialog mit mehreren Benutzern bis zu Multimedia-Erlebnissen reichen. Der Computer, an dessen Terminal ein Benutzer im Netz arbeitet, wird als ›*local*‹ bezeichnet. Der unter Umständen weit entfernte

Computer, an dem ein Benutzer im Netz Prozesse startet, heißt ›*remote*‹. Der entfernte Computer, der bestimmte Dienste anbietet und leistet, wird *Host* (Gastgeber) genannt. Bei zwei verbundenen Computern unterscheiden wir zwischen demjenigen, der Dienste leistet (*Server*), und demjenigen, der Dienste anfordert (*Client*). Client und Server bestimmen Angebot und Nachfrage der Dienstleistungen in Computernetzen. Technische Voraussetzung sind besondere Zugänge (*Gateways*), die lokale Teilnetze mit besonderen Aufgaben in den weltweiten Netzen verbinden. Wenigstens ebenso wichtig sind aber eindeutige Kommunikationsprotokolle und Netzadressen, um den Datenfluss in den weltweiten Netzen zu regeln. Das erfordert neue Standards der Programmierung.

Welche Analogien liegen mit dem Zentralnervensystem und Gehirn vor? Grundlage der Datenübertragung sind dort feuernde und nicht-feuernde Neuronen. Sie erzeugen einen binären Datenstrom analog zu den Bitsequenzen in einem Computer oder dem Internet, die symbolisch in einer Maschinensprache darstellbar sind. Die von einem Neuron übertragene Dateneinheit wird als elektrisches Signal über das Axon in die Nervenendigung gegeben. An der Synapse wird dieses Signal mit Hilfe von Botenstoffen (*Transmitter*) über den synaptischen Spalt befördert. Um ihre Signalfunktion zu erfüllen, müssen die Transmittermoleküle an Membranrezeptoren der nachgeschalteten (postsynaptischen) Nervenzelle binden. Dabei sind nicht alle von einem Neuron frei gesetzten Substanzen chemische Botenstoffe. Nur diejenigen, die an geeignete Rezeptoren anbinden können, werden als Transmitter akzeptiert. Rezeptoren im Nervensystem wirken daher quasi wie *Router* im Internet, die über die Weiterleitung von Dateneinheiten entscheiden. Ist das Transmittermolekül gebunden, erzeugt der Rezeptor ein elektrisches oder ein Stoffwechselsignal in der postsynaptischen Zelle.[255]

Die gleichzeitige Freisetzung verschiedener neuroaktiver Stoffe aus einem präsynaptischen Neuron ermöglicht eine große Variationsbreite der Datenübertragung durch eine einzige Synapse. Obwohl chemische Synapsen sehr langsam gegenüber der mit Lichtgeschwindigkeit ablaufenden elektronischen Datenübertragung im Internet arbeiten, ermöglicht erst ihre Modulierungsvielfalt die komplexen Leistungen menschlicher Gehirne. Damit sind allerdings auch viele Störungsmöglichkeiten des neuronalen Datenverkehrs verbunden, die sich in Krankheiten und kognitiven Ausfällen des Menschen niederschlagen. So verursachen die Neurotransmitter Serotonin, Dopamin und Noradrenalin häufige Fehlfunktionen, die bei Depressionen, Schizophrenie, Rauschgiftsucht und der Parkinson-Krankheit auftreten. Bei der Parkinson-Krankeit kommt es zu einer reduzierten Dopaminproduktion. Zur Depressionsbekämpfung werden antidepressiv wirkende Substanzen eingesetzt, um die Übertragung an serotonergen oder adrenergen Synapsen im Gehirn zu erhöhen. Im Unterschied zum Internet können also Katastro-

---

255 Dazu auch E.R. Kandel. J.H. Schwartz, T.M. Jessell (Hrsg.), *Neurowissenschaften*, Berlin 1996, Kap. IV.

phen auch durch niedrige Signalübertragung ausgelöst werden. Demgegenüber fallen bei Krankheiten wie Autismus wichtige Filter für äußere Wahrnehmungssignale aus, so dass das Gehirn einem dauernden Bombardement von Signalen ausgesetzt ist. Es kommt zur völligen Überlastung. Um den psychischen Zusammenbruch zu vermeiden, schottet sich der Patient total gegenüber seiner Umwelt ab.

Eine interessante Analogie besteht auch zwischen der Kommunikation in Computernetzen und der Verarbeitung von Datenströmen im Zentralnervensystem. Beide Systeme verwenden auf der untersten Ebene der Maschinensprache einen Binärkode, der entweder eine technisch-physikalische oder eine molekulare Verschlüsselung von Information repräsentiert. In Computernetzen müssen daraus für einen Nutzer verständliche Botschaften rekonstruiert werden. In Standardmodellen der Computerkommunikation geschieht diese Dekodierung über mehrere Schichten nach genau festgelegten Protokollen. Im Zentralnervensystem müssen aus den binären Datenströmen Empfindungen, Gefühle, Vorstellungen und Botschaften entschlüsselt werden, die vom betroffenen Menschen als Nutzer des Gehirns verstanden werden. Daran sind, wie bereits erläutert wurde, unterschiedliche Gehirnareale beteiligt, die allerdings im Unterschied zu einem Computer nicht immer aus strikt getrennten Modulen bestehen.

Aus der Technik der Computernetze kennen wir heute die dramatisch zunehmenden Speicher- und Übertragungsprobleme in Multimediasystemen, die Texte, Bilder, Audio und Video verarbeiten müssen. Das menschliche Gehirn und Zentralnervensystem ist unter anderem auch ein solches hybrides Multimediasystem. In der Technik werden daher Kompressionsverfahren zur Reduktion der Datenströme eingesetzt.[256] Unkomprimierte Datenströme in einem integrierten Multimediasystem würden für bewegte Bilder Speicherplatz im Gigabyte-Bereich und für Zwischenpuffer im Megabyte-Bereich erfordern. Trotz wachsender Rechenleistung auch von kleineren Endgeräten wäre daher ein kostengünstiger Einsatz ohne Kompressionsverfahren nicht möglich. Andererseits wird verlangt, dass die Qualität der komprimierten und anschließend wieder dekomprimierten Daten möglichst gut ist. Ein entsprechender Algorithmus sollte durch seine eigene Komplexität und Verarbeitungszeit die Datenübertragung geringfügig belasten.

Dabei wird zwischen Entropie- und Quellenkodierung unterschieden. Entropiekodierung arbeitet ohne Informationsverlust, indem z.B. häufig vorkommende Byte-Pakete nur einmal mit der Anzahl ihres Vorkommens in einem Dokument übertragen werden. Ein Spezialfall ist die Nullunterdrückung, bei der häufig vorkommende Zeichen wie z.B. das Leerzeichen durch die Anzahl der ersetzten Bytes verkürzt werden. Demgegenüber berücksichtigt die Quellenkodierung die Bedeutung der zu kodierenden Information und nimmt dabei den Verlust von

---

256 Vgl. R. Steinmetz, *Multimedia-Technologie. Grundlagen, Komponenten und Systeme*, Berlin/Heidelberg/New York ³2000, Kap. 7.

Details in Kauf. So werden die zu kodierenden Daten mit den ähnlichen, aber nicht identischen dekodierten Daten in Beziehung gesetzt. Dazu liegt bereits eine Vielzahl von Verfahren vor, die auch kombiniert angewendet werden. Diese technischen Verfahren realisieren Datenkompression, die auf anderer oder ähnlicher Weise im Zentralnervensystem zur Anwendung kommt. Unser Wahrnehmungs- und Vorstellungsapparat konstruiert eine Außenwelt, deren Daten durch vielerlei Kodierungs- und Selektionsverfahren gelaufen ist, um nicht im Chaos totaler Datenüberlastung unterzugehen. Diese Vorgänge laufen analog wie in Computernetzen für den Nutzer unbewusst ab. Nur ein Bruchteil dieser Daten gelangt in das kleine Fenster unseres Bewusstseins und kann von uns willentlich beeinflusst werden. Auch dabei handelt es sich letztlich um eine Entlastung, die allerdings mit Informationsverlust bezahlt wird.

## Künstliches Leben in der virtuellen WWW-Maschine

Mit Maschinen wird traditionell immer noch die Vorstellung von einem überschaubaren Baukasten verbunden. Tatsächlich ist das World Wide Web (WWW) eine einzige gigantische virtuelle Maschine. Virtuelle Maschinen sind bereits von einzelnen Computergeräten bekannt. Unabhängig von jedem Benutzerprogramm wiederholen sich bestimmte Tätigkeiten, damit der Computer überhaupt betriebsbereit ist. Dazu gehören Eingeben von Daten und Programmen, Steuerung des Datenflusses in CPU und Speicher, Ausgabe von Daten und anderen Routinetätigkeiten, die in der physikalischen Maschine (Hardware) geregelt werden müssen. Entsprechende Programme sind die Betriebssysteme. Der Benutzer nimmt daher die physikalische Maschine des Computers nur durch das Programm des Betriebssystems wahr. Daher werden Betriebssystem und Hardware als »virtuelle Maschine« zusammengefasst (Abb. 37a).

Anwendungsprogramme in unterschiedlichen Programmiersprachen erfordern spezifische Compiler und Interpreter, um einen Computer arbeiten zu lassen. Diese mangelnde Übertragbarkeit (Portabilität) wurde in den weltweiten Computernetzen zu einem grundlegenden Problem. Wie sollte sich der Leibnizsche Traum einer *lingua universalis*, also einer allgemeinen formalen Sprache zur Darstellung des menschlichen Wissens und seine Methoden der Problemlösung in Computernetzen mit unterschiedlicher Hardware und unterschiedlichen Betriebssystemen verwirklichen lassen? Das war der Ansatz der Programmiersprache Java, die 1990 von der Firma Sun Microsystem entwickelt wurde.

Java ist ein Beispiel für eine objektorientierte Programmiersprache, die in einzelne Bausteine (»Klassen«) von überschaubaren Bauplänen modularisiert ist.[257]

[257] K. Arnold, J. Gosling, *Java$^{TM}$. Die Programmiersprache*, Bonn $^2$1996

Warum kann aber ein Java-Programm überall im Computernetz des World Wide Web verstanden werden, unabhängig von der unterschiedlichen Hardware der Computer mit ihren verschiedenen Betriebssystemen? Was macht die weltweite Portabilität von Java aus? Jedes Java-Programm wird zunächst in den gemeinsamen Maschinenkode einer abstrakten universellen Maschine übersetzt, der überall im Netz verstanden wird. Der Benutzer nimmt das Computernetz nur über diese virtuelle Java-Maschine wahr (Abb. 37 b). Das Netz ist für ihn eine einzige virtuelle Maschine, die logisch-mathematisch eine universelle Turingmaschine realisiert.

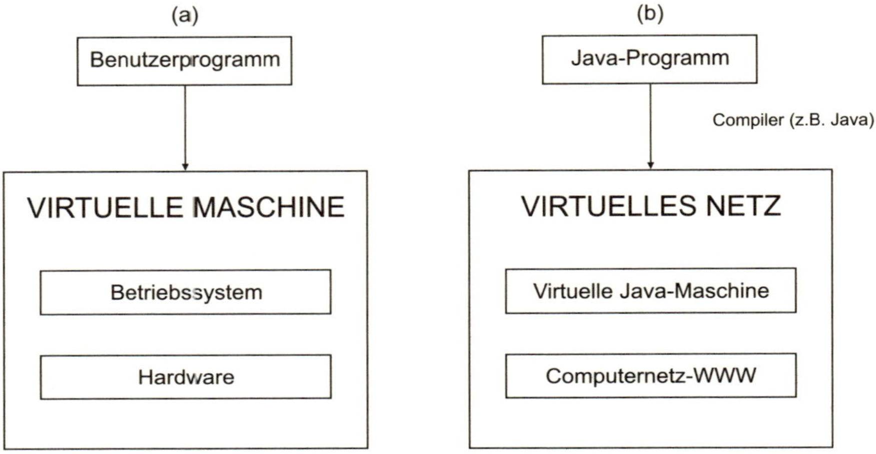


*Abb. 37:* Virtuelle Maschine eines Computers (a) und des World Wide Web (b)[258]

Am Beispiel von Java funktioniert die universelle virtuelle WWW-Maschine wie folgt:[259] Der Quelltext eines Java-Programms wird von einem Compiler in einen Bytekode übersetzt, der die Maschinensprache der virtuellen Java-Maschine ist. Der Java-Bytekode wird von den Programmen (Browser) aller im World Wide Web verbundenen Computer verstanden. Die virtuelle Java-Maschine ist zwar eine abstrakte Maschine. Wie eine reale Maschine besitzt sie aber einen Befehlssatz und verschiedene Speicherbereiche. Der Befehlssatz der universellen virtuellen Java-Maschine wird von einem *Just-In-Time* (JIT)-Compiler in die Befehle der Zentralprozessoren (CPU) der jeweiligen realen Maschinen im Netz übersetzt. Der Benutzer benötigt daher nur ein einziges Java-Programm für alle möglichen Computer und Betriebssysteme im Netz. Diese Plattformunabhängigkeit ist der erste zentrale Vorteil des Bytecodes der virtuellen JAVA-Maschine. Ferner ist der Bytekode sehr kompakt und verringert daher die Ladezeiten im Netz. Schließlich

258 K. Mainzer, *Computernetze und virtuelle Realität. Leben in der Wissensgesellschaft*, Berlin/Heidelberg/New York 1999, Abb. 3, 22, Abb. 10, 50

259 T. Lindholm, F. Yellin, *Java$^{TM}$. Die Spezifikation der virtuellen Maschine*, Bonn 1997

bietet der Bytekode Sicherheit im Netz. Jeder Kode, der vom Netz geladen werden soll, wird zunächst von der virtuellen Java-Maschine auf seine Anwendbarkeit geprüft. Die virtuelle Java-Maschine ist also auch ein Schutzfilter der lokalen Maschinen gegenüber fehlerhaften und schädlichen Meldungen aus dem globalen Netz.

Der Nutzer des World Wide Web nimmt den Datenstau der Datenströme nur wahr, wenn sich die Informations- und Kommunikationssysteme verlangsamen oder gar zusammenbrechen. Ähnlich nehmen wir in unserem Körper die komplexen Datenströme im Nervensystem nicht bewusst wahr. Was wir aber in der Informationsgesellschaft beobachten, ist die zunehmende Flut von Informationen analog einer Überreizung des Nervensystems durch Geräusche, Bilder und andere Sinnesdaten. Das Internet als Zentralnervensystem (*World Wide Web*) der Informationsgesellschaft wird daher intelligente Verfahren zur Informationsfilterung und Informationsbewältigung benötigen ähnlich wie ein lebender Organismus. Um die Schnittstelle mit dem Internet möglichst nutzerfreundlich zu gestalten, sollten sich diese Computerverfahren an der menschlichen Informations- und Kommunikationsbewältigung orientieren. Dazu gehören fehlertolerante, flexible und fuzzy Lern- und Selektionsverfahren.

Die Informationsflut in komplexen Informations- und Kommunikationssystemen kann von einzelnen Nutzern nicht mehr kontrolliert und bewältigt werden. Dazu bedarf es intelligenter Informationsfilter, Koordinations- und Kooperationsprogramme, die im Netz verteilt den Interessen der Nutzer entsprechend agieren. Als mobile und intelligente Programme im Netz könnten solche virtuellen Dienstleister (›Agenten‹) untereinander kooperieren und nützliche Informationen austauschen, die verschiedenen Nutzern helfen könnten. In der Natur trat ein solches kooperatives Kommunikationsverhalten bei Insektenpopulationen auf, die gemeinsam kollektive Leistungen wie den Bau von kunstvollen Termitenbauten oder verzweigten Ameisenstraßen organisierten, von denen das einzelne Tier keine Vorstellung hat. In der Soziobiologie spricht man daher von der Schwarmintelligenz, die erst durch Kooperation und Kommunikation der Population entsteht.

Bei einem Multi-Agentensystem handelt es sich um mehr oder weniger adaptive und lernfähige Programme (Agenten), die sich selbständig (autonom) den Wünschen und Zielen eines menschlichen Nutzers anpassen.[260] Damit sind sie statischen Suchmaschinen weit überlegen. Die wiederholte Aktualisierung ihrer Datenbanken bildet den Hauptnachteil von solchen Suchmaschinen. Die gezielte Suche nach Informationen kann nicht zuverlässig gewährleistet werden und liefert dem Nutzer nur ungenügend aktuelle Dokumente. Meistens nutzt ein Internetbe-

---

[260] Für einen Überblick zur Agententechnologie und Soft Computing vgl. H.S. Nwana, D.T. Ndumu, An Introduction to Agent Technology, in: H.C. Nwana, N. Azarmi (Hrsg.), *Software Agents and Soft Computing. Towards Enhancing Machine Intelligence*, Berlin/Heidelberg/New York 1997, 3–26.

sucher daher verschiedene Suchmaschinen nacheinander. Aber auch die Automatisierung einer gleichzeitigen Anfrage an mehrere Suchmaschinen in Meta-Suchmaschinen liefert keine befriedigenden Ergebnisse, da das Grundproblem von statischen und unflexiblen Datensammlungen bestehen bleibt.

Je nach Aufgabenstellung werden verschiedene Typen von Softwareagenten unterschieden. Informationsagenten unterstützen einen Nutzer vorwiegend bei der Suche nach Informationen in Netzwerken. Bei schwierigen Aufgaben, die einen einzelnen Agenten überfordern, werden Kooperationsagenten eingesetzt. In diesem Fall müssen sich Agenten über eine gemeinsame Problemlösung verständigen. Im Komplexitäts- und Wissensmanagement eines Netzes ist es häufig erforderlich, Transaktionen z.B. bei Banken und Versicherungen oder beim Ein- und Verkauf auszuführen und zu überwachen. Wir sprechen in diesem Fall von Transaktionsagenten, die hohen Sicherheits- und Vertrauensanforderungen genügen müssen, um vom Nutzer akzeptiert zu werden.

Neben unterschiedlichen Graden der Selbständigkeit (Autonomie) sind je nach Aufgabenstellung weitere Eigenschaften für Agenten erforderlich. Zunächst muß ein Agent auf veränderte Umweltbedingungen selbständig reagieren können. Wie bei einem Organismus der biologischen Evolution sind für reflexartige Reaktionen auf Umweltereignisse keineswegs Bewusstsein und die Fähigkeit zur logischen Schlussfolgerung aus Erfahrungswissen notwendig. Agenten, die über Sensoren und geeignete Reaktionsregeln für Umweltveränderungen verfügen, heißen reaktiv. Verfügen sie zusätzlich über ein internes Modell der Umwelt, aus dem sie Schlüsse ziehen können, heißen sie deliberativ.

Grundlegend ist die Unterscheidung zwischen stationären und mobilen Agenten. Stationäre Agenten sind an lokale Rechner im Netz gebunden. Mobile Agenten können von einem zum anderen Rechner in einem Netz transportiert werden, um dort selbständig ihre Aufgaben zu erfüllen. Im günstigsten Fall kann sich ein mobiler Agent im Netz frei bewegen und mit anderen Agenten kommunizieren und kooperieren, um eine Problemlösung, Geschäftsverhandlung oder Informationssuche zu erledigen. Stationäre und mobile Agenten werden die gleiche Aufgabe im Netz mit unterschiedlichen Strategien verfolgen müssen. Ein stationärer Informationsagent richtet eine Informationsrecherche z.B. nach einer günstigen Immobilie zunächst an eine Datenbank und erhält eine Liste von Adressen zurück, die er nacheinander im Netz selber abfragen muss. Jede Anfrage muss vom lokalen Rechner des Agenten (*Client*) zum Adressaten (*Server*) hingeschickt, jede Antwort zurückgeschickt werden. Dabei kommt es zu einer kostspieligen und zeitraubenden Netzbelastung. Zudem wird viel überflüssige Information zurückgesendet, die der Agent entsprechend den Wünschen seines Nutzers im lokalen Rechner aussortieren muss.

Demgegenüber begibt sich ein mobiler Informationsagent selber zur Datenbank, sucht danach die erhaltenen Adressen von Informationsquellen im Netz nacheinander auf und sortiert jeweils bereits vor Ort die uninteressanten Informationen aus. Die Netzbelastung beschränkt sich also jeweils auf den kurzen Wechsel von einem Rechner zum anderen. Dabei werden nur die vorsortierten interessanten Informationen mitgenommen. In einem offenen virtuellen Dienstleistungsmarkt können auch stationäre mit mobilen Agenten verbunden werden. Der Anbieter einer Dienstleistung (z. B. Datenbank) stellt einen stationären Agenten quasi wie einen virtuellen Assistenten zur Verfügung, der auf die Wünsche des mobilen Agenten eingeht. Der mobile Agent könnte z. B. bei erfolgloser Suche nach bestimmten Informationen vor Ort selbständig entscheiden, eine damit zusammenhängende Information zu suchen, auf die ihn vielleicht der Anbieteragent aufmerksam gemacht hat.[261]

Agentenpopulationen können als IR (*Information Retrieval*)-Systeme eingesetzt werden. Als Beispiel werden sie in einem P2P (*Peer-to-Peer*)-Netzwerk von PCs im Internet eingesetzt. Dabei gewähren sich die Teilnehmer an diesem Netzwerk (engl. *peers*) gegenseitig Zugriff auf bestimmte Inhalte der eigenen Festplatte. Populär wurden P2P-Netzwerke durch die Musik-Tauschbörse Napster im Internet. Für die Einrichtung eines IR-Systems bietet sich die *openCOLA-Software* an. Alle Computer, auf denen diese Software installiert ist, bilden ein P2P-Netzwerk im Internet. Jeder Computer in diesem Netzwerk hat die Aufgabe, Dokumente für seinen Nutzer zu finden und Peers bei ihrer Suche nach Dokumenten zu helfen. Zunächst richtet jeder openCOLA-Nutzer seinen Agenten für die Informationssuche ein. Dazu beschreibt er dem Agenten, was er suchen soll.[262]

Die Beschreibung besteht nicht nur aus Schlüsselworten wie bei einer konventionellen Suchmaschine. Der Nutzer zeigt dem Agenten einige Dokumente, die seinem Informationsinteresse entsprechen. Diese Beispiel-Dokumente gehören zur Dokumenten-Kategorie ›*Ideal*‹. Dokumente dieser Art sollen vom Agenten gesucht werden. Im Gegensatz dazu gehören zur Kategorie ›*Junk*‹ solche Dokumente, die den Nutzer nicht interessieren. Mit solchen Inputs entwickelt der Agent ein Modell, mit dem er ein beliebiges Dokument daraufhin untersuchen kann, ob es eher zur Ideal- oder Junk-Kategorie gehört. Im Prinzip lassen sich diese Kategorien auch im Sinne der Fuzzy Logik aufweichen, um einen möglichst menschenähnlichen Bewertungsprozess zu erreichen. So entsteht ein Profil der Präferenzen eines Nutzers, mit dem sich sein Agent auf die Suche ins Internet begibt. Im ersten Schritt sucht er andere Agenten im openCOLA-Netzwerk, die ähnliche Interessen haben. Dabei untersucht er die Ideal-Kategorie des gleichgesinnten Agenten und alle anderen Dokumente, die er aufgestöbert hat. Welche Dokumente des gleichgesinnten Agenten sind gute Kandidaten für die Ideal-Kategorie des eigenen Nutzers? Solche Dokumente bringt der Agent zu seinem Nutzer zurück. Der Nutzer wiederum bewertet diese Dokumente nach

---

261 Vgl. auch K. Mainzer, Wissensmanagement durch virtuelle Netzagenten, in: ders., *Computernetze und Virtuelle Realität. Leben in der Wissensgesellschaft,* Berlin/Heidelberg/New York 1999, Kap. 7.

262 Ebd.

ihrer Relevanz. Das Ergebnis dieser Evaluierung wird dem Agenten mitgeteilt, um sein Dokumenten-Profil zu verfeinern.

Der Nachteil dieses openCOLA-Ansatzes besteht darin, dass er zunächst auf die Teilnehmer dieses Netzwerks beschränkt bleibt. Nur solche Informationen außerhalb des Netzwerks werden berücksichtigt, die durch Links mit Dokumenten auf Servern außerhalb des Netzwerks verbunden sind. Dennoch handelt es sich bereits um eine Verbesserung gegenüber konventionellen Suchmaschinen. Wenn der Agent ständig in Aktion ist, kann er den Nutzer in Kooperation mit den anderen Agenten ständig auf dem neuesten Stand halten. Da er das Feedback mit seinem Nutzer speichert, verfügt er über eine Art Gedächtnis. Intelligenz entsteht in der Kooperation vieler Millionen openCOLA-Nutzer, die ein gemeinsames Wissen zum Nutzen aller Teilnehmer entwickeln: Es handelt sich also um eine Form von Schwarmintelligenz. Im *Collaborative Filtering* suchen Agenten sogar zunächst Gleichgesinnte mit ähnlichen Präferenzen und orientieren sich quasi an deren Trends der Meinungsbildung. Ähnlich wie bei Umfragenerhebungen könnten dabei auch wahrscheinlichkeitstheoretische Verfahren eingesetzt werden, um Erwartungswerte solcher Trends für einzelne Präferenzen zu berechnen.

Die Strategie der KI-Forschung könnte darin bestehen, Agenten mit möglichst intelligenten Programmen aufzurüsten. Statt der Agenten könnten wir aber auch versuchen, das Netz selber intelligenter zu machen. Das wäre die Strategie der Schwarmintelligenz, bei der die Infrastruktur und Kommunikationsmedien einer Population erst eine intelligente Leistung ermöglichen. Bei Informationsagenten müsste also das *World Wide Web* selber intelligenter werden. Bisher ist das Internet eine Art gigantisches Archiv von Dokumenten, die nur vom menschlichen Nutzer gelesen und verstanden werden. Agenten können zwar in diesem Archiv herumstöbern und Dokumente nach ihren Schlüsselworten klassifizieren und für Nutzerpräferenzen in aufwendigen Selektionsverfahren herausfiltern. Als Ergebnis zeigt uns aber der Computer seine ausgefilterten Dokumente nur an, ohne ihren Inhalt zu verstehen. Wie können Netzdokumente mit Bedeutungen versehen werden, die nicht nur von Menschen, sondern auch von einfachen Agenten verstanden werden? Das Ziel ist daher, das Internet durch Hinzufügen computergerechter Informationen zu Website-Dokumenten in ein semantisches (d.h. bedeutungstragendes) Netz zu verwandeln.

Tim Berners-Lee, der Miterfinder des World Wide Web, schlägt dazu keineswegs aufwendige KI-Verfahren vor.[263] Computer werden die Bedeutung seman-

---

[263] T. Berners-Lee, *Weaving the Web: The Original Design and Ultimate Destiny of the World Wide Web by Its Inventor*, San Francisco 1999; ders., J. Hendler, O. Lassila, Mein Computer versteht mich, in: *Spektrum der Wissenschaft* 8 2001, 42–49. Ein einfaches Beispiel war HYPERFLEX als ein Prototyp für ein adaptives Hypertext-System, das z.B. Navigationsvorschläge auf Grund der Ziele und Präferenzen eines Benutzers erstellte. Die Knoten des Hypertextes sind dabei insofern als semantisches Netz organisiert, als die semantischen Beziehungen zwischen den Einheiten in

tischer Daten erkennen, indem sie über Hyperlinks die Definitionen von Kennwörtern und die zu ihrem Kontext gehörenden logischen Schluss- und Verwendungsregeln nachschlagen. Dadurch können sie sich den Inhalt buchstäblich selber erschließen. Schon Ludwig Wittgenstein erkannte die Bedeutung von Worten im Kontext ihrer Verwendungsregeln. Bisher transportiert das Internet nur von Menschen lesbare und verstehbare Information. Tatsächlich werden Daten übertragen, aus denen Menschen ihre Schlüsse ziehen, um dadurch erst eine bedeutungsvolle Information zu erzeugen. Im semantischen Netz sind Websites derart mit Daten, Schluss- und Verwendungsregeln ausgestattet, dass ein Netzagent sich den Inhalt automatisch erschließen kann.

Den formalen Rahmen solcher semantischer Netze bilden Markup-Sprachen wie das schon erwähnte HTML oder XML (*Extensible Markup Language*), eine Sprache mit der gleichen Grundstruktur wie HTML, in der jedoch der Nutzer seine eigenen Tags definieren kann. XML enthält aber noch keine Automatik, mit der die Bedeutung der neuen Tags von Nutzer zu Nutzer vermittelt wird. Führen wir z.B. auf der Website eines Studiengangs ein Tag-Paar ⟨LP⟩ ... ⟨/LP⟩ zum Eintragen von Leistungspunkten ein, dann hilft das einem Programmierer nur dann, wenn er die Bedeutung von ⟨LP⟩ kennt. XML strukturiert die Website, ohne die Bedeutung der Struktur zu vermitteln. Daher werden RDF (*Resource Description Framework*)-Kodes eingeführt, mit denen die Bedeutung von Begriffen so darstellbar ist, dass ein Computer sie unmittelbar verarbeiten kann. Wir können einen Begriff häufig dann verstehen, wenn wir ihn in einem Kontext ›verorten‹ können. Im Internet heißt das wörtlich, dass wir den Ort im Netz kennen, wo die Bedeutung erklärt wird. Dazu werden im Internet URL (*Uniform Resource Locator*)-Adressen angegeben. Im Rahmen von RDF werden URLs zu URIs (*Uniform Resource Identifier*) ausgeweitet, mit denen allgemein die Quellen (*Resource*) der Information (z.B. URL) bezeichnet werden.

Spezielle Informationen über die Bedeutung von Begriffen werden in Ontologien zusammengefasst.[264] In der KI-Forschung sind Ontologien Dokumente, in denen die Relationen zwischen Dingen formal festgelegt werden. Wie in einer Taxonomie etwa der Botanik oder Zoologie werden Gattungen und Klassen eingeführt und Unterklassen mit ihren Beziehungen zu Oberklassen festgelegt. Es entstehen verzweigte Hierarchien von Begriffen, deren Eigenschaften an untergeordnete Begriffe vererbbar sind: Historisch bezeichnet ›Ontologie‹ die philosophische Disziplin, die sich mit dem Aufbau und den Prinzipien der Dinge

Assoziationsmatrizen definiert sind. Die Werte dieser Matrizen zeigen die Bedeutung einer Einheit in Bezug zu einer anderen Einheit für den Nutzer an. Vgl. auch C. Kaplan, J. Fenwick, J. Chen, *Adaptive Hypertext and Multimedia*, Amsterdam 1998.

264 J. F. Sowa, *Knowledge Representation. Logical, Philosophical and Computational Foundations*, Pacific Grove 2000

(›des Seienden‹) überhaupt beschäftigt. Während in der Philosophie alle wirklichen Dinge gemeint sind, beschränken sich Ontologie in der KI auf pragmatische Anwendungen, ohne damit den Anspruch zu erheben, die Struktur der Welt an sich erklärt zu haben.

Ontologien werden noch effektiver, wenn sie durch automatische Schlussregeln erweitert werden. Als Beispiel betrachten wir eine Ontologie über Ortsangaben und Adressen. Darin sei festgelegt, dass in Adressen spezielle Ortsangaben mit Postleitzahlen verbunden sind. Dann vererbt sich zunächst die Eigenschaft ›Postleitzahl‹ von den ›Ortsangaben‹ auf die ›Adressen‹. Eine Zusatzregel der Ontologie könnte etwa lauten: ›Wenn eine Postleitzahl einen Länderkode enthält und eine Adresse enthält diesen Länderkode, dann ist diese Adresse im entsprechenden Land.‹ Liest nun ein Agent auf der Website einer Universität die Postleitzahl D-80333, dann erschließt er aus der beigefügten Ontologie und ihren Schlussregeln automatisch, dass diese Universität in Deutschland ist, ohne dafür seinen menschlichen Nutzer in Anspruch nehmen zu müssen.

In einem mit Ontologien und automatischen Schlussregeln erweiterten semantischen Netz kann ein einfacher Agent auch komplexe Informationssuchen bewältigen.[265] Meistens ist der Informationsraum für einen Nutzer und seinen Agenten unvollständig. Ein semantisches Netz ist in diesem Fall flexibler und erlaubt einem Agenten, sich aus Ontologien und automatischen Schlussregeln die fehlenden Informationen eines unvollständigen Auftrags seines menschlichen Nutzers selbständig zu ergänzen. Auf Anfrage des Nutzers vermag ein Agent mit einer solchen Infrastruktur auch, seine selbständigen Ergänzungen zu begründen und aus dem semantischen Netz zu rekonstruieren. Diese Verifikation ist notwendig, da das World Wide Web über keine zentrale Kontrollstruktur verfügt und dezentral organisiert ist. Es wird daher auch in Zukunft semantische Ergänzungen unterschiedlicher Tiefe und Verlässlichkeit geben.

Es wäre allerdings nicht nur technisch unmöglich, sondern auch nicht wünschenswert, ein sich weitgehend selbständig organisierendes Informationsnetz durch eine zentrale Katalogstruktur wie eine Bibliothek ersetzen zu wollen. Ein komplexes Informationssystem hat aber den Preis der Unvollständigkeit. Letztlich beweist schon Gödels Unvollständigkeitssatz, dass Systeme, die wenigstens so komplex sind, um von Nutzen zu sein (z. B. über die Grundrechenarten verfügen),

---

[265] Semantische Netze spielten bereits in der klassischen KI für die Wissensrepräsentation eine große Rolle. Kognitive Karten wurden von R. Axelrod zur Darstellung von sozialem Wissen verwendet (*Structure of Decision. The Cognitive Maps of Political Elites*, Princeton 1976). Im Soft Computing werden sie im Unterschied zu wissensbasierten Expertensystemen zur Repräsentation von Soft Knowledge entworfen. Vgl. auch Z.-Q. Liu, Fuzzy Cognitive Maps: Analysis and Extensions, in: Z.-Q. Liu, S. Miyamoto (Hrsg.), *Soft Computing and Human-Centered Machines*, Berlin/Heidelberg/New York 2000, 57–84.

notwendigerweise Sätze zulassen, die sie selber nicht entscheiden können. Unbeantwortbare Fragen und Paradoxa sind der logische Preis auch eines so ungeheuer reichhaltigen und dauernd wachsenden Informationssystems wie des Internets.

Wie kommunizieren aber Agenten untereinander und mit ihren Informationsquellen? Grundlage sind die Kommunikationsstandards in Computernetzen, wie wir sie bereits im ISO/OSI-Schichtenmodell der Netzkommunikation kennengelernt haben. Zwischen den korrespondierenden Schichten zweier Computerknoten existiert jeweils ein definiertes Protokoll. Die Hierarchie der Schichten reicht in jedem Computerknoten von der Anwender- und Benutzerschicht bis hinunter zur physikalischen Schicht der Signalübertragung von Bitsequenzen. Die Softwareprogramme von Agenten gehören im Allgemeinen zur Anwenderschicht. In einem Computernetz sind ein Rechner der Anbieter (*Server*) und ein anderer der Nachfrager (*Client*) nach einer Information. Ein Agent kann sowohl als Anbieter als auch als Nachfrager und sogar in beiden Funktionen gleichzeitig auftreten.

Stationäre und mobile Agenten müssen unterschiedlich miteinander kommunizieren. Wenn ein stationärer Agent den Dienst eines anderen Agenten in Anspruch nehmen will, teilt er ihm diese Absicht (*request*) in einer Netznachricht mit. Auf dem Server-Rechner des anderen Agenten wird daraufhin die gewünschte Prozedur (Funktion) aufgerufen, ausgeführt und das Ergebnis an den Client-Rechner zurückgeschickt (*reply*). Das Verfahren heißt daher *Remote Procedure Call* (RPC). Stationäre Agenten kommunizieren also mit RPC in festgelegten Rollen als Client oder Server. Demgegenüber sind mobile Agenten nicht auf den Austausch von Request- und Reply-Nachrichten festgelegt. Eine Prozedur wird jetzt nicht mehr über das Netz aufgerufen, sondern durch das Programm des mobilen Agenten im anderen Rechnerknoten, zu dem er sich hinbewegt hat. Das Verfahren heißt daher *Remote Programming* (RP) und ist deutlich flexibler als RPC.

In einem Netz mit vielen mobilen und stationären Agenten ist Kommunikations- und Wissensmanagement eine zentrale Aufgabe. Die klassische KI versuchte einen Agenten als wissensbasiertes System so intelligent und wissend wie möglich zu machen, damit er ein Problem lösen kann. Ein solcher auf sich allein gestellter Agent ist angesichts der Komplexität vieler Probleme hoffnungslos überfordert. Wie in einer arbeitsteiligen Gesellschaft setzt die Multi-Agententechnologie daher auf viele und vielleicht weniger intelligente Agenten, die mit ihren unterschiedlichen Spezialisierungen kooperieren, reagieren und mobil sind. Verteiltes Problemlösen im Netz erfordert aber ein effektives Management von Kooperationen, Kommunikationen und verteiltem Wissen. Wie bei Menschen ist die Kommunikation zwischen Softwareagenten keineswegs auf Nachrichtenaustausch über Fakten beschränkt. Kommunikation besteht aus Handlungen des Sprechens, die Absichten verfolgen und Veränderungen der Umwelt auslösen.

Der englische Sprachphilosoph John L. Austin hat daher den Begriff des Sprechakts eingeführt, der mittlerweile grundlegend wurde für die Kommunikationssprache KQML (*K*nowledge and *Q*uery *M*anipulation *L*anguage) von

Softwareagenten.[266] Ein Sprechakt wie z.B. ›Können Sie mir Informationen über ein bestimmtes Produkt geben?‹ ist nach Austin durch verschiedene Handlungskomponenten bestimmt. Zunächst ist der Übermittlungsvorgang des Sprechaktes zu beachten (lokutionärer Akt). Mit dem Sprechakt sind bestimmte Absichten des Senders wie z.B. Bitte, Befehl oder Frage verbunden (illokutionärer Akt). Der parlokutionäre Akt hält die Auswirkungen des Sprechakts auf den Empfänger einer Nachricht fest, z.B. die Bereitschaft eine Information zu geben oder nicht. Die Agentensprache KQML stellt Protokolle zur gegenseitigen Identifizierung zur Verfügung, zum Aufbau einer Verbindung und zum Nachrichtenaustausch. Auf der Nachrichtenebene werden Sprechakttypen festgelegt, die in unterschiedlichen Computersprachen formuliert sein können.[267]

Im Unterschied zu stationären Agenten werden mobile Agenten ins World Wide Web geschickt, um Informationen zu sammeln, auszuwerten, vor Ort Entscheidungen zu treffen und zu verhandeln. Die Infrastruktur eines offenen Dienstleistungsmodells wie OSM (*O*pen *S*ervice *M*odel) bietet einem Nutzer einen Katalog an, aus dem er sich einen passenden Agenten für seine Aufgabe aussuchen kann. Angenommen ein Frankfurter Architekt sucht Informationen über Baustatik einer japanischen Stilrichtung, die er in seinen Bauentwurf integrieren will. Eine Dienstleistungsanalyse zeigt, dass die erforderlichen Informationen zur Baustatik am besten in einer New Yorker Bibliothek, die Informationen über japanische Stilrichtungen in einer Tokioer Bibliothek gefunden werden können. Daher wird der Agent geklont und nach New York und Tokio geschickt. Um den virtuellen Agentenklon in Tokio gezielter suchen zu lassen, konnte ihn der virtuelle Agentenklon in New York durch einen virtuellen Botschafteragenten über die Ergebnisse seiner Recherche informieren. Der Agent in Tokio kommuniziert mit dem Botschafteragenten, geht zurück nach Frankfurt und berichtet seinem Nutzer über seine Ergebnisse.

Informationen kosten in der Regel Geld, z.B. Benutzergebühren von Bibliotheken. Diesen Service übernehmen ebenfalls die mobilen Agenten. Agenten im Netz, die vor Ort über Geldmittel eines Nutzers entscheiden, müssen daher nicht nur selber absolut vertrauenswürdig sein, sondern auch vor unbefugten Zugriffen auf der freien Wildbahn des World Wide Web geschützt werden. Die Akzeptanz einer Netztechnologie mit mobilen Agenten wird also entscheidend davon abhängen, ob diese Sicherheitsfragen befriedigend gelöst werden. Je mehr Autonomie einem Agenten zugestanden werden, desto besser ist sein Dienstleistungsangebot,

---

266 Dazu auch J.L. Austin, *How to Do Things with Words*, Cambridge MA 1962; J.R. Searle, *Speech Acts*, Cambridge MA 1969.

267 T. Finin, *Agent Communication Languages: KQML and the Knowledge Sharing Effort*, abstract: http://www.cs.umbc.edu/research/kqml/papers/. Vgl. H.S. Nwana, W. Wooldridge, Software Agent Technologies, in: H.C. Nwana, N. Azarmi (Eds.), *Software Agents and Soft Computing. Towards Enhancing Machine Intelligence*, Berlin/Heidelberg/New York 1997, 59–78.

umso gravierender werden aber auch die damit zusammenhängenden Sicherheitsprobleme. Mit wachsender Komplexität der Computer- und Kommunikationssysteme werden virtuelle Agenten für das Netzmanagement ebenso unverzichtbar sein wie mikrobielle Organismen für die Lebensfähigkeit des menschlichen Körpers. Bei ungelösten Sicherheitsproblemen könnten sie sich auch als gefährliche Computerviren verselbständigen.

Je nach Aufgabenstellung sind virtuelle Agenten unterschiedlich spezialisiert. Neben den persönlichen Agenten, die sich autonom den veränderten Wünschen der Nutzer anpassen, wird es Netzagenturen geben, die in den heterogenen Multimedia-Systemen des Netzes (Datenbanken, Textsysteme, Grafiksysteme etc.) Informationen sammeln. Wissensagenten werden sie filtern und integrieren, andere weiterleiten und speichern, Sicherheitsagenten im Sinne eines virtuellen Immunsystems schützen die Systeme. Prinzipiell könnten virtuelle Agenten mit einer Skala von mehr oder weniger starken Fähigkeiten ausgestattet werden. In der bisher besprochenen schwachen Agententechnologie entscheiden stationäre und mobile Softwareprogramme autonom über vorgegebene Ziele, reagieren auf veränderte Netzsituationen und tauschen Informationen aus. Diese Agententechnologie lässt sich als Erweiterung aktiver Datenbanken verstehen, die bereits autonom mit regelbasierten Programmen über die Anwendung von Geschäftsregeln (z. B. Benutzerrechte) laufende Informationserweiterung oder Informationssicherung entscheiden können.

In einer starken Agententechnologie sind virtuelle Agenten lernfähig und flexibel, verfolgen eigene Ziele, verfügen über eine Motivationsstruktur und machen sich ein Bild (›Weltbild‹) von ihrer Umgebung. Ein Agent, der als virtueller Assistent eines Anwenders Informationen im Internet auswählen und suchen soll, muss die Präferenzen seines Nutzers lernen und ständig *anpassen*. Da die Felder der mehr oder weniger bevorzugten Objekte nicht scharf getrennt werden können, bilden sie unscharfe (*fuzzy*) Mengen im Informationssuchraum. Um solche unscharfen Klassifikationen erlernen zu können, werden Agenten mit neuronalen Fuzzy-Systemen ausgestattet. Neuronale Netze besitzen Lernalgorithmen, mit denen Gewichtungen der mehr oder weniger bevorzugten Objekte (Präferenzprofil) aus vorgegebenen Beispielen erlernt werden können.

So lässt sich ein neuronaler Fuzzy-Agent entwerfen, der das Präferenzprofil eines Benutzers für Eigenschaften von Gemälden (Farben, Formen, Themen etc.) aus Beispielen lernt.[268] In diesem Fall ist der Agent also zusätzlich mit den visuellen Fähigkeiten eines Multimedia-Systems ausgestattet. Präferenz-Aussagen des Nutzers von der Art ›Ich mag Objekt $A$ wenigstens ebenso sehr wie Objekt $B$‹ können durch eine Nutzen (*utility*)-Funktion in numerische Relationen der Form $u(A) \geq u(B)$ transformiert werden. Es wäre unrealistisch, alle Wünsche

---

[268] Vgl. auch P. Kandzia, M. Klusch (Hrsg.), *Cooperative Information Agents*, Berlin/Heidelberg/New York 1997, 160.

des Nutzers vollständig regelbasiert abbilden zu wollen. Tatsächlich sind unsere Wünsche nie präzise und umfassend geklärt. Daher entspricht jeder Präferenzregel ein unscharfes Flächenstück des Präferenzprofils. Je mehr Objekte bewertet und gewichtet werden, umso feiner ist die Auflösung des Nutzerprofils.

Lernen und Verändern von Präferenzen entspricht also dem lokalen Ändern von synaptischen Gewichten im neuronalen Netz. Wenn ein neuronaler Fuzzy-Agent durch Bildbeispiele das Präferenzprofil seines Nutzers mehr oder weniger scharf erlernt hat, kann er im *World Wide Web* eingesetzt werden. In virtuellen Museen und Bibliotheken vermag er ähnliche Bilder nach dem Geschmack des Nutzers zu suchen. Wie bei der Bilderkennung von Hopfield-Systemen und probabilistischen Netzen vergleicht der Agent die Merkmale von Gemälden mit dem gelernten Präferenzprofil, klassifiziert sie und sortiert diejenigen mit positiven Extrema aus. Selbstverständlich kann das Präferenzprofil verändert werden, wenn der Nutzer seinen Geschmack modifiziert. Die Präferenzregeln sind also im Netzwerk der Synapsengewichte versteckt und nicht explizit als Programmregeln deklariert wie bei einem konventionellen Computer.

Damit erhält ein neuronaler Fuzzy-Agent große Ähnlichkeit mit der Arbeitsweise eines menschlichen Gehirns mit all seiner Unschärfe und Fehlertoleranz, aber auch mit seiner Lernfähigkeit aufgrund seiner synaptischen Plastizität. Beim Menschen kommen häufig noch zusätzliche Bedeutungen und Assoziationen hinzu, die er mit Farbe und Gestalt eines Bildes verbindet. Diese können mit allgemeinen kulturhistorischen Hintergründen eines Bildes zusammenhängen oder persönliche Assoziationen des Nutzers betreffen. Allerdings handelt es sich dabei um keine prinzipiellen Grenzen, denen ein lernfähiger Agent bei der Erkennung von Bedeutungen unterworfen wird. Bereits seine eben vorgestellten Klassifizierungen beruhen auf der Erkenntnis von Bedeutungen, wenn bestimmte Form- und Farbmerkmale als mehr oder weniger impressionistisch eingeordnet werden. Wenn weitere Bedeutungszusammenhänge vorliegen, könnten sie ebenfalls einem entsprechend aufgerüsteten Agenten beigebracht werden.

Mancher wird in der Tradition der Lady Lovelace einwenden, dass alle Bedeutungen dem System in einer Trainingsphase vorher beigebracht werden müssten und damit prinzipielle Grenzen der KI zur Realisation eines kreativen Systems mit der Fähigkeit zu neuen Interpretationen aufgezeigt werden. Es ist sicher richtig, dass beim heutigen Stand der Softwaretechnik praktische Grenzen vorliegen. Es wäre jedoch denkbar, dass neue Einfälle und Zusammenhänge durch zufällige (›unbewusste‹) Veränderungen im Rahmen von evolutionären Algorithmen entdeckt, entwickelt und in Konkurrenz mit anderen Ideen selektiert werden. Damit ist zwar menschliche Kreativität nicht vollständig erklärt. Es wird aber wenigstens deutlich, dass mit ›prinzipiellen‹ Grenzen der KI Vorsicht geboten ist.

Im Unterschied zu neuronalen Agenten arbeiten deliberative (Beratungs-) Agenten mit den Methoden der klassischen (symbolischen) KI. Agenten sind dann wissensbasierte Systeme mit einer Wissensbasis und logischen Schlussfolgerungen. Das interne Modell des Agenten von seiner Umwelt wird aufgrund der Wissensbasis in einer geeigneten KI-Sprache repräsentiert. Wissen muß also explizit und symbolisch durch z.B. Regeln oder Frames dargestellt werden. Deliberative Agenten laufen daher Gefahr, viel oder sogar zu viel zu wissen, aber zu unspezifisch für konkrete Probleme zu sein. Mit Blick auf menschliche Mitarbeiter liegt die Feststellung nahe: Es reicht nicht aus, gebildet zu sein. Das erforderliche Wissen muss vielmehr in einer konkreten Situation anwendbar sein.

In dynamischen Systemumwelten, die sich ständig verändern, sind wissensbasierte Systeme häufig zu starr und unflexibel, da sie meistens nicht selbständig lernen und sich auf veränderte Situationen nicht einstellen können. Deliberative Agenten sind allerdings verlässlich im logischen Schlussfolgern aus ihrer Wissensbasis. Diese Erkenntnisse können den Agenten veranlassen, seinen internen Zustand zu verändern. Gemeint sind damit seine Überzeugungen, Wünsche und Intentionen. Daher heißen deliberative Agenten auch B(*B*elief) D(*D*esire) I(*I*ntention)-Agenten. Diese psychologischen Redeweisen dürfen aber nicht darüber hinwegtäuschen, dass es sich bei den ›Überzeugungen‹, ›Wünschen‹ und ›Intentionen‹ der BDI-Agenten um symbolische Ausdrücke einer KI-Sprache handelt, die nicht mit mentalen Bewusstseinszuständen wie bei Menschen verbunden sein müssen.

Für das Wissensmanagement z.B. in der Industrie sind BDI-Agenten nur geeignet, um Wissen logisch auszuwerten, zu strukturieren, Planungsmodelle zu erstellen und mit fest vorgegebenen Planungszielen zu vergleichen. Informationen über die Umwelt müssen explizit eingegeben werden (*Input*). Sie werden in der Wissensbasis des symbolischen Umweltmodells gespeichert. Daraus werden Wünsche, Ziele und Absichten abgeleitet, von einer Planungseinheit ausgearbeitet, von einer Scheduler-Einheit in konkrete Pläne umgesetzt und schließlich in Aktionen oder Vorschläge für Aktionen ausgeführt (*Output*). Der gesamte Ablauf wird von einer zentralen Managereinheit überwacht und gesteuert. Damit lassen sich zwar systematisch alle möglichen Umweltsituationen des BDI-Agenten logisch ableiten. Die Reaktionsfähigkeit des BDI-Agenten ist jedoch noch langsam und umständlich. Demgegenüber weiß ein reaktiver Agent wenig, reagiert aber in bestimmten Situationen schnell.

Die Evolution hat uns Menschen keineswegs als unbeholfene Vielwisser oder reaktionsschnelle Schmalspurdenker entwickelt. Unser Wettbewerbsvorteil in der Natur liegt in der Mischung verschiedener Fähigkeiten. Wir sind echte Hybridsysteme, in denen diese Fähigkeiten geschickt verbunden wurden. Entsprechend versuchen hybride Agentensysteme, die Vorteile von deliberativen und reaktiven Agenten zu kombinieren. Analog zu biologischen Systemen besitzen Hybridagenten eine mehrschichtige Architektur. Auf den unteren Schichten werden reaktive Verhaltensweisen programmiert. Darauf folgen höhere Schichten für deliberative Verfahren wie Zielformulierung, Planung und logisches Schlussfolgern. Schließlich benötigen Agenten im Netz auch soziale Fähigkeiten wie Kooperation,

Wettbewerb und Kommunikation. Daher muss neben einer verhaltensbasierten Schicht und einer Planungsschicht auch eine Kooperationsschicht eingebaut werden. Damit wären in der Agentenarchitektur Fähigkeiten berücksichtigt, die bei Menschen in der Wissensgesellschaft als Interaktionsvermögen mit kognitiver, sozialer und kommunikativer Kompetenz angesprochen werden.

Hybridagenten der INTERRAP (*Inte*gration of *R*eactive Behaviour and *Ra*tional *P*lanning)-Architektur kombinieren daher Fähigkeiten von reaktiven und deliberativen Agenten mit Fähigkeiten zur Kommunikation und Kooperation.[269] Wie bei einem wissensbasierten System besteht die INTERRAP-Architektur aus einer Wissensbasis, Kontrolleinheit und dem Interface mit der Systemumwelt (Abb. 38). Die Wissensbasis unterscheidet drei Schichten von Überzeugungen des Agenten – das Weltmodell mit grundlegenden Annahmen des Agenten über seine Systemumwelt, das mentale Modell mit den Überzeugungen des Agenten von sich selber und das soziale Modell mit den Überzeugungen des Agenten von anderen Agenten. Die Kontrolleinheit besteht ebenfalls aus drei Ebenen, die den drei Schichten der Wissensbasis entsprechen: Die verhaltensbasierte Schicht enthält die Reaktionsfähigkeiten des Agenten. Die Kognitionsschicht berücksichtigt seine logischen und kognitiven (deliberativen) Fähigkeiten. Schließlich beinhaltet die Kooperationsschicht seine sozialen und kommunikativen Fähigkeiten.

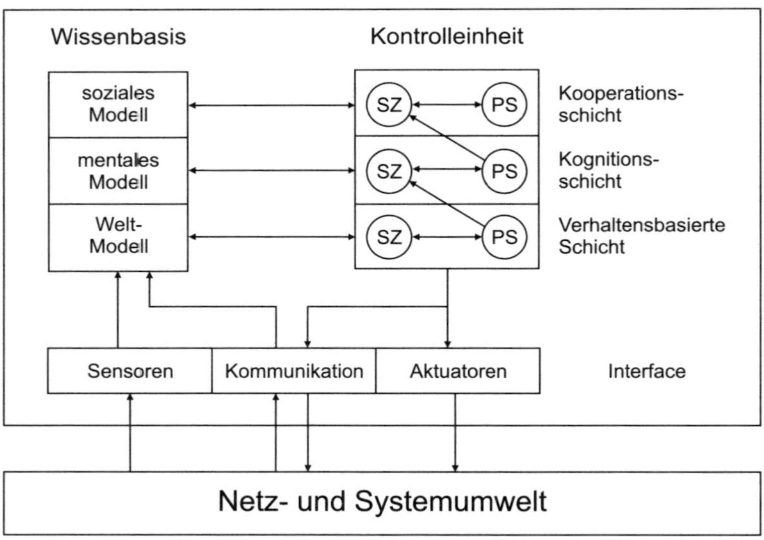


*Abb. 38:* Architektur eines wissensbasierten Hybridagenten

[269] J.P. Müller, *The Design of Intelligent Agents. A Layered Approach*, Berlin/Heidelberg/New York 1996

Die Kontrollhierarchie arbeitet nach dem Subsidiaritätsprinzip: Die übergeordnete Kontrollschicht kommt immer dann zum Einsatz, wenn die untergeordnete Schicht von einer Umweltsituation überfordert ist. Wenn z.B. in einer Kaufsituation nicht nur schnelle Reaktion (wie beim Sommerschlussverkauf), sondern längerfristige finanzielle Planungen (wie bei einem Autokauf) gefragt sind, wird die Planungs- und Kognitionsschicht mit eingeschaltet. Sind bei einer komplexen Kaufsituation (z.B. Fusion von Industrieunternehmen) auch noch Kooperation und Wettbewerb mit anderen Agenten zu berücksichtigen, wird die Kooperationsschicht eingeschaltet. Häufig sind alle Schichten gefragt, aber immer in situationsangemessener Weise. Dadurch soll der reaktionsschnelle Einfaltspinsel des ausschließlich reaktiven Agenten ebenso vermieden werden wie der kopflastige (›deliberative‹) Denker, der vor lauter Wissen nicht mehr reagieren kann, oder der soziale Gschaftlhuber, der sich dumm, aber mit sozialem Instinkt durchlavieren will. In der menschlichen Gesellschaft sind uns diese Typen wohl bekannt. In der Wissensgesellschaft werden sie in ihrer jeweiligen Einseitigkeit nicht bestehen können.

Ein Hybridagent nimmt also Daten und Informationen seiner Umwelt über Sensoren auf und verarbeitet sie in seiner dreischichtigen Wissensbasis. Zusätzlich vermag er über eine Kommunikationseinheit mit anderen Agenten im Netz zu kommunizieren und über Aktuatoren z.B. eines Roboters seine Umwelt durch Aktionen zu verändern. Jede Kontrolleinheit besteht aus einem Situationserkennungs- bzw. Zielaktivierungsmodul (SZ) und einem Planungs- bzw. Schedulingmodul (PS). Das SZ-Modul gibt die jeweiligen Ziele und Optionen an, für die im PS-Modul ein Plan zur Realisierung aufgestellt wird. Dabei kann jede Kontrollschicht auf die ihr zugeordnete Wissensschicht zurückgreifen. Jede übergeordnete Kontrollschicht greift bei ihrer Planung zudem auf untergeordnete Kontroll- und Wissensschichten zurück. Umgekehrt werden übergeordnete Kontrollschichten von Vorgängen auf unteren Ebenen nicht informiert, wenn die untergeordneten Kontroll- und Wissensschichten mit der jeweiligen Situation fertig werden. Das darin zum Ausdruck kommende Subsidiaritätsprinzip finden wir auch in biologischen Systemen. In unserem Körper müssen unzählige Reaktionen auf Umweltveränderungen ablaufen, ohne dass wir uns nur einen Bruchteil davon bewusst machen könnten. Erst wenn Komplikationen auftreten, die von den einprogrammierten Verhaltensmustern abweichen, werden übergeordnete Instanzen notwendig.

Mit Kooperationsschichten ausgestattete Hybridagenten bilden Populationen, die im Netz verteilt kollektiv gemeinsame Aufgaben lösen. Denkbar sind Verkaufsagenten, die in laufender Absprache untereinander ein günstiges Verkaufsangebot bei verschiedenen Firmen vorbereiten. Softwareagenten könnten aber auch in die Hardware von Robotern implementiert werden. Am Beispiel der INTERRAP-Architektur wurde bereits ein Kollektiv von Robotern getestet, die als automatische Gabelstapler im Verladehof der Autofirma FORD in Köln arbeiten. Diese Roboter verladen und entladen selbständig Güter aus Regalen und aus ein- und auslaufenden LKWs. Schnelle Reaktionen sind notwendig, wenn sich z.B. die Wege dieser Roboter kreuzen. Langfristige und kooperative Planungen sind erforderlich, wenn z.B. LKWs optimal be- und entladen werden sollen. Die einzelnen Roboter verfügen über eine Wissensbasis, in der Grundannahmen über den Verladehof (Weltmodell), über die eigenen Operationsmöglichkeiten (Kognitives Modell) und die anderen Gabelstaplerroboter (Soziales Modell) gespeichert sind. Neben Sensoren zur Wahrnehmung der Umwelt und Aktuatoren zur Stapelarbeit und Bewegung verfügen diese Roboter über Kommunikationseinheiten für gegenseitige Verständigungen. Die Kontrollschichten eines Roboters koordinieren und steuern seine Kommunikationen und Aktionen.

Grundsätzlich bleiben Hybridagenten mit INTERRAP-Architektur wissensbasierte Systeme, die im Sinne Verteilter Künstlicher Intelligenz (VKI) ihre Probleme kollektiv im Netz oder im Roboterverbund lösen. Der große Vorteil von wissensbasierten Systemen ist offensichtlich, dass ihr Wissen explizit deklariert ist und ihre Informations- und Kontrollflüsse klar überschaubar sind.[270] Damit unterscheiden sie sich allerdings von biologischen Systemen, die eher wie neuronale Netze in häufig nicht im Detail durchschaubarer Weise lernen, sich anzupassen und Situationen fehlertolerant wiederzuerkennen. Ein neuronaler Fuzzy-Agent ist ebenfalls ein Hybridsystem, das jedoch mit der Architektur und den Lernalgorithmen eines neuronalen Netzes zusammen mit einer implementierten Fuzzy-Logik ausgestattet wurde. Dabei kann keineswegs a priori gesagt werden, welche Hybridarchitektur eines Agenten am besten sei. Es hängt von den gestellten Aufgaben ab, welche Programme und Algorithmen in einem Agenten zu verbinden sind. Nicht anders hat die biologische Evolution ihre erfolgreichen Hybridsysteme im Laufe der Zeit entwickelt.

Für die Praxis ist allerdings zu bedenken, dass die Methoden der KI sehr rechenintensiv sein können. Deshalb ist der Schritt von funktionierenden Prototypen der KI-Agenten zur Massenanwendung im Internet nicht selbstverständlich. Bei einer Agentenökonomie mit weltweiten virtuellen Marktplätzen würden Millionen von Softwareagenten das Netz bevölkern, um in einer noch größeren Anzahl von Transaktionen und Kooperationen zu interagieren. Beispiel sind die Pricebots, die mit automatisierten Verhandlungsstrategien und Lernalgorithmen ausgestattet sind, um aus dem Marktverhalten von Kunden und Konkurrenten zu lernen. Da der Rechenaufwand in diesen Fällen mit der Größe der Probleme exponentiell wachsen könnte, würden auch die größten und schnellsten Rechner bald an ihre Grenzen stoßen. Es wird also in Zukunft darauf ankommen, nicht einseitig Agenten-Programme rechenintensiv mit KI-Funktionen zu ergänzen,

---

270 M.J. Wooldridge, N.R. Jennings (Eds.), *Intelligent Agents*, Berlin/Heidelberg/New York 1995; M.J. Wooldridge, J.P. Müller, M. Tambe (Eds.), *Intelligent Agents II. Agent Theories, Architectures, and Languages*, Berlin/Heidelberg/New York 1995

sondern die Infrastruktur des Netzes grundlegend zu verändern. Dabei wird es nicht nur um die Steigerung von Rechen-, Übertragungs- und Speicherkapazität gehen, sondern vor allem um die Ergänzung von Semantik, mit der auch einfache Agentenprogramme selbständig zur Informationsbewältigung beitragen können.

Die biologische Evolution hatte Millionen von Jahren Zeit, ihre Populationen von Agenten (›Arten‹) zu entwickeln und auszutesten. Nach den ›Blaupausen‹ biologischer Evolution wurden bereits in der Forschungsrichtung ›Künstliches Leben‹ genetische Algorithmen benutzt, um optimale Computerprogramme zu finden, die bestimmte Probleme lösen. Das Programm wird also vom Programmierer nicht explizit geschrieben, sondern im evolutionären Prozess erzeugt. Wie in der Natur besteht jedoch keine Garantie auf Erfolg. In diesem Fall werden die virtuellen Organismen durch Computerprogramme dargestellt. Operationen eines genetischen Algorithmus optimieren Generationen von Computerprogrammen, unter denen sich ein erfolgreiches Exemplar befindet.

In der Natur entwickelt sich eine Population nicht bei konstanten Umweltbedingungen. Tatsächlich laufen viele Evolutionen gleichzeitig ab, wobei die sich verändernden Populationen gegenseitig als Umwelt wirken. In der Biologie spricht man in diesem Fall von Ko-Evolutionen. Sie sind ein Beispiel für parallele Problemlösung und Informationsverarbeitung in der Natur. In diesem Fall können Fitnessgrade nicht nur für nachfolgende Generationen einer Population vergeben werden, sondern auch relativ zu entsprechenden Generationen einer anderen Population in Ko-Evolution. Praktisch könnten so mehrere Programmentwicklungen z.B. von konkurrierenden Firmen getestet werden. Die Zufälligkeiten von genetischen Algorithmen stoßen bei Programmierern nicht immer auf Gegenliebe. Genetische Algorithmen arbeiten ähnlich wie die natürliche Auslese in der Evolution: Viele Ansätze werden gleichzeitig probiert, von denen die meisten nicht funktionieren, wenige zum Erfolg führen können, aber nicht müssen. Manchmal lösen kleine Fehler der DNA furchtbare Krankheiten aus. Zudem ist unsere DNA häufig fehlerbehaftet. Diese Fehler synthetisieren vielleicht nur fast die gleichen Aminosäuren eines Proteins, ohne dass wir allerdings zu Schaden kommen. Von der Natur lernen heisst daher auch lernen, mit Fehlern umzugehen. Jedenfalls sollten Fehler in der Software des virtuellen Lebens ebenso tolerabel wie in der Wetware der Natur sein.

Statt Populationen von Genen und Proteinen in der Systembiologie können wir uns auch Populationen von mobilen Agenten vorstellen, die sich in einer virtuellen Evolution im Computernetz entwickeln. Generationen von mobilen Agenten, die z.B. Informationen nach den Vorgaben menschlicher Nutzer suchen, verbessern ihre Fitness: Sie lernen z.B. für den Nutzer interessante Probeartikel an Beispielen und suchen ähnliche Artikel im Netz. Mobile Agenten, die häufig mit irrelevantem Informationsmaterial aus dem Netz wiederkehren, werden selektiert. Erfolgreiche Agenten vermehren sich durch Mutationen und Kombinationen ihrer Merkmale. In diesem Fall sprechen wir von KL (Künstliches Leben)-Agenten. Populationen von KL-Agenten können sich mit genetischen Algorithmen über Generationen entwickeln, um ihre Informationssuche im Netz nach den Suchanfragen eines Nutzers zu optimieren.

In einem semantischen Netz sind die Dokumente automatisch mit Bedeutungen, Definitionen und Schlußregeln ergänzt. Falls ein Dokument für einen Nutzer bedeutsam ist, dann gilt das auch für die Links dieses Dokuments zu seinen Ergänzungen, die zur Verständnissteigerung beitragen. Insbesondere sind Links in der Nähe von Schlüsselbegriffen des Dokuments bedeutungsvoller als andere Links. KL-Agenten können erheblich zur Reduktion des Suchraums beitragen:[271] Zunächst werden Agenten initialisiert (*initialize agents*), erhalten Dokumente vom Nutzer (*user*) und starten mit einem Nutzerprofil (*user profile*). In einem vereinfachten Modell bewerten sie die Bedeutung (*relevancy*) eines Dokuments, indem sie die Entfernung (Anzahl der Links) zwischen seinen Schlüsselworten und den Schlüsselworten der Suchanfrage (*query*) bestimmen. Der Genotyp (*genotype*) eines KL-Agenten ist bestimmt durch die Größen ›*Vertrauen*‹ (*confidence*) und ›*Energie*‹ (*energy*).

Vertrauen ist der Grad, mit dem ein Agent den Beschreibungen eines Dokuments und den damit verbundenen Links traut. Die ›Lebensenergie‹ $E_a$ eines KL-Agenten $a$ wächst oder fällt mit seinem Sucherfolg von Dokumenten $D_a$ in der Nähe zur Suchanfrage. Falls diese Energie größer als ein kritischer Wert $\varepsilon$ ist, setzen Elternagenten (*parents*) Nachkommen (*offspring*) in die Welt, deren Genotyp durch Mutation verändert wird. Falls die Energie kleiner als der kritische Wert ist, stirbt der Agent. Das Nutzerprofil muss in jeder Agentengeneration wieder neu angepasst werden (*update user profile*). Zusammengefasst: Erfolgreiche Suchagenten werden selektiert, mutieren ihren Genotyp und dürfen sich reproduzieren:

Initialize agents;
Obtain queries from user;
while (there is an alive agent) {
    Get document $D_a$ pointed by current agent;
    Pick an agent $a$ randomly;
    Select a link and fetch select document $D_a'$;
    Compute the relevancy of document $D_a'$;
    Update energy ($E_a$) according to the document relevancy;
    if ($E_a > \varepsilon$)
        Set parent and offspring's genotype appropriately;

271 S.-B. Cho, Artificial Life Technology for Adaptive Information Processing, in: N. Kasabov (Hrsg.), *Future Directions for Intelligent Systems and Information Sciences. The Future of Speech and Image Technologies, Brain Computers, WWW, and Bioinformatics*, Heidelberg/New York 2000,13–33

```
            Mutate offspring's genotype;
        else if (E_a < 0)
            Kill agent a;
    }
    Update user profile;
```

In der starken Agententechnologie könnten solche Populationen mit allen Algorithmen der Künstlichen Intelligenz weiter ausgestattet werden. Hybridagenten mit weiterführenden Eigenschaften wie Emotionen und vielleicht sogar Formen von Bewusstsein werden in der Informatik keineswegs verfolgt, um Populationen von virtuellen Homunculi und Golems ins World Wide Web zu jagen. Wir wissen vielmehr aus der Neurobiologie und Psychologie, dass komplexe und langwierige Problemlösungen beim Menschen ohne Motivation, Emotion und Intuition nicht möglich sind. Die Rationalitätsmodelle wissensbasierter Systeme werden jedenfalls nicht der Eigenart des menschlichen Gehirns gerecht.[272]

Der Erfolg neuronaler Systeme zeigt sich gegenüber regel- und wissensbasierten Systemen vor allem in komplexen Informationsräumen hoher Unsicherheit. In solchen Situationen lassen sich z.B. Manager bei ihren Entscheidungen lieber von ihrem ›guten‹ oder ›schlechten‹ Gefühl leiten, mit dem sie aufgrund ihrer Erfahrung diffuse und schlecht strukturierte Situationen bewerten. Das Geheimnis des menschlichen Erfolgs heisst emotionale Intelligenz. Das *World Wide Web* ist ein komplexer Informationsraum hoher Unsicherheit par excellence: Softwareagenten mit emotionaler Intelligenz, so ist die Erwartung, würden erfolgreicher im Netz navigieren als starre wissensbasierte Systeme.[273]

## Mechatronische Systeme und Embodiment

In der virtuellen Maschine des World Wide Web wirken Software-Agenten unabhängig von physischen Geräten. Wir leben aber nicht (nur) in der virtuellen Informationswelt des Internets, sondern sind als physische Lebewesen auf physische Maschinen als Dienstleister der Alltags- und Arbeitswelt angewiesen. Diese Maschinen müssen immer komplexere Arbeitsaufgaben verrichten, die zunehmende Autonomie, Anpassungsfähigkeit und Intelligenz erfordern. In den Ingenieurwissenschaften entstehen dazu mechatronische Systeme, die klassische mechanische und elektronische Maschinen mit Informationstechnik integrieren.

---

[272] Darauf machte bereits einer der Pioniere der klassischen KI aufmerksam: H. Simon spricht von der beschränkten Rationalität in unvollständigen Informationsräumen (*Models of Bounded Rationality*, Cambridge MA 1957).

[273] Vgl. auch J. Bates, The Role of Emotion in Believable Agents, in: *Communications of ACM* 37 7 1994, 122–125.

Verglichen mit der biologischen Evolution sind sie die ersten einfachen intelligenten Körpersysteme, die ausgestattet mit einem mechanischen Körper, Elektronik und implementierter Software Dienstleistungen für den Menschen ausführen. Sie zeigen, dass *Embodiment* (»Verkörperlichung«) keineswegs auf die biochemischen Systeme der Evolution beschränkt ist. Mechatronische Systeme, die Anfang der 1970er Jahre mit digital gesteuerten Werkzeugmaschinen begannen[274], durchdringen mittlerweile unseren Alltag als intelligente Dienstleister, ohne dass wir uns dessen noch bewusst sind.

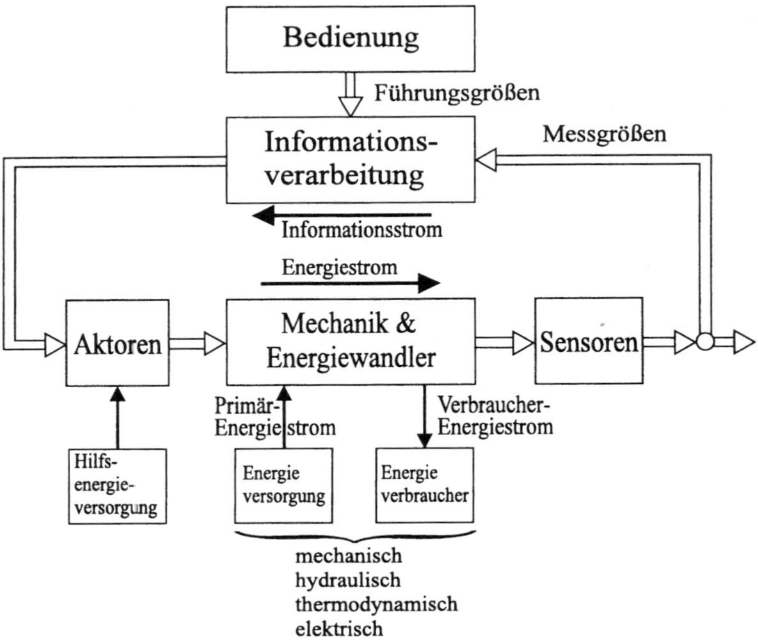


*Abb. 39:* Mechanisch-elektronisches System[275]

Mechanische Systeme erzeugen Bewegungen oder übertragen Kräfte.[276] Zu ihrer Beeinflussung werden seit langem in der Mechanik Steuerungen und Regelungen eingesetzt. Sie arbeiten z. B. mit Fliehkraftreglern (also ohne zusätzliche Energie) oder mit elektrischer, hydraulischer oder pneumatischer Zusatzenergie, um die zu beeinflussenden Größen jeweils passend einzustellen. Ein Beispiel ist eine mit einer

274 N. Kyura und N. Oho, Mechatronics – an industrial perspective, in: *IEEE/ASME Trans. on Mechatronics* 1996 1 1, 10–15

275 R. Isermann, *Mechatronische Systeme. Grundlagen*, Berlin 1999, Bild 1.2, 4; engl. erweiterte Neuauflage: *Mechatronic Systems. Fundamentals*, London 2005

276 V. Hupka, *Theorie der Maschinensysteme*, Berlin 1973

Kraftmaschine, z. B. einem Gleichstrommotor, angetriebene Arbeitsmaschine wie eine Pumpe, die mit einer oder mehreren Stellgrößen als Eingangsgrößen und verschiedenen Messgrößen als Ausgangsgrößen reguliert wird. Sensoren erfassen einige messbare Größen. Der Regelungsprozess wird durch steuerbare Energieströme über Aktoren realisiert.
Bei einem mechanisch-elektronischen System (Abb. 39) wird der mechanische Prozess durch ein elektronisches System ergänzt. Dieses elektronische System wirkt über Messgrößen oder von außen kommende Führungsgrößen auf den mechanischen Prozess ein. Wenn das elektronische und mechanische System zu einem untrennbaren Gesamtsystem verschmilzt, entsteht ein integriertes mechanisch-elektronisches (»mechatronisches«) System, in dem die Elektronik Prozessinformation verarbeitet (Abb. 40). Wie ein lebender Organismus durch ein neuronales Informationssystem und ein metabolisches Stoffwechselsystem bestimmt ist, besitzt ein mechatronisches System einen elektronischen Informationsstrom und einen mechanischen Energiestrom.

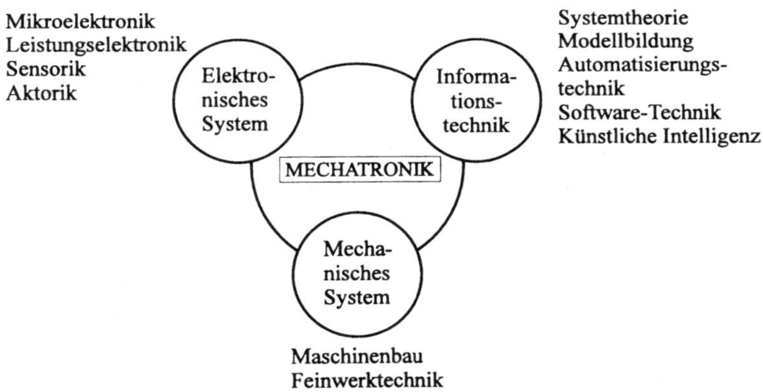


*Abb. 40*: Mechatronische Maschine als integriertes Gesamtsystem[277]

Die Mechatronik ist daher ein interdisziplinäres Forschungsgebiet, in dem Disziplinen wie Maschinenbau, Feinwerktechnik und Apparatebau das mechanische System, Disziplinen wie Mikroelektronik, Messtechnik und Aktorik das elektronische System und Disziplinen wie Systemtheorie, Automatisierungstechnik, Software Engineering und Künstliche Intelligenz das Informationssystem entwickeln und integrieren.[278] Das technische Paradigma des integrierten Gesamtsystems erinnert an die Perspektive der Systembiologie, die z. B. eine Zelle als integriertes

[277] Ebd., Bild 1.3, 4

[278] M. Buss, Hybrid control of mechatronic systems, in: *Systems, Control and Information* 2002 46 3, 129–137

Gesamtsystem von Stoffwechsel-, Regulations- und Kontrollsystemen von Genen und Proteinen betrachtet. Ähnlich wie in der Systembiologie werden die einzelnen Module eines mechatronischen Systems mathematisch durch Differentialgleichungen oder in einer Computersimulation modelliert.[279]

Frühe Beispiele für mechatronische Systeme waren Verbrennungskraftmaschinen mit elektronischer Steuerung (1993), selbstoptimierende mechanische Kupplung (1996), elektronisch gesteuerte automatische Drehmomentwandler (1994) oder adaptive Stoßdämpfer (1988).[280] Im Bereich der Kraftfahrzeuge oder im Flugzeugbau wurden besonders viele mechatronische Komponenten realisiert. Im Feingerätebau konnten durch Zusammenwirken von Feinmechanik, Elektromechanik, Elektronik und Optik Geräte hergestellt werden, die mehr der Informationsübertragung als der Energieübertragung dienen. Beispiele sind Telekommunikation, Konsumelektronik, Datenverarbeitung, Aktoren- und Sensortechnik (z.B. in der Robotik), Haushaltsgeräte oder Spielgeräte.

Mechatronische Systeme sind jedoch nicht auf die Integration mechanischer Prozesse eingeschränkt. In vielen Anwendungen treten zusätzlich noch elektrische, thermodynamische, chemische oder informationstragende Teilprozesse auf. Das hängt damit zusammen, dass Maschinen, Geräte und Apparate Energiewandler sind, bei denen außer der mechanischen Energie noch andere Energieformen Verwendung finden. Deshalb können mechatronische Systeme im erweiterten Sinn z.B. auch elektrische, thermodynamische, chemische und informationsübertragende Teilprozesse mit einschließen. Wie im nächsten Kapitel deutlich wird, befinden wir uns damit im gleitenden Übergang von den mechatronischen Systemen zu den cyberphysikalischen Systemen.

Wesentlich für mechatronische Systeme ist das Paradigma eines integrierten Gesamtsystems, das sich von einem klassisch angeordneten mechanisch-elektronischen System mit additiv zusammengefügten Komponenten unterscheidet. Bei der Integration von Komponenten der Hardware orientiert sich die Mechatronik an einem organischen Einbau der Sensoren, Aktoren und Mikrorechner. Ein Mikroprozessor kann dazu mit dem Aktor, Prozess oder Sensor integriert werden. Integrierte Sensoren und Mikrorechner entwickeln sich zu intelligenten Sensoren (*smart sensors*), integrierte Aktoren und Mikrorechner zu intelligenten Aktoren (*smart actuators*). Die Integration von Funktionen der Software wird durch Methoden der Mess-, Regelungs- und Automatisierungstechnik möglich.

---

279 D.P. Campbell, *Process Dynamics*, New York 1958; F.E. Cellier, *Continuous System Modelling*, Berlin 1991; F.E. Gawthrop, L. Smith, *Metamodelling: Bond Graphs and Dynamic Systems*, London 1996

280 Historische Beispiele sind G. Gilz und A. Wokan, Elektronisches Gaspedal für Nutzfahrzeuge, in: *ATZ-Automobil-technische Zeitschrift* 1993 95 2, 80–88; H. Wallentowitz, Moderne Fahrwerktechnik und ihre zukünftige Entwicklung, in: *VDI-Forsch.-Ber. Reihe (VDI-Verlag)* 1993 12 179, 116–131

Die entsprechenden Problemlösungen setzen online Informationsverarbeitung mit Echtzeit-Algorithmen voraus. Der Entwurf solcher Algorithmen erfordert eine Wissensbasis mit einer prozessgekoppelten Informationsverarbeitung (Abb. 41).

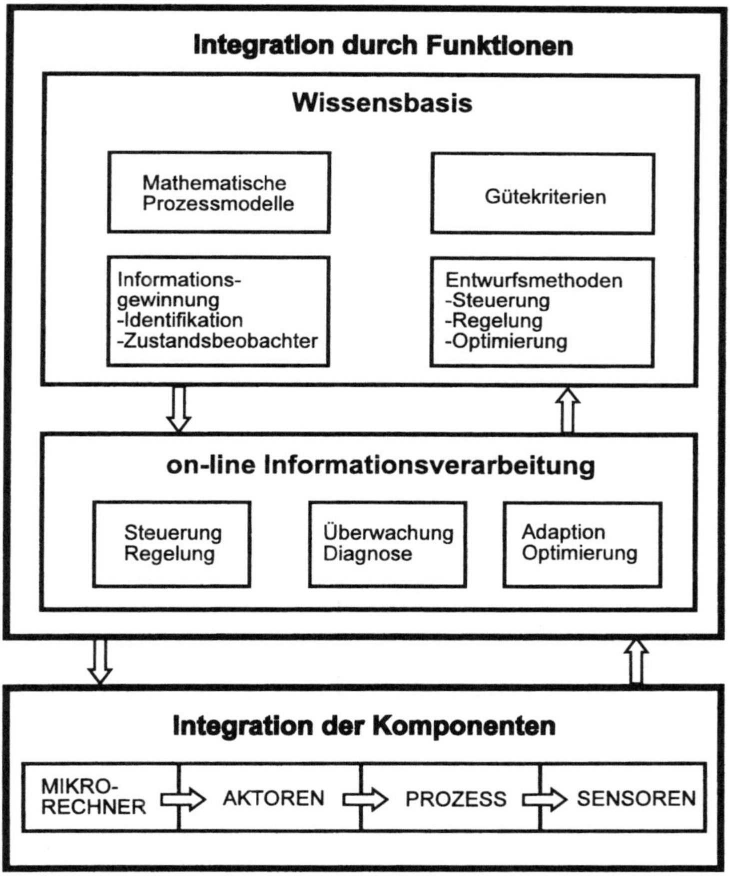


*Abb. 41:* Integration von Hardware-Komponenten und Software-Funktionen in einem mechatronischen System[281]

Durch effiziente Informationsgewinnung können mechatronische Systeme erste Stufen intelligenter Eigenschaften erreichen.[282] Dabei wird unter Intelligenz niederen Grades verstanden, den technischen Prozess und seine Automatisierung

[281] R. Isermann, *Mechatronische Systeme. Grundlagen*, Berlin 1999, Bild 1.7, 16

[282] M.M. Gupta und N.K. Sinha, *Intelligent Control Systems*, New York 1996; C.J. Harris, *Advances in Intelligent Control*, London 1994; D.A. White, D.A. Sofge (Hrsg.), *Handbook of Intelligent Control*, New York 1992

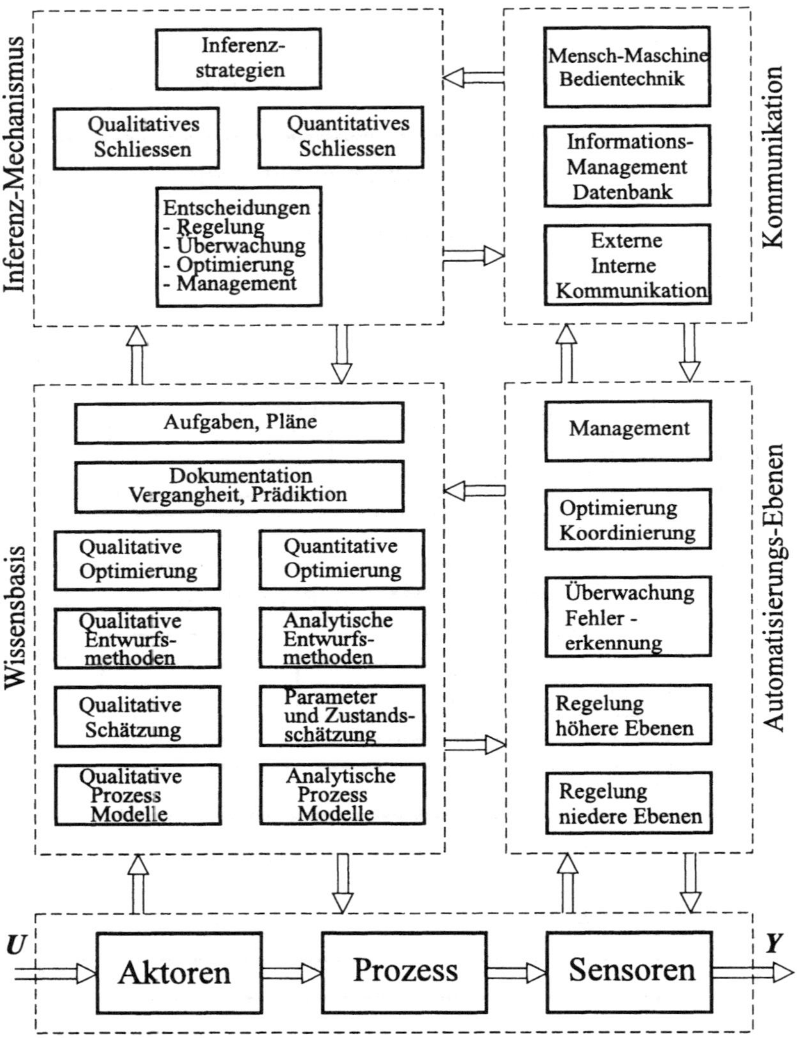


*Abb. 42:* Intelligente mechatronische Systeme als KI-Expertensysteme[283]

innerhalb eines gegebenen Rahmens zu modellieren, zu erlernen, logische Folgerungen zu ziehen und zielorientiert zu beeinflussen. Ein solches intelligentes System ist im Sinn der KI-Forschung ein Expertensystem mit Online-Echtzeitverarbeitung. Es umfasst Automatisierung auf mehreren Ebenen, eine Wissensbasis für quantitatives und qualitatives Wissen, Inferenzstrategien für quantitatives

---

283 R. Isermann, *Mechatronische Systeme. Grundlagen*, Berlin 1999, Bild 1.12, 22

und qualitatives Schließen, Kommunikation mit internen Modulen und externen Komponenten und zentralen Rechnern.

In Abb. 42 sind die einzelnen Komponenten der Automatisierungsebenen, der Wissensbasis, des Inferenzmechanismus und der Kommunikation des Expertensystems benannt. So berücksichtigen die Automatisierungsebenen auch ein allgemeines Prozessmanagement. Die Wissensbasis enthält die auszuführenden Aufgaben, eine Dokumentation der Prozessgeschichte und Methoden der Voraussage. Hinzu kommen z. B. Methoden des Soft Computing wie Fuzzy Logik, neuronale Netze und evolutionäre Optimierungsverfahren. Bei den Inferenzstrategien sind Methoden der binären Logik ebenso vorgesehen wie approximative Verfahren z. B. der Fuzzy-Logik. Insbesondere bei kognitiven Fahrzeugen und in der Robotik finden solche Systeme Anwendung. Damit sind wir an der Übergangsstelle von mechatronischen Systemen zu KI, Robotik und synthetischer Biologie angelangt.

## Cyberphysical Systems und Extended Mind

Wir Menschen bestehen nicht nur aus Bewusstsein und sind keine virtuellen Agenten[284], sondern aus Fleisch und Blut in der Evolution entstanden, um die Dinge dieser Welt berühren, fühlen und in die Hand nehmen zu können. Wir sind mobil und erfreuen uns unserer Beweglichkeit, solange es die Natur erlaubt. Dieser Körperlichkeit muss auch Computerphilosophie Rechnung tragen. Vor allem sind wir aber soziale und kommunikative Wesen, die sich spontan und unmittelbar ohne technischen Aufwand mit unseren Artgenossen überall und zu jeder Zeit unterhalten wollen. Die massenhafte Verbreitung des Mobilfunks ist die technische Reaktion auf dieses natürliche Bedürfnis der Menschen nach Mobilität und Kommunikation. PCs und Laptops haben trotz des Internetbooms in den 90er-Jahren längst nicht alle erreicht, aber Handys fast jeden von Kindesbeinen an. Handys machen für jedermann die mobile Kommunikation überall zu jeder Zeit preiswert (wenigstens in der Anschaffung) möglich.

Diese Entwicklung setzt sich im Trend zu immer kleineren, leistungsstärkeren und preisgünstigeren Technologien fort. Bereits Mitte der 60er Jahre sagte Gordon E. Moore, Erfinder des integrierten Schaltkreises und Mitbegründer der Firma Intel, richtig voraus, dass sich etwa alle 18 Monate Prozessorgeschwindigkeit und Speicherkapazität (bei gleichem Preis) verdoppeln würden (Moores Gesetz). Mit immer kleineren und leistungsfähigeren Geräten, die telematisch über Sensoren miteinander verbunden sind, wird die Materialforschung in besonderer

[284] Ein typisches Beispiel für diese Auffassung ist das Buch von H. Reingold, *Virtuelle Welten. Reisen im Cyberspace*, Reinbeck 1995. Zur Kritik vgl. auch K. Mainzer, *Leben in der Wissensgesellschaft*, in: Deutscher Hochschulverband (Hrsg.), Glanzlichter der Wissenschaft, Stuttgart 2000, 133–142

Weise herausgefordert. Neue Materialien der Informations- und Kommunikationstechnik werden notwendig, die kleinere Kondensatoren höherer Kapazität, bessere Energiespeicherung und Energiegewinnung, schließlich höhere Speicherdichte von Information ermöglichen. Die Gesetze der Quantenmechanik werden zwar irgendwann das exponentielle Wachstum zur Abflachung bringen. Mit Quantencomputing kleinster Materialeinheiten wäre andererseits aber auch eine ultimative Effizienz erreicht.

Unübersehbar sind also die technischen Trends, die mit Steigerung der Rechenleistung und Kommunikationsgeschwindigkeit, Verbesserung des Energieverbrauchs und der Batterietechnik, Miniaturisierung der Geräte und Verfeinerung der Display- und Sensortechnik verbunden sind. Erst unter diesen Voraussetzungen kann die geballte Konzentration von intelligenten Funktionen eines Computers im Netz mit vielen kleinen Endgeräten für unterschiedliche Zwecke verteilt werden. Hinzu kommen neue telematische Verfahren der Ortslokalisierung in GPS (*Global Positioning System*)-Netzen. Das Internet wird mit der Satellitentechnik verbunden und verstärkt den Trend zu einer telematisch vernetzten Gesellschaft.

Ende der 80er Jahre prophezeite Mark Weiser[285] von der Firma Xerox den Trend zu einer telematisch vernetzten Gesellschaft, in der eine Vielzahl von einfachen Endgeräten den Alltag der Menschen unterstützt. Er prägte dafür die Bezeichnung vom *Ubiquitous Computing*. Gelegentlich ist auch vom *Pervasive* (allgegenwärtigen) *Computing* die Rede. Informations- und Kommunikationstechnologie ist aber erst dann ubiquitär (d.h. überall verbreitet), wenn ihre Abhängigkeit von Standardrechnern wie PCs und Laptops überwunden wird und die gebündelten Funktionen eines Computers in die eigentlichen Anwendungen zurückverlagert werden.

Künstliche Intelligenz steckt dann weniger hoch konzentriert in einem Gerät, sondern in der Vernetzung einer Infrastruktur von verschiedenen Geräten, die eine intelligente Nutzerumgebung schaffen. Intelligenz entsteht daher in der Interaktion dieser Umgebung mit dem Menschen. Unterhalb der Leistung eines PCs verbreiten sich mittlerweile Smart Devices mit geringem Energieverbrauch in intelligenten Umgebungen unseres Alltags. Beispiele sind Tabs, Pads und Boards: Zentimetergroße Geräte für kurze Nachrichten, Folien in der Größenordnung von Papierseiten, handliche E-Bücher oder E-Zeitungen und Displays in der Größe von Tafeln oder Pinwänden. Diese Tabs, Pads und Boards signalisieren das beginnende Zeitalter von Ubiquitous Computing.

---

[285] M. Weiser, The computer for the 21st century, in: *Scientific American* 9 1991, 66–75; U. Hansmann, *Pervasive Computing Handbook*, Berlin/Heidelberg/New York 2001; F. Mattern, Das aktuelle Schlagwort – Pervasive Computing/Ubiquitous Computing, in: *Informatik Spektrum* 24, Heft 3 2001

Smart Devices sind winzige intelligente Mikroprozessoren, die in Weckern, Mikrowellenöfen, Fernsehgeräten, Stereoanlagen oder Kinderspielzeug eingebaut werden. Über Sensoren können sie untereinander oder mit uns telematisch kommunizieren. Sie benötigen kein Computerinterface mit Maus und Keyboard, sondern nur eine geeignete Benutzeroberfläche für den jeweiligen Zweck, wie wir ihn von Alltagsgegenständen gewohnt sind. Vom Standpunkt der Computerphilosophie realisieren Smart Devices daher die »körperliche Intentionalität« (*body-based intentionality*). Als Information Appliances werden Smart Devices in Arbeits- und Wohnumgebungen eingebettet. Die Rede ist bereits von intelligenten Haushalten, Büros und Autos. Daher erzeugen Information Appliances keine virtuelle Realität (*Virtual Reality*) im Computer, sondern erweitern die Möglichkeiten unserer physischen Alltagsgegenstände (*Augmented Reality*). AR (*Augmented Reality*)-Systeme erzeugen eine virtuell erweiterte physische Realität.

Im Roomware-Konzept sind mit dem World Wide Web integrierte Information Devices überall im Teamarbeitsraum verfügbar (*Ubiquitous Computing*). Sie treten aber als Geräte in den Hintergrund (*Invisible Computing*), um die Arbeits- und Lebenswelt zu ergänzen (*Augmented Reality*). Dabei geht es um die Entwicklung von Roomware-Komponenten und speziellen Software-Instrumenten zur Unterstützung von Teamarbeit in unterschiedlichen Arbeitsphasen. Gemeint sind die unterschiedlichen Arbeitsbedingungen in der Gesamtgruppe etwa bei der Präsentation und Diskussion von Ergebnissen, bei gleichzeitigem Arbeiten von Teilgruppen oder bei Untersuchungen von Einzelpersonen. Unter Roomware werden physische Raumobjekte wie Möbel, Türen oder Wände verstanden, die mit integrierten Computerfunktionen ausgestattet und telematisch über drahtlose Netze verbunden sind. In einer integrierten Arbeits- und Lebenswelt zeichnen sich interaktive Arbeitsmedien durch Flexibilität und Benutzerorientierung aus (*Soft Computing*). Die Mensch-Computer-Interaktion erhält eine neue Qualität der Mensch-Team-Kommunikation Interaktion. Es ist diese »Alltäglichkeit des Daseins« in der Computerwelt, mit der die kognitivistische Konfrontation von Mensch und Maschine überwunden werden soll.

Klassische Computersysteme zeichneten sich durch eine strikte Trennung von physischer und virtueller Welt aus. Steuerungssyteme der Mechatronik, die z.B. in modernen Fahrzeugen und Flugzeugen eingebaut sind und aus einer Vielzahl von Sensoren und Aktoren bestehen, entsprechen diesem Bild nicht mehr. Diese Systeme erkennen ihre physische Umgebung, verarbeiten diese Informationen und können die physische Umwelt auch koordiniert beeinflussen.[286] Der nächste Entwicklungsschritt der mechatronischen Systeme sind die »*Cyberphysical Systems*« (CPS), die sich nicht nur durch eine starke Kopplung von physischem Anwen-

---

[286] W. Hawkins und T. Abdelzaher, Towards feasible region calculus: An end-to-end schedulability analysis of real-time multistage execution, in: *IEEE Real-Time Systems Symposium*, Miami Florida 2005

dungsmodell und dem Computer-Steuerungsmodell auszeichnen, sondern auch in die Arbeits- und Alltagsumgebung eingebettet sind (z.B. integrierte intelligente Energieversorgungssysteme von Ländern und Erdteilen).[287]

Durch die vernetzte Einbettung in Systemumgebungen gehen CPS-Systeme über isolierte mechatronische Systeme hinaus. CPS bestehen aus vielen vernetzten Komponenten, die sich selbständig untereinander für eine gemeinsame Aufgabe koordinieren. Sie sind damit auch mehr als die Summe der vielen unterschiedlichen smarten Kleingeräte im *Ubiquitous Computing*, da sie Gesamtsysteme aus vielen intelligenten Teilsystemen mit integrierenden Funktionen für bestimmte Ziele und Aufgaben (z.B. effiziente Energieversorgung) realisieren.[288] Dadurch werden intelligente Funktionen von den einzelnen Teilsystemen auf die externe Umgebung des Gesamtsystems ausgeweitet. In diesem Sinn sind Cyberphysical Systems auch ein grundlegender Schritt auf dem Weg zur technischen Realisierung der *Extended Mind*-Philosophie, wenn wir intelligente Funktionen nicht nur an den menschlichen Organismus koppeln. Wie das Internet werden CPS zu globalen Maschinen, die aber neben den Informationsflüssen zusätzlich (wie mechatronische Systeme und Organismen) noch Energie-, Material- und Stoffwechselflüsse integrieren.

Historisch entstand die CPS-Forschung aus dem Arbeitsgebiet der »Eingebetteten Systeme« und Mechatronik.[289] Die Einbettung von Informations- und Kommunikationssystemen in Arbeits- und Alltagsumgebungen führte zu neuen Leistungsforderungen wie Fehlertoleranz, Verlässlichkeit, Ausfall- und Zugriffsicherheit bei gleichzeitiger Realisierung in Echtzeit. Allerdings machten sich bei der Einbettung entsprechender Kontrollprozesse zunehmend Schwachpunkte bemerkbar. Beispiele sind automatische Verkehrssysteme für Stauvermeidungen und die Harmonisierung individueller Fahrtzeiten mit wirtschaftlich und ökologisch effizienten Lösungen.[290] Ebenso schwierig erwies sich die Versorgung von durch Batterien angetriebenen Elektroautos über regenerative Energieumwandlungsanlagen wie Solarzellen oder Windräder. Dazu gehören auch erneuerbare Energien, die als hinreichend verlässliche und kostengünstige Alternative oder Reserveenergie für Versorgungsnetze zur Verfügung gestellt werden.

In diesen immer komplexer werden Anwendungen werden hohe Anpassungsfähigkeit von Systemsteuerung und Systemarchitektur, dynamisches Prozessver-

---

287 E. Lee, Cyber-Physical Systems: Design Challenges, in: *University of California, Berkeley Technical Report* No. UCB/EECS-2008-8 (http://www.eecs.berkeley.edu/Pubs/TechRpts/2008/EECS-2008-8.html)

288 *Cyber-Physical Systems*. Program Announcements & Information. *The National Science Foundation*, 4201 Wilson Boulevard, Arlington, Virginia 22230, USA, 2008-09-30

289 W. Wayne, *Computers as Components: Principles of Embedded Computing Systems Design*, Amsterdam 2008

290 H.E. Wedde, S. Lehnhoff, B. van Bonn, Highly dynamic and adaptive traffic congestion avoidance in real-time inspired by honey bee behavior, in: *PEARL Workshop 2007, Informatik aktuell (Springer)*

halten, schnelle Überwindung bzw. Reparatur von Ausfällen, Erweiterung und Vergrößerung des Systems verlangt. Das Haupthindernis zur Realisierung dieser Forderungen war in der Tradition der Versuch, globale Zustände zentral steuern zu wollen. Die Auswertung der globalen Informationen dauerte einfach zu lange, um entsprechende Steuerungsmaßnahmen einleiten zu können. So sind beispielsweise große Transportsysteme hochdynamisch. Selbst wenn Staumeldungen alle zwei Minuten verbreitet würden, könnten sie nicht schnell genug ausgewertet werden, um sich den entstehenden Verkehrssituationen anzupassen. Als Konsequenz berechnen in LKWs die Navigationsinstrumente individuell ihre Ausweichrouten. Da jedoch alle Geräte den gleichen statischen Algorithmus benutzen, geraten bei hohen Verkehrsaufkommen alle Fahrzeuge zur Stauumgehung auf dieselbe Umleitung und vergrößern damit das Chaos.

CPS zielen daher darauf ab, Steuerungsprozesse und Informationsflüsse auf die physischen Prozesse ihrer Anwendungen abzustimmen[291], wie es die Evolution bei der Entwicklung ihrer Organismen und Populationen geschafft hat. Top-down-Strukturen der Software, die den physischen Prozessen quasi »von oben« aufgestülpt werden, sind keine Lösung. Verteilte Kontrolle, Bottom-up Management für geschichtete Kontrollstrukturen, hoch-autonome Software-Prozesse und verteilte Lernstrategien für Agenten lauten die Benchmarks.[292]

Ein erstes Beispiel sind intelligente Stromnetze (*smart grids*), die neben dem herkömmlichen Stromtransport auch Datenkommunikation erlauben, um den Anforderungen für einen hochkomplexen Netzbetrieb zu genügen. Der Trend geht zu globalen und länderübergreifenden Netzstrukturen wie dem Internet, in dem Blockheizkraftwerke zur Erzeugung von Strom aus fossiler Primärenergie ebenso vertreten sind wie erneuerbare Quellen mit Photovoltaikanlagen, Windkraftanlagen, Biogasanlagen. Verbraucher wie z. B. Wohnhäuser oder Büroanlagen können mit Voltaikanlagen zugleich lokale Stromerzeuger sein, die sich selbst oder ihre Umgebung mit Energie versorgen.

Smart Grids bezeichnen ganzheitliche Organisationen des Stromnetzes zur Steuerung, Lastenverteilung, Speicherung und Erzeugung von elektrischer Energie.[293] In ihrer Dynamik und Struktur besitzen sie auffallende Ähnlichkeit mit den komplexen Proteinnetzen der Systembiologie, die den Energiehaushalt einer Zelle regulieren. Auf diese Weise lassen sich Engpässe, Qualitätsmängel und versteckte Wertschöpfungspotenziale aufdecken, unnötige Kostenverursacher eliminieren sowie Investionsplanung und Instandhaltung optimieren. Entscheidend für

---

291 M. Broy, Functional specification of time-sensitive communication systems, in: *ACM Transactions on Software Enginering and Methodology* 1993 2(1), 1462–1473

292 E.A. Lee, *Cyber-physical systems – are computing foundations adequate ?*; ptolemy.eecs.berkeley.edu/publications/papers/06/CPSPositionPaper/Lee_CPS_PositionPaper.pdf

293 *European Technology Platform Smart Grids* (http://ec.europa.eu/research/energy/pdf/smartgrids_en.pdf)

den Grad der Intelligenz dieser Netze ist die Fähigkeit, Informationen aus den einzelnen Netzelementen wie z.B. Erzeugungsanlagen, Verbraucher oder Verteilungsstationen in Echtzeit abrufen und verarbeiten zu können. Dazu gehören auch automatische Verhandlungen über bedarfsorientierte lokale Stromversorgung durch virtuelle Agenten im Kommunikationnetz, die in Echtzeit abgewickelt werden müssen, um wirksam zu werden.

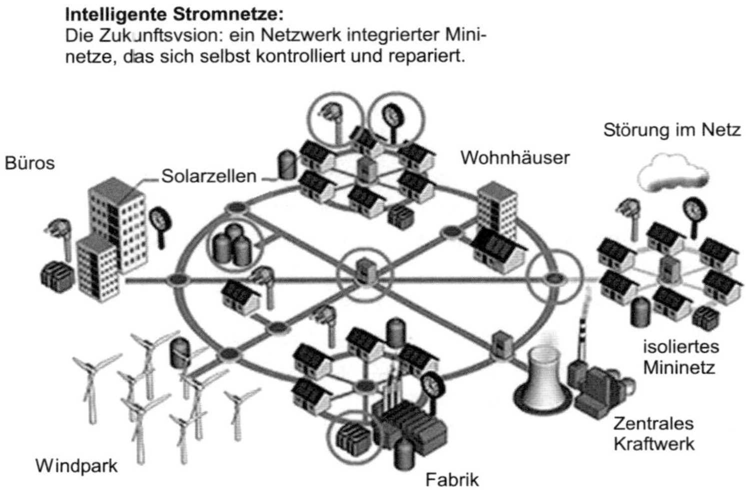


*Abb. 43:* Smart Grid der verteilten Stromversorgung mit eingebettetem Informations- und Kommunikationssystem[294]

Beim Smart Grid gehen das Energiesystem und die Informations- und Kommunikationstechnik eine Symbiose ein. Eines der Probleme mit Windrädern und Solarzellen ist die Unvorhersehbarkeit der Produktion. In intelligenten Netzen kann der Bedarf in hohem Maß lokal befriedigt werden. Dazu lässt sich folgendes Modell mit konkreten Grundvorstellungen annehmen:

1. Der Bedarf kann entweder innerhalb eines lokalen (regionalen) Teilnetzes oder zwischen Teilnetzen durch erneuerbare Energie befriedigt werden. Nur in Ausnahmefällen wird eine Reservekapazität in Anspruch genommen (Fig. 44a).
2. Der Energieausgleich findet zwischen verschiedenen Spannungsebenen statt oder zwischen Bilanzgruppen auf derselben Ebene.
3. Produzenten sind auch Verbraucher und umgekehrt.
4. Verhandlungen über lokale Stromversorgung werden automatisch durch Erzeuger- und Verbrauchsagenten durchgeführt. Sie werden koordiniert durch

294 Vgl. auch auch http://vtsenvirogroup.wordpress.com/2009/05/19/you-think-youre-so-smart-grid

Bilanzkreismanager (*balance group managers*), die zeitsynchronisiert auf jeder Ebene parallel arbeiten. Im Beispiel von Fig. 44b gibt es drei solcher Ausgleichsebenen.

5. Im Modell beginnen alle 0,5 s die Verhandlungen. Es wird erwartet, dass die Verhandlungen ebenso wie die Verteilung der verhandelten Energie deutlich vor Ende jeder Periode beendet werden. In der Zwischenzeit ankommende Angebote oder Gebote werden in der nächsten Periode verhandelt.
6. Zu Beginn jeder Periode bestimmt jeder Kunde nach gegenwärtiger Differenz zwischen Bedarf- und Erzeugungsstand, ob er als Produzent, Verbraucher oder nicht an den Verhandlungen teilnimmt.
7. Gebote und Angebote geschehen innerhalb von Preisrahmen, die Amortisierung und Wartung berücksichtigen. Im Modell gibt es keine langfristigen Verträge oder Rabatte für große und zukünftige Käufe, die in der Realität durchaus auftreten.

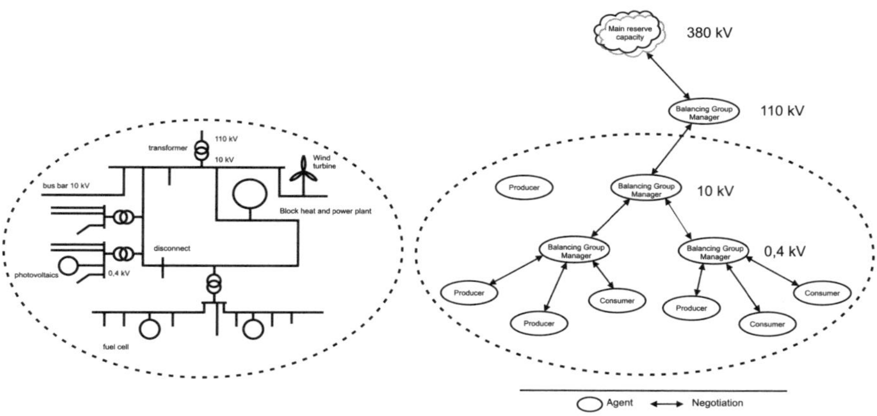


*Abb. 44:* Smart Grid mit Bilanzkreisen und zugeordneten Agenten[295]

Der Verhandlungsalgorithmus geht von einem Preisrahmen auf jeder Verhandlungsebene aus. Jeder Bilanzkreismananger auf dieser Ebene führt einen Koordinierungszyklus von 10 Runden durch. Jede Runde dauert 1 ms. Nach jeder Runde prüfen die Bilanzkreismanager parallel, ob Gebote und Angebote ähnlich genug sind. Wenn ja, wird zwischen den Parteien abgeschlossen. Dabei wird immer ein fester Betrag zugeschlagen, bis der Vorrat oder Bedarf erschöpft ist. Die Verhandlungsstrategien eines Kunden sind gegeben durch ein Eröffnungsgebot, ein

295 H.F. Wedde, S. Lehnhoff, C. Rehtanz und O. Krause, *Von eingebetteten Systemen zu Cyber-Physical Systems. Eine neue Forschungsdimension für verteilte eingebettete Realzeitsysteme*, in: *Pearl 2008 – Informatik Aktuell. Aktuelle Anwendungen in Technik und Wirtschaft* 2007 12, http://ls3-www.cs.uni-dortmund.de/en/publikationen/eintrag/WLR08c.html, Abb. 1, 4

Eröffnungsangebot, eine gerätespezifische Dringlichkeit und gewisse Strategieparameter. Nach *n* Runden adaptieren die unbefriedigten Agenten ihre Gebote und Angebote nach einem exponentiellen Verhaltensgesetz, das am besten geeignet ist, um eine schnelle Konvergenz zwischen Geboten und Angeboten zu erreichen. Der verhandelte Preis ist das arithmetische Mittel zwischen den Ähnlichkeitswerten. Unbefriedigte Kunden werden auf die nächste Verhandlungsebene weitergereicht. Dort sind die Preisrahmen um ein festes Verhältnis geschrumpft. Die Bedürfnisse oder Interessen von am Ende noch unbefriedigten Kunden werden von einer zentralen Reservekapazität befriedigt (allerdings zu höchst ungünstigen Preisen).

Kurzfristige Verbrauchsschwankungen im ms- bis min-Bereich, die oft unvorhersehbare lokale oder regionale Ursachen haben, äußern sich nicht nur als Flackern in Haushalten, sondern können Reserveenergiebelastung für zentrale Großkraftwerke bedeuten und die Transportnetzstabilität gefährden. Im beschriebenen Netzmodell wird dem entgegengewirkt, indem die Agenten zur frühest möglichen Zeit, also nach jedem Verhandlungszyklus tätig werden. Dazu wird angenommen, dass viele elektrische Geräte wie z.B. Kühlschränke und Wasserboiler unter vielen Betriebsbedingungen temporär entweder auf Leistungsaufnahme oder wie bei Elektrobatterien auf Ladungsaufnahme verzichten können. Damit steht Reserveenergie zur Verfügung, die von vornherein dort einsetzbar ist, wo sie gebraucht wird, und deren Fehlen bei geeigneter Vorgehensweise die Gerätefunktion auch nicht beeinträchtigt. Wegen weniger Transportkosten und Verzicht auf Energiespeicherung auf Grund globaler Planung ist die so gewonnene Reserveenergie deutlich preiswerter als die traditionelle. Schließlich wird von den Bilanzkreismanagern auf jeder Ebene parallel in kürzester Zeit agiert.

Smart Grids mit integrierten Kommunikationssystemen realisieren also eine dynamisch geregelte Energieversorgung.[296] Sie sind ein Beispiel für die Entwicklung großer und komplexer Realzeitsysteme nach den Prinzipien von Cyberphysical Systems. Die Reserveenergie zum Ausgleich von kurzfristigen Lastenspitzen oder Spannungseinbrüchen wird traditionell zentral von Großkraftwerken vorgehalten. Das besprochene Modell löst das Problem durch dynamisch reagierende Verhandlungsstrategien in Echtzeit. Das Hauptproblem bei Umstellung auf erneuerbare Energien liegt in der großen Zahl von Rand- und Nebenbedingungen, die mit dem funktionalen Betrieb ebenso zu tun haben wie mit Fragen der Sicherheit, Verlässlichkeit, zeitlicher Verfügbarkeit, Fehlertoleranz und Anpassungsfähigkeit. Cyberphysical Systems mit dezentralen und Bottom-up Strukturen sind daher die Antwort auf die zunehmende Komplexität unserer Versorgungs- und Kommunikationssysteme, mit denen die Menschheit in einem Superorganismus zusammenwächst.

---

[296] H.F. Wedde, S. Lehnhoff, Dezentrale vernetzte Energiebewirtschaftung im Netz der Zukunft, in: *Wirtschaftsinformatik* 6 2007

# 7
# Quo vadis Mensch und Maschine?

## Symbiose von Mensch und Maschine

Unübersehbar sind die technischen Trends, die mit Steigerung der Rechenleistung und Kommunikationsgeschwindigkeit, Verbesserung des Energieverbrauchs und der Batterietechnik, Miniaturisierung der Geräte und Verfeinerung der Display- und Sensortechnik verbunden sind. Erst unter diesen Voraussetzungen kann die geballte Konzentration von intelligenten Funktionen eines Computers im Netz mit vielen kleinen Endgeräten für unterschiedliche Zwecke verteilt werden. Hinzu kommen telematische Verfahren der Ortslokalisierung in GPS (*Global Positioning System*)-Netzen. Das Internet wird mit der Satellitentechnik und den Dingen dieser Welt verbunden und verstärkt den Trend zu einer telematisch vernetzten Gesellschaft mit Cyberphysical Systems. Cyberphysical Systems realisieren eine Symbiose von Mensch und Maschine. Kommunikation findet nicht mehr nur wie bei den natürlichen Sprachen mit menschlichen Kommunikationspartnern statt, sondern mit den Dingen dieser Welt. Mit Cyberphysical Systems entsteht das Internet der Dinge.

Die eingebetteten Kommunikationssysteme erweitern die Sprachnutzung in einer bisher nicht gekannten Weise. Sprache bestätigt die *Extended Mind*-These seit altersher: Sie weitet buchstäblich menschliche Imagination und Wissensrepräsentation auf die Kommunikationspartner aus. Wie lässt sich aber Kommunikation mit natürlichen Sprachen technisch umsetzen? Ein Grundfehler traditioneller KI-Diskussion der Sprache bestand häufig darin, dass Befürworter der KI ihren Ansatz reduktionistisch als Totallösung computerbasierter Sprachbewältigung anpriesen, worauf ihre Gegner die Beschränkung des jeweiligen Ansatzes hervorhoben und daraus ebenfalls den ungerechtfertigten Totalschluss zogen, dass Sprache ›prinzipiell‹ nicht von Computern ›verstanden‹ werden könnte. Viele Kritiker der KI haben noch immer nicht verstanden, dass Computerprogramme heute bereits sprachlichen Symbolfolgen kontextabhängige Bedeutungen zuordnen können. In der KI-Forschung geht es um technische Teillösungen, die Erkennung, Analyse, Transfer, Generierung und Synthese von natürlichsprachlicher Kommunikation durch Computerprogramme verwirklichen. Diese technischen Lösungen müssen keineswegs sklavisch die Sprachverarbeitung des menschlichen Gehirnes imitieren, sondern können vergleichbare Lösungen auch auf anderen Wegen erreichen.[297]

[297] W. Hess, Neuere Entwicklungen der Sprachsynthese, in: *Sprachkommunikation. ITG-Fachbericht*, Berlin 1996, 89–100

Ebenso ist es für gezielte Kommunikationszwecke keineswegs notwendig, dass alle Sprachschichten bis zur Bewusstseinsebene des Menschen simuliert werden müssen. Das wäre so, als hätte man den ersten Flugzeugkonstrukteuren vorgeworfen, sie könnten nicht zum Mond fliegen. Dieser Vergleich soll noch einmal unterstreichen, dass es keine prinzipiellen Argumente gibt, die selbst eine technische Erzeugung von Bewusstsein ausschließen. Sprachbewusstsein kann sehr unterschiedliche Aspekte meinen. Wenn es sich dabei nur um das Wissen des Sprachnutzers handelt, dass er es ist, der einen Satz ausspricht, eine Bedeutung zuordnet oder eine sprachliche Absicht verfolgt, dann sind Programmierungen bei wissensbasierten Agenten durchaus denkbar, die Eigeninteresse und Autonomie bei ihren Entscheidungen und Handlungen berücksichtigen. Im Rahmen des *Affective Computing* wären auch Simulationen von Spracherlebnissen von Robotern bis hin zu emotionalen Färbungen der Aussprache denkbar.

Im Rahmen von *Cyberphysical Systems* wird es darauf ankommen, unterschiedliche Sprach- und Sprechfunktionen in intelligenten Arbeits-, Lern- und Lebenswelten als benutzerfreundliche Dienstleistung einzubetten. Ein erster Prototyp ist das langfristig angelegte interdisziplinäre Forschungsprojekt VERBMOBIL des Deutschen Forschungszentrums für Künstliche Intelligenz (DFKI).[298] Dieses KI-System zielt darauf ab, gesprochene Sprache zu erkennen, die Eingabe zu analysieren, sie in eine Fremdsprache zu übersetzen, einen Satz zu erzeugen und ihn auszusprechen. Damit sollen Dialoge verwirklicht werden, die etwa bei einer Reiseplanung, Hotelreservierung oder Stadtführung über ein PDA-Gerät geführt werden, bei fremdsprachlichen Geschäftsdialogen in Videokonferenzen Verwendung finden oder die Interaktion mit der technischen Infrastruktur eines Autos, Roboters oder ganzer Wohn- und Arbeitsumgebungen ermöglichen.

Bei frei formulierter Alltagssprache wird keine grammatikalische Schriftsprache eingetippt oder eingelesen. Vielmehr setzt ein Sprecher spontan seine Gedanken, Vorstellungen und Gefühle in fortlaufende Sprache um, die daher auch bei routinierten Rednern mehr oder weniger durch ungrammatikalische Konstruktionen, Einschübe und Selbstkorrekturen gekennzeichnet ist. In der gesprochenen Sprache müssen Interpunktionen durch unterschiedliche Betonungen ausgedrückt werden. Auch Mehrdeutigkeiten können häufig nur durch Betonungen vermieden werden. Wie bereits erwähnt wurde, hängen unterschiedliche Bedeutungen von

298 VERBMOBIL war ein langfristig angelegtes Leitvorhaben des Bundesministeriums für Bildung und Forschung (BMBF) mit Phase 1 (1993–1996) und Phase 2 (1997–2000). Projektträger ist das Deutsche Zentrum für Luft- und Raumfahrt (DLR). Einen Überblick liefert der Initiator und Leiter des Projekts W. Wahlster (Ed.), *Verbmobil: Foundations of Speech-to-Speech Translation*, Berlin/Heidelberg/New York 2000. Wahlster erhielt den Deutschen Zukunftspreis 2001 (Preis des Bundespräsidenten für Technik und Innovation) für das internationale Wissenschaft und Wirtschaft übergreifende Verbundprojekt mit einer Vielzahl marktfähiger Produkte und mehreren Firmenneugründungen.

Kontexten und Anwendungsgebieten ab, so dass ein entsprechendes KI-System über ein Vorwissen über den behandelten Gesprächsgegenstand verfügen muss. In der Sprachwiedergabe ist eine natürlich klingende Aussprache mit passender Satzmelodie anzustreben, um den befremdenden Eindruck einer sogenannten Robotersprache zu vermeiden.[299]

In der ersten Entwicklungsphase erkannte VERBMOBIL im Umfang von 1292 Wörtern gesprochene deutsche Eingaben aus dem Anwendungsgebiet von Terminverhandlungen, analysierte und übersetzte sie bis zur englischen Wiedergabe. Die weiterführende Version VERBMOBIL 1.0 erkannte im Umfang von 2461 Wörtern auch japanische Eingaben, um sie ins Englische zu übersetzen. Angestrebt wurden Anwendungen bei Diktiersystemen, telephonischen Informationssystemen und Sprachbedienungen in Fahrzeugen. In der zweiten Entwicklungsphase wurde VERMOBIL im Umfang von etwa 1000 Wörtern für Deutsch-Englisch und 2500 Wörtern für Deutsch-Japanisch über einen zentralen Server für ISDN-Telefone, ATM-basierte Telekooperationsdienste oder GSM-Mobilfunk zur Verfügung gestellt. Dieser Server übernimmt Spracherkennung, Übersetzung und Spracherzeugung. VERBMOBIL kann in dieser Version auch mehrsprachige Telekonferenzen über parallele Kanäle verwirklichen.

Die Architektur von VERBMOBIL ist nach den Prinzipien objekt-orientierter Programmierung aufgebaut und sieht zahlreiche Schnittstellen zwischen den einzelnen Modulen der Sprachverarbeitung vor. In Fig. 45 sind nur die Hauptmodule von 43 Verarbeitungsobjekten angegeben, wie sie auch auf einer Visualisierung der Benutzeroberfläche erscheinen. Bei der Spracherkennung werden als möglich erkannte Wörter statistisch bewertet und mittlerweile mit einer Fehlerquote von 14 % erkannt. Wenn man die Fehlerquote der Spracherkennung bei Menschen aufgrund des Nuschelns und der Dialektfärbung vieler Zeitgenossen berücksichtigt, ist das für ein KI-System ein durchaus bemerkenswertes Ergebnis.

Im Einzelnen wird die gesprochene Sprache über zwei Mikrofone den Spracherkennungsmodulen für Deutsch, Englisch oder Japanisch zugeleitet und einer Prosodieanalyse unterzogen. Auf dieser Grundlage werden in einer integrierten Verarbeitung Bedeutungsinformationen berücksichtigt, die z.B. durch grammatikalische Tiefenanalysen von Sätzen und Regeln der Dialogverarbeitung gewonnen werden. VERBMOBIL realisiert also den Weg von der umgangssprachlichen Spracherkennung bis zur Dialogsemantik von Gesprächen, die keineswegs auf den Austausch kurzer Sprachbrocken beschränkt bleiben, sondern auch lange Redebeiträge, wie sie für spontane Sprache typisch sind, beinhalten. Ein Sprachgenerator erzeugt auf dieser Grundlage einen Satz in durchschnittlich 0.7 Sekunden.

---

299 Dazu auch die Untersuchungen von K.J. Kohler vom Institut für Phonetik und digitale Sprachverarbeitung (IPDS) der Universität Kiel http://www.ipds.uni-kiel.de/kjk/.

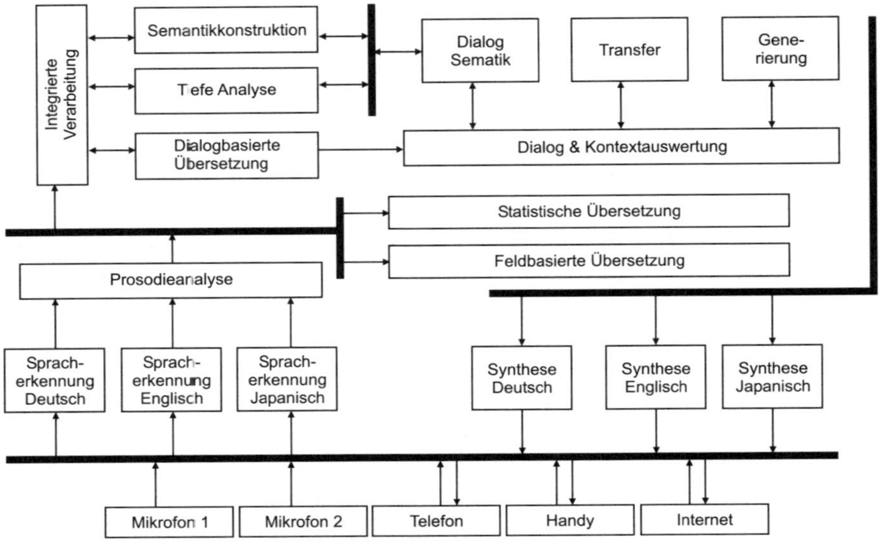


*Abb. 45:* Architektur des KI-Systems VERBMOBIL

Bei den einzelnen Verarbeitungsschritten dieses KI-Systems von der Spracherkennung über Prosodie, Syntax, Semantik und Dialog bis zu Transfer und Sprachgenerierung auf Deutsch, Englisch oder Japanisch muss über die Hälfte der Zeit für die Erkennung der akustischen Eingabe aufgewendet werden. Mit Blick auf Cyberphysical Systems soll VERBMOBIL in Zukunft schnell auf neue Gesprächsgebiete anwendbar sein (Multifunktionalität), spontane Dialoge in mehreren Sprachen übersetzen (Multilingualität), über kleine Endgeräte wie Handy oder PDA benutzbar sein (Mobilität) und in Telekooperationsanwendungen vielen Gesprächspartnern Übersetzungshilfen anbieten können (Multiparty-Funktionalität). In der Tradition der KI-Forschung setzt sich VERBMOBIL zum Ziel, möglichst viel Sprachkompetenz in einem künstlichen System auf hohem Niveau zu modellieren.

In fest vorgegebenen Anwendungsdomänen werden Übersetzungsroboter in einer globalisierten Welt unverzichtbar sein. Wenn automatische Übersetzungsleistungen in einer Kosten-Aufwand-Nutzen Relation bemessen werden, handelt es sich um eine wichtige Dienstleistung verteilter künstlicher Intelligenz. In einer Welt, deren Funktionsabläufe durch Cyberphysical Systems wie die Netzwerke eines Organismus geregelt sind, werden Menschen mit den Dingen reden wollen, ohne umständlich Symbole in Keyboards eintippen zu müssen.

## Cyberphysical Systems und vereinigte Theorie komplexer Netzwerke

Intelligente Systeme gehören zur Teilklasse komplexer Informationssysteme, die in Natur, Technik und Gesellschaft unterschiedlich realisiert werden. Bisher wurden verschiedene Beispiele intelligenter Systeme vorgestellt – Tiere, Primaten und Menschen, Populationen und Gesellschaften, Computer und Roboter, Informations- und Kommunikationsnetze. Sie alle zeigen unterschiedliche Weisen und Grade von Intelligenz, häufig nur in Interaktion mit und in Abhängigkeit von Menschen. Mit zunehmender Autonomie von Agenten- und Roboterpopulationen bis zu sich weitgehend selber organisierenden Informations- und Kommunikationsnetzen zeichnet sich aber eine technische Entwicklung künstlicher intelligenter Systeme ab, die sich ähnlich wie die Evolution natürlicher Organismen und Populationen verselbständigen könnte.[300] Die Unterscheidung von künstlichen und natürlichen Systemen wäre dann nur noch insofern gerechtfertigt, als die Entwicklung künstlicher intelligenter Systeme auf der Erde durch menschliche Technik ausgelöst worden wäre.

Spätestens an dieser Stelle erinnert die Unterscheidung von künstlichen und natürlichen Systemen an die aristotelische Physik, in der zwischen künstlich von Menschen ›erzwungenen‹ Bewegungen wie dem Wurf eines Steins und ›natürlichen‹ Bewegungen wie der Bewegung eines Planeten unterschieden wurde. In der neuzeitlichen Physik seit Galilei ist diese Unterscheidung obsolet. Es geht um mathematische Gesetze, die unabhängig vom menschlichen Beobachter und Experimentator überall im Universum gelten, obwohl sie von Menschen ersonnen und mit seiner Technik überprüft werden. Auch die Gesetze der Evolution sind keineswegs auf die Erde beschränkt, sondern greifen überall dort, wo geeignete Anfangs- und Nebenbedingungen erfüllt sind. Das kann nicht nur in den Weiten des Universums, sondern auch in einem irdischen Labor der Fall sein. Leben ist Leben, egal ob ›natürlich‹ auf der Erde, ›künstlich‹ im Labor oder sonst irgendwo im Universum entstanden.

Das trifft auch auf intelligente Systeme zu. Wir kennen zwar bis heute weitgehend nur die Exemplare intelligenter Informationssysteme, die sich in der biologischen Evolution auf der Erde mehr oder weniger zufällig entwickelt haben. Bereits in diesem Evolutionsbeispiel auf Erden waren aber gesetzmäßig auch andere Arten und Populationen entstanden, deren Entwicklung heute abgebrochen ist. Ziel der Systemforschung sind Eigenschaften und Entwicklungsgesetze intelligenter Systeme, die bisher nur bruchstückhaft bekannt sind. Der klassische Turing-Test hilft uns dabei wenig, da er eine bestimmte mehr oder weniger zufällig in der biolo-

---

300 Dazu auch philosophisch weiterführend K. Mainzer, *Computer – Neue Flügel des Geistes? Die Evolution computergestützter Technik, Wissenschaft, Kultur und Philosophie*, Berlin/New York ²1995.

gischen Evolution auf der Erde entstandene Form von Intelligenz zum Maßstab macht. Ob ein System die Eigenschaften von Leben erfüllt, wird auch nicht am Maßstab einer speziellen Lebensform entschieden.[301]

Intelligente Systeme sind nur Teilklassen komplexer dynamischer Systeme. Derzeit wachsen verschiedene Disziplinen interdisziplinär zu einer Theorie komplexer Netzwerke zusammen. Dazu gehören System- und Evolutionsbiologie, Gehirn- und Kognitionsforschung ebenso wie die Soft- und Hardwareentwicklung von Computern und des Internets, Robotik oder die Entwicklung von Cyberphysical Systems der Arbeits-, Lern- und Lebenswelten. Umfassende Grundlage einer vereinigten Theorie komplexer Netzwerke sind die Gesetze von komplexen dynamischen Systemen, die sich als selbst organisierende Gen- und Proteinnetze, zelluläre Organismen, Agenten- und Roboterpopulationen, Cyberphysical Systems und Kommunikationsnetze realisieren können. Wir verfügen noch nicht über diese Theorie und kennen nur einige Aspekte aus der Sicht unterschiedlicher Disziplinen. Aber das ist auch in den mathematischen Naturwissenschaften nicht ungewöhnlich, die mit nicht abgeschlossenen Theorien (z.B. bei der Vereinigungstheorie physikalischer Kräfte) erfolgreich arbeiten.

Komplexe Netzwerke ohne erkennbare Muster werden als Zufallsgraphen beschrieben. Sie beginnen mit $N$ Knoten und verbinden jedes Knotenpaar mit einer Wahrscheinlichkeit $p$. Dadurch entsteht ein Graph mit ca. $pN(N-1)/2$ zufällig verteilten Kanten. In vielen Netzen gibt es trotz ihrer Größe relativ kurze Verbindungswege zwischen zwei Kanten (»*Small Worlds*«). In komplexen Netzwerken z.B. molekularer, zellulärer, sozialer oder technischer Netzwerke entdeckt man häufig Muster von z.B. molekularen Clustern, zellulären Verbänden, sozialen Gruppen, Schaltdiagrammen oder drahtlosen Verbindungsmustern. Sie wurden in der biologischen, sozialen und technischen Evolution meistens als stabile Strukturen selektiert, die mit biologischen, sozialen oder technischen Regulations-, Kontroll-, Versorgungs- oder Kommunikationsfunktionen verbunden sind. Proteinnetzwerke mit ihren integrierten Kontroll-, Versorgungs- und Informationssystemen sind Beispiele von Cyberphysical Systems, wie sie derzeit in sozialen und technischen Netzwerken der Gesellschaft angestrebt werden.

Mathematisch wird die Strukturierung von Netzwerken durch Clusterkoeffizienten und Gradverteilungen der Knotenverbindungen beschrieben. Es verwundert nicht, dass Gen- und Proteinnetzwerke, Cyberphysical Systems und das Internet durch Gradverteilungen mit Potenzgesetzen charakterisiert sind. Das World Wide Web ist das größte Informationsnetzwerk mit Webseiten als Knoten und Hyperlinks als Kanten. Die gerichteten Kanten sind durch zwei Gradverteilungen für aus- und eingehende Verbindungen mit Potenzgesetz bestimmt, d.h.

---

301 Eine ähnliche Einschränkung der Bedeutung des Turing-Tests verteten K.M. Ford, P.J. Hayes, Neue Wege zur denkenden Maschine, in: *Spektrum der Wissenschaft* Spezial 3/1999,78–83.

$P_{out}(k) \sim k^{-\gamma_{out}}$ und $P_{in}(k) \sim k^{-\gamma_{in}}$.[302] Potenzgesetze sind skaleninvariant. Daher bleiben Strukturen und Muster der Netze auch unverändert, wenn ihre Dimensionen verändert werden. In der Evolution erweisen sie sich als robust und erhalten damit ihre Funktionen, wenn kleine Veränderungen z. B. durch zufällige Mutationen eintreten.

*Abb. 46:* Clusterbildung des WWW

Informationsnetze jeglicher Art von Gen- und Proteinnetzen über zelluläre Organe und Organismen bis zu Cyberphysical Systems menschlicher Gesellschaft senden messbare Zeitreihen von Signalmustern aus, die Rückschlüsse auf universale Strukturen und Funktionsabläufe in den Netzwerken zulassen. Allgemein zeigt sich eine Hierarchie von Signalmustern, die in ihrem Spektrum sichtbar wird. Die Variabilität eines Signals bezogen auf seine periodischen Komponenten wird durch sein Spektrum gemessen. Das Spektrum der Signale ist näherungsweise proportional zu $1/f^b$ mit einem Exponenten $b > 0$, d.h. es variiert umgekehrt proportional zu einer Potenz der Frequenz. In diesen Fällen spricht man auch von $1/f$-Rauschen.[303] In Abb. 47 werden Signalmuster mit Spektren für weißes Rauschen ($b = 0$) und rosa Rauschen ($b = 1$) unterschieden. Die Variationsbreite zwischen $b = 1$ und $b = 3$ wird meistens als rotes Rauschen bezeichnet. Im Fall von $b = 3$ spricht man vom schwarzen Rauschen. Der Grad der Irregularität der Signale nimmt offenbar mit wachsendem Exponenten $b$ ab.

Im Fall von weißem Rauschen ($b = 0$) ist jede Art von Muster zerfallen. Alle Signale und die sie erzeugenden Ereignisse sind unabhängig wie die Ergebnisse

302 M. Takayasu, H. Takayasu und T. Sato, Critical behaviors and 1/f noise in information traffic, in: *Physica A* 1996 233, 825; M. Takayasu, K. Fukuda und H. Takayasu, Application of statistical physics to the Internet traffic, in: *Physica A* 1999, 3

303 E. Beltrami, *What is Random? Chance and Order in Mathematics and Life*, New York 1999, 135

beim fairen Münzwurf oder die Zufallspfade der Brownschen Bewegung. Sie bilden ein Muster von gleichmäßig verteilten Zufallsänderungen, die mathematisch einer Gaußschen Normalverteilung entsprechen. Beim rosa Rauschen ($b=1$) treten abrupte Ausreißer aus der Normalverteilung auf. Die fraktalen Signalreihen beim roten Rauschen ($b=2$) zeigen langfristige Korrelationen der Ereignisse, die auf ein Langzeitgedächtnis der Vergangenheit schließen lassen. Fluktuationen in jedem Zeitintervall sind nämlich mit Änderungen in einem vorausgehenden und sich nicht überschneidenden Intervall korreliert. Obwohl diese Signalreihen beträchtliche Variabilität aufweisen, besitzen sie offenbar auch redundante Züge und einen Kern von Ordnung. Für $b>2$ lassen sich nachhaltige Korrelationen nachweisen, bei denen sich Abwärts- oder Aufwärtstrends der Signalreihen erhalten. Langen Rhythmen eines Intervalls folgt häufig ein Intervall derselben Länge mit einem anderen Rhythmus. Für Rauschen der Signalmuster mit $b<2$ geht die Nachhaltigkeit verloren.

Das Spektrum einer Zeitreihe von Signalen wird beim $1/f$-Rauschen laufend kleiner, wenn ihre Frequenz wächst. Daraus ergibt sich, dass Fluktuationen von großen Amplituden mit Oszillationen langer Wellenlängen und niedriger Frequenz verbunden sind. Umgekehrt entsprechen kleinen Fluktuationen Zyklen mit kurzer Wellenlänge und hoher Frequenz. Zeitreihen mit rosa Rauschen ($b=1$) weisen bemerkenswerte Fraktalität mit selbstähnlichen Mustern auf, die skaleninvariant auftreten.

$1/f^b$-Spektren liefern die Raster, um die verschiedenen Formen der Signalmuster komplexer Netzwerke zu unterscheiden.[304] Signalmuster von subzellulären Gen- und Proteinnetzen sind ebenso analysierbar wie das Rauschen elektronischer Nachrichten in weltweiten Versorgungs- und Kommunikationssystemen. Diese Signale können Hinweise auf sich selbst organisierende Strukturen, Langzeittrends und Inseln der Ordnung in einem Meer von Zufallsrauschen sein. Ihre Zeitreihenanalyse lassen sich auf alle Arten von komplexen Netzwerken anwenden: Signalreihen von Gen- und Proteinnetzen, EKG-Daten des Herzens, EEG-Daten des Gehirns, Signalreihen von Energieversorgungssystemen mit Smart Grids oder Börsenreihen von Finanzmärkten. Zeitreihenanalysen lassen nicht nur Rückschlüsse auf die komplexen Netzstrukturen zu, die dem Signalrauschen zugrunde liegen. Sie können auch als Frühwarnsysteme dienen, um rechtzeitig Veränderungen der Systeme zu signalisieren.

In der Evolution enstanden *Cyberphysical Systems* zunächst als subzelluläre Versorgungs-, Kontroll- und Informationssysteme in komplexen Gen- und Proteinnetzwerken. Mit Nervenzellen entwickelten sich schließlich zelluläre Informations-, Kontroll- und Versorgungssysteme auf der Grundlage neurochemi-

---

[304] K. Mainzer, *Thinking in Complexity. The Computational Dynamics of Matter, Mind, and Mankind*, New York [5]2007, Chapter 7.4

scher Signalverarbeitung. Ameisenpopulationen sind dafür ebenso Beispiele wie menschliche Gehirne und Cyberphysical Systems der menschlichen Gesellschaft.

In der Evolution entwickelten sich effektive Informations- und Versorgungsverfahren ohne symbolische Repräsentation in Computermodellen. Subzelluläre, zelluläre und neuronale Selbstorganisation erzeugten die dazu passenden komplexen Netzwerke. Sie erweisen sich jedoch als äquivalent mit komplexen Systemen, deren Entwicklungsdynamik mathematisch durch nichtlineare Differentialgleichungen repräsentiert werden kann. Dynamische Systeme und ihre Differentialgleichungen können im Prinzip auch durch Computermodelle simuliert werden. Ein Beispiel sind Zelluläre Automaten oder neuronale Netzwerke mit deterministischen oder probabilistischen Algorithmen.

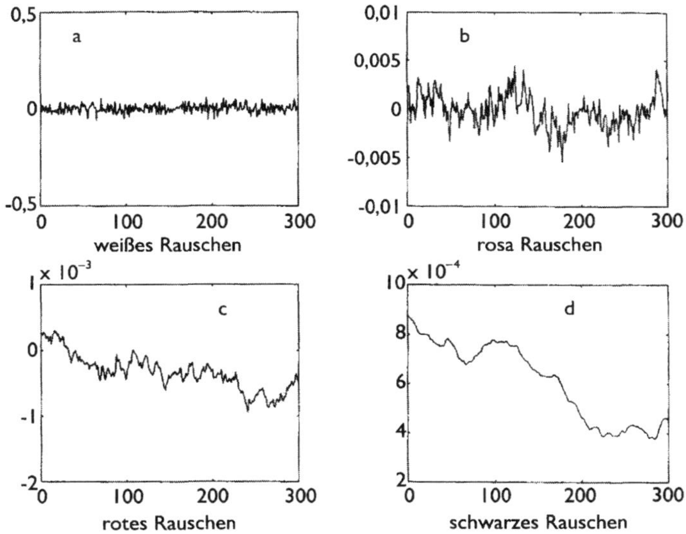


*Abb. 47:* $1/f^b$-Rauschen als universale Signalmuster komplexer Netzwerke mit weißem Rauschen ($b=0$), rosa Rauschen ($b=1$), rotem Rauschen ($b=2$) und schwarzem Rauschen ($b=3$)[305]

Hier wird eine sehr tiefliegende Äquivalenz evolutionärer, mathematischer und technischer Verfahren deutlich, die eine Erweiterung der Churchschen These nahelegt: Nicht nur effektive Verfahren mit mathematischen Symbolen sind durch Computermodelle im Sinne einer (universellen) Turingmaschine repräsentierbar, sondern auch atomar, molekular und zellulär verschlüsselte effektive Verfahren der Natur. Wenn diese erweiterte These von Church (*Extended Church's Thesis*) zutrifft, dann eröffnet uns die Erfindung des Computers eine grundlegende Einsicht, die in ihrer Tragweite zunächst nicht absehbar war: Alle effektiven dynami-

305 K. Mainzer, *Der kreative Zufall. Wie das Neue in die Welt kommt*, München 2007, Abb. 14,85

schen Prozesse sind auf einem (universellen) Computer modellierbar. Das wäre der Kern einer vereinigten Theorie komplexer Netzwerke. Die symbolischen Kodes im Computer wären nur unsere Art der Informationsverarbeitung, die atomare, molekulare, zelluläre und evolutionäre Prozesse repräsentieren.

Dabei lassen sich Grade der Berechenbarkeit unterscheiden: So benutzt eine nichtdeterministische Turingmaschine bei einer Berechnung neben den üblichen effektiv berechenbaren Elementaroperationen auch Zufallsentscheidungen. Bei einer sogenannten $\Psi$-Orakelmaschine wird neben den Befehlen einer (deterministischen) Turingmaschine eine Operation $\Psi$ zugelassen (z.B. »Ersetze den Zahlenwert $x$ durch $\Psi(x)$«), von der wir nicht wissen, ob sie berechenbar ist. Die Berechnung ist dann von dem »Orakel« $\Psi$ abhängig. Ein Beispiel in der Natur wäre eine Mutation als Zufallsveränderung in der effektiven Verarbeitung einer DNA-Information. Man spricht dann von relativer Berechenbarkeit: Eine Funktion ist berechenbar relativ zu $\Psi$, wenn sie durch eine $\Psi$-Orakelmaschine berechenbar ist. Entsprechend lässt sich eine relativierte Version der Churchschen These formulieren: Alle relativ zu $\Psi$ effektiven Prozesse sind durch eine (universelle) $\Psi$-Orakel-Turingmaschine simulierbar.[306]

Einige mathematische und natürliche Objekte wie z.B. eine Folge von Nullen oder ein perfektes Kristall sind intuitiv einfach, andere Objekte wie der menschliche Organismus oder die Ziffernfolge einer zufälligen Dezimalbruchentwicklung wie z.B. 0,523976 … haben offenbar eine nichttriviale Entwicklungsgeschichte. Die Komplexität dieser Objekte lässt sich durch ihre logische Tiefe präzisieren, d.h. die Rechenzeit, mit der eine universelle Turingmaschine ihren Entwicklungsprozess aus einem algorithmisch zufälligen Input erzeugen kann. Rechenzeit ist dabei kein physikalisches Zeitmaß, sondern ein logisch-mathematisches Komplexitätsmaß, das die Anzahl der elementaren Rechenoperationen einer Turingmaschine in Abhängigkeit vom Input bestimmt. Bei natürlichen Objekten entspricht der algorithmisch zufällige Input den mehr oder weniger zufälligen Ausgangsdaten der Evolution. Diese Definition der Komplexität durch logische Tiefe des Entstehungsprozesses ist also unabhängig vom jeweiligen technischen Standard einer Rechenmaschine. Es lässst sich zeigen[307], dass (komplexe) Objekte mit logischer Tiefe aus einfachen Objekten nicht »schnell« erzeugt werden können – weder mit einem deterministischen noch mit einem probabilistischen Prozess. Dieser Beweis bestätigt theoretisch unsere empirischen Kenntnisse über die Evolution

---

306 Grade der Berechen- und Entscheidbarkeit können durch den formalen Aufbau der symbolischen Funktionsausdrücke unterschieden werden, mit denen effektive Prozesse beschrieben werden. Ein Beispiel sind die Hierarchien arithmetischer und analytischer Prädikate. Vgl. K. Mainzer, *Computerphilosophie*, Hamburg 2003, 55; ders., *Mathematischer Konstruktivismus*, Diss. Münster 1973; G. E. Sacks, *Higher Recursion Theory*, Berlin 1990

307 C.H. Bennett, *Logical Depth and Physical Complexity*, in: R. Herken (Hrsg.), The Universal Turing Machine. A Half-Century Survey, Wien 1995,2007–235

des Lebens, deren komplexe Organismen über viele verwickelte und mehr oder weniger zufällige Phasenübergänge (Bifurkationen) entstanden sind.

Die Übertragung der logischen Tiefe auf physikalische und evolutionäre Komplexität des Lebens beruht auf der Annahme der erweiterten Churchschen These (*Extended Church' Thesis*), wonach sich Entwicklungs- und Entstehungsprozesse in der Natur durch Computermodelle und damit Turingmaschinen mit angemessener Effiziens simulieren lassen. Digitale Maschinen können zwar keine stetigen Differentialgleichungen dynamischer Systeme exakt lösen. (Gelegentlich ist auch der Begriff der Berechenbarkeit für stetige Systemgesetze nicht hinreichend robust, da eine berechenbare differenzierbare Funktion eine nicht berechenbare Ableitung haben kann.) Aber digitale Rechenverfahren können dynamische Prozesse durchaus mit endlicher Präzision approximieren. Selbst für stochastische Phasenübergänge, wie sie typischerweise bei komplexen dynamischen Systemen auftreten und mathematisch durch stochastische Differentialgleichungen (z.B. Mastergleichungen) beschrieben werden, sind diskrete stochastische Modelle bekannt, die auf Computern simulierbar sind.

Da Computerprogramme von Menschen ersonnen sind und für Menschen verständlich sein müssen, werden sie mit Symbolen von Programmiersprachen dargestellt. Das ist aber nur eine spezielle Kodierung von Information in technischen Systemen. In biologischen intelligenten Systemen ist eine solche Zwischenrepräsentation mit Sprachsymbolen nicht notwendig, da Informationen durch molekulare und zelluläre Wechselwirkungen verschlüsselt und verstanden werden. Der neurochemische Signalaustausch der Organismen und Neuronen organisiert sich nach den nichtlinearen Gesetzen komplexer dynamischer Systeme. Aus den einzelnen Signalen der Organismen in Populationen oder der Neuronen in Gehirnen sind die intelligenten Leistungen des Gesamtsystems nicht erkennbar. So lässt sich auch aus den elektrischen Impulsen und Spannungszuständen eines Computers seine Verarbeitung von Information und Wissen nicht ablesen. Dazu sind Übersetzungsprogramme über mehrere Schichten von der Informations- und Wissensrepräsentation bis zur Maschinensprache notwendig, die den technisch-physikalischen Signalen entspricht.[308]

Bei Menschen ist Wissen zusätzlich mit Bewusstsein verbunden. Entsprechende Daten und Regeln werden aus dem Langzeit- in das Kurzzeitgedächtnis geladen und können dort symbolisch repräsentiert werden: Ich weiß dann, dass ich es bin, der etwas weiß, kann oder tut. Es ist, wie in den vorausgehenden Kapiteln

---

[308] Eine vereinigte Kognitionswissenschaft setzt sich zum Ziel M. Wagman, *Human Intellect and Cognitive Science. Towards a General Unified Theory of Intelligence*, Westport Conn. 1996; ders., *The Science of Cognition. Theory and Research in Psychology and Artificial Intelligence,* Westport Conn. 1995; P. Thagard, *Kognitionswissenschaft. Ein Lehrbuch*, Stuttgart 1999. Den Zusammenhang von Kognitionswissenschaft und klassischer KI untersuchen G. Strube, C. Schlieder, Kognition und KI, in: *KI – Künstliche Intelligenz* 6 1995, 8–11.

gezeigt wurde, prinzipiell nicht ausgeschlossen, dass KI-Systeme in Zukunft mit bewusstseinsähnlichen Fähigkeiten ausgestattet werden. Solche Systeme würden ihre eigenen Erlebnisse, Erfahrungen und Identitäten erzeugen, die sich durchaus von unseren Selbsterfahrungen unterscheiden. Auch Menschen entwickeln in unterschiedlichen sozialen Kontexten verschiedene Mentalitäten, die sie individuell unterscheiden, obwohl sie über dasselbe Informationssystem des Gehirns verfügen. Daher macht die technische Modulierung von bewusstseinsähnlichen Funktionen nur begrenzt Sinn, sofern sie für Dienstleistungsaufgaben von KI-Systemen erforderlich ist.[309]

Eine alleinige Fixierung der KI-Forschung auf ein KI-System mit menschenähnlichem Bewusstsein wäre aber eine Sackgasse. Intelligenz entsteht erst in der Interaktion mit einer entsprechenden Umwelt. Physiologisch hat sich der Mensch mit seinem Gehirn seit der Steinzeit kaum verändert. Wir werden erst zu Menschen des 21. Jahrhunderts durch unsere Interaktionsmöglichkeiten in dieser Gesellschaft. Die globalisierte Wissensgesellschaft wird selber zu einem komplexen intelligenten System, in dem vielfältige mehr oder weniger intelligente Funktionen integriert sind und der einzelne Mensch mit seinem Bewusstsein ein agierender Teil ist. Cyberphysical Systems zielen daher auf die Implementierung von sozialem und situativem Wissen in KI-Systemen, um ihre Dienstleistungsaufgaben in dieser Welt im Umgang mit dem Menschen zu verbessern. Die Devise lautet daher: Cyberphysical Systems mit Verteilter Künstlicher Intelligenz statt isolierter Künstlicher Intelligenz einzelner hochgetrimmter Roboter oder Computer![310]

In der Praxis ist soziales und situatives Wissen nur begrenzt durch deklarative Wissensrepräsentation erfassbar, obwohl im Prinzip nach der erweiterten Church-

---

[309] Die individuelle Sozialisation von intelligenten Systemen hebt besonders J. Weizenbaum hervor: »Was könnte offensichtlicher sein als die Tatsache, daß ein Computer über noch soviel Intelligenz verfügen kann, wie immer er diese erwirbt, sie muss zwangsläufig und immer gegenüber wirklich menschlichen Problemen absolut fremd sein.« In: Ders., *Die Macht der Computer und die Ohnmacht der Vernunft*, Frankfurt 1978, 299. Das kann aber, wie Weizenbaum weiter ausführt, auch für Menschen verschiedener Kulturen zutreffen. Daher liegt hier *keine prinzipielle Grenze* für den Bau und die Entwicklung künstlicher intelligenter und bewusstseinsbegabter Systeme vor. Es geht allerdings um die *ethische Frage*, ob und bis zu welchem Grad wir solche Systeme brauchen und herstellen sollten, damit sie Dienstleistungssysteme für den Menschen bleiben. Dazu auch K. Mainzer, Vom Komplexitäts- zum Kreativitätsmanagement – Auf Talentsuche in der Wissensgesellschaft, in: K. Götz (Ed.), *Managmentkonzepte der DaimlerChrysler AG* Bd. 27: *Personalarbeit der Zukunft*, München/Mering 2002, 13–25.

[310] A. Bond, I. Gasser (Hrsg.), *Readings in Distributed Artificial Intelligence*, San Mateo Cal. 1988; E. Durfee, V. Lesser, D. Corkhill (Hrsg.), Cooperative Distributed Problem Solving, in: A. Barr, P. Cohen, E. Feigenbaum (Eds.), *The Handbook of Artificial Intelligence* vol. IV, Reading Mass. 1989, 83–147; L. Gasser, Social Conceptions of Knowledge and Action: DAI and Open Systems Semantics, in: *Artificial Intelligence* 47 1991, 107–138; C. Hewitt, Open Information Systems Semantics for Distributed Artificial Intelligence, in: *Artificial Intelligence* 47 1991, 79–106

schen These möglich. In diesem Fall machen wir es einfach wie die Natur: Wir orientieren uns an implizitem Wissen, das ohne regelbasierte Repräsentation zur Anwendung kommt. Wir nutzen einfach die Geräte in einer telematisch vernetzten Welt der Cyberphysical Systems, ohne uns ihrer Programmierung bewusst zu sein. Sie sind mit ihren selbsterklärenden Bedienungsoberflächen quasi ergonomisch in diese technische Welt ebenso eingebettet, wie in früheren Lebenswelten der Pflug auf dem Feld oder Hammer und Amboss in einer Schmiede. In der Philosophie erinnert diese Sichtweise an Martin Heidegger, der die unlösbare Integration des Menschen in seiner Lebenswelt mit der sprachlichen Formel des ›In-der-Welt-sein‹ beschrieb.[311] Die Fixierung auf das einzelne Bewusstsein und seine Wissensrepräsentation der Welt, wie sie von Descartes bis Edmund Husserl vertreten wurde, kritisierte Heidegger als philosophische Sackgasse der Neuzeit. Ähnlich lässt sich ein einseitiges Forschungsprogramm der KI kritisieren, das sich auf den Bau eines Roboters mit menschenähnlichem Bewusstsein und möglichst vollständiger Wissensrepräsentation seiner Außenwelt einschränkt. Wir sollten vielmehr unsere menschliche Lebenswelt mit ubiquitär verteilten KI-Funktionen in Cyberphysical Systems ausstatten und damit lebenswerter machen.

Für die Robotik hatte Brooks vom AI-Laboratory des MIT ›Intelligenz ohne Repräsentation‹ propagiert, die sich während der Evolution für Insektenpopulationen als Schwarmintelligenz entwickelt hat.[312] An die Stelle von Robotern, die motorische Wissensrepräsentation auf hohem Niveau von Programmiersprachen entschlüsseln müssen, treten einfache Maschinen, deren Prozessoren ohne starre Programmabläufe interagieren. Intelligente Problemlösungen dieser Roboterpopulationen sind kollektive Leistungen ohne Wissensrepräsentationen der einzelnen Maschinen. In Zukunft wird sicher eine integrierte Strategie zu verfolgen sein, die KI-Hybridsysteme mit wissensbasierter Programmierung und situativem Lernen verbindet. Nur so wird es möglich sein, dass Roboter sich nicht nur geschickt untereinander in ihren Aktionen abstimmen, sondern auch wie höher entwickelte biologische Systeme planen und entscheiden können. In Kognitions- und KI-Forschung wächst die Einsicht, dass die Rolle von Bewusstsein beim menschlichen Problemlösen überschätzt und die Rolle von situativem und implizitem Lernen unterschätzt wurde. Intelligenz ist danach eine sich interaktiv entwickelnde Fähigkeit und keine statische und starr programmierte Eigenschaft eines isolierten Systems.

Gesellschaften sind äußerst komplexe Systeme von interagierenden Individuen, Institutionen und Teilsystemen, deren nichtlineare Dynamik sich in Pha-

---

311 M. Heidegger, *Sein und Zeit*, Tübingen [15]1979, 62: »Erkennen ist ein im In-der-Welt-Sein fundierter Modus des Daseins. Daher verlangt das In-der-Welt-sein als Grundverfassung eine vorgängige Interpretation.« Dazu auch H.L. Dreyfus, *Being-in-the-world*, Cambridge Mass. 1991; E. Dietrich (Ed.), *Thinking Computers and Virtual Persons: Essays on the Intentionality of Machines*, San Diego Cal. 1994.

312 R. Brooks, *Menschmaschinen. Wie uns die Zukunftstechnologien neu erschaffen*, Frankfurt 2002

senschüben entwickelt. Wegen der vielfältigen Messgrößen und Variablen, von denen ihre Entwicklung abhängt, spricht man auch von hochdimensionalen Systemen.[313] Ähnlich wie biologische Organismen mit ihren Milliarden von interagierenden Zellen, Organen und Nervensystemen lassen sich Gesellschaftssysteme als Superorganismen verstehen, die mit wirtschaftlichen Stoffwechselkreisläufen und extrasomatischen Informationssystemen ausgestattet sind. Diese Metapher der Soziobiologie kann mit der Theorie komplexer dynamischer Systeme präzisiert werden.

Beispiele sind dynamische Konjunkturmodelle von Wirtschaftssystemen, Modellierungen von Verkehrsnetzen und Energieversorgungssystemen oder dynamische Modelle des Internets.[314] Gesellschaften wachsen daher mit Cyberphysical Systems in komplexen dynamischen Kommunikationssystemen zusammen. Das Internet ist Beispiel für ein extrasomatisches Kommunikationssystem im Sinn der Extended Mind-These.[315] Komplexe dynamische Systeme organisieren sich unter geeigneten Rand- und Anfangsbedingungen weitgehend selber. Es kommt darauf an, die passenden Kontrollwerte zu beeinflussen, damit sich das komplexe System in der gewünschten Weise entwickelt.

Die Dynamik menschlicher Gesellschaften ist insofern noch weit komplexer als Gen- und Proteinnetze, zelluläre Organismen, Gehirne und Tierpopulationen, da in ihnen bewusstseinsbegabte Menschen mit eigenem Willen interagieren. Menschen werden also nicht nur wie Moleküle in einem Flüssigkeitsstrom von kollektiven Trends und Wirbeln erfasst und getrieben. In instabilen Situationen können wenige Menschen, wie die Geschichte zeigt, die globale Dynamik verändern, sei es durch politische Revolutionen oder technisch-wissenschaftliche Innovationen. Tagtäglich wirken Millionen von Menschen willentlich oder unwillentlich an der Erzeugung von Trends in der globalen sozialen und wirtschaftlichen Dynamik einer Gesellschaft mit. Dabei finden vielfältige Rückkopplungen zwischen Menschen und ihrer gesellschaftlichen Umwelt statt, die ihrerseits unbewusste Seiteneffekte auslösen können. Mit Verteilter Künstlicher Intelligenz entsteht so ein äußerst komplexes Kommunikations- und Versorgungssystem, dessen Dynamik durch technische, wirtschaftliche, soziale und kulturelle Netzwerke bestimmt wird.

Als Grundlage einer vereinigten Theorie komplexer Netzwerke zeichnen sich also die Gesetze komplexer dynamischer Systeme ab, die in Computermodel-

---

313 Dazu auch K. Mainzer (Hrsg.), *Komplexe Systeme und Nichtlineare Dynamik in Natur und Gesellschaft. Komplexitätsforschung in Deutschland auf dem Weg ins nächste Jahrtausend*, Berlin/Heidelberg/New York 1999

314 K. Mainzer, *Thinking in Complexity. The Computational Dynamics of Matter, Mind, and Mankind*, New York [5]2007, Chapters 7–8

315 R.K. Logan, *The Extended Mind: The Emergence of Language, the Human Mind and Culture*, Toronto 2007; ders., *The Sixth Language. Learning a Living in the Internet Age*, Caldwell NJ [2]2004

len modellierbar sind.[316] System- und Evolutionsbiologie, Gehirn- und Kognitionsforschung ebenso wie die Soft- und Hardwareentwicklung von Computern, Robotern, Cyberphysical Systems mit Internet und telematisch vernetzter Gesellschaften liefern erste Einsichten. Wegen des Gödelschen Unvollständigkeitssatzes wird es zwar keinen Supercomputer geben, der alles Wissen formal vollständig repräsentieren könnte. Unvollständige Systeme können aber schrittweise erweitert werden, um immer reichhaltigere Wissensrepräsentationen unbegrenzt zu erschließen.[317] Die Gesetze komplexer dynamischer Systeme erlauben uns daher, Trends, kritische Phasen und Attraktoren der Entwicklung abzuschätzen. Die wissenschaftliche Herausforderung der Systemforschung besteht dann darin, die komplexe Netzdynamik der Cyberphysical Systems und Kommunikationssysteme menschlicher Gesellschaft immer besser zu verstehen.

In der Praxis handeln intelligente Systeme, wie schon Herbert Simon als einer der Gründungsväter der KI am Beispiel der Wirtschaft zeigte, unter den Bedingungen beschränkter Rationalität.[318] Bei dieser kontext- und situationsabhängigen Beschränkung handelt es sich nicht um prinzipielle Grenzen des Wissens. Sie lassen sich nämlich im Sinne des Gödelschen Unvollständigkeitssatzes im Prinzip überwinden, um auf neue revidierbare Grenzen zu stoßen. Wissen entsteht durch Konstruktionen von Modellen der Außenwelt, die mit Methoden und Programmen, Organisationen und Institutionen von komplexen dynamischen Systemen erzeugt werden. Auch biologische Systeme wie Menschen verfügen über Wissen als mentale Konstruktionen im Kopf und nicht als Spiegelbilder der Außenwelt. Kollektive Informationssysteme wie menschliche Gesellschaften erzeugen ihr kollektives Wissen als soziale Konstruktion. Eingeschränkte Wissensrepräsentationen sind also Systemkonstruktionen. Mit dieser selbst erzeugten Welt im Kopf operieren intelligente Systeme in offenen Informationsräumen unter den sich dynamisch verändernden Bedingungen beschränkter Rationalität.

## Ethik, Maschinen und komplexe Netzwerke

Komplexe Netzwerke und Cyberphysical Systems durchdringen bereits unseren Alltag und unser Leben. Sie sind die Maschinen, mit denen die Menschheit in einem Superorganismus zusammenwächst. Sie eröffnen allerdings auch Zukunftsperspektiven, in denen sich unsere heutigen Probleme mit der Gentechnologie vergleichsweise harmlos ausmachen. Wie eineiige Zwillinge zeigen, bestimmen Gendateien keineswegs eindeutig eine individuelle Persönlichkeit. Die System-

---

316 K. Mainzer, *Thinking in Complexity. The Computational Dynamics of Matter, Mind, and Mankind*, Berlin/Heidelberg/New York [5]2007, Chapter 9; ders., *Komplexität*, Paderborn 2008, Kap. 9

317 G.J. Chaitin, *The Limits of Mathematics*, Singapore [2]1998

318 H. Simon, *Models of Bounded Rationality*, Cambridge MA 1982

biologie erläutert, wie erst die komplexen Netzwerke von z.B. Proteinen die Komplexität und Vielfalt eines Organismus bestimmen. Die synthetische Biologie baut die ersten »Maschinen« nach dem Design dieser Netzwerke.[319] Die Stellungnahmen und Manifeste der großen Forschungsorganisationen belegen, dass sie sich der damit verbundenen ethischen Herausforderungen bewusst sind.

Konferenzen über Systembiologie oder synthetische Biologie widmen einen Teil ihrer Themen ethischen und gesellschaftlichen Fragen. Ein Beispiel ist das EU-Projekt SYNBIOSAFE, das sich bis Ende 2008 mit Aspekten der Sicherheit und Ethik der Synthetischen Biologie beschäftigte.[320] Die zentralen bioethischen Themen der Synthetischen Biologie drehen sich zunächst um Schadensfragen, die durch freigesetzte künstliche Organismen entstehen. Die Biosicherheit wird im Englischen nach *Biosafety* und *Biosecurity* unterschieden. Biosafety meint alle unbeabsichtigten Risiken und Nebenwirkungen, die durch unbeabsichtigte Interaktionen der künstlichen Lebewesen mit der Umwelt entstehen können. Diese Debatte ist ähnlich wie bei den Freilandversuchen der Gentechnologie zu führen. Biosecurity betrifft den gezielten Missbrauch synthetischer Organismen (z.B. Krankheitserreger) für terroristische Absichten. Nationale und internationale Gesetze sollen zusammen mit Selbstverpflichtungen der Industrie das Missbrauchsrisiko gering halten.[321]

Ein weiterer wichtiger Themenbereich betrifft die Biogerechtigkeit beim Umgang mit Patenten, Biohandel und Biomonopolen. Vor allem Craig Venter mit seinen erfolgreichen Biosynthesen und geschäftstüchtigen Vermarktungen sensibilisierte für die Gefahren, die mit Monopolen für Biopatente auf künstliche Organismen einhergehen können. Wie in der IT-Branche wurde bereits ein Microsoft der Synthetischen Biologie beschworen. Um solchen Trends entgegenzuwirken, müssen Wissensmärkte mit frei zugänglichen Ressourcen garantiert werden. Datenbanken mit frei zugänglichen Systembausteinen (*BioBricks*) sollten den Zugriff für jeden kompetenten Wettbewerber erlauben.[322]

Die aus der ethischen IT-Debatte bekannte Devise »*Digital Divide*« stellt sich entsprechend auch für die Synthetische Biologie. Durch Monopole könnten ärmere Länder vom Nutzen der biologischen Wissensmärkte ausgeschlossen werden. In einem internetartigen Netzwerk sollten die Bausteine und Methoden der

---

319 S.A. Benner und A.M. Sismour, Synthetic Biology: designs for life, in: *Nature Rev. Genet.* 2005 6(7), 23–24

320 *SYNBIOSAFE: Safety and ethical aspects of synthetic biology* (http://www. synbiosafe.eu)

321 M.J. Selgelid, A tale of two studies. Ethics, bioterrorism, and the censorship of science, in: *Hastings Center Report* 2007 37(3), 35–43; R. Carlson, The Pace and Proliferation of Biological Technology, in: *Biosecurity and Bioterrorism: Biodefense Strategy, Practice, and Science* 2003 1(3), 203–214

322 R. Carlson, Laying the foundations for a bio-economy, in: *Systems and Synthetic Biology* 2007 1(3), 109–117; J. Henkel und S.M. Maurer, The economics of synthetic biology, in: *Mol. Syst. Biol.* 2007 3, 117

Synthetischen Biologie kompetenten und verantwortungsbewussten Nutzern zur Verfügung stehen. Allerdings bleiben Kompetenz und Verantwortung wichtige zu regelnde Zugangskriterien. Ähnlich wie im Internet könnte nämlich die freie Verfügbarkeit für jedermann Kreationen mit unbeabsichtigen Nebenwirkungen oder beabsichtigtem Missbrauch nach sich ziehen. Die Biosicherheit der synthetischen Biologie bleibt also eine große Herausforderung.[323]

Eine vor allem im deutschen Sprachraum geführte Debatte betrifft schließlich die Frage, ob die Synthetische Biologie überhaupt neuartiges Leben erschaffen darf.[324] Während asiatische und anglo-amerikanische Länder eher pragmatisch und utilitaristisch mit Blick auf Nutzen und Folgen dieser Innovationen argumentieren, wird daraus eine Grundsatzfrage gemacht, die mit Ängsten und Unbehagen in Teilen der Bevölkerung[325] korreliert ist. Lockere Formulierungen von jenseits des Atlantiks wie »*The genetic code is 3,6 billion years old. It's time for a rewrite.*« werden auf dem Kontinent gelegentlich irritiert als Anmassung verstanden, »Gott zu spielen«. Tatsache ist, dass Systembiologie und Synthetische Biologie genetische Kurskorrekturen und neues genetisches Design anstreben, um Krankheiten zu verhindern und neue nützliche Organismen zu schaffen. Eine fehlerhafte und gelegentlich suboptimale Evolution kann kaum als sakrosankt und unantastbar betrachtet werden. Nicht nur der Terminus »künstlich«, sondern auch der Terminus »natürlich«, der unreflektiert mit »gut« identifiziert wird, ist einer kritischen Analyse zu unterziehen.

Bemerkenswert in dem Zusammenhang ist der bisher vorwiegend in den USA diskutierte Transhumanismus (*transhumanism*)[326]. Danach soll die künftige Evolution des Menschen vom Menschen selber zielgerichtet mit Technik und Wissenschaft gesteuert werden und nicht länger dem Zufall von Mutation und Selektion überlassen bleiben. Tatsächlich ist diese Devise weniger aufregend und originell, als sie im ersten Moment scheinen mag. So ist die Menschheit mit Nanotechnologie, Gen- und Biotechnologie, Systembiologie und synthetischer Biologie, Transplantationsmedizin, Medizintechnik, Informationstechnologie, Robotik und Künstlicher Intelligenz längst dabei, den Menschen langfristig zu verändern. Es ist nur eine Frage der Zeitskalen, in welchen Zeitspannen diese Veränderungen

---

323 A. Rai und J. Boyle, Synthetic biology: caught between property rights, the public domain, and the commons, in: *PLoS Biol.* 2007 5(3), 58

324 J. Boldt, O. Müller und G. Maio, Synthetische Biologie. Eine ethisch-philosophische Analyse, in: *Beiträge zur Ethik und Biotechnologie 2009 5, Eidgenössische Ethikkommission für die Biotechnologie* (Bern)

325 E. Check, Synthetic biologists try to calm fears, in: *Nature* 2006 441(7092), 388–389

326 Erste Arbeiten waren u.a. von J. Huxley, *New Bottles for New Wine*, New York 1957; M. More, *Die extropischen Grundsätze* (http://62.75.250.69/Dokumente/ep30.html); F. Dyson, *Infinite in All Directions*, New York 1988

stattfinden. Ferner stellt sich die Frage nach langfristigen prinzipiellen Grenzen dieser Veränderungen, die technische und ethische Herausforderungen der Zukunft sein werden. Wissenschaftlich-technische Grenzen haben sich zwar bisher immer als vorläufig erwiesen. Ob aber die mentale und psychische Verfassung immer in der Lage sein wird, sich den neuen Lebensbedingungen einer technisch-wissenschaftlichen Zivilisation anzupassen, ist keineswegs erwiesen. Der entscheidende Maßstab wird die Lebensqualität sein, die sich durch Technik und Wissenschaft verbessert und nicht das utopische Ziel einer sich selber perfektionierenden Spezies.

Zudem könnte in der Öffentlichkeit durch allzu lockere Sprüche der Eindruck erweckt werden, die Komplexität des Lebens könnte mal so eben verändert und kontrolliert werden. Die Komplexitätsforschung und die Modelle der Systembiologie belehren uns schnell eines Besseren. Richtig ist auch, dass wir sorgfältig mit der Semantik unserer Begriffe umgehen sollten. Was sollen »lebende Maschinen« (*living machines*) und »künstliche Zellen« (*artificial cells*) bezeichnen? Ein Organismus, der im Labor erzeugt wurde, bleibt ein »natürliches« Produkt der Evolution, da er nach biologischen Gesetzen entstand. Dass in der faktisch abgelaufenen Evolution auf diesem Planeten ein solcher Organismus nicht entstand, hängt einfach mit den zufällig vorliegenden oder nicht vorliegenden Bedingungen für seine Entstehung zusammen.

Davon zu unterscheiden sind die mathematischen Modelle von z.B. Gen- und Proteinnetzwerken und die Computermodelle von Organismen der Evolution. Sie weisen formale Analogien oder sogar Isomorphien (also Strukturähnlichkeiten) mit technischen Systemen (z.B. Internet, Cyberphysical Systems) auf. Dadurch werden Rückschlüsse auf Funktionen und die Dynamik dieser Systeme möglich, die sogar für Prognosen über zukünftiges Verhalten genutzt werden können. In diesem Sinn kann Leben berechenbar werden – ein zentrales Ziel der Systembiologie. Die Organismen der Evolution sind damit nicht identisch mit den »Maschinen« der Technik. Aber beide, Organismen der Evolution und Artefakte der Technik, sind im präzisen Sinn logischer Semantik Modelle für komplexe dynamische Systeme. Sollte ein Leser bei der Formulierung »Berechenbarkeit des Lebens« wieder zusammenzucken, so sei an die Ausführungen im vorherigen Abschnitt erinnert, in denen gezeigt wurde, warum es nicht um die »totale« Berechenbarkeit des Lebens gehen kann.

Der nächste Schritt sind Gehirn- und Kognitionsforschung, mit denen komplexe neuronale Netzwerke und ihre mentalen Zustände untersucht werden. Robotik und KI-Forschung bauen die ersten »Maschinen« nach dem Design dieser Netzwerke. Die Auffassung, dass sich damit verbundene ethische Probleme heute noch nicht stellen, erinnert allzusehr an die Haltung von Politikern, die erst aktiv werden, wenn die Dämme bereits brechen. Ohne nachhaltige Perspektive wird dann aus kurzfristigen Motiven ein Loch nach dem anderen gestopft. Aus der Erfahrung mit bisherigen Schlüsseltechnologien sollten ethische Maßstäbe frühzeitig mitgedacht werden. Am Ende geht es in diesen »Maschinen« um den Entwurf von uns selbst, unsere Zukunft und die Frage, wie weit heutige und noch zu entwickelnde intelligente Systeme uns dabei helfen können und sollen.

Die internationale Diskussion über ethische und rechtliche Fragen der Robotik (Roboethik und Robotikrecht) wird durch Japan[327], Südkorea[328] und die Vereinigten Staaten dominiert. Bedeutend sind auch Beiträge aus Skandinavien[329], Schweiz[330] und Israel[331]. Obwohl Deutschland Forschungszentren der Exzellenz in kognitiver Robotik und Robotik-gestützter Medizin hat, ist die ethische, rechtliche und politische Debatte über diese Themen bisher wenig entwickelt. Die japanische *Robot Association* sagt voraus, dass die Roboter der nächsten Generation bis zu 64.8 Milliarden USD für wirtschaftliche Aktivitäten bis 2025 erzeugen werden, wobei 43.2 Milliarden USD für Produktion und Löhne und 21.6 Milliarden USD für Anwendungen aufgewendet werden. Die *Fukuoko World Robot Declaration* vom Februar 2004 listete die japanischen Erwartungen für die Roboter der nächsten Generation auf, die mit Menschen koexistieren und sie physisch und psychisch unterstützen, um eine sichere und friedliche Gesellschaft zu schaffen. Allerdings sagt diese Studie kaum etwas über ethische und rechtliche Aspekte dieser Entwicklung.

In einem Report für 2020–2025 formuliert das japanische *Robot Policy Committee* (RPC), das vom japanischen Ministerium für Wirtschaft, Handel und Industrie (METI) ins Leben gerufen wurde, zwei Kategorien für die Roboter der nächsten Generation:[332]

a) Die Industrieroboter der nächsten Generation werden nicht nur unterschiedliche Aufgaben in wechselnden Umgebungen bearbeiten, sondern auch mit Menschen zusammenarbeiten können.

---

327 Long-term strategic guidelines »Innovation 25« at 60. Cabinet Office, Government of Japan, 2007 http://www.cao.go.jp/innovation/en/index.html

328 H.B. Shim, Establishing a Korean robot ethics charter, in: *IEEE ICRA Workshop on Roboethics*, Rome 2007

329 http://www.tno/content.cfm?context=markten&content=product&laag1=280&laag2=283&item_id=1399&Taal=2 (November 2009)

330 T. Nef, G. Kiefer, R. Müller, R. riener, Effects of arm training with the robotic device ARMin I in chronic stroke: Three single cases, in: *Neurodegenerative Diseases* 2010; M. Wellner, R. Sigrist, J. von Zitzewitz, P. Wolf, R. Riener, Does virtual audience influence rowing? In: *Journal of Sports, Engineering and Technology* 2009

331 http://www. Entrepreneur.com/tradejournals/article/202184373

332 Yueh-Hsuan Weng, Chien-Hsun Chen und Chuen-Tsai Sun, Toward the human-robot coexistence society: On safety intelligence for next generation robots, in: *Int. J. Soc. Robot* 2009; S.S. Ge, Social robotics: The integration of advances in engineering and computer science, in: *The 4$^{th}$ Annual International Conference Organized by Electrical Engineering/Electronics, Computer, Telecommunication and Information Technology (ECTI) Association*, Chiang Rai, Thailand 2007

b) Die Dienstleistungsroboter der nächsten Generation werden im Haushalt, für Sicherheitsaufgaben, bei der Krankenpflege, für Lebenserhaltungssysteme und Unterhaltung eingesetzt werden.

Insbesondere sagt der Report einen Einsatz für gefährliche Dienstleistungsaufgaben voraus, die zu schwer kalkulierbaren Handlungen und Situationen führen. Dabei unterscheidet METI Gefahrenstufen je nach Kontaktgraden mit dem Roboter: »Niedrig« ist der Gefahrengrad bei z.B. Reinigungsrobotern, »mittel« bei Pflegerobotern und »hoch« bei universal einsetzbaren humanoiden Robotern, die vielseitige Aufgaben übernehmen.

Wie gut solche Gefahren vorausgesagt werden können, hängt davon ab, bis zu welchem Grad solche Maschinen autonom programmiert werden können. Seit 2000 diskutieren japanische und südkoreanische Wissenschaftler und Wissenschaftsmanager das Konzept einer Mensch-Roboter-Gesellschaft, die nach ihrer Auffassung um 2030 entstehen wird. Wesentlichen Anschub erhält diese Entwicklung durch den Trend technisch und wirtschaftlich hochentwickelter Länder wie Japan zu einer immer älter werdenden Gesellschaft. In dem Zusammenhang werden erstmals gesellschaftliche Probleme der Robotik angesprochen, die im Unterschied zu technischen Problemen des Entwurfs und der Produktion von Robotern ihre Auswirkungen auf menschliches Verhalten, Ethik und Umwelt berücksichtigen. Es wird angenommen, dass bereits in den kommenden beiden Jahrzehnten Roboter sich komplexen und unstrukturierten Umgebungen anpassen können und Menschen bei der Erledigung von Alltagsaufgaben assistieren. Ihre Autonomie wirft eine Reihe von Sicherheitsfragen auf. Um den Alltag mit Robotern zu erproben, werden daher *RoboCities* (z.B. Straßenzüge in Osaka) mit Robotik-gestützten Infrastrukturen entwickelt.[333]

In den USA bauen NASA-Wissenschaftler teilweise autonome Roboter für die Erforschung der Tiefsee und der Oberfläche des Mars. Das US-Militär wendet 4 Milliarden USD für die Entwicklung von »ethischen« autonomen Robotersoldaten auf, die sich nach den Gesetzen der Kriegsführung verhalten.[334] Man ahnt spätestens an diesem Beispiel, welche ethischen und rechtlichen Herausforderungen mit dieser Schlüsseltechnologie verbunden sind. Zudem wird eine Mensch-Robot Gesellschaft einen ökonomischen und ökologischen Preis haben. Gemeint ist der Energieverbrauch, den Roboter benötigen, mit anderen Ansprüchen der Gesellschaft teilen und mit Rücksicht auf die Umwelt sicherstellen müssen.[335]

---

333 M. Asada, From synergistic intelligence to RoboCity CoRE, in: *J. Robotics Soc. Jpn* 2005 23(8), 942–945

334 A. Etengoff, US military to develop ›ethical‹ robots, in: ITEXAMINER 2008 (http://www.itexaminer.com/us-military-to-develop-ethical-robots.aspx)

335 *IPCC Third Assessment Report: Climate Change* 2001 (http://www.ipcc.ch/ipccreports/assessments-reports.htm)

In der Forschungs- und Entwicklungspolitik werden wie in anderen Schlüsseltechnologien der Kernenergie, Nanotechnologie oder Biotechnologie ethische Richtlinien notwendig, die über unterschiedliche gesellschaftliche Interessen und Standpunkte hinweg verbindlich sind. Das *European Robotics Research Network* (EURON) hat eine *Roboethics Roadmap* veröffentlicht.[336] Im Unterschied zu den langfristigen Perspektiven und Voraussagen japanischer und südkoreanischer Untersuchungen beschränkt sich die europäische Stellungnahme auf eine kurzfristige Periode des kommenden Jahrzehnts. Im Zentrum stehen der Mensch und seine Sicherheitsbedürfnisse. Die drängenden Fragen, die sich mit zunehmender Autonomie kognitiver Robotik und künstlicher Intelligenz ergeben, bleiben ausgeblendet.

Historisch wurden die ersten ethischen Normen für Roboter von dem Science-Fiction Autor Isaac Asimov in seinem Roman »Robot« formuliert:[337]

1. Ein Roboter darf keinen Menschen verletzen oder durch Unterlassung erlauben, dass ein Mensch geschädigt wird.
2. Ein Roboter muss den Anweisungen eines Menschen folgen, außer wenn diese Anordnungen im Widerspruch zu Gebot 1 stehen.
3. Ein Roboter muss seine eigene Existenz soweit schützen, als dieser Schutz nicht im Widerspruch zu Gebot 1 oder 2 steht.

Die ersten beiden Gebote bringen eine am Menschen orientierte Sicherheitsethik zum Ausdruck, die dem derzeit akzeptierten Konsens über Roboter der nächsten Generation entspricht. Das dritte Gebot liegt an der Grenze eines menschen- oder maschinen-zentrierten Zugangs. Theoretisch wäre in einer evolutionären Robotik ein Entwicklungsstadium denkbar, in dem ähnlich Richtlinien greifen wie beim Tierrecht: Roboter sind dann nicht mehr nur Sachen, sondern wie Tiere schmerzempfinde Lebewesen, denen kein Leid zugefügt werden darf. Situationen im Labor, die mit Tierversuchen vergleichbar sind, wären dann zu regeln. Das klingt nach Science-Fiction, wäre aber in der ethischen Roadmap einer kognitiven und evolutionären Robotik zu bedenken.

Als erste ethische Richtlinien einer staatlichen Instanz veröffentlichte die südkoreanische Regierung eine Robot Ethics Charter. Das Ministerium für Kommerz, Industrie und Energie (MC-IE) gibt dort konkret ethische Standards vor, die in Robotern programmiert werden sollten. Diese ethischen Programmierungsvorschriften sind die Antwort auf eine Ankündigung des Ministeriums für Information und Kommunikation, jeden südkoreanischen Haushalt bis 2020 mit einem

---

336 Roboethics Roadmap Release 1.1. *European Robotics Research Network* 2006 (http://www.roboethics.org/atelier2006/docs/ROBOETHICS%20ROADMAP%20Rel2.1.1.pdf); M. Nagenborg, R. Capurro, J. Weber und C. Pingel, Ethical regulations on robotics in Europe, in: *AI Soc.* 2008 22(3), 349–366

337 I. Asimov, *Robot*, New York 1950

Haushaltsroboter auszustatten.[338] Im Zentrum dieser Richtlinien stehen Kontrolle und Abhängigkeit des Menschen im Umgang mit Robotern. Hinzu kommen rechtliche Fragen im Zusammenhang mit persönlichen Daten und der Verantwortung für Handlungen des Roboters.

Grundlegende Fragen, die sich bei Roadmaps für Roboethik stellen, lauten:

1. Sind Asimovs drei Gesetze als Richtlinien für eine praktikable Roboethik brauchbar?
2. Sollte Roboethik eine Ethik für Roboter, Konstrukteure oder Nutzer von Robotern sein?
3. Wie weit sollten wir bei der Implementierung (Programmierung) ethischer Normen in Robotern gehen?
4. Wie sind die widersprechenden Ziele einer Implementierung ethischer Normen und Entwicklung von Roboterautonomie aufeinander abzustimmen?
5. Sollten Roboter mit Emotionen ausgestattet werden?
6. Sollten Roboter über Persönlichkeit mit Selbstbewusstsein verfügen?

Abgesehen von der technischen Möglichkeit wären in den Fällen 5 und 6 Robotern eigene Rechte nicht mehr abzusprechen. Zentral für die Zukunft wird die Lösung von Punkt 4 sein, um einen ethisch autonomen Roboter zu entwickeln. Um den ethisch-rechtlichen Rahmen einer Mensch-Roboter Gesellschaft zu garantieren, müssten

a) die ethische Kontrolle des Roboterverhaltens,
b) das Mensch-Roboter Interface,
c) ein Verantwortungsratgeber (»Gewissen«)

geregelt sein. Für Forderung a) müsste ein Roboter in der Lage sein, sich ständig ändernden Situationen autonom anzupassen und dabei ethische Richtlinien zu berücksichtigen. Für b) müsste die Kommunikation zwischen Mensch und Roboter soweit realisiert sein, dass Missverständnisse vermieden und Risiken minimiert werden. Nach Forderung c) sollte eine Kontrollinstanz des Roboters implementiert werden, die Abweichungen des Verhaltens von ethischen und rechtlichen Regeln erkennt und ethisch und rechtlich korrekte Alternativen aufzeigt. Voraussetzung sind Ontologien von ethischen und rechtlichen Richtlinien, mit denen der Roboter ausgestattet wird. Wenn Roboter wie im Fall von heutigen Industrierobotern als klassische Maschinen betrachtet werden, sind die bisherigen rechtlichen Regelungen ausreichend. Die Verantwortung für Schäden, die von solchen Robotern hervorgerufen werden, reicht vom menschlichen Nutzer der Roboterdienstleistung

---

338 S. Lovgren, A robot in every home by 2020, South Korea says, in: *National Geographic News* 2006 (http://news.nationalgeographic.com/news/2006/09/060906-robots.html)

bis zum Konstrukteur einer fehlerhaften Maschine.[339] Die alleinige Verantwortung des Nutzers könnte sich ändern, wenn die Autonomie des Roboters zunimmt. Bei kognitiven und relativ autonomen Robotern, die eventuell sogar mit Graden von Selbstwahrnehmung (um nicht zu sagen von Selbstbewusstsein) ausgestattet sind, könnte man an die rechtlichen Regelungen bei Tieren und Kindern denken. Technisch könnte man wie bei Flugzeugen eine Box einbauen, in der alle Handlungen eines Roboters aufgezeichnet werden, um sie später nach einem Unfall oder einer Fehlhandlung zur Abklärung technischer, aber auch ethisch-rechtlicher Fragen rekonstruieren zu können. Die traditionsreiche *Association of Computing Machinery* (ACM) hat allerdings darauf hingewiesen, dass jedes Abrücken von der alleinigen Verantwortung des Entwicklers, Konstrukteurs oder Nutzers eines Roboters ein schwerwiegender Bruch mit den bisherigen menschlichen Rechtssystemen darstellen würde.

Verantwortung wird nämlich rechtlich und ethisch mit der menschlichen Person verbunden. Ein Kriterium für Verantwortlichkeit, das in juristischen Urteilen angewendet wird, lautet, dass sich ein Mensch seiner Handlung bewusst ist. Erste neurobiologische Erklärungen für Bewusstseinszustände liegen vor. Grundlage ist die Dynamik komplexer neuronaler Systeme wie des Gehirns. Es kann prinzipiell nicht ausgeschlossen werden, dass ihre Gesetze als Blaupausen verwendet werden, um entsprechende technische Systeme zu programmieren[340] oder in einer künstlichen Evolution sich entwickeln zu lassen. Sie würden lernfähig sein und sich mit ihrer Umwelt auseinandersetzen können. Damit würden sie eine eigene Lebensgeschichte und Individualität erzeugen. Es wäre nicht die unserige, aber eine andere Identität, die sich in einer von uns initiierten Evolution abzweigt und selbstorganisiert verselbständigt. Künstliche und natürliche Intelligenzen würden dann nebeneinander bestehen. Dieses Szenario ist keineswegs bloß Science-Fiction, sondern projiziert unsere eigene biologische Herkunft in die Zukunft. Wie wir wissen, haben verschiedene Evolutionszweige der Hominiden nebeneinander existiert. Über die Gründe, warum sich der eine gegenüber dem anderen Zweig durchgesetzt hat und wo in der Evolution unsere menschliche Identität eigentlich beginnt, können wir nur mutmaßen.

Im Unterschied zur damaligen Situation wissen oder sollten wir heute wissen, dass wir an Weggabelungen unserer Entwicklung stehen. Wir sind daher verantwortlich für unsere Zukunft und können uns nicht mit der Eigendynamik der Evolution herausreden. Es liegt also an uns zu entscheiden, was wir sind, was wir

---

339 P. Asaro, Robots and responsibility from a legal perspective, in: *IEEE ICRA'07 Workshop on Roboethics*, Rom 2007

340 R.C. Arkin, Governing lethal behavior: embedding ethics in a hybrid deliberative/reactive robot architecture, in: *Proceedings of the 3$^{rd}$ ACM/IEEE Intern. Conference on Human Robot Interaction* HRI '08

bleiben sollen und was an Intelligenz wir neben uns brauchen und wollen. An welchen Maßstäben sollen wir uns dabei orientieren?

Rechtsstaatliche Verfassungen verweisen dazu heute auf das Grundrecht jedes einzelnen Menschen, auf die Unantastbarkeit und die Würde seiner Person.[341] Woher stammt diese Vorstellung? Die Tradition des Naturrechts versuchte, Rechtsnormen aus Ordnungsprinzipien und Zwecken der Natur abzuleiten. Das Naturrecht war daher in der Rechtsgeschichte immer mit einer bestimmten Naturphilosophie verbunden, in der die natürlichen Ordnungsprinzipien begründet wurden.[342] Nach unserem heutigen Wissen über die Evolution eignen sich ihre Gesetze für das menschliche Zusammenleben in hoch entwickelten Zivilisationen nur beschränkt.

Unsere sozialen und moralischen Vorstellungen sind vielmehr das Ergebnis komplexer Lernprozesse, deren Ausgang offen ist. So war Verantwortungsbewusstsein im modernen Sinn keineswegs von Anfang an in der Geschichte auszumachen. Das Überlebensinteresse und damit verbundene Verantwortungsvorstellungen galten zunächst nur dem Familienverband und der Population. Die politische Ideengeschichte zeigt, wie lange es dauerte, bis wenigstens der Idee nach der Wert, die Freiheit und die Würde des Menschen unabhängig von den sozialen Vor- und Nachteilen seiner Geburt formuliert wurde. Noch oder bereits im alten Testament finden wir Berichte über Völkermord. In der Bergpredigt wird die Liebe zum Nächsten in den Mittelpunkt gestellt. Sokrates begründet die Unsterblichkeit der Seele jedes einzelnen Menschen und betont damit in metaphysischen Worten einen Wert, der die physische Existenz jedes einzelnen überdauert. Bei Kant wird daraus der ›Zweck an sich selbst‹ als Postulat der Vernunft, den jeder Mensch verkörpert.[343] Die Freiheitsrechte des Einzelnen werden nur durch

---

341 P. Häberle, Die Menschenwürde als Grundlage der staatlichen Gemeinschaft, in: I. Isensee, P. Kirchhoff (Hrsg.), *Handbuch des Staatsrechts der Bundesrepublik Deutschland* Bd.I, Heidelberg 1987, 815–861; G. Kleinheyer, Grundrechte, Menschen- und Bürgerrechte, Volksrechte, in: O. Brunner, W. Conze, R. Koellek (Hrsg.), *Geschichtliche Grundbegriffe* Bd.II, Stuttgart 1975, 1047–1082; Maunz-Dürig-Herzog, *Kommentar zum Grundgesetz*, München 1985; C. Stark, *Das Bonner Grundgesetz. Kommentar* Bd. 1, ³1985

342 F. Böckle, E.W. Böckenförde (Hrsg.), *Naturrecht in der Kritik*, Mainz 1973; K.-H. Ilting, *Naturrecht*, in: O. Brunner, W. Conze, R. Kosselek (Hrsg.), *Geschichtliche Grundbegriffe* Bd.IV, Stuttgart 1975, 245–313; D. Mayer-Maly, P.M. Simons (Hrsg.), *Das Naturrecht heute und morgen*, Berlin 1983

343 I. Kant, *Grundlegung zur Metaphysik der Sitten*, in: *Kants Werke*. Akademie-Textausgabe Bd.IV, Berlin 1968, 428–429: »Nun sage ich: der Mensch und überhaupt jedes vernünftige Wesen existiert als Zweck an sich selbst, nicht bloß als Mittel zum beliebigen Gebrauche für diesen oder jenen Willen, sondern muss in allen seinen sowohl auf sich selbst, als auch auf andere vernünftige Wesen gerichteten Handlungen jederzeit zugleich als Zweck betrachtet werden … Der Grund dieses Prinzips ist: die vernünftige Natur existiert als Zweck an sich selbst. So stellt sich nothwendig der Mensch sein eignes Dasein vor; so fern ist es also ein subjectives Princip menschlicher Handlung …

die Freiheitsrechte der anderen begrenzt. So werden die Grundrechte zunächst in der amerikanischen und französischen Verfassung begründet. In Anlehnung an einen berühmten Gedanken Hegels wurde die Weltgeschichte von nun an als fortschreitende Anerkennung der Freiheits- und Menschenrechte verstanden.

Im 19. Jahrhundert beschränkt sich das juristische Denken zunehmend auf die positiven Gesetze, die im Gesetzgebungsverfahren der Nationalstaaten erlassen werden. In Anlehnung an das naturwissenschaftlich geprägte Bild der Natur in der Neuzeit wird der Staat in der Nachfolge von Thomas Hobbes als Maschine betrachtet, die Gesetze für das Zusammenleben der Menschen produziert.[344] Menschen haben nach dieser Vorstellung diese Staatsmaschine selber konstruiert, um ihr Überleben zu sichern und zu stabilisieren. Mit Betonung der Freiheitsrechte des Einzelnen in den demokratischen Verfassungen geraten übernatürliche Wertvorstellungen zunehmend unter Verdacht, Herrschaftsinteressen der sie vertretenden Gruppen zu kaschieren. Grundlegend wird Max Webers Postulat der Wertfreiheit, nach dem alles Werten, namentlich das sittliche, als bloß subjektives Meinen verstanden wird.[345]

In Übereinstimmung mit Max Weber kommt es Hans Kelsen in seiner ›Reinen Rechtslehre‹ nur noch auf eine wissenschaftliche Jurisprudenz und nicht auf eine Rechtsethik an. Danach kann zwischen den verschiedenen ethischen Normen keine objektiv begründete Wahl getroffen werden. So bleibt nur die relativierende Antwort übrig, dass jeder selbst die Wahl treffen müsse und »niemand anderer, nicht Gott, nicht die Natur und auch nicht die Vernunft als objektive Autorität sie abnehmen könne.«[346] Methodisch ist bemerkenswert, daß diese Auffassung von Rechtsgesetzen in den Naturwissenschaften von einer Kritik an metaphysischen Deutungen der Naturgesetze begleitet wird. Wenn Kelsen feststellt, dass jeder beliebige Inhalt positives Recht sein könne, sofern er im staatlichen Gesetzgebungsverfahren korrekt zustande gekommen ist, so erinnert das an die Wissenschaftstheorie des Mathematikers David Hilbert und des Logikers Rudolf Carnap, wonach wir uns unter formalen Axiomen und Gesetzen mathematischer Theorien beliebiges vorstellen können, sofern sie logisch konsistent und im Falle naturwis-

---

Der praktische Imperativ wird also folgender sein: Handle so, daß du die Menschheit sowohl in deiner Person, als in der Person eines jeden andern jederzeit zugleich als Zweck, niemals bloß als Mittel brauchst.«

344 T. Hobbes, *Leviathan, or the Matter, Form and Power of a Commonwealth, Ecclesiastical and Civil*, hrsg. v. C.B. Macpherson, Harmondsworth 1968

345 M. Weber, *Rechtssoziologie*, Neuwied 1960; ders., *Gesammelte Aufsätze zur Wissenschaftslehre*, Tübingen [4]1973

346 H. Kelsen, *Reine Rechtslehre*, Wien [2]1960, 442

senschaftlicher Theorien durch Beobachtung, Experiment und Messung bestätigt seien.[347]

Analog zum Wandel des naturwissenschaftlichen Gesetzesbegriffs begründet Carl Schmitt den Rechtspositivismus mit einer fortschreitenden Neutralisierung, wonach neuzeitliche Gesellschaften zunehmend gegen Metaphysik, Religion und moralische Positionen indifferent werden, die sich in einer Vielheit weltanschaulicher Positionen und Menschenbilder selber relativieren.[348] Als Konsequenz dieser Neutralisierungsthese folgt einmal die pluralistische Gesellschaft westlicher Demokratien. Andererseits liefert der Rechtspositivismus auch, wie bei Carl Schmitt, die Blankovollmacht für Diktaturen, die sich qua positiver Gesetzgebungsverfahren nur durch den Überlebenskampf mit und gegen andere Staaten selber legitimieren können. Im Nationalsozialismus verbündete sich der Rechtspositivismus mit Rassismus und Sozialdarwinismus. Die Ausrottung sogenannten unwerten Lebens wurde durch angebliche biologische Selektion gerechtfertigt und im Gesetzgebungsverfahren legitimiert. Man kann sich nicht häufig genug klar machen, dass Anfang der 40er Jahre ein Entwicklungsast der Weltgeschichte offen war, der auf einen Endkampf menschlicher Rassen auf diesem Planeten hinauslief.

Diese Erfahrung hat die deutsche Rechtsgeschichte nachhaltig geprägt. Es verwundert daher nicht, dass mit Artikel 1 des Grundgesetzes der Bundesrepublik Deutschland feierlich ein überpositives Grundrecht an den Anfang gesetzt wurde: »Die Würde des Menschen ist unantastbar.« Der Schock von 1945 zeigte die Berechtigung der provozierenden Frage von Augustinus: »Staaten ohne Gerechtigkeit – was sind sie anders als große Räuberbanden?«[349] Allerdings lässt Artikel 1 des Grundgesetzes bewusst offen, ob Menschenwürde als göttliches Recht, der Natur oder in der Vernunftrechtstradition der Aufklärung verstanden wird, um einen Grundkonsens der verschiedenen gesellschaftlichen Gruppen in der Bundesrepublik zu ermöglichen.[350]

Die Geschichte der Grundrechte hängt offenbar eng mit dem Wandel des Menschen- und Weltbildes zusammen, das in der Neuzeit zunehmend durch Wissenschaft und Technik bestimmt wird. Nach der Hoffnung der Aufklärung sollte das Wachstum des Wissens automatisch zur Emanzipation der Menschheit im Sinne der Menschenrechte führen. Tatsächlich erweist sich der technisch-wissenschaftli-

---

[347] Vgl. auch W. Ott, *Der Rechtspositivismus. Kritische Würdigung auf der Grundlage eines juristischen Pragmatismus*, Berlin 1976.

[348] C. Schmitt, *Über die drei Arten des rechtswissenschaftlichen Denkens*, Hamburg 1934; ders., Was bedeutet der Streit um den Rechtsstaat?, in: *ZStW* 95 1935, 189; ders., *Positionen und Begriffe*, Hamburg 1940

[349] A. Augustinus, *De civitate Dei* (dt. 2 Bde., Zürich $^{2}$1978) IV 4

[350] Dazu auch O. Höffe, *Politische Gerechtigkeit. Grundlegung einer kritischen Philosophie von Recht und Staat*, Frankfurt 1987.

che Fortschritt aber als ambivalent. Die modernen Zukunftstechnologien eröffnen sowohl neue Chancen der Lebensverbesserung, aber auch der Manipulation und irreversiblen Veränderung des Menschen mit nicht abschätzbaren Folgen. Der Schutz und die Achtung der Menschenwürde durch Staat und Gesetzgeber sind also herausgefordert. Die Entscheidungsgrundlage ist aber keineswegs eindeutig. Das zeigt die Diskussion, die am Beispiel der Stammzellenforschung entbrannte. Fest steht, dass wir nicht einfach in einem ›Buch der Natur‹ nachschauen können, in dem die ›natürliche‹ Ordnung für unser Zusammenleben vorgegeben ist und als ›sittliche‹ Ordnung übernommen werden kann. Mit Recht kritisiert die moderne Rechtsphilosophie und Ethik diesen Schluss vom Sein auf das Sollen als naturalistischen Fehlschluss. Die Organisationsprinzipien unserer tierischen Vorfahren in der Evolution eignen sich kaum zur Regulierung unseres Zusammenlebens. Aber auch die Abgrenzung menschlicher und tierischer Natur ist keineswegs naturwissenschaftlich so eindeutig, wie sich das mancher Anhänger des Naturrechts wünschen mag.

Eine Schlüsselfrage im Zusammenhang mit der Stammzellenforschung lautet, wann biologisch genau menschliches Leben beginnt und damit der Schutz nach Artikel 1 des Grundgesetzes greift. Ein mögliches biologisches Faktum ist die Verschmelzung von menschlicher Samen- und Eizelle. Richtig ist, dass damit der Zeitpunkt der genetischen Programmierung eines menschlichen Organismus erfasst ist. Der genetische Kode legt aber keineswegs eine menschliche Persönlichkeit fest, wie eineiige Zwillinge zeigen. Andere verweisen auf das biologische Faktum, dass eine befruchtete Eizelle ohne mütterlichen Organismus nicht lebensfähig wäre und wählen den Zeitpunkt ihrer Einnistung in der Gebärmutter. Wiederum andere verweisen auf das biologische Faktum, dass die Entwicklung menschlicher Persönlichkeit an ein Nervensystem und Gehirn als Voraussetzung für Sensibilität und Empfindung gebunden ist und wählen den Beginn neuronaler Strukturbildung als Zeitpunkt der Menschwerdung. Ein Schluss vom Sein auf das Sollen, von einer Tatsachenfeststellung auf einen Sollenssatz, ist aber logisch nicht möglich. Er verlangt nach einer Entscheidung für eines der genannten Ereignisse, das dann als Maßstab einer Rechtsnorm beschlossen wird.

Die Natur selber kann im Umgang mit diesen Zeitpunkten kaum als Vorbild dienen. Samen, Eizellen, Embryonen und Föten gehen zugrunde. Genetische Fehlprogrammierungen, schwere Defekte und Deformierungen bis zu Frühgeburten von ausgebildeten Babys gehören zu einer sich selbst überlassenen Natur. Was Naturvölker und frühe Zivilisationen mangels anderer Möglichkeiten als Gottesurteil annehmen mussten, kann nicht der Maßstab einer Menschheit sein, die durch ihr Wissen und Können die Fehleranfälligkeit der Evolution korrigieren könnte. Bemerkenswert ist, dass die antike und mittelalterliche theologische Tradition keinen der genannten biologischen Zeitpunkte ausgezeichnet hatte, die damals auch schlicht nicht bekannt waren. Wir beobachten in der Geschichte vielmehr einen Lernprozess unserer Gesetze und Normen, der aufgrund neuer Erfahrungen und Erkenntnisse ständiger Korrektur und Bewährung ausgesetzt ist. So war, wie oben erwähnt wurde, Kants Formel vom Menschen als ›Zweck an sich selbst‹ zwar grundlegend, um die Freiheitsrechte des Einzelnen zu begründen und ihn gegenüber staatlicher Unterdrückung zu schützen. Gleichzeitig akzeptierte Kant aber noch zu seiner Zeit die wirtschaftliche Abhängigkeit des Hausgesindes und gestand nur dem Besitzbürger Wahlrecht zu. Der ›Zweck an sich selbst‹ wird bei ihm zudem noch auf die ›vernünftige Natur‹ eingeschränkt. In heutiger Gesetzgebung wird der Geltungsanspruch auf das ›menschliche Dasein‹ erweitert, um nach den Erfahrungen mit dem Nationalsozialismus auch geistig behinderte Menschen unter den Schutz des Grundgesetzes zu stellen.

Technisch-naturwissenschaftliches Wissen kann nicht die alleinige Grundlage unserer Gesetzgebung sein. Noch weniger können diese Entscheidungen den Experten, also Medizinern, Ingenieuren und Naturwissenschaftlern, überlassen bleiben, die als Einzelne wie jeder andere Bürger einer Gesellschaft unterschiedliche Interessen verfolgen. Jeder Mensch ist betroffen, wenn es um sein Leben geht. Daher bedarf es des gesellschaftlichen Dialogs, in dem alle Aspekte und Betroffenen berücksichtigt werden. Gefährliche Schieflagen drohen heute weniger von staatlich sanktionierten rassistischen Zielen, obwohl auch diese historische Erfahrung mit den Eliten einer Gesellschaft zur Vorsicht mahnt. Schwerwiegender sind heute wirtschaftliche Interessen. Dabei ist in erster Linie noch nicht einmal an die persönliche Bereicherung von Wissenschaftlern gedacht, die durch gewinnbringende Patente winkt. Es geht auch nicht nur darum, dass wenige Reiche sich nach ihrem Geschmack wie bei der Pferde- und Hundezucht ihre Superkinder im Reagenzglas zusammenmixen können. In einer zum Sparkurs gezwungenen Gesundheitspolitik könnten letztlich Präimplantation- und Pränataldiagnostik als betriebswirtschaftliche Filter per Gesetz vor die Menschwerdung geschaltet werden. Wem entsprechende Daten im elektronischen Gesundheitspass fehlen, der hätte die Folgekosten selber zu tragen. Mit neuronalen KI-Methoden könnte ein mentales Screening hinzutreten, das psychisch kranke und sozial gestörte Menschen von vornherein aussortiert. Nur wer und aus welchen Gründen legt fest, wer psychisch krank und sozial gestört ist?

Dass andererseits ein ›biologisches Ersatzteillager‹ an Zellen und Organen, wie es manchmal verächtlich genannt wird, für uns Menschen wünschenswert ist, wird spätestens dann keiner mehr bezweifeln, wenn er selber betroffen ist. Im Sinne von Freiheitsrechten kommt es allerdings darauf an, auf wessen Kosten diese Gewebe und Organe zur Verfügung gestellt werden. Sind es die Armen der Dritten Welt, die heute schon ihre Nieren und Lebern auf internationalen Organmärkten anbieten? Sind es unsere Klone und potentiellen Zwillinge, denen eine Entwicklung zu Gunsten anderer versagt wird? Im Fall der Stammzellenforschung wäre die eleganteste Lösung die Züchtung von Organen aus adulten Stammzellen des eigenen Körpers, die keinen Organismus, aus dem einmal ein Mensch entstehen könnte, selbst in seiner frühesten Entwicklungsphase betreffen.

Medizinisch stellt sich allerdings die Frage, wieweit die Erforschung befruchteter Eizellen verzichtbar ist.[351]

Auf jeden Fall untersuchen wir hochkomplexe Organismen, deren nichtlineare Dynamik zu unvorhergesehen Seiten- und Nebeneffekten führen. Geklonte Tiere, die frühzeitig altern und verenden, führen drastisch vor Augen, dass es nicht ausreicht, nur einen Schritt technisch bewältigen zu können. Die Implantation von Neuroprothesen mit Siliziumchips, mit Nanotechnologie oder künstlich gezüchtetem neuronalen Gewebe im Gehirn ist absehbar. Hier mahnt die Theorie komplexer Systeme und ihrer nichtlinearen Dynamik zur Vorsicht. Computersimulationen könnten helfen, entsprechende Rückkopplungen zu entdecken, bevor irreversible Entwicklungen im Labor eingeleitet werden. Kein Computerexperiment kann uns allerdings ethische Entscheidungen abnehmen.

Wie immer wir uns auf diesem Weg entscheiden mögen, die vergangene Evolution kann für uns nur begrenzt Vorbild sein. Mit unserer Geschichte bemühen wir uns, diese evolutionären Eierschalen hinter uns zu lassen, wenn wir auch immer wieder von unserer Vergangenheit eingeholt werden. Wir Menschen sind keineswegs nur die Zauberlehrlinge, die in einer heilen und wohlgeordneten Natur nur für Unordnung sorgen und die Büchse der Pandora öffnen. Der Weltraum ist lebensfeindlich und unsere Erde eine ökologische Nische, deren Existenz nicht nur durch den Unverstand des Menschen, sondern auch durch natürliche Entwicklungen gefährdet ist.

Wenn wir mit Artikel 1 des Grundgesetzes den Menschen in den Mittelpunkt unserer Rechtsordnung stellen, so ist diese Wertzuschreibung nicht aus einer überlegenen Stellung in der Natur naturwissenschaftlich ableitbar. Wir selber schreiben uns diese Stellung zu und übernehmen damit auch die Verantwortung für das Leben und diese Erde, die aufgrund unseres Wissens und Könnens zunehmend von uns abhängig werden. Die theologische Tradition geht weiter, wenn sie diese Wertzuschreibung und damit verbundene Verantwortung für die Schöpfung aus einem göttlichen Gebot ableitet. Die Menschheit befindet sich jedenfalls in einem langen und schmerzhaften Lernprozess mit ständigen Rückfällen, in dem sie sich zu dieser Wertvorstellung durchringt.

Lernprozess heißt, dass der Begriff der Menschenwürde durch neue Erfahrungen und Erkenntnisse konkretisiert und präzisiert werden muss. Die Kognitionsforschung zeigt, dass in unseren natürlichen Sprachen einzelne Begriffe mit ihren Bedeutungen keine scharf abgegrenzten Einheiten sind. Bedeutungen werden in Ontologien, Anwendungsbeispielen und im Sprachgebrauch festgelegt. Bedeutungsränder sind daher fuzzy und durch neue Erweiterungen und Einschränkungen bewusst oder unbewusst in ständiger Veränderung. Daher bedarf

---

[351] J. Thomson, Embryonic Stem Cell Lines Derived from Human Blastocysts, in: *Science* 282 1998, 1145–1147; R.A. Pedersen, Embryonale Stammzellen als Regenerationshilfe, in: *Spekrum der Wissenschaft* Spezial 4/1999, 12–17

es in der Rechtspraxis auch der Auslegung und Interpretation, die wiederum neue Rechtsverbindlichkeiten schafft. So entsteht ein komplexes Netz von Normen und Anwendungsfällen, in dem sich ein Grundrecht konkretisiert. Dieses semantische Netz spiegelt unsere immer komplexer werdenden Gesellschaften mit allen ihren technischen, sozialen, politischen, ökonomischen und ökologischen Abhängigkeiten.

Im Zeitalter der Globalisierung werden Ontologien von Grundwerten nicht nur in einzelnen Nationalstaaten festgelegt. Durch Cyberphysical Systems, Informations- und Kommunikationstechnologie wächst die Menschheit in einem neuen Superorganismus zusammen. Internet und Telematik liefern die ersten Fasern dieses globalen Nervensystems. Die Rede von der weltweiten Wertegemeinschaft macht aber nur Sinn, wenn diese Werte durch konkrete länder- und kulturübergreifende Rechtsvereinbarungen verbindlich werden. Rechtsvereinbarungen setzen im Unterschied zu ethischen Normen auch ihre Durchsetzbarkeit voraus.[352]

In diesem instabilen Phasenübergang, in dem globale Werte-, Rechts- und Regelungsstrukturen zu schaffen sind, befinden wir uns derzeit. Sie entstehen nicht von selber, sondern müssen von uns gewollt werden. Globalisierung meint zunächst nur die nichtlineare Dynamik von offenen Gesellschaften in einer vernetzten Welt. Sie steht für Entdeckungs- und Innovationspotentiale auf freien Märkten des Güter- und Ideenwettbewerbs. Sie steht aber auch für Entmachtung und Entrechtung von Menschen, Gruppen, Ländern und Erdteilen, denen die technischen, wirtschaftlichen und sozialen Voraussetzungen fehlen, um an diesem Wettbewerb teilzunehmen. Wegen ihrer weltweiten Rückkopplungen ist Globalisierung kein Nullsummenspiel, bei dem nur einer gewinnen kann, wenn der andere verliert. Nichtlineare Dynamik braucht daher ordnungspolitische Rahmenbedingungen (›*Global Governance*‹), um Handlungsorientierung zu geben und Grundrechte zu garantieren.[353]

Im Zentrum der technischen, wirtschaftlichen und politischen Globalisierung sollen also Grund- und Menschenrechte stehen. Für Systembiologie, synthetische Biologie, Robotik und KI heißt das, den Menschen als Selbstzweck zu achten und zum Maßstab der Technik zu machen. KI-, Bio- und Kommunikationstechnologie sind als Dienstleistung am Menschen zu entwickeln, um in der Tradition der Medizin heilen und helfen zu können. Das ist eine andere Vision als der Science-

---

[352] J.N. Druey, *Information als Gegenstand des Rechts: Entwurf einer Grundlegung*, Zürich 1995; G. Hohloch (Hrsg.), *Recht im Internet*, Baden-Baden 2001; L. Lessing, *Code und andere Gesetze des Cyberspace*, Berlin 2001; G. Spindler, Sicherheit im E-Commerce = Rechtssicherheit, in: G. Müller, M. Reichenbach (Hrsg.), *Sicherheitskonzepte für das Internet*, Berlin/Heidelberg/New York 2001, 161–182

[353] J. Steglitz, *Die Schatten der Globalisierung*, Berlin 2002; U. Beck, *Das Schweigen der Wörter – Über Terror und Krieg*, Frankfurt 2002. Einen Überblick lieferte das Ladenburger Kolleg ›Globalisierung verstehen und gestalten‹ der Gottlieb Daimler- und Karl Benz-Stiftung mit U. Steger (Ed.), *Facetten der Globalisierung. Ökonomische, soziale und politische Aspekte*, Berlin/Heidelberg/New York 1999.

Fiction Traum, der sich technischer Eigendynamik mit steigender Rechenkapazität in der Hoffnung auf ewiges Glück, Gesundheit und Unsterblichkeit überlassen will. Andererseits sollten wir uns aber auch nicht der Eigendynamik und dem Zufallsspiel der Evolution überlassen und den Status quo unserer unzulänglichen Entwicklung akzeptieren. Zur Würde des Menschen gehört die Möglichkeit, in seine Zukunft einzugreifen und sie gestalten zu können.

# Literaturverzeichnis


U. Alon, *An Introduction to Systems Biology. Design Principles of Biological Circuits*, London 2006

K.-D. Althoff, A, Dengel, R. Bergmann, M. Nick und T. Roth-Berghofer (Hrsg.), *Professional Knowledge Management. 3rd Biennial Conference 2005. Lecture Notes in Artificial Intelligence*, Berlin 2005

B. Azvine, N. Azarmi, D.D. Nauck (Hrsg.), *Intelligent Systems and Soft Computing. Prospects, Tools and Applications*, Berlin/Heidelberg/New York 1998

R. Arkin, *Behavior-Based Robotics*, Cambridge Mass. 1998

T. Balch und L. Parker (Hrsg.), *Robot Teams: From Diversity to Polymorphism*, Wellesley Mass. 2002

R. Banerjee und B.K. Chakrabarti (Hrsg.), *Models of Brain and Mind. Physical, Computational and Psychological Approaches. Progress in Brain Research* vol. 168, Amsterdam 2008

A. Baruzzi (Hrsg.), *Aufklärung und Materialismus im Frankreich des 18. Jahrhunderts. La Mettrie, Helvétius, Diderot, Sade*, München 1968

A. Beckermann, *Gehirn, Ich, Freiheit. Neurowissenschaften und Menschenbild*, Paderborn 2008

T. Berners-Lee, *Weaving the Web: The Original Design and Ultimate Destiny of the World Wide Web by Its Inventor*, San Francisco 1999

G.A. Bekey, *Autonomous Robots. From Biological Inspiration to Implementation and Control*, Cambridge Mass. 2005

E. Beltrami, *What is Random? Chance and Order in Mathematics and Life*, New York 1999

H.C. Berg, *E.coli in Motion*, Berlin 2003

P. Bieri (Hrsg.), *Analytische Philosophie des Geistes*, Königstein 1981

N. Birbaumer, R.F. Schmidt, *Biologische Psychologie*, Berlin/Heidelberg/New York ²1991

J. Boldt, O. Müller und G. Maio, Synthetische Biologie. Eine ethisch-philosophische Analyse, in: *Beiträge zur Ethik und Biotechnologie 2009 5, Eidgenössische Ethikkommission für die Biotechnologie* (Bern)

F.C. Boogerd, F.J. Bruggeman, J.-H. S. Hofmeyr und H.V. Westerhoff (Hrsg.), *Systems Biology. Philosophical Foundations*, Amsterdam 2007

H.W. Bothe, M. Samii, R. Eckmiller (Eds.), *Neurobionics*, Amsterdam 1993

V. Braitenberg, *Künstliche Wesen. Verhalten kybernetischer Vehikel*, Braunschweig 1986

V. Braitenberg, *Das Bild der Welt im Kopf. Eine Naturgeschichte des Geistes*, Münster 2004

V. Braitenberg und F.J. Radermacher (Hrsg.), *Interdisciplinary Approaches to A New Understanding of Cognition and Consciousness*, Ulm 2007

R. Brooks, *Menschmaschinen. Wie uns die Zukunftstechnologien neu erschaffen*, Frankfurt 2002

D.P. Campbell, *Process Dynamics*, New York 1958

M. Carrier und J. Mittelstraß, *Geist, Gehirn, Verhalten. Das Leib-Seele-Problem und die Philosophie der Psychologie*, Berlin/New York 1989

F.E. Cellier, *Continuous System Modelling*, Berlin 1991

G.J. Chaitin, *The Limits of Mathematics*, Singapore ²1998

P.M. Churchland, *Neurocomputational Perspective. The Nature of Mind and the Structure of Science*, Cambridge Mass/London 1989
J.J. Craig, *Introduction to Robotics: Mechanics and Control*, Reading Mass. ²1989
F. Crick, *Was die Seele wirklich ist: Die naturwissenschaftliche Erfahrung des Bewusstseins*, München 1994
P. Dadam, *Verteilte Datenbanken und Client/Server-Systeme*, Berlin/Heidelberg/New York 1996
A.R. Damasio, *Descartes' Irrtum. Fühlen, Denken und das menschliche Gehirn*, München 1995
S. Dehaene (Hrsg.), *The Cognitive Neuroscience of Consciousness*, Cambridge Mass. 2001
D.C. Dennett, *Brainchildren – Essays on Designing Minds*, MIT Press, Bradford Book, 1998
P.J. Denning (Hrsg.), *Talking Back to the Machine. Computers and Human Aspiration*, New York 1999
E. Dietrich (Hrsg.), *Thinking Computers and Virtual Persons: Essays on the Intentionality of Machines*, San Diego Cal. 1994
E.J. Dijksterhuis, *Die Mechanisierung des Weltbildes*, Berlin 1956
K.E. Drexler, *Nanosystems: Molecular Machinery, Manufacturing, and Computation*, New York 1992
H.L. Dreyfus, *Being-in-the-world*, Cambridge Mass. 1991
F. Dyson, *Infinite in All Directions*, New York 1988
W. Ebeling, J. Freund und F. Schweitzer, *Komplexe Strukturen: Entropie und Information*, Leipzig 1998
E.P. Fischer/K. Mainzer (Hrsg.), *Die Frage nach dem Leben*, München 1990
J.A. Fodor, *The Modularity of Mind*, Cambridge Mass. 1983
H. Förstl (Hrsg.), *Theory of Mind. Neurobiologie und Psychologie sozialen Verhaltens*, Berlin 2007
S. Franklin, *Artificial Minds*, Cambridge Mass. 2001
T. Fuchs, *Die Mechanisierung des Herzens: Harvey und Descartes – der vitale und der mechanische Aspekt des Kreislaufs*, Frankfurt am Main 1992
F.E. Gawthrop, L. Smith, *Metamodelling: Bond Graphs and Dynamic Systems*, London 1996
N. Gershenfeld, *Wenn die Dinge denken lernen*, München 1999
C. Glymour, R. Scheines, P. Spirtes, and K. Kelley, *Discovering Causal Structures. Artificial Intelligence, Philosophy of Science, and Statistical Modeling*, Orlando 1987
D.E. Goldberg, *Genetic Algorithms in Search, Optimization, and Machine Learning*, Redwood City CA 1989
D.S. Goodell, *The Machinery of Life*, Berlin 1998
S. Grand, *Growing Up with Lucy. How to Build an Android in Twenty Easy Steps*, London 2003
M.M. Gupta und N.K. Sinha, *Intelligent Control Systems*, New York 1996
H. Haken, *Synergetik. Eine Einführung*, Berlin ³1990
B. Halabi, *Internet-Routing-Architekturen. Grundlagen, Design und Implementierung*, München/Wien 1998
U. Hansmann, *Pervasive Computing Handbook*, Berlin/Heidelberg/New York 2001
C.J. Harris, *Advances in Intelligent Control*, London 1994
H.-G. Hegering, S. Abeck, *Integriertes Netz- und Systemmangement*, Bonn 1995

R. Herken (Hrsg.), *The Universal Turing Machine. A Half-Century Survey*, Wien 1995
G.E. Hinton, J.A. Anderson, *Parallel Models of Associative Memory*, Hillsdale N.J. 1981
J.H. Holland, *Adaption in Natural and Artificial Systems*, Ann Arbor MI 1975
F. Hrary (Hrsg.), *New Directions in the Theory of Graphs*, New York 1973
V. Hupka, *Theorie der Maschinensysteme*, Berlin 1973
J. Huxley, *New Bottles for New Wine*, New York 1957
R. Isermann, *Mechatronic Systems. Fundamentals*, London 2005
I. Jahn, M. Schmitt, *Darwin & Co. Eine Geschichte der Biologie in Portraits*. Bd. 1, München 2001
Shuji Kajita (Hrsg.), *Humanoide Roboter. Theorie und Technik des Künstlichen Menschen*, Berlin 2007
E.R. Kandel, J.H. Schwartz und T.M. Jessell (Hrsg.), *Neurowissenschaften*, Berlin 1996
P. Kandzia, M. Klusch (Hrsg.), *Cooperative Information Agents*, Berlin/Heidelberg/New York 1997
K. Kaneko, *Life: An Introduction to Complex Systems Biology*, Berlin 2006
N. Kasabov (Hrsg.), *Future Directions for Intelligent Systems and Information Sciences. The Future of Speech and Image Technologies, Brain Computers, WWW, and Bioinformatics*, Heidelberg/New York 2000
A. Knoll und T. Christaller, *Robotik*, Frankfurt 2003
C. Könnecker (Hrsg.), *Wer erklärt den Menschen? Hirnforscher, Psychologen und Philosophen im Dialog*, Frankfurt $^{2}$2007
T. Kohonen, *Self-Organizing Maps*, Berlin/Heidelberg/New York 1991
W. Konermann, *Navigation und Robotik in der Gelenk- und Wirbelsäulenchirugie*, Berlin 2004
A.K. Konopka (Hrsg.), *Systems Biology. Principles, Methods, and Concepts*, Boca Raton 2007
A. Kriete und R. Eils (Hrsg.), *Computational Systems Biology*, Amsterdam 2007
W. Kullmann/ S. Föllinger (Hrsg.), *Aristotelische Biologie. Intentionen, Methoden, Ergebnisse*, Stuttgart 1997
R. Kurzweil, *Homo s@piens. Leben im 21. Jahrhundert. Was bleibt vom Menschen?* München 2000
R. Kurzweil, *The Singularity is near: When Humans transcend Biology*, New York 2005
P.A. Lawrence, *The Making of a Fly. The Genetics of Animal Design*, Oxford 1995
S. Levy, *Künstliches Leben aus dem Computer*, München 1996
T. Lindholm, F. Yellin, *Java$^{TM}$. Die Spezifikation der virtuellen Maschine*, Bonn 1997
Z.-Q. Liu, S. Miyamoto (Hrsg.), *Soft Computing and Human-Centered Machines*, Berlin/ Heidelberg/New York 2000
R.K. Logan, *The Extended Mind: The Emergence of Language, the Human Mind and Culture*, Toronto 2007
C. Maar, E. Pöppel, T. Christaller (Hrsg.), *Die Technik auf dem Weg zur Seele*, Reinbeck 1996
K. Mainzer, *Entwicklungsfaktoren der Informatik in der Bundesrepublik Deutschland*, in: W. van den Daele, W. Krohn und P. Weingart (Hrsg.), Geplante Forschung. Vergleichende Studien über den Einfluss politischer Programme auf die Wissenschaftsentwicklung, Frankfurt 1979, 117–180

K. Mainzer, *Computer – Neue Flügel des Geistes? Die Evolution computergestützter Technik, Wissenschaft, Kultur und Philosophie*, Berlin $^{2}$1995
K. Mainzer, *Gehirn, Computer, Komplexität*, Berlin/Heidelberg/New York 1997
K. Mainzer (Hrsg.), *Komplexe Systeme und Nichtlineare Dynamik in Natur und Gesellschaft. Komplexitätsforschung auf dem Weg ins nächste Jahrhundert*, Berlin/Heidelberg/New York 1999
K. Mainzer, *Computernetze und virtuelle Realität. Leben in der Wissensgesellschaft*, Berlin/Heidelberg/New York 1999
K. Mainzer, *KI – Künstliche Intelligenz. Grundlagen intelligenter Systeme*, Darmstadt 2003
K. Mainzer, *Computerphilosophie*, Hamburg 2003
K. Mainzer, *Der kreative Zufall. Wie das Neue in die Welt kommt*, München 2007
K. Mainzer, *Thinking in Complexity. The Complex Dynamics of Matter, Mind, and Mankind*, New York $^{5}$2007
K. Mainzer, *Komplexität*, Paderborn 2008
K. Mainzer, From embodied mind to embodied robotics. Humanities and system theoretic aspects, in: *Journal of Physiology (Paris)* 2009 103, 296–304
K. Mainzer (Hrsg.), *Complexity. European Review (Journal of the Academia Europaea: The Academy of Europe)* Vol. 17 No.2 2009
G. Marcus, *The Algebraic Mind: Integrating Connectionism and Cognitive Science*, Cambridge Mass. 2003
F. Mattern (Hrsg.), *Die Informatisierung des Alltags. Leben in smarten Umgebungen*, Berlin 2007
J. Maynard-Smith, *Evolutionary Genetics*, Oxford 1989
F. Mayinger (Hrsg.), *Mobility and Traffic in the 21$^{st}$ Century*, Berlin/Heidelberg/New York 2001
B. Mertsching, M. Hund und Z. Aziz (Hrsg.), *KI 2009: Advances in Artificial Intelligence. 32$^{nd}$ Annual German Conference on AI 2009. Lectures Notes in Artificial Intelligence*, Berlin 2009
K. Meyer: *Geheimnisse des Antoni van Leeuwenhoek.* Lenerich 1998
M. Minsky, *The Society of Mind*, New York 1985
M. Mitchell, *An Introduction to Genetic Algorithms*, Cambridge Mass. 1996
H. Moravec, *Computer übernehmen die Macht. Vom Siegeszug der künstlichen Intelligenz*, Hamburg 1999
H. Moravec., *Mind Children. Der Wettlauf zwischen menschlicher und künstlicher Intelligenz*, Hamburg 1990
J.P. Müller, *The Design of Intelligent Agents. A Layered Approach*, Berlin/Heidelberg/New York 1996
O. Müller, J. Clausen, G. Maio (Hrsg.), *Das technisierte Gehirn. Neurotechnologien als Herausforderung für Ethik und Anthropologie*, Paderborn 2009
R.M. Murray, Z. Li und S.S. Sastry, *A Mathematical Introduction to Robotics Manipulation*, Boca Raton 1994
A. Newell und H.A. Simon, *Human Problem Solving*, Englewood Cliffs NJ 1972
G. Nicolis und I. Prigogine, *Die Erforschung des Komplexen*, München 1987
S. Nolfi und D. Floreano, *Evolutionary Robotics. The Biology, Intelligence, and Technology of Self-Organizing Machines*, Cambridge Mass. $^{2}$2001

H.C. Nwana, N. Azarmi (Hrsg.), *Software Agents and Soft Computing. Towards Enhancing Machine Intelligence*, Berlin/Heidelberg/New York 1997

S. Ott, *Finding Optimal Models for Gene Networks*. Ph.D. Thesis, Department of Computer Science, University of Tokyo 2004

G. Palm (Ed.), *Neural Assemblies: An Alternative Approach to Artificial Intelligence*, Berlin/ Heidelberg/New York 1982

R. Paslack, *Urgeschichte der Selbstorganisation. Zur Archäologie eines wissenschaftlichen Paradigmas*, Braunschweig 1991

C.W. Patrick jr., A.G. Mikos, L.V. McIntire, *Frontiers in Tissue Engineering*, Oxford 1998

M. Pauen, *Was ist der Mensch? Die Entdeckung der Natur des Geistes*, München 2007

J. Pearl, *Causality. Models, Reasoning, and Inference*, Cambridge Mass.2000

R. Pfeifer und C. Scheier, *Understanding Intelligence*, Cambridge Mass. 2001

R.W. Picard, *Affective Computing*, Cambridge MA 1997

E. Pöppel (Hrsg.), *Gehirn und Bewusstsein*, Weinheim 1989

H. Poincaré, *Wissenschaft und Methode*, (frz. Paris 1908) hrsg. v. F. und L. Lindemann,. Berlin 2003

I. Prigogine, *Étude Thermodynamique des Phénomènes Irréversibles*, Paris 1947

B. Randell (Hrsg.), *The Origins of Digital Computers – Selected Papers*, Berlin 1975

S. Rasmussen, M.A. Bedau, L. Chen, D. Deamer, D.C. Krakauer, N.H. Packard und P.F. Stadler (Hrsg.), *Protocells. Bridging Nonliving and Living Matter*, Cambridge Mass. 2008

I. Rigoutos und G. Stephanopoulos (Hrsg.), *Systems Biology* 2 Bde., Oxford 2007

H. Ritter, T. Martinetz, K. Schulten, *Neuronale Netze*, Bonn 1991

G.E. Sacks, *Higher Recursion Theory*, Berlin 1990

G. Schlosser und G.P. Wagner, *Modularity in Development and Evolution*, Chicago 2004

M. Schmidt, A. Kelle, A. Ganguli-Mitra und H. de Vriend (Hrsg.), *Synthetic Biology. The Technoscience and Its Societal Consequences*, Dordrecht 2010

A. Scott (Hrsg.), *Encyclopedia of Nonlinear Science*, New York 2005

J.R. Searle, *Speech Acts*, Cambridge MA 1969

H. Siegert und P. Norvig, *Robotik: Programmierung intelligenter Roboter*, Berlin 1996

H.A. Simon, *Models of Bounded Rationality* 2 Bde., Cambridge Mass. 1982

A. Soriano (Hrsg.), *Mechanische Spielfiguren aus vergangenen Zeiten*, Sauret, Paris 1985

J.F. Sowa, *Knowledge Representation. Logical, Philosophical and Computational Foundations*, Pacific Grove 2000

P. Spät (Hrsg.), *Zur Zukunft der Philosophie des Geistes*, Paderborn 2008

M. Spitzer, *Geist im Netz. Modelle für Lernen, Denken und Handeln*, Heidelberg 2000

R. Steinmetz, *Multimedia-Technologie. Grundlagen, Komponenten und Systeme*, Berlin/Heidelberg/New York ³2000

A.S. Tanenbaum, *Computer Networks*, Englewood Cliffs N.J. ²1988

P. Thagard, *Kognitionswissenschaft. Ein Lehrbuch*, Stuttgart 1999

S. Thrun, W. Burgard und D. Fox, *Probabilistic Robotics*, Cambridge Mass. 2005

R. van Sante, D. Khoe und B. Vermeer (Hrsg.), *The Thinking Pill and Other Technology that will Change our Lives*, Amsterdam 2007

F. Valera, E. Thompson, E. Rosch, *The Embodied Mind. Cognitive Science and Human Experience*, Cambridge Mass. 1991

F. Valera und P. Bourgine (Hrsg.), *Towards a Practice of Autonomous Systems*, Cambridge Mass. 1992
E.O. Voigt, *Canonical Nonlinear Modeling. S-System Approach to Understanding Complexity*, New York 1991
J. Volmer, *Industrieroboter: Funktion und Gestaltung*, Berlin/München 1992
M. Wagman, *Human Intellect and Cognitive Science. Towards a General Unified Theory of Intelligence*, Westport Conn. 1996
T.J. Walter, *Einsatz von Methoden der digitalen Fabrik bei der Planung von Produktionssystemen für die Automobilindustrie*, TU Clausthal, Diss. 2001
H.-J. Warnecke, R.D. Schraft (Eds.), *Industrieroboter – Handbuch für Industrie und Wissenschaft*, Berlin/Heidelberg/New York 1990
W. Wayne, *Computers as Components: Principles of Embedded Computing Systems Design*, Amsterdam 2008
E. Westkämper, *Einführung in die Fabrikorganisation*, Berlin 2005
D.A. White, D.A. Sofge (Hrsg.), *Handbook of Intelligent Control*, New York 1992
D.J. Wilkinson, *Stochastic Modelling for Systems Biology*, London 2006
E.O. Wilson, *Sociobiology: The New Synthesis. 25th Anniversary Edition*, Cambridge Mass. 2000
E.O. Wilson, *The Insect Societies*, Cambridge Mass. 1971
A.T. Winfree, *The Geometry of Biological Time*, Berlin 2001
E. Wintermantel, *Medizintechnik mit biokompatiblen Werkstoffen und Verfahren*, Berlin 2002
D.W. Wloka, *Robotersysteme* Bde. 1–3, Berlin/Heidelberg/New York 1992
S. Wolfram, *A New Kind of Science*, Champaign Ill. 2002
M.J. Wooldridge, N.R. Jennings (Eds.), *Intelligent Agents*, Berlin/Heidelberg/New York 1995
F. Wuketits, *Darwin und der Darwinismus*. München 2005
R.P. Würtz (Hrsg.) *Organic Computing*, Berlin 2008
K. Zuse, *Der Computer – mein Lebenswerk*, Berlin/München 1970

# Glossar

*Algorithmus:* Formales Verfahren zur Berechnung einer Funktion bzw. eines Problems. Der Algorithmus einer berechenbaren Funktion bzw. eines berechenbaren Problems kann durch ein Computerprogramm (↑Turingmaschine) realisiert werden.

*Aminosäure:* Aminosäuren sind eine Klasse organischer Verbindungen mit mindestens einer Carboxygruppe (COOH) und einer Aminogruppe ($NH_2$). Der Begriff wird häufig vereinfachend als Synonym für die proteinogenen Aminosäuren verwendet. Diese $\alpha$-Aminosäuren sind die Bausteine der ↑Proteine.

*ATP:* Adenosintriphosphat ist einer der Nukleotidbausteine für die Synthese von makromolekularen Nukleinsäuren, der ↑Desoxyribonukleinsäuren (DNS) und Ribonukleinsäuren (RNS). Es ist die wichtigste energiereiche Verbindung des Zellstoffwechsels und hat eine universelle biologische Bedeutung im intrazellulären Energiestoffwechsel als temporärer Speicher chemischer Energie.

*Attraktor:* Zustand, in den ein ↑dynamisches System langfristig hineingezogen wird. Ein Gleichgewichtszustand entspricht einem Fixpunkt-Attraktor, der sich im Lauf der Zeit nicht mehr verändert (»fixiert bleibt«). Im Phasenraum laufen (»konvergieren«) dann alle Entwicklungslinien (Trajektorien) zu diesem Punkt als Endzustand. Lineare Systeme (↑Linearität) besitzen nur Fixpunkt-Attraktoren. Nichtlineare Systeme (↑Nichtlinearität) besitzen auch Grenzzyklen, in denen sich Zustände periodisch wiederholen, oder im Fall von Turbulenz Chaosattraktoren (↑Chaos), bei denen sich die Entwicklungslinien völlig irregulär und nicht-periodisch in einem begrenzten Gebiet des Zustandsraums verdichten. Wenn sie dabei ein Fraktal bilden, spricht man von einem »seltsamen« Attraktor (*strange attractor*).

*Autokatalyse:* Als eine Autokatalyse bezeichnet man eine besondere Form der katalytischen chemischen Reaktion, bei der ein Endprodukt katalytische Wirkung auf die Reaktion selbst hat (↑Katalyse). Durch den Katalysator und die fortlaufende Bildung des Produkts wird die Reaktion weiter beschleunigt. Autokatalyse ist also ein kausaler Schaltkreis, bei dem die Aktivität einer Substanz indirekt zur eigenen Weiterentwicklung (z.B. Selbstreproduktion) durch eine Kette direkter positiver Wechselwirkungen beiträgt.

*Bifurkation:* Verzweigung einer Zustandsentwicklung an einem Instabilitätspunkt eines ↑dynamischen Systems, wenn der ↑Kontrollparameter des Systems verändert wird.

*Bioinformatik:* Die Bioinformatik (englisch *bioinformatics*) ist eine interdisziplinäre Wissenschaft, die Probleme aus den Lebenswissenschaften mit computergestützten Methoden löst. Bekanntheit erreichte die Bioinformatik 2001 mit ihrem Beitrag zur Sequenzierung des menschlichen Genoms. Wesentliche Gebiete der Bioinformatik sind die Verwaltung und Integration biologischer Daten, die Sequenzanalyse, die Strukturbioinformatik, die Analyse von Daten aus Hochdurchsatzmethoden. Da Bioinformatik unentbehrlich ist, um Daten im großen Maßstab zu analysieren, bildet sie einen wesentlichen Pfeiler der ↑Systembiologie.

*Biotechnologie:* Die Biotechnik nutzt Erkenntnisse aus Biochemie, Mikrobiologie, Molekularbiologie und Verfahrenstechnik (Bioverfahrenstechnik) für die Produktion verschiedener Stoffe, wobei das Spektrum der Produkte von seit Jahrhunderten bekannten Lebensmitteln wie Bier, Wein und Käse bis zu Chemikalien aus modernen Fermentationsanlagen reicht. Für die Nutzung bedient man sich verschiedener Organismen und ihrer ↑ Enzyme sowie einer Reihe von Methoden der biologischen Laborpraxis und der Bioprozesstechnik.

*Chaos:* Deterministisches Chaos ist der ↑ Attraktor eines nichtlinearen dynamischen Systems (↑ Nichtlinearität, ↑ Dynamisches System), das sich irregulär und nichtperiodisch (»chaotisch«) entwickelt, obwohl seine Zustände durch ein Entwicklungsgesetz eindeutig determiniert sind. Die Entwicklung eines chaotischen Systems hängt empfindlich von kleinsten Veränderungen der Anfangsbedingungen ab (Schmetterlingseffekt) und ändert sich bereits nach wenigen Schritten. Daher sind nur kurzfristige Zukunftsprognosen möglich (z. B. Wetter). Der Rechenaufwand für langfristige Prognosen wächst exponentiell (↑ Komplexität).

*Chemische Kinetik:* Die chemische Kinetik beschäftigt sich mit dem zeitlichen Ablauf chemischer Reaktionen (Reaktionskinetik) oder physikalisch-chemischer Vorgänge (z. B. Diffusion, Stoffabscheidung an Oberflächen). Die Kinetik unterteilt sich in zwei Teilbereiche, die Mikrokinetik und die Makrokinetik. Während die Mikrokinetik sich lediglich mit dem zeitlichen Ablauf einer Reaktion beschäftigt, wird in der Makrokinetik der Einfluss von makroskopischem Wärme- und Stofftransport einbezogen.

*Chromosom:* DNS-Strang (↑ DNS) aus Millionen von Nukleotiden, den Bausteinen von Nukleinsäuren, die der Speicherung und Übertragung genetischer Information dienen.

*Churchsche These:* Die ChurchscheThese (benannt nach Alonzo Church und Alan Turing, daher auch Church-Turing These genannt) trifft Aussagen über die Fähigkeiten einer Rechenmaschine. Sie lautet: Die Klasse der auf einer ↑ Turingmaschine berechenbaren Funktionen ist genau die Klasse der intuitiv berechenbaren Funktionen. Diese These ist nicht beweisbar, da der Begriff intuitiv berechenbare Funktion nicht exakt formalisiert werden kann. Unterschiedliche Intuitionen von effektiven Verfahren in der Mathematik, die sich aus elementaren Rechenschritten zusammensetzen (z. B. schrittweise Bestimmung von Funktionsausdrücken, Computerprogramme aus elementaren Befehlen) führen allerdings zu verschiedenen logisch-mathematischen Algorithmen (z. B. rekursive Funktionen, Registermaschinen), die mit auf Turingmaschinen berechenbaren Funktionen logisch-mathematisch äquivalent sind. Damit wird die Turingmaschine zum logisch-mathematischen Begriff von Berechenbarkeit überhaupt. Die ↑ Erweiterte Churchsche These berücksichtigt auch effektive Verfahren der Natur.

*Crossing over:* Chromosomales Crossing over (Englisch: chromosomale Überkreuzung) bezeichnet in der Genetik einen Stückaustausch zwischen väterlichen und mütterlichen ↑ Chromosomen während der Entwicklung der Keimzellen. An die nachfolgende Generation werden also ↑ Chromosomen weitergegeben, die eine Mischung aus väterlichen und mütterlichen Abschnitten darstellen und dadurch eine große genetische Vielfalt ermöglichen. Im ↑ Genetischen Programmieren ist Crossing over eine formale Operation zum kreuzweisen Austausch von Symbolsequenzen.

*DNS:* Desoxyribonukleinsäure (auch DNA mit englischem Wort *acid* für Säure). Zwei Stränge DNS bilden eine spiralförmige Doppelhelix, die durch Basenpaare verbunden sind und dabei an eine Wendeltreppe erinnern. In der DNS sind alle Informationen für die Entwicklung eines Organismus kodiert.

*Dynamisches System:* System von Elementen, die in bestimmten Zuständen (z.B. Bewegungszustand eines Moleküls, chemischer Zustand eines Proteins, Feuern einer Nervenzelle) sind und deren Dynamik durch ein zeitabhängiges Entwicklungsgesetz beschrieben werden kann. Je nach Art der Gleichung des Entwicklungsgesetzes kann es sich um ein deterministisches oder stochastisches System handeln.

*E.coli:* Escherichia coli ist ein stäbchenförmiges Bakterium, das im menschlichen und tierischen Darm vorkommt. Benannt wurde es 1919 nach seinem Entdecker Theodor Escherich. Es gehört zu den weltweit am besten untersuchten Organismen.

*Emergenz:* Emergente Eigenschaften sind makroskopische Eigenschaften eines ↑dynamischen Systems, die weder in den mikroskopischen Systemelementen auftreten noch daraus ableitbar sind. Man sagt: Das Ganze ist mehr als die Summe seiner Teile (↑Nichtlinearität). Beispiele: Wassermoleküle sind nicht feucht wie Wasser. Neuronen können nicht denken wie Gehirne.

*Entropie:* Maß für den Grad der Zufälligkeit und Unordnung eines ↑dynamischen Systems. Sie entspricht der Anzahl der verschiedenen Möglichkeiten, die mikroskopischen Zustände der Systemelemente anzuordnen, um denselben makroskopischen Systemzustand zu erzeugen. Beispiel: Verschiedene Anordnungmöglichkeiten von Wassermolekülen, um dieselbe Wassertemperatur zu erzeugen.

*Enzym:* Enzyme sind ↑Proteine, die biochemische Reaktionen katalysieren (↑Katalyse). Enzyme haben wichtige Funktionen im Stoffwechsel von Organismen: Sie steuern den überwiegenden Teil biochemischer Reaktionen – von der Verdauung bis hin zum Kopieren (DNA-Polymerase) und Transkribieren (↑RNA-Polymerase) der Erbinformationen.

*Erweiterte Churchsche These:* Die erweiterte (oder physikalische) Churchsche These nimmt an, dass nicht nur alle effektiven Verfahren der Mathematik, sondern auch alle effektiven Prozesse der Natur durch ↑Turingmaschinen simulierbar sind. Diese These wird dadurch gestützt, dass unterschiedliche effektive atomare, molekulare und zelluläre Prozesse in Physik, Chemie und Biologie, die sich aus elementaren Prozessschritten zusammensetzen, durch ↑dynamische Systeme simulierbar sind, deren Gleichungen durch Computerprogramme (und damit im Sinn der ↑Churchschen These durch Turingmaschinen) berechenbar sind. Nichtdeterministische Prozesse der Natur, die von Zufallsschritten (z.B. Mutation bei DNA-Prozessen) abhängen, können durch nichtdeterministische Turingmaschinen oder Orakelmaschinen simuliert werden. Der unterschiedlichen ↑Komplexität von Prozessen der Natur entsprechen danach unterschiedliche Grade der Berechenbarkeit.

*Evolution:* Veränderung der vererbbaren Merkmale einer Population von Lebewesen von Generation zu Generation. Diese Merkmale sind in Form von Genen kodiert, die bei der Fortpflanzung kopiert und an den Nachwuchs weitergegeben werden. Durch Mutationen entstehen unterschiedliche Varianten dieser Gene, die veränderte oder neue Merkmale verursachen können. Diese Varianten sowie Rekombinationen führen zu erblich bedingten Unterschieden (genetische Variabilität) zwischen Individuen. Die Anpassung dieser Merkmale an die Umwelt entscheidet über das Überleben der Individuen (Selektion). ↑Mutation und Selektion sind universelle Mechanismen evolutionärer Prozesse, die keineswegs auf die biologische Evolution beschränkt sind, sondern in ↑evolutionären Algorithmen modellierbar sind.

*Evolutionärer Algorithmus:* ↑ Algorithmus, der die Dynamik der Evolution mit ↑ Mutation, Selektion und Adaption simuliert, um optimale Lösungen in der Lösungsmenge eines Problems zu finden.

*Feedback:* Schaltkreis, bei dem in einer kausalen Kette von Schaltelementen eine Wirkung auf die Anfangsursache wieder zurückwirkt. Die Wirkung kann positiv (z.B. verstärkend) oder negativ (z.B. vermindernd) sein. Feedback tritt in Technik (z.B. kybernetische Systeme) und Natur (z.B. ↑ Autokatalyse, Selbstreproduktion) auf.

*Feedforward Schleife:* Ein Netz aus drei Knoten *X*, *Y* und *Z*, in dem *X* eine gerichtete Verbindung (Kante) zu *Y* und *Z*, und *Y* eine gerichtete Verbindung zu *Z* hat. In biologischen Netzwerken (z.B. von Proteinen) können Feedforward Schleifen verschiedenen Aufgaben (z.B. Verzögerung oder Beschleunigung von Wirkungen, Pulserzeugung) realisieren.

*Fitnessfunktion:* Eine Fitnessfunktion in ↑ Evolutionären Algorithmen ist eine Funktion, die Individuen einen Fitnesswert zuordnet, wie gut ein jedes Individuum seiner Umwelt angepasst ist und damit, wie erfolgreich es sein soll, sein ↑ Genom weiterzugeben.

*Flagellum:* Flagellen oder Geißeln (lat. *flagellum*) sind fadenförmige Gebilde auf der Oberfläche einzelner Zellen, die der Fortbewegung dienen.

*Gen:* DNS-Abschnitt (↑ DNS), der die gesamte genetische Information beinhaltet und deren Bearbeitung steuert.

*Genetischer Kode:* Der genetische Kode ist eine Regel, nach der die 64 in Nukleinsäuren befindlichen Dreiergruppen aufeinanderfolgender Nukleobasen (auch Tripletts oder ↑ Kodons genannt) in die 20 Aminosäuren übersetzt werden. Diese Übersetzung (Translation) findet bei der Bindung von Aminosäuren an verschiedene Transfer-Ribonukleinsäuren (tRNA) statt, durch die die Aminosäuren für ihren Zusammenbau zu Proteinen angeordnet werden.

*Genetisches Programmieren:* Anwendung eines ↑ evolutionären Algorithmus in einem Computerprogramm, das insbesondere die Genetikgesetze simuliert.

*Genom:* Als Genom oder auch Erbgut eines Organismus wird die Gesamtheit der vererbbaren Informationen einer Zelle bezeichnet, die als Desoxyribonukleinsäure (DNS) vorliegt.

*Grenzzyklus:* Periodisches Verhalten eines ↑ dynamischen Systems, bei dem sich Zustände regelmäßig wiederholen (z.B. Pendelschwingung). Es zeigt sich im Zustandsraum in einer geschlossenen Kurvenbahn, die Grenzzyklus genannt wird. Unabhängig von den Anfangsbedingungen mündet die Entwicklungslinie (Trajektorie) eines periodischen Systems in einen Grenzzyklus.

*Homeostase:* Selbstregulation (Homeostase) bezeichnet die Fähigkeit eines Systems, sich durch negative Rückkopplung (↑ Feedback) selbst innerhalb gewisser Grenzen in einem stabilen Zustand zu halten. In diesem Sinne wird der Begriff in zahlreichen wissenschaftlichen Disziplinen verwendet, deren Gegenstand Systeme sind, so z.B. in der Physik, Biologie, in den Wirtschaftswissenschaften, der Soziologie oder in der Psychologie. Die Existenz selbstregulierender Funktionen kann den Fortbestand eines Systems sichern, das sich sonst zum Beispiel durch ungehemmtes Wachstum, Überstrukturierung und nicht mehr beherrschbare (selbsterzeugte) ↑ Komplexität überfordern würde.

*Hormon:* Sammelbezeichnung für verschiedene biochemische Botenstoffe, die von spezialisierten Zellen produziert und abgegeben werden, um spezifische Wirkungen oder Regulationsfunktionen an den Zellen der Erfolgsorgane zu verrichten.

*Immunsystem:* Biologisches Abwehrsystem, das Gewebeschädigungen durch Krankheitserreger verhindert. Es entfernt in den Körper eingedrungene Mikroorganismen, fremde Substanzen und ist außerdem in der Lage, fehlerhaft gewordene körpereigene Zellen zu zerstören. Das Immunsystem ist ein komplexes Netzwerk aus verschiedenen Organen, Zelltypen und Molekülen.

*Information:* Der Informationsgehalt einer Zeichensequenz wird in bit gemessen. Die Biteinheiten 0 und 1 lassen sich durch alternative Zustände dynamischer Systeme (↑dynamisches System) realisieren (z.B. alternative Spannungszustände von Schaltern in einem Computer, Ein- und Ausschalten eines Gens, Feuern oder Nicht-Feuern einer Nervenzelle im Gehirn).

*Katalyse:* Als Katalyse wird die Einleitung, Beschleunigung oder Lenkung chemischer Reaktionen durch Beteiligung bestimmter Stoffe, so genannter Katalysatoren, die sich bei diesem Prozess nicht aufbrauchen, bezeichnet. In der lebenden Zelle spielen ↑Enzyme, die biochemische Prozesse katalysieren, eine fundamentale Rolle im Stoffwechsel von der Verdauung bis hin zur Reproduktion und Transkription der Erbinformation.

*Kodon:* (auch *Codon*) eine aus drei aufeinanderfolgenden Nukleotiden bestehende Sequenz in DNA und mRNA, die die genetische Information für eine bestimmte Aminosäure enthält oder als so genanntes Stopp-Kodon für Beendigung der Translation sorgt (↑genetische Information).

*Komplexität:* In der Informatik bezieht sich Komplexität auf den Aufwand von Zeit, Beschreibung und Größe des Computerprogramms zur Berechnung einer Funktion bzw. eines Problems. Die Komplexität der Beschreibung und Größe des Computerprogramms wird durch die algorithmische Komplexität bestimmt. Die Einteilung der Komplexität nach der Laufzeit hängt von der entsprechenden mathematischen Zeitfunktion ab, die linear, quadratisch, polynomiell oder exponentiell wachsen kann. In der Physik bezieht sich Komplexität auf dynamische Systeme, deren Attraktoren (↑Attraktor) von der einfachen geometrischen Struktur eines Fixpunkts bis zur komplexen Struktur eines Chaosattraktors (↑Chaos) reichen.

*Kontrollparameter:* Parameter, von dem ein ↑dynamisches System abhängt und dessen Veränderung zur ↑Selbstorganisation (↑Emergenz) von neuen Strukturen, aber auch zu ↑Chaos führen kann.

*Lernalgorithmus:* ↑Algorithmus, der in einem ↑neuronalen Netz schrittweise ein Lernziel realisiert. Ein Lernziel kann im Phasenraum des neuronalen Netzes durch einen ↑Attraktor dargestellt werden, dem sich die Trajektorie der Zustandsentwicklung schrittweise nähert. Man unterscheidet überwachtes Lernen (z.B. Backward-Propagation) und nicht-überwachtes Lernen (z.B. Kohonen-Netz). Ein Lernalgorithmus ist ein Beispiel für ↑Selbstorganisation von Neuronen, bei der spontan ein makroskopisches Muster wiedererkannt oder neu entdeckt wird.

*Linearität:* In linearen dynamischen Systemen ist die Dynamik durch ein lineares Entwicklungsgesetz bzw. eine lineare Gleichung bestimmt. Dann sind Ursache und Wirkung proportional. Beispiel: Kleiner Stoß eines Pendels führt zu kleinem Schwung, großer Stoß zu großem Schwung.

*Metabolismus:* Stoffwechsel eines Organismus als komplexes ↑dynamisches System, der der Aufnahme, dem Einbau, Abbau, der Verbrennung oder dem Ausscheiden von Substanzen dient.

*Markow Prozess:* Stochastischer Prozess benannt nach Andrei Andrejewitsch Markow. Der Unterschied in der Bezeichnung »Markow-Ketten« zu Markow-Prozessen besteht darin, dass der Zustandsraum (auch ↑Phasenraum) bei letzteren stetig ist, während bei diskretem Zustandsraum von Markow-Ketten gesprochen wird. Ziel ist es, Wahrscheinlichkeiten für das Eintreten zukünftiger Ereignisse anzugeben. Bei einer Markow-Kette sind durch Kenntnis einer begrenzten Vorgeschichte ebensogute Prognosen über die zukünftige Entwicklung möglich wie bei Kenntnis der gesamten Vorgeschichte des Prozesses. Im Falle einer Markow-Kette erster Ordnung heißt das: Die Zukunft des Systems hängt nur von der Gegenwart (dem aktuellen Zustand) und nicht von der Vergangenheit ab.

*Markow-Netzwerk:* Statistisches Modell, das ungerichtete Zusammenhänge (z.B. die Ausrichtung von Elementarmagneten) in einem Feld beschreibt. Das Feld besteht aus Zellen, die Zufallsvariablen enthalten und räumlich begrenzt (vgl. zeitliche Begrenzung in einem ↑Markow-Prozess) gegenseitig wechselwirken. Das Modell ist eine Ableitung aus dem Ising-Modell der statistischen Physik, das Magnetismus in Festkörpern beschreibt.

*Markow-Logik:* Wahrscheinlichkeitslogik, in der ↑Markow-Netzwerke mit Formeln der Prädikatenlogik 1. Stufe verbunden werden. Die Formeln beschreiben mögliche Situationen, denen Wahrscheinlichkeitswerte zugeordnet werden. Die Formeln werden als Knoten eines Markow-Netzwerks aufgefasst, die Kanten zwischen den Knoten als logische Verknüpfungen der jeweiligen Formeln (Knoten). So lässt sich eine Wahrscheinlichkeitsverteilung für alle möglichen Situationen einer Systemumgebung angegeben. Markov-Logik findet z.B. Anwendung bei Robotern, die damit die Wahrscheinlichkeit möglicher Situationen ihrer Umgebung einschätzen können.

*Mikron:* Längeneinheit, die 1/1000 Millimeter entspricht. Ein Mikrometer entspricht 10000 Angström.

*Modularität:* Eigenschaft eines Systems, das in (nahezu) unabhängige Teilsysteme zerlegt werden kann.

*Molekularbiologie:* Die Molekularbiologie befasst sich mit der Struktur, Biosynthese und Funktion von biologischen Prozessen auf molekularer Ebene. Das Forschungsgebiet der Molekularbiologie überschneidet sich mit Feldern der Biologie und Chemie, insbesondere der Genetik und der Biochemie.

*mRNA:* Als mRNA (von engl. *messenger RNA*), auch Boten-RNA, wird das RNA-Transkript eines zu einem ↑Gen gehörigen Teilabschnitts der DNA bezeichnet. Die mRNA wird bei der Transkription von dem Enzym ↑RNA-Polymerase synthetisiert.

*Mutation:* Dauerhafte Veränderung des Erbgutes. Sie betrifft zunächst nur das Erbgut einer Zelle, wird aber von dieser an alle eventuell entstehenden Tochterzellen weitergegeben.

*Neuronales Netzwerk:* Komplexes Netzwerk von Nervenzellen (Neuronen), die durch Synapsen verbunden sind. Die Architektur und Dynamik von technischen Neuronalen Netzen sind nach dem Vorbild lebender Gehirne konzipiert. Es handelt sich um komplexe dynamische Systeme (↑Dynamisches System, ↑Komplexität), deren Dynamik durch Lernalgorithmen (↑Lernalgorithmus) modelliert wird.

*Nichtlinearität:* In nichtlinearen dynamischen Systemen (↑dynamisches System) ist die Dynamik durch ein nichtlineares Entwicklungsgesetz bzw. eine nichtlineare Gleichung bestimmt. Dann sind Ursache und Wirkung nicht mehr proportional wie im Fall von ↑Linearität. Es kommt zu Rückkopplungen und komplexen Wechselwirkungen der Systemelemente, die ↑Selbstorganisation (↑Emergenz) von neuen Strukturen, aber auch ↑Chaos auslösen können.

*Ordnungsparameter:* makroskopischer Parameter eines komplexen ↑dynamischen Systems, der eine neue makroskopische Struktur des Systems charakterisiert, die durch ↑Selbstorganisation (↑Emergenz) nach einem Phasenübergang des Systems entstanden ist.

*Phänotyp:* Das von der genetischen Konstitution (Genotyp eines Organismus) sowie endogenen und exogenen (Umwelt-)Faktoren hervorgerufene Erscheinungsbild eines Organismus. Der Begriff kann auf morphologische Merkmale ebenso angewendet werden wie auf physiologische, biochemische Prozesse und Aspekte des Verhaltens.

*Phasenraum:* Mathematischer Raum, der durch die Zustandskoordinaten eines ↑dynamischen Systems aufgespannt wird. Beispiel: Der Zustand eines Pendels (Oszillator) ist durch Ort und Geschwindigkeit bestimmt, die als Koordinaten einen zweidimensionalen Phasenraum definieren. Ein Punkt im Phasenraum repräsentiert den Zustand des Systems zu einem Zeitpunkt. Zeitliche Zustandsveränderungen entsprechen Entwicklungskurven (Trajektorien), die in Attraktoren (↑Attraktor) konvergieren können.

*Phasenübergang:* Abrupter Zustandswechsel in einem ↑dynamischen System. Beispiele der Physik: Festkörper-Flüssigkeit-Gas-Plasma. In der Theorie komplexer dynamischer Systeme ist ein Phasenübergang mit der Selbstorganisation (↑Emergenz) einer neuen Struktur, aber auch mit der Entstehung von ↑Chaos verbunden.

*Poisson-Verteilung:* Diskrete Wahrscheinlichkeitsverteilung, die beim mehrmaligen Durchführen eines Bernoulli-Experiments entsteht. Ein Bernoulli-Experiment ist ein Zufallsexperiment, das nur zwei mögliche Ergebnisse besitzt (z. B. »Erfolg« und »Misserfolg«). Führt man ein solches Experiment sehr oft durch und ist die Erfolgswahrscheinlichkeit gering, so ist die Poisson-Verteilung eine gute Näherung für die entsprechende Wahrscheinlichkeitsverteilung. Die Poisson-Verteilung wird deshalb manchmal als die Verteilung der seltenen Ereignisse bezeichnet. Zufallsvariablen mit einer Poisson-Verteilung genügen dem Poisson-Prozess.

*Potenzgesetz:* Gesetz, das von der Potenz $\alpha$ einer Größe abhängt, d. h. die Form $f(x) = k \cdot x^{\alpha}$ hat (z. B. rotes ↑Rauschen von Signalen). Es gilt unabhängig von seiner Skalierung (Skaleninvarianz). Potenzgesetze sind typisch für komplexe Netzwerke und Strukturen des Lebens (z. B. Verteilungsgesetze von Verbindungen in subzellulären Netzen von Genen und Proteinen), aber auch für Signalverbindungen in technischen Netzen wie z. B. Internet.

*Protein:* Proteine oder Eiweiße sind aus Aminosäuren aufgebaute Makromoleküle. Proteine gehören zu den Grundbausteinen aller Zellen. Sie verleihen der Zelle nicht nur Struktur, sondern dienen auch als ↑Enzyme. Sie sind die molekularen »Maschinen«, die Stoffe transportieren, Ionen pumpen, chemische Reaktionen katalysieren (↑Katalyse) und Signalstoffe erkennen. Jedes Protein ist durch ein ↑Gen kodiert.

*Punktmutation:* Genmutation, bei der die Veränderung nur einer einzelnen Nukleinbase betroffen ist. Im ↑Genetischen Programmieren ist Punktmutation eine formale Operation zur Zufallsänderung eines Sequenzsymbols (z. B. 0 oder 1 bei einer Binärsequenz.)

*Rauschen:* Folge von ungeordneten Signalgeräuschen, die sich graphisch in ↑Zeitreihen zeigen. Allgemein spricht man vom $1/f^b$-Rauschen (↑Potenzgesetz) in Datenmustern und unterscheidet weißes Rauschen ($b = 0$ mit Normalverteilung wie bei der Brownschen Bewegung), rosa Rauschen ($b = 1$), rotes Rauschen ($b = 2$) und schwarzes Rauschen ($b = 3$).

*Rekursion:* Verfahren in Mathematik, Logik und Informatik, eine Funktion schrittweise durch sich selbst (d. h. durch Rückgriff auf vorher gebildete Funktionswerte) zu definieren. Nicht jede rekursive Definition ist eine Definition im eigentlichen Sinn, denn die zu definierende Funktion braucht nicht wohldefiniert zu sein. Jeder Aufruf der rekursiven Funktion muss sich durch Entfalten der rekursiven Definition in endlich vielen Schritten auflösen lassen. Sie darf also nicht in einen infiniten Regress oder (im Computerprogramm) in eine Endlosschleife geraten.

*Repressor:* DNA-bindendes ↑Protein, dass die Expression eines oder mehrerer Gene durch die Verringerung der Transkriptionsrate reguliert. Die Blockierung der Expression wird als Repression bezeichnet.

*Rezeptor:* ↑Protein oder Proteinkomplex, das bzw. der entweder aus der Oberfläche einer Zellmembran herausragt und für die Bindung verschiedener Partikel sorgt, die in die Zelle importiert werden und im Inneren der Zelle biochemische Signalprozesse auslösen, oder sich dort selbst befindet und vor Ort solche Signalprozesse auslöst.

*Ribosom:* Komplex aus ↑Proteinen und Ribonukleinsäuren (RNA), der Proteine herstellt. Dabei wird die Basensequenz der DNA (↑DNS) benutzt, die die Information für die Aminosäuresequenz der Proteine enthält. Die Information zur Aminosäuresequenz in der DNA wird durch Messenger-Ribonukleinsäuren (↑mRNA) vermittelt. Die Umwandlung der in der mRNA gespeicherten Information in eine Abfolge von verknüpften Aminosäuren (Proteinen) wird als Translation (lat. für Übersetzung) bezeichnet. Die Translation der mRNA am Ribosom ist ein zentraler Bestandteil der Proteinbiosynthese.

*RNA Polymerase:* ↑Enzym (Polymerase), das DNA in RNA transkribiert.

*Schmetterlingseffekt:* Anschauliches Bild für die empfindliche Abhängigkeit eines chaotischen Systems bei kleinsten Veränderungen der Anfangsdaten: Der Flügelschlag eines Schmetterlings kann im Prinzip im Fall einer instabilen Wetterlage eine globale Wetterveränderung auslösen.

*Selbstorganisation:* ↑Emergenz einer makroskopischen Struktur, die durch nichtlineare Wechselwirkung (↑Nichtlinearität) vieler Systemelemente in einem komplexen ↑dynamischen System (↑Komplexität) in der Nähe eines Instabilitätspunktes ausgelöst wird und mit einem ↑Phasenübergang verbunden ist.

*Stochastik:* Mathematische Theorie stochastischer Prozesse und Systeme, deren Dynamik durch zeitabhängige Gleichungen für stochastische Zustände, d. h. durch die zeitliche Veränderung einer statistischen Verteilungsfunktion bestimmt wird. So wird der makroskopische Zustand eines Gases durch eine Wahrscheinlichkeitsverteilung seiner Moleküle bestimmt.

*Systembiologie:* Grundlagendisziplin der Lebenswissenschaften, die mit den Methoden der mathematischen Systemtheorie Organismen in ihrer Gesamtheit analysiert und modelliert. Das Ziel ist es, ein integriertes Bild aller biologischer Prozesse über alle Ebenen, vom Genom über das Proteom, zu den Organellen bis hin zum Verhalten und zur Biomechanik des Gesamtorganismus zu bekommen. Der Reduktionismus des Genomprogramms wird also durch ein ganzheitliches (holistisches) Forschungsprogramm ersetzt, das allerdings mit den mathematischen Methoden und Computermodellen komplexer ↑ dynamischer Systeme arbeitet. Empirisch werden Laborexperimente durch Computerexperimente ergänzt, um geeignete Forschungshypothesen zu finden. In der Theorie sind die mathematischen Gleichungen wegen der ↑ Komplexität dieser Systeme häufig analytisch nicht lösbar und müssen durch Computermodelle approximiert werden. Die Systembiologie liefert Schaltpläne (»Blaupausen«), nach denen die synthetische Biologie neue Organismen (z. B. Bakterien) bauen kann.

*Thermodynamik:* Physikalische Theorie, in der es um Wärme, Arbeit, Energie, Entropie und ihre Wechselbeziehungen in einem dynamischen System und seiner Umgebung geht.

*Transkriptionsnetz:* Biologische Zellen enthalten Netzwerke biochemischer Transkriptionsinteraktionen. Als Transkription wird in der Genetik die Synthese von RNA anhand einer DNA als Vorlage bezeichnet (↑ RNA Polymerase). Diese Transkriptionsnetzwerke stellen informationsverarbeitende Prozesse dar, die auf einen Input mit veränderter Transkriptionsaktivität reagieren können. Dabei wird durch die Bindung an spezifischen Genen für eine Inputfunktion (Aktivierung/Reprimierung) eine Zellantwort ausgelöst. Inputfunktionen wie z. B. Umweltfaktoren, Stress und Nahrungsmittelangebot bestimmen die Aktivität von Transkriptionsfaktorproteinen. Diese Transkriptionsfaktoren binden regulatorische Regionen spezifischer Gene und steuern darüber die Transkription dieses Gens. Die Zellantwort wird moduliert. Ein solches Transkriptionsnetzwerk kann als gerichteter Graph modelliert werden, wobei die Gene die Knoten und die Interaktionen die Kanten darstellen. Es wurden in Transkriptionsnetzen kleine wiederholt vorkommende Muster erkannt, deren Vorkommen signifikant gegenüber Zufallsnetzwerken sind. Diese Muster werden »Netzwerkmotive« genannt. Es stellt sich die Frage, ob und welche informationsverarbeitenden Prozesse in diesen Netzwerkmotiven verarbeitet werden. Formal weisen sie Analogien zu elektronischen Schaltkreisen mit kleinen wiederverwertbaren Schaltkreismodulen auf, die eine Schlüsselfunktion in sich tragen. Dabei wird die Verdrahtung zur Kommunikationsweiterleitung durch biochemische Signale gewährleistet. Eine Gruppe von Netzwerkmotiven sind die ↑ Feedforward Schleifen.

*Turingmaschine:* Logisch-mathematisches Machinenmodell für einen ↑ Algorithmus. Nach der Churchschen These ist eine Turingmaschine Prototyp eines berechenbaren Algorithmus. Eine universelle Turingmaschine kann im Prinzip jede spezielle Turingmaschine simulieren. Technisch wird eine universelle Turingmaschine heute annähernd durch einen Vielzweckcomputer (*general purpose computer*) realisiert, auf dem (wie z. B. auf einem PC) viele Computerprogramme (als Beispiele spezieller Turingmaschinen) laufen können. In einer nichtdeterministische Turingmaschine gibt es auch Zufallsbefehle. In einer Orakelmaschine hängt die Berechenbarkeit von Funktionen ab, von denen nicht bekannt ist, ob sie berechenbar sind (»Orakel«).

*Wahrscheinlichkeit:* Grad der Möglichkeit des Eintritts eines Ereignisses (objektive Wahrscheinlichkeit) oder Grad der Gewissheit oder Glaubwürdigkeit einer Aussage (subjektive Wahrscheinlichkeit). Sowohl subjektive als auch objektive Wahrscheinlichkeit lassen sich äquivalent axiomatisch definieren.

*Zeitreihe:* Datenreihe entlang der Zeitachse, insbesondere Zustandsänderungen eines ↑ dynamischen Systems. In einer Zeitreihen-Analyse lassen sich Datenmuster feststellen, die Attraktoren (↑ Attraktor) entsprechen und die ↑ Komplexität des ↑ dynamischen Systems charakterisieren. Damit sind unterschiedliche Grade der Prognostizierbarkeit der Zeitreihen verbunden. Beispiele: EKG-Kurve, EEG-Kurve.

*Zellulärer Automat:* Komplexes System von Zellen (anschaulich z. B. Felder eines Schachbretts), die endlich viele Zustände (z. B. Schwarz- und Weißfärbung) einnehmen können. Seine Dynamik wird durch Regeln bestimmt, wonach sich der Zustand einer Zelle in Abhängigkeit von gewissen Zellzuständen ihrer Nachbarschaft ändert. Zelluläre Automaten erinnern daher an zelluläre Organismen der Evolution. Tatsächlich können sich einige Z.A. selber reproduzieren. Sie erzeugen emergente Muster (↑ Emergenz) durch ↑ Selbstorganisation und simulieren die Attraktordynamik (↑ Attraktor) komplexer dynamischer Systeme (↑ Komplexität, ↑ Dynamisches System) in einem digitalen Modell.

*Zirkadianer Rhythmus:* Endogene (innere) Rhythmen, die eine Periodenlänge von circa 24 Stunden haben. Die circadiane Rhythmik hilft einem Organismus, sich auf täglich wiederkehrende Phänomene einzustellen. Sie steuert oder beeinflusst beispielsweise Blattbewegungen oder Blütenöffnung bei Pflanzen und bei Tieren die Herzfrequenz, den Schlaf-Wach-Rhythmus, den Blutdruck und die Körpertemperatur.

*Zufallsnetz:* Netzwerke aus Knoten und Kanten (Verbindungen), bei denen die Kanten zufällig zwischen den Knoten gewählt werden. Zufallsnetze werden benutzt, um Abweichungen von realen Netzwerken (z. B. Transkriptionsnetzwerke in der Biologie) zu erkennen. Entsprechende Clusterbildungen von Knotenverbindungen lassen dann auf biologische Funktionen schließen.

*Zweiter Hauptsatz der Thermodynamik:* Gesetz der ↑ Thermodynamik, nach dem die ↑ Entropie eines abgeschlossenen Systems, das nicht im Stoff-, Energie- oder Informationsaustausch mit seiner Umgebung steht, stets wächst oder (im Fall des thermischen Gleichgewichts) konstant bleibt.

# Personenverzeichnis

# Sachverzeichnis